普通高等学校土木工程专业新编系列教材
中国土木工程学会教育工作委员会　审订
“互联网＋”创新型教材



# 混凝土结构原理

（第4版）

刘立新　叶燕华　主　编

武汉理工大学出版社
·武汉·

## 【内 容 提 要】

本书结合我国近年来混凝土结构的最新发展情况，主要介绍了混凝土结构材料的物理力学性能，极限状态设计方法的基本概念，受弯、受剪、受扭、受压和受拉构件承载力计算，混凝土构件裂缝、变形控制和耐久性，预应力混凝土构件等。

全书依据新颁布的《混凝土结构通用规范》（GB 55008—2021）和局部修订后的《混凝土结构设计标准》（GB/T 50010—2010）编写，各章均有按新规范设计的典型例题、思考题和习题。本书可作为高等学校土木工程专业混凝土结构课程教材使用，也可作为土木工程技术人员的参考书。

图书在版编目（CIP）数据

混凝土结构原理 / 刘立新，叶燕华主编. -- 4 版. -- 武汉：武汉理工大学出版社，2024. 8. -- ISBN 978-7-5629-7135-1

Ⅰ. TU37

中国国家版本馆 CIP 数据核字第 2024PL6125 号

项目负责人：高　英　　　　责任编辑：高　英

责 任 校 对：戴皓华　　　　排版设计：芳华时代

出 版 发 行：武汉理工大学出版社

社　　址：武汉市洪山区珞狮路 122 号

邮　　编：430070

网　　址：https://www.wutp.com.cn

经　　销：各地新华书店

印　　刷：武汉盛世吉祥印务有限公司

开　　本：889 × 1194　1/16

印　　张：16.25

字　　数：503 千字

版　　次：2024 年 8 月第 4 版

印　　次：2024 年 8 月第 1 次印刷　总第 15 次印刷

印　　数：81001—86000 册

定　　价：41.00 元

# 第 4 版前言

为了使工程建设领域的技术标准和规范进一步适应国际技术法规与技术标准通行规则，我国提出了以政府制定强制性标准、社会团体制定自愿采用性标准的长远目标，明确了逐步用全文强制性工程建设规范取代现行标准中分散的强制性条文的改革任务，逐步形成由法律、行政法规、部门规章中的技术规定与全文强制性工程建设规范构成的“技术法规”体系。2021 年以来，我国陆续颁布了《工程结构通用规范》(GB 55001—2021)、《建筑与市政工程抗震通用规范》(GB 55002—2021)以及《混凝土结构通用规范》(GB 55008—2021)等一系列全文强制性工程建设规范，与混凝土结构相关的国家现行标准[如《混凝土结构设计标准》(GB/T 50010—2010)]等也陆续进行了局部修订。

本次修订根据新颁布的全文强制性工程建设规范和局部修订的《混凝土结构设计标准》(GB/T 50010—2010)，补充了工程建设中混凝土结构必须执行的强制性要求，补充了混凝土结构选用钢筋和混凝土强度等级的基本要求，完善了结构可靠性、作用代表值、极限状态设计方法等内容，并修改了相关例题。以便进一步落实国家倡导采用高强高性能混凝土和高强钢筋，促进建筑业高质量发展的要求。

本书的主要内容包括混凝土结构材料的物理力学性能，结构可靠性和极限状态设计方法的基本概念，受弯、受剪、受扭、受压和受拉构件承载力计算方法，混凝土构件裂缝、变形控制和耐久性，预应力混凝土构件计算等。各章均设有本章提要、典型例题、小结、思考题与习题。本书力求语言通俗易懂、内容深入浅出，既可供高等学校土木工程专业及相关专业的教学使用，又可供土木工程技术人员参考。

本书按照高等学校土木工程学科专业指导委员会制定的《高等学校土木工程本科指导性专业规范》的培养目标和培养规格编写，涵盖了其规定的知识单元和知识点，贯彻了培养“卓越工程师”的指导思想，在培养学生综合能力和创新意识的同时，注意建立学生的工程概念，提高应用能力。本书的编写分工为：第 1、2 章由刘立新编写，第 3 章由冯虎、刘立新编写，第 4、5 章由叶燕华、李雪红编写，第 6、8 章由叶燕华、郭樟根编写，第 7 章由王新玲、冯虎编写，第 9 章由赵文兰和党玲博编写，第 10 章由管品武、赵文兰和党玲博编写。全书由刘立新、叶燕华担任主编。魏威、朱铁梅对 4、5、6、8 章的部分例题和习题进行了试做，在此深表感谢。

本次修订工作主要由主编刘立新完成。

由于编者水平所限，不足之处在所难免，恳请广大读者批评指正。

编　者

# 目　录

# 数字资源目录

# 1 绪　　论

**本章提要**

本章叙述了混凝土结构的一般概念，钢筋和混凝土这两种性质不同的材料能够组合在一起共同工作的条件，以及混凝土结构的优缺点；介绍了混凝土结构在房屋建筑工程、交通土建工程、水利工程及其他工程中的应用；介绍了混凝土结构的发展前景，包括在材料、结构、施工技术、计算理论等方面的发展；还介绍了混凝土结构课程的特点和学习方法，以及工程建设领域的全文强制性标准和混凝土结构设计规范发展的概况。

## 1.1 混凝土结构的一般概念

以混凝土为主要材料制成的结构称为混凝土结构，包括素混凝土结构、钢筋混凝土结构、预应力混凝土结构和各种其他形式的加筋混凝土结构等。素混凝土结构是指无筋或不配置受力钢筋的混凝土结构，常用于路面和一些非承重结构；钢筋混凝土结构是指配置受力普通钢筋、钢筋网或钢筋骨架的混凝土结构；预应力混凝土结构是指配置受力预应力筋，通过张拉或其他方法建立预加应力的混凝土结构。混凝土结构广泛应用于工业与民用建筑、桥梁、隧道、矿井以及水利、港口、核电等工程建设中。

钢筋和混凝土都是土木工程中重要的建筑材料，钢筋的抗拉和抗压强度都很高，但价格也相对较高；混凝土的抗压强度较高，但抗拉强度却很弱。为了充分发挥材料的性能，把钢筋和混凝土这两种材料按照合理的方式结合在一起，取长补短共同工作，使钢筋主要承受拉力，混凝土主要承受压力，这就组成了钢筋混凝土。

图 1.1(a)所示为一用素混凝土制成的简支梁，由试验可知，由于混凝土抗拉强度很低，在不大的荷载作用下，梁下部受拉区边缘的混凝土即出现裂缝，而受拉区混凝土一旦开裂，裂缝将迅速发展，梁瞬间断裂而破坏。此时受压区混凝土的抗压强度还远远没有充分利用，梁的承载力很低。如果在梁的底部受拉区配置抗拉强度较高的钢筋，如图 1.1(b)所示，形成钢筋混凝土梁，当荷载增加到一定值时，梁的受拉区混凝土仍会开裂，但钢筋可以代替混凝土承受拉力，裂缝不会迅速发展，且梁的承载能力还会继续提高。如果配筋适当，梁在较大的荷载作用下才破坏，破坏时钢筋的应力达到屈服强度，受压区混凝土的抗压强度也能得到充分利用。而且在破坏前，混凝土裂缝充分发展，梁的变形迅速增大，有明显的破坏预兆。因此，在混凝土中配置一定形式和数量的钢筋形成钢筋混凝土构件后，可以使构件的承载力得到很大提高，构件的受力性能也得到显著改善。

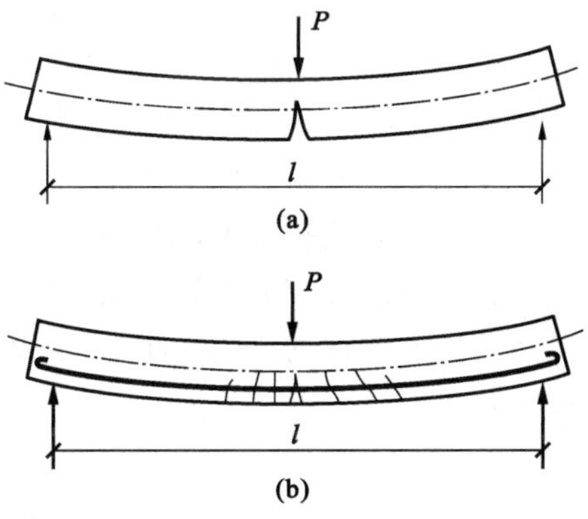

图 1.1　素混凝土梁和钢筋混凝土梁的破坏情况

(a) 素混凝土梁；(b) 钢筋混凝土梁

钢筋和混凝土是两种物理力学性能很不相同的材料，它们能够有效地结合在一起共同工作，其主要原因有：

(1) 混凝土硬化后，钢筋和混凝土之间存在黏结力，使两者之间能传递力和变形。黏结力是使这两种不同性质的材料能够共同工作的基础。

(2) 钢筋和混凝土两种材料的线膨胀系数接近。钢筋的线膨胀系数为 $1.2\times10^{-5}/℃$，混凝土的线膨胀系数为(1.0～1.5) $\times10^{-5}$/℃,因此当温度变化时,钢筋和混凝土的黏结力不会因两者之间过大的相对变形而破坏。

以钢筋混凝土为主要承重骨架的土木工程构筑物称为钢筋混凝土结构。钢筋混凝土结构由一系列受力类型不同的构件所组成,这些构件称为基本构件。钢筋混凝土基本构件按其受力特点的不同可以分为:

(1) 受弯构件,如各种单独的梁、板以及由梁组成的楼盖、屋盖等。

(2) 受压构件,如柱、剪力墙和屋架的压杆等。

(3) 受拉构件,如屋架的拉杆、水池的池壁等。

(4) 受扭构件,如带有悬挑雨篷的过梁、框架的边梁等。

钢筋混凝土结构在土木工程结构中有广泛的应用,这是因为它有很多优点,其主要优点有:

(1) 材料利用合理

钢筋和混凝土两种材料的强度均可得到充分发挥,对于一般工程结构,钢筋混凝土结构的经济指标优于钢结构。

(2) 耐久性好

在一般环境条件下,钢筋可以受到混凝土的保护不发生锈蚀,而且混凝土的强度随着时间的增长还会有所增长,并能减少维护费用。

(3) 耐火性好

混凝土是不良导热体,当发生火灾时,由于有混凝土作为保护层,混凝土内的钢筋不会像钢结构那样很快升温达到软化而丧失承载能力,在常温至300 ℃范围内,混凝土强度基本不降低。

(4) 可模性好

钢筋混凝土可以根据需要浇筑成各种形状和尺寸的结构,如空间结构、箱形结构等。采用高性能混凝土可浇筑清水混凝土,具有很好的建筑效果。

(5) 整体性好

现浇式或装配整体式的钢筋混凝土结构整体性好,对抗震、抗爆有利。

(6) 易于就地取材

在混凝土结构中,钢筋和水泥这两种工业产品所占的比例较小,砂、石等材料所占比例虽然较大,但属于地方材料,可就地供应。近年来利用建筑垃圾、工业废渣制造再生骨料,利用粉煤灰作为水泥或混凝土的外加成分,这些做法既可变废为宝,又有利于保护环境。

但是钢筋混凝土结构也存在一些缺点,主要是结构自重较大,抗裂性较差,一旦损坏修复比较困难,施工受季节环境影响较大等,这就使得钢筋混凝土结构的应用范围受到一定限制。随着科学技术的发展,上述缺点已在一定程度上得到了克服和改善。如采用轻质混凝土可以减轻结构自重,采用预应力混凝土可以提高结构或构件的抗裂性能,采用植筋或黏钢等技术可以较好地对发生局部损坏的混凝土结构或构件进行修复等。

## 1.2 混凝土结构的发展简况及其工程应用

混凝土结构是在19世纪中期开始得到应用的,与砌体结构、木结构、钢结构相比,它是一种出现较晚的结构形式。但是由于混凝土结构具有很多明显的优点,使其在各方面的应用发展很快,现已成为世界各国占主导地位的结构。

### 1.2.1 混凝土结构发展的几个阶段

混凝土结构的发展,大体上可分为三个阶段。

第一阶段是从钢筋混凝土发明至20世纪初。这一阶段所采用的钢筋和混凝土的强度都比较低,混凝土结构主要用来建造中小型楼板、梁、拱和基础等构件。其计算理论套用弹性理论,设计方法采用容许应力法。

第二阶段是从20世纪初到第二次世界大战前后。这一阶段混凝土和钢筋的强度有所提高，预应力混凝土结构的发明和应用，使钢筋混凝土被用于建造大跨度的空间结构。同时，开始进行混凝土结构的试验研究，在计算理论上开始考虑材料的塑性，已开始按破损阶段计算结构的破坏承载力。

第三阶段是从第二次世界大战以后至今。这一阶段的特点是：随着高强混凝土和高强钢筋的出现，预制装配式混凝土结构、高效预应力混凝土结构、泵送预拌混凝土以及各种新的施工技术等开始广泛地应用于各类土木工程，如超高层建筑、大跨度桥梁、高速铁路、地铁工程、跨海隧道、高耸结构等。在计算理论上已过渡到充分考虑混凝土和钢筋塑性的极限状态设计理论，在设计方法上已过渡到以概率理论为基础的多系数表达的设计公式。混凝土本构模型的研究以及计算机技术的发展，使人们可以利用非线性分析方法对各种复杂混凝土结构进行全过程受力模拟，而新型钢筋和混凝土材料以及复合结构的出现，又不断提出新的课题，并不断促进混凝土结构的发展。

### 1.2.2 混凝土结构的工程应用

(1) 房屋建筑工程

在房屋建筑工程中，厂房、住宅、办公楼等多高层建筑广泛采用混凝土结构。在7层以下的多层房屋中，虽然墙体大多采用砌体结构，但其楼板几乎全部采用预制混凝土楼板或现浇混凝土楼盖。采用混凝土结构的高层和超高层建筑已十分普遍，美国芝加哥的威克·德赖夫大楼(高296 m，65层)、德国的密思垛姆大厦(高256 m，70层)、中国香港中心大厦(高374 m，78层)等都采用了混凝土结构，马来西亚吉隆坡高450 m的双塔大厦为钢筋混凝土结构。我国也有较高的钢筋混凝土建筑，如广州的中天广场(高332 m，80层)等。

在大跨度建筑方面，预应力混凝土屋架、薄腹梁、V形折板、SP板、钢筋混凝土拱、薄壳等已得到广泛应用。例如，法国巴黎国家工业与发展技术展览中心大厅的平面为三角形，屋盖结构采用拱身为钢筋混凝土装配整体式薄壁结构的落地拱，跨度为206 m；美国旧金山地下展厅，采用钢筋混凝土拱16片，跨度为83.8 m；意大利都灵展览馆拱顶由装配式混凝土构件组成，跨度达95 m；澳大利亚悉尼歌剧院的主体结构由三组巨大的壳片组成，壳片曲率半径为76 m，建筑涂白色，状如帆船，已成为世界著名的建筑。

(2) 桥梁工程

在桥梁建设方面，很大一部分中小跨度桥梁采用钢筋混凝土建造，结构形式有梁、拱、桁架等。一些大跨度桥虽已采用钢悬索或钢斜拉索，但其桥面结构也有用混凝土结构的。例如，洛阳黄河大桥，共67孔，由跨度为50 m的预应力混凝土简支梁组成。厦门高崎-集美跨海大桥，主跨46 m，桥体结构由平行的两个带翼箱形梁组成。由钢筋混凝土建造拱桥有较大优势，目前世界上跨度最大的混凝土拱桥是克罗地亚的克尔克1号桥，形式为敞肩拱桥，跨度达390 m。公路拱桥在我国应用也很广泛，1989年建成的涪陵岛江桥，全长351.8 m，主跨200 m，为拱结构，矢跨比为1/4，是我国跨度最大的拱桥之一。我国最大的铁路拱桥为丰沙线上的永定河7号桥，跨度达150 m。在我国西南交通干线上，有许多桥梁采用钢筋混凝土结构，如清水河大桥，主跨为72 m+128 m+72 m，为预应力连续刚架结构，其4号桥墩高100 m，是世界上最高的铁路桥墩。跨度超过500 m的大桥往往采用悬索桥或斜拉桥，但目前也常与混凝土结构混合使用。如香港的青马大桥，跨度1377 m，桥体为悬索结构，其中支承悬索的两端立塔高202 m，是混凝土结构；又如上海杨浦大桥，主跨602 m，为斜拉桥，其桥塔和桥面均为混凝土结构。

(3) 特种结构与高耸结构

混凝土结构在道路、港口工程中也有大量应用，许多贮水池、贮仓构筑物、电线杆、上下水管道等均可见到混凝土结构的应用。由于滑模施工技术的发展，许多高耸建筑可以采用混凝土结构。加拿大多伦多电视塔，高549 m，是目前世界上最高的混凝土结构建筑物。其他混凝土结构高耸建筑物还有莫斯科奥斯坦金电视塔(高533.3 m)、天津电视塔(高415.2 m)、北京中央广播电视塔(高405 m)等。

(4) 水利及其他工程

在水利工程中，因混凝土自重大，尤其其中砂石比例大，易于就地取材，故常用来修建大坝。例如，瑞士狄克桑斯坝，坝高 285 m，坝顶宽 15 m，坝底宽 225 m，坝长 695 m，库容量 4 亿立方米，是目前世界上最高的重力坝。我国龙羊峡水电站拦河大坝为混凝土重力坝，坝高 178 m，坝顶宽 15 m，坝底宽 80 m，坝长 393.34 m。长江葛洲坝水利枢纽工程，发电能力 271.5 万千瓦，库容量 15.8 亿立方米，整个工程混凝土用量达 983 万立方米。长江三峡水利枢纽工程，大坝高 185 m，坝体混凝土用量达 1710 万立方米，是世界上最大的水利工程。

混凝土结构在其他特殊的工程结构中也有广泛的应用，如地下铁道的支护和站台工程、核电站的安全壳、飞机场的跑道、海上采油平台、填海造地工程等。

### 1.2.3 混凝土结构发展概况

混凝土已成为现代最主要的工程结构材料之一，中国更是广泛应用这一材料的国家之一。目前，我国水泥年产量已超过 20 亿吨，年混凝土用量已达到 40 亿立方米，年钢筋用量达到 1.5 亿吨，混凝土结构在各类工程结构中占有主导地位。可以预见，今后混凝土仍将是一种重要的工程材料，并将在材料、结构、施工技术和计算理论等方面得到进一步发展。

（1）材料方面

混凝土材料主要发展方向是高强、轻质、耐久、易于成型和提高抗裂性，而钢筋的发展方向是高强、较好的延性和较好的黏结锚固性能。

目前我国规范规定的混凝土强度等级为 C20～C80（立方体抗压强度 20～80 $N/mm^2$），工程中常用的混凝土强度等级为 C30～C50。近年来 C80 以上高强混凝土在我国的工程应用逐渐增多，如 2009 年以来，已建成的广州国际金融中心采用 C100 高强自密实混凝土，深圳京基中心的混凝土最高强度等级为 C120，上海中心混凝土最高强度等级为 C100。国外常用的强度等级为 60 $N/mm^2$，美国已制成 200 $N/mm^2$ 的混凝土。今后常用的混凝土强度可达 100 $N/mm^2$，在特殊结构（如高耸、大跨、薄壁空间结构等）的应用中，可配制出 400 $N/mm^2$ 的混凝土。

为了减轻混凝土结构的自重，国内外都在大力发展轻质混凝土。轻质混凝土主要采用轻质骨料，而轻质骨料主要有天然轻骨料（浮石、凝灰岩等）、人造轻骨料（页岩陶粒、黏土陶粒、膨胀珍珠岩等）和工业废料（炉渣、矿渣粉煤灰陶粒等）。轻质混凝土可在预制或现浇混凝土结构中使用。目前国外轻质混凝土的强度为 30～60 $N/mm^2$，国内轻质混凝土的强度为 15～60 $N/mm^2$。由轻质混凝土制成的结构自重可比普通混凝土减少 20%～30%，在地震区采用轻质混凝土结构可有效地减小地震作用，节约材料，降低造价。利用建筑垃圾、工业废渣制作再生骨料的再生混凝土也已开始在工程中应用，这对实现资源的再生利用、保护环境有重要意义。

另外，为了提高混凝土的抗裂性和耐久性而掺入高分子化合物的混凝土，如浸渍混凝土、聚合物混凝土、树脂混凝土等，也将会得到发展和应用。研究显示，这类混凝土不仅抗压强度高，抗拉性能也很好，而且耐磨、抗渗、抗冲击、耐冻等性能大大优于普通混凝土。纤维混凝土因改善了混凝土的抗裂性、耐磨性及延性，在一些有特殊要求的工程中已有较多应用。

外加剂的发明与应用对改善混凝土的性能起到了很大作用。目前的外加剂主要有四类：① 改善混凝土拌合物流动性的外加剂，如各种减水剂、增塑剂等；② 调节混凝土凝结时间的外加剂，如缓凝剂、早强剂、速凝剂等；③ 改善混凝土耐久性的外加剂，如引气剂、防水剂、阻锈剂等；④ 改善混凝土其他性能的外加剂，如加气剂、防冻剂、膨胀剂、着色剂等。可以预见，今后一段时间内各种高性能的外加剂还会源源不断地研制出来。

对于钢筋，主要是向高强并有较好延性、防腐、高黏结锚固性等方向发展。我国用于普通混凝土结构的钢筋强度已达 500 $N/mm^2$，强度 600 $N/mm^2$ 钢筋应用的研究也取得明显进展；在中等跨度的预应力构件中将采用强度为 800～1370 $N/mm^2$ 的中强螺旋肋钢丝，在大跨度的预应力构件中采用强度为 1570～1960 $N/mm^2$ 的高强钢丝和钢绞线。试验结果显示，中强和高强螺旋肋钢丝不仅强度高、延性好，而且与混凝土的黏结锚固性能也优于其他钢筋。为了提高钢筋的防腐性能，带有环氧树脂涂层的热轧钢筋已开始在某些有特殊防腐要求的工程中应用。

(2) 结构方面

预应力混凝土是20世纪工程结构的重大发明之一，现在已有先张法、后张法、无黏结预应力和体外张拉等技术，预应力技术将来还会有重大发展。在锚具方面将发展高效而耐久的锚具和夹具，在施加预应力方面也有新的技术出现，近期在国内外已研究将预应力用于组合结构。如体外张拉预应力筋的技术，初期只是用于结构的加固补强，因体外张拉预应力筋可以避免制孔、穿筋、灌浆等工序，并且发现问题时易于更换预应力筋，目前已开始应用于新建结构。在预制构件方面正在发展采用高强钢丝、钢绞线和高强度混凝土的大跨度高效预应力楼板，以适应大开间住宅的需要。

钢和混凝土组合结构近年来应用范围逐渐扩大，在约束混凝土概念的指导下，钢管混凝土柱、外包钢混凝土柱已在高层建筑、地下铁道、桥梁、火电厂厂房以及石油化工企业构筑物中大量应用。钢-混凝土组合梁、钢骨混凝土(劲性钢筋混凝土)构件，由于其具有强度高、截面小、延性好以及施工简化等优点，今后也将得到更加广泛的应用。

在工程结构实践的基础上，将会有更多的大型、巨型工程采用混凝土结构。

(3) 施工技术方面

施工技术的改进对混凝土结构施工过程有很大作用。预应力技术的发明使混凝土结构的跨度大大增加，滑模施工法的发明使高耸结构和贮仓、水池等特种结构的施工进度大大加快，预拌混凝土的应用和泵送混凝土技术的出现使高层建筑、大跨桥梁可以方便地整体浇筑，蒸汽养护法使预制构件成品出厂时间大为缩短。另外，喷射混凝土、碾压混凝土等施工技术也日益广泛地应用于公路、水利工程当中。

在模板方面，除了目前使用的木模板、钢模板、竹模板、硬塑料模板外，今后将向多功能方向发展，如发展薄片、美观、廉价又能与混凝土牢固结合的永久性模板，使模板可以作为结构的一部分参与受力，还可省去装修工序。透水模板的使用，可以滤去混凝土中多余的水分，大大提高混凝土的密实性和耐久性。

在钢筋的绑扎成型方面，正在大力发展各种钢筋成型机械及绑扎机具，以减少大量的手工操作。在钢筋的连接方面，除了现有的绑扎搭接、焊接、螺栓连接及挤压连接方式外，随着化工胶结材料的发展，将来胶接方式也会有较大发展。

2016年以来，我国全面推广装配式混凝土结构施工技术，取得了突破性的进展。装配式混凝土结构是指把传统施工中大量的现场作业转移到工厂进行，在工厂加工制作混凝土构件和配件(如楼板、墙板、楼梯、阳台等)，运输到施工现场，通过可靠的连接方式在现场装配安装而成的整体建筑结构。推广装配式混凝土结构有利于我国建筑工业化的发展，提高生产效率，节约能源，发展绿色环保建筑，并且有利于提高和保证建筑工程质量。

可以预见，今后混凝土结构的施工技术还将有很大的发展空间。

### 1.2.4 混凝土结构计算理论的发展概况

(1) 混凝土结构计算理论发展概况

混凝土结构基本理论和设计方法也在不断发展中。早期由于混凝土结构材料的性能及其内在规律尚未被人们完全认识，多数国家采用以弹性理论为基础的容许应力设计方法。实践证明，这种设计方法和结构的实际情况有较大出入，不能正确揭示混凝土结构或构件受力性能的内在规律，现在绝大多数国家已不再采用。

随着钢筋混凝土构件极限强度试验的进展，20世纪40年代出现了按破损阶段计算结构承载力的设计方法。这种方法考虑了混凝土和钢筋的塑性，更接近于钢筋混凝土的实际情况，比容许应力法前进了一步，但在总的安全系数的规定方面仍带有很大的经验性。

另外，对荷载和材料变异性的研究，使人们逐渐认识到各种荷载对结构产生的效应以及结构的抗力均非定值，并在20世纪50年代提出了按极限状态计算结构承载力的设计方法。这种设计方法指出结构的极限状态是一种特定状态，当达到此状态时，结构或构件即丧失承载力或不能正常使用，而计算系数则是根据荷载及材料强度的变异性由统计规律分项确定，并考虑了影响结构构件承载力的非统计因素，因此这种设计方法又称为半经验、半概率极限状态设计方法。由于这种方法概念较明确，比按破损阶段计算结构承载力的设计方法合理，20 世纪 70 年代，这种方法已为多数国家所接受。

随着结构设计理论的进一步发展，为了合理规定结构及其构件的安全系数或分项系数，结构可靠度理论也得到发展，提出了以失效概率来度量结构安全性的以概率理论为基础的极限状态设计方法。因为这种方法对各种荷载、材料强度的变异规律进行了大量的调查、统计和分析，各分项系数的确定比较合理，而且用失效概率和可靠度指标能够比较明确地说明结构“可靠”或“不可靠”的概念，所以到目前为止已有许多国家采用了以概率理论为基础的极限状态设计方法。

(2) 我国混凝土结构设计规范发展概况

作为反映我国混凝土结构学科水平的混凝土结构设计规范，也随着我国工程建设经验的积累、科研工作的成果以及世界范围内技术的进步而不断改进。新中国成立初期，东北地区首先颁布了《建筑物结构设计暂行标准》，1955 年又制定了《钢筋混凝土结构设计暂行规范》(规结 6—55)，采用了当时苏联规范中的按破损阶段计算结构承载力的设计方法，1966 年颁布了《钢筋混凝土结构设计规范》(GBJ 21—66)，采用了当时较为进步的以多系数表达的极限状态设计方法。在总结工程经验和科学研究成果的基础上，1974 年编制了《钢筋混凝土结构设计规范》(TJ 10—74)，采用了多系数分析、单一系数表达的极限状态设计方法。

20 世纪 70 年代，为了解决各类材料的建筑结构可靠度的合理和统一问题，我国组织有关高校和科研、设计单位对荷载、材料性能及构件几何尺寸等设计基本变量进行了大量实测统计，并认真借鉴国外的先进经验，于 1984 年颁布了《建筑结构设计统一标准》(GBJ 68—84)，规定了我国各种建筑结构设计规范均统一采用以概率理论为基础的极限状态设计方法，从而把我国结构可靠度设计方法提高到了国际水平。在此基础上对《钢筋混凝土结构设计规范》(TJ 10—74)进行了全面系统的修订，于 1990 年颁布了《混凝土结构设计规范》(GBJ 10—89)。此后，为适应我国混凝土结构的发展和新技术、新材料的应用，又对《混凝土结构设计规范》(GBJ 10—89)进行了系统修订，颁布了《混凝土结构设计规范》(GB 50010—2002)，并明确了工程设计人员必须遵守的强制性条文。

进入 21 世纪，随着工程建设领域新材料和新技术的不断涌现，混凝土结构学科的研究也取得了新的进展。随着人民生活水平的不断提高，对建筑结构安全性、适用性、耐久性以及抵御各种灾害的要求也进一步提高。为了落实“节能、降耗、减排、环保”可持续发展的基本国策，我国又组织有关高校、科研单位、设计单位和建设单位对《混凝土结构设计规范》(GB 50010—2002)进行了全面修订，颁布了《混凝土结构设计规范》(GB 50010—2010)，并于 2015 年又进行了局部修订。与《混凝土结构设计规范》(GB 50010—2002)相比，《混凝土结构设计规范》(GB 50010—2010)从原来以构件设计为主适当扩展到整体结构的设计，增加了结构设计方案、结构抗倒塌设计和既有结构设计的内容，完善了耐久性设计方法。在材料方面将混凝土强度等级提高为 C20～C80，混凝土结构中的非预应力钢筋以 400 MPa 级和 500 MPa 级作为主导钢筋，将 400 MPa 级以下钢筋的直径规格限于 6～14mm；预应力钢筋以钢绞线和高强钢丝作为主导预应力筋。此外，还对结构和构件极限状态设计方法、各类构件的构造措施等进行了修订、补充和完善。

为了使我国工程建设领域的技术标准和规范进一步适应国际技术法规与技术标准通行规则，2016 年我国提出了以政府制定强制性标准、社会团体制定自愿采用性标准的长远目标，明确了逐步用全文强制性工程建设规范取代现行标准中分散的强制性条文的改革任务，逐步形成由法律、行政法规、部门规章中的技术规定与全文强制性工程建设规范构成的“技术法规”体系。2021 年以来，我国陆续颁布了《工程结构通用规范》(GB 55001—2021)、《建筑与市政工程抗震通用规范》(GB 55002—2021)和《混凝土结构通用规范》(GB 55008—2021)等一系列全文强制性工程建设规范。其中《混凝土结构通用规范》(GB 55008—2021)规定了应用于房屋建设工程以及市政、交通、水利、电力、通信等工程中混凝土结构必须执行的强制性要求，规定了混凝土结构选用混凝土强度等级的基本要求，与国家现行有关标准相比，最低强度等级要求有所提高，以适当提高混凝土结构的安全性和耐久性，落实我国倡导采用高强高性能混凝土和高强钢筋，促进建筑业高质量发展的要求。

随着全文强制性工程建设规范的颁布，与混凝土结构相关的国家现行有关标准，包括《混凝土结构设计规范》(GB 50010—2010)等也陆续进行局部修订。2024 年，《混凝土结构设计规范》(GB 50010—2010)的名称修改为《混凝土结构设计标准》(GB/T 50010—2010)。本书除了介绍混凝土材料性能和计算分析基本原理外，在设计方法上将主要介绍根据《混凝土结构通用规范》(GB 55008—2021)、其他相关强制性工程建设规范，以及局部修订后的《混凝土结构设计标准》(GB/T 50010—2010)的内容。

## 1.3 本课程的特点与学习方法

本课程从学习钢筋混凝土材料的力学性能和以概率理论为基础的极限状态设计方法开始，对各种钢筋混凝土构件的受力性能、设计计算方法及配筋构造进行探讨，如受弯构件正截面、斜截面承载力计算，受扭构件承载力计算，受压和受拉构件承载力计算，受弯构件变形和裂缝宽度验算，以及预应力混凝土构件的计算等，最后将学习钢筋混凝土楼盖设计方法和单层工业厂房、多层及高层建筑混凝土结构的设计方法。

学习本课程时应注意以下特点：

(1) 钢筋混凝土是由钢筋和混凝土两种力学性能不同的材料组成的复合材料，它与以往学过的材料力学中单一理想的弹性材料不同，所以材料力学中所学的公式在钢筋混凝土结构中可以直接应用的不多。为了对钢筋混凝土的受力性能和破坏特性有较好的了解，首先要掌握好钢筋和混凝土材料的力学性能。

(2) 钢筋混凝土既然是一种复合材料，就存在着两种材料的数量比例和强度搭配问题，超过一定范围，构件的受力性能就会发生改变，导致不能正常使用。以钢筋混凝土简支梁为例，随着受拉区配置的纵向受拉钢筋的增加，梁的破坏形态可能由受拉钢筋先屈服而变为受压区混凝土先压碎。

(3) 钢筋混凝土材料的力学性能和构件的计算方法都是建立在试验研究基础上的，许多计算公式都是在大量试验资料的基础上用统计分析方法得出的半理论半经验公式。这些公式的推导并不像数学公式或力学公式那样严谨，但却能较好地反映钢筋混凝土的真实受力情况。

(4) 学习本课程是为了在工程建设中进行混凝土结构的设计，它包括整体方案、材料选择、截面形式、配筋、构造措施等。结构设计是一个综合问题，要求做到技术先进、经济合理、安全适用、确保质量。同一构件在相同的荷载作用下，可以有不同的截面形式、尺寸、配筋方法及配筋数量，设计时需要进行综合分析，结合具体情况确定最佳方案，以获得良好的技术经济效果。因此，在学习过程中，要学会对多种因素进行综合分析的设计方法。

(5) 学习本课程时，要学会运用《混凝土结构通用标准》(GB 55008—2021)和《混凝土结构设计标准》(GB/T 50010—2010)。工程建设规范是国家颁布的有关设计计算和构造要求的技术规定和标准，规范条文尤其是强制性条文是设计中必须遵守的带有法律性的技术文件，这将使设计方法达到统一化和标准化，从而有效地贯彻国家的技术经济政策，保证工程质量。《混凝土结构通用规范》(GB 55008—2021)和《混凝土结构设计标准》(GB/T 50010—2010)是总结近年来全国高校和设计、科研单位的科研成果和工程实践经验，学习借鉴国外先进规范和经验，并广泛征求国内有关单位意见，经过反复修改而制定的，它代表了该学科在一个时期的技术水平。

因为科学技术水平和生产实践经验是不断发展的，所以设计规范也必然需要不断修订和补充。因此，要用发展的观点来看待设计规范，在学习和掌握钢筋混凝土结构理论和设计方法的同时，要善于观察和分析，不断地进行探索和创新。

混凝土结构是我国工程建设中应用最广泛的一种结构，在现代化建设事业中起着重要作用。随着改革开放的不断深入，中国的建筑业必将走向世界，因此应该大力开展混凝土结构的科学研究，努力提高生产技术水平，采用先进的设计理论，推广新材料、新工艺，使我国的混凝土结构理论和设计水平尽快达到国际先进水平。

## 本章小结

（1）钢筋混凝土是把钢筋和混凝土这两种材料按照合理的方式结合在一起共同工作，使钢筋主要承受拉力，混凝土主要承受压力，充分发挥两种材料各自优点的一种复合材料。在混凝土中配置一定形式和数量的钢筋形成钢筋混凝土构件后，可以使构件的承载力得到较大幅度提高，构件的受力性能也得到显著改善。

（2）钢筋和混凝土能够有效地结合在一起共同工作的主要原因有两点：一是钢筋和混凝土之间存在黏结力，使两者之间能传递力和变形；二是钢筋和混凝土两种材料的温度线膨胀系数接近。

（3）钢筋混凝土结构的主要优点是材料利用合理，耐久性、耐火性、可模性、整体性好，易于就地取材等；主要缺点是结构自重大、抗裂性较差、一旦损坏修复比较困难、施工受季节环境影响较大等。

（4）混凝土材料主要发展方向是高强、轻质、耐久、提高抗裂性和易于成型等，而钢筋的发展方向是高强、较好的延性和较好的黏结锚固性能等。

（5）《混凝土结构通用规范》(GB 55008—2021)和《混凝土结构设计标准》(GB/T 50010—2010)中的条文尤其是强制性条文是设计中必须遵守的带有法律性的技术文件，遵守工程建设规范是为了使设计方法达到统一化和标准化，从而有效地贯彻国家的技术经济政策，保证工程质量。

## 思考题

1.1　在混凝土构件中配置一定形式和数量的钢筋有哪些作用？

1.2　钢筋和混凝土这两种不同材料能够有效地结合在一起共同工作的主要原因是什么？

1.3　钢筋混凝土结构有哪些优点和缺点？如何克服这些缺点？

1.4　试简述混凝土结构计算理论的发展过程。

1.5　学习混凝土结构课程时应注意哪些问题？

# 2　混凝土结构材料的物理力学性能

### 本章提要

钢筋和混凝土的物理力学性能以及共同工作的性能直接影响混凝土结构和构件的性能，也是混凝土结构计算理论和设计方法的基础。本章介绍了钢筋和混凝土在不同受力条件下强度和变形的特点，以及这两种材料结合在一起共同工作的受力性能。

## 2.1　钢　　筋

### 2.1.1　钢筋的品种和级别

混凝土结构中使用的钢筋按化学成分可分为碳素钢和普通低合金钢两大类。碳素钢除含有铁元素外，还含有少量的碳、硅、锰、硫、磷等元素。根据含碳量的多少，碳素钢又可分为低碳钢（含碳量小于0.25％）、中碳钢（含碳量为0.25％～0.6％）和高碳钢（含碳量为0.6％～1.4％），含碳量越高，钢筋的强度越高，但塑性和可焊性越低。普通低合金钢除含有碳素钢已有的成分外，再加入了一定量的硅、锰、钒、钛、铬等合金元素，这样既可以有效地提高钢筋的强度，又可以使钢筋保持较好的塑性。由于我国钢材的产量和用量巨大，为了节约低合金资源，冶金行业近年来研制开发出细晶粒钢筋，这种钢筋不需要添加或只需添加很少的合金元素，通过控制轧钢的温度形成细晶粒的金相组织，就可以达到与添加合金元素相同的效果，其强度和延性完全满足混凝土结构对钢筋性能的要求。

按照钢筋的生产加工工艺和力学性能的不同，《混凝土结构设计标准》(GB/T 50010—2010)规定用于钢筋混凝土结构和预应力混凝土结构中的钢筋或钢丝可分为热轧普通钢筋（简称普通钢筋）、中强度预应力钢丝、消除应力钢丝、钢绞线和预应力螺纹钢筋等，见附表4和附表5。

热轧普通钢筋是由低碳钢、普通低合金钢或细晶粒钢在高温状态下轧制而成，有明显的屈服点和流幅，断裂时有“颈缩”现象，伸长率比较大。热轧普通钢筋根据其强度的高低分为HPB300级（符号Φ）、HRB335级（符号Φ）*、HRB400级（符号Φ）、HRBF400级（符号$\Phi^{F}$）、RRB400级（符号$\Phi^{R}$）、HRB500级（符号Φ）和HRBF500级（符号$\Phi^{F}$）等。其中HPB300级为光面钢筋，HRB335级、HRB400级和HRB500级为普通低合金热轧月牙纹变形钢筋，HRBF400级和HRBF500级为细晶粒热轧月牙纹变形钢筋，RRB400级为余热处理月牙纹变形钢筋。余热处理钢筋是由轧制的钢筋经高温淬水、余热回温处理后得到的，其强度提高，价格相对较低，但可焊性、机械连接性能及施工适应性稍差，可在对延性及加工性要求不高的构件中使用，如基础、大体积混凝土以及跨度及荷载不大的楼板、墙体。

中强度预应力钢丝、消除应力钢丝、钢绞线和预应力螺纹钢筋是用于预应力混凝土结构的预应力筋。其中，中强度预应力钢丝的抗拉强度为800～1270 N/mm$^2$，外形有光面（符号$\Phi^{PM}$）和螺旋肋（符号$\Phi^{HM}$）两种；消除应力钢丝的抗拉强度为1470～1860N/mm$^2$，外形也有光面（符号$\Phi^{P}$）和螺旋肋（符号$\Phi^{H}$）两种；钢绞线（符号$\Phi^{S}$）抗拉强度为1570～1960 N/mm$^2$，是由多根高强钢丝扭结而成，常用的有1×7(7股)和1×3(3股)等；预应力螺纹钢筋（符号$\Phi^{T}$）又称精轧螺纹粗钢筋，抗拉强度为980～1230 N/mm$^2$，是用于预应力混

---

* HRB335级钢筋是抗拉屈服强度标准值为335 MPa的热轧月牙纹变形钢筋（俗称Ⅱ级钢筋），20世纪60～70年代至21世纪初，HRB335级钢筋曾较多用作混凝土结构的受力钢筋。近年来我国冶金行业已生产出大量强度更高、性能更好的HRB400、HRB500级等高强钢筋，广泛用于混凝土结构，不仅可显著节省钢材，也符合国家的节能环保政策，因此新颁布的《混凝土结构通用规范》(GB 55008—2021)和局部修订后的《混凝土结构设计标准》(GB/T 50010—2010)不再列入HRB335级钢筋。考虑到HRB335级钢筋曾在我国混凝土结构中使用较长时间，在既有建筑的改造加固工程中仍可能遇到这种钢筋，本教材在相关表格中保留了HRB335级钢筋的性能指标，供需要时查询。

凝土结构的大直径高强钢筋，这种钢筋在轧制时沿钢筋纵向全部轧有规律性的螺纹肋条，可用螺丝套筒连接和螺帽锚固，不需要再加工螺丝，也不需要焊接。

常用钢筋、钢丝和钢绞线的外形如图 2.1 所示。

冷加工钢筋在混凝土结构中也有一定应用。冷加工钢筋是将某些热轧光面钢筋（称为母材）经冷拉、冷拔或冷轧、冷扭等工艺进行再加工而得到的直径较细的光面或变形钢筋，有冷拉钢筋、冷拔钢丝、冷轧带肋钢筋和冷轧扭钢筋等。热轧钢筋经冷加工后强度提高，但塑性（伸长率）明显降低，因此冷加工钢筋主要用于对延性要求不高的板类构件，或作为非受力构造钢筋。由于冷加工钢筋的性能受母材和冷加工工艺影响较大，《混凝土结构设计标准》(GB/T 50010—2010）中未列入冷加工钢筋，工程应用时可按相关的冷加工钢筋技术标准执行。

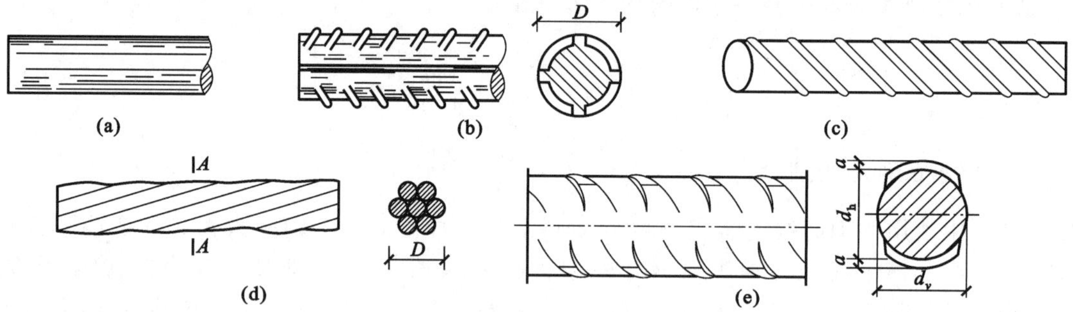


图 2.1　常用钢筋、钢丝和钢绞线的外形

(a) 光面钢筋；(b) 月牙纹钢筋；(c) 螺旋肋钢丝；(d) 钢绞线(7 股)；(e) 预应力螺纹钢筋(精轧螺纹粗钢筋)

### 2.1.2　钢筋强度和变形

2.1.2.1　钢筋的应力-应变关系

根据钢筋单调受拉时应力-应变关系特点的不同，可分为有明显屈服点钢筋和无明显屈服点钢筋两种，习惯上也分别称为软钢和硬钢。一般热轧钢筋属于有明显屈服点的钢筋，而高强钢丝等多属于无明显屈服点的钢筋。

(1) 有明显屈服点钢筋

有明显屈服点钢筋拉伸时的典型应力-应变曲线（$\sigma$-$\varepsilon$ 曲线）如图 2.2 所示。图中 $a'$点称为比例极限，$a$ 点称为弹性极限，通常 $a'$点与 $a$ 点很接近。$b$ 点称为屈服上限，当应力超过 $b$ 点后，钢筋即进入塑性阶段，随之应力下降到 $c$ 点（称为屈服下限），$c$ 点以后钢筋开始塑性流动，应力不变而应变增加很快，曲线为一水平段，称为屈服台阶。屈服上限不太稳定，受加载速度、钢筋截面形式和表面光洁度的影响而波动，屈服下限则比较稳定，通常以屈服下限 $c$ 点的应力作为屈服强度。当钢筋的屈服塑性流动到达 $f$ 点以后，随着应变的增加，应力又继续增大，至 $d$ 点时应力达到最大值。$d$ 点的应力称为钢筋的极限抗拉强度，$fd$ 段称为强化段。$d$ 点以后，在试件的薄弱位置出现颈缩现象，变形增加迅速，钢筋断面缩小，应力降低，直至 $e$ 点被拉断。

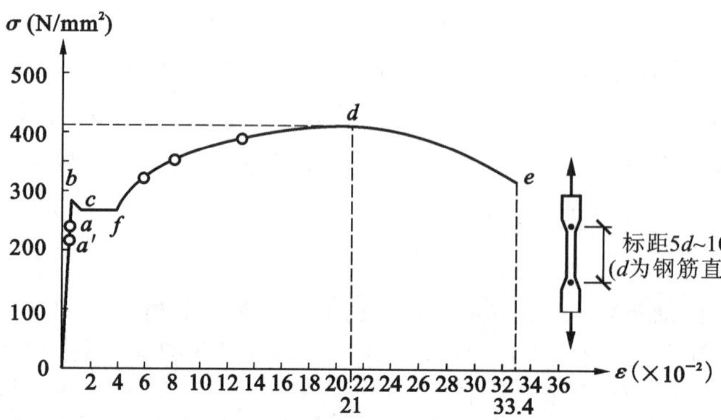


图 2.2　有明显屈服点钢筋的应力-应变曲线

钢筋受压时在达到屈服强度之前与受拉时的应力-应变规律相同，其屈服强度值与受拉时也基本相同。当应力达到屈服强度后，由于试件发生明显的横向塑性变形，截面面积增大，不会发生材料破坏，因此难以得出明显的极限抗压强度。

有明显屈服点钢筋有两个强度指标：一个是对应于 $c$ 点的屈服强度，它是混凝土构件计算的强度限值，因为当构件某一截面的钢筋应力达到屈服强度后，将在荷载基本不变的情况下产生持续的塑性变形，使构件的变形和裂缝宽度显著增大以致无法使用，因此一般结构计算中不考虑钢筋的强化段而取屈服强度作为设计强度的依据；另一个是对应于 $d$ 点的极限抗拉强度，一般情况下用作材料的实际破坏强度，钢筋的强屈比（极限抗拉强度与屈服强度的比值）表示结构的可靠性潜力，在抗震结构中考虑到受拉钢筋可能进入强化阶段，要求强屈比不小于 1.25。

（2）无明显屈服点钢筋

无明显屈服点钢筋拉伸的典型应力-应变曲线如图 2.3 所示。在应力未超过 $a$ 点时，钢筋仍具有理想的弹性性质，$a$ 点的应力称为比例极限，其值约为极限抗拉强度的 65%。超过 $a$ 点后应力-应变关系为非线性，没有明显的屈服点。达到极限抗拉强度后钢筋很快被拉断，破坏时呈脆性。

对无明显屈服点的钢筋，在工程设计中一般取残余应变为 0.2% 时所对应的应力 $\sigma_{0.2}$ 作为强度设计指标，称为条件屈服强度。其值约为极限抗拉强度的 85%。

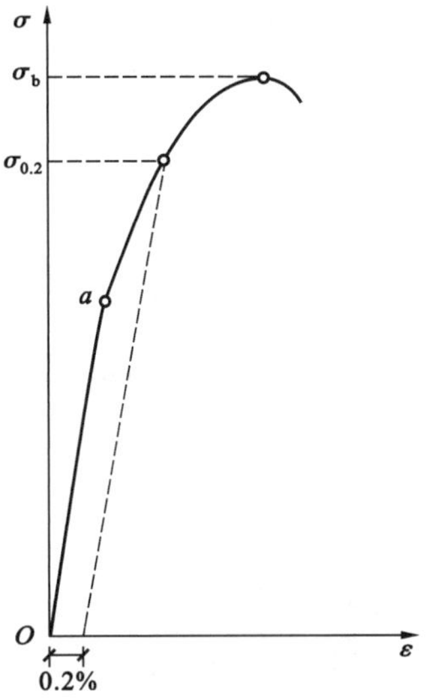

图 2.3 无明显屈服点钢筋的应力-应变曲线

2.1.2.2 钢筋的伸长率

钢筋除了要有足够的强度外，还应具有一定的塑性变形能力，伸长率即是反映钢筋塑性性能的一个指标。伸长率大的钢筋塑性性能好，拉断前有明显预兆；伸长率小的钢筋塑性性能较差，其破坏突然发生，呈脆性特征。因此，《混凝土结构设计标准》（GB/T 50010—2010）除规定了钢筋的强度指标外，还规定了钢筋的伸长率指标（见附表 8）。

（1）钢筋的断后伸长率（伸长率）

钢筋拉断后的伸长值与原长的比称为钢筋的断后伸长率 $\delta$（习惯上称为伸长率），按下式计算：

$$\delta = \frac{l - l_0}{l_0} \times 100\% \tag{2.1}$$

式中 $l$——钢筋包含颈缩区的量测标距拉断后的长度；

$l_0$——试件拉伸前的标距长度，一般可取 $l_0 = 5d$（$d$ 为钢筋直径）或 $l_0 = 10d$，相应的断后伸长率表示为 $\delta_5$ 或 $\delta_{10}$；对预应力钢丝也有取 $l_0 = 100$ mm 的，断后伸长率表示为 $\delta_{100}$。

断后伸长率只能反映钢筋残余变形的大小，其中还包含断口颈缩区域的局部变形。这一方面使得不同量测标距长度 $l_0$ 得到的结果不一致，对同一钢筋，当 $l_0$ 取值较小时得到的 $\delta$ 值较大，而当 $l_0$ 取值较大时得到的 $\delta$ 值则较小；另一方面断后伸长率忽略了钢筋的弹性变形，不能反映钢筋受力时的总体变形能力。此外，量测钢筋拉断后的标距长度 $l$ 时，需将拉断的两段钢筋对合后再量测，也容易产生人为误差。因此，近年来国际上已采用钢筋的最大力总延伸率（均匀伸长率）$\delta_{gt}$ 来表示钢筋的变形能力。

（2）钢筋的最大力总延伸率（均匀伸长率）

如图 2.4 所示，钢筋在达到最大应力 $\sigma_b$ 时的变形包括塑性残余变形 $\varepsilon_r$ 和弹性变形 $\varepsilon_e$ 两部分，最大力总延伸率（均匀伸长率）$\delta_{gt}$ 可用下式表示：

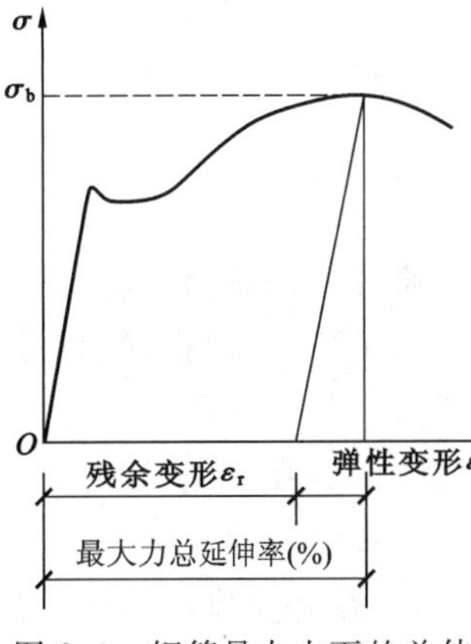

图 2.4 钢筋最大力下的总伸长率

$$\delta_{gt}=\left(\frac{L-L_0}{L_0}+\frac{\sigma_b}{E_s}\right)\times 100\% \tag{2.2}$$

式中 $L_0$——试验前的原始标距(不包含颈缩区);

$L$——试验后量测标记之间的距离;

$\sigma_b$——钢筋的最大拉应力(即极限抗拉强度);

$E_s$——钢筋的弹性模量。

式(2.2)括号中的第一项反映了钢筋的塑性残余变形,第二项反映了钢筋在最大拉应力下的弹性变形。

$\delta_{gt}$的量测方法可参照图 2.5 进行。在离断裂点较远的一侧选择 Y 和 V 两个标记,两个标记之间的原始标距($L_0$)在试验前至少应为 100 mm;标记 Y 或 V 与夹具的距离不应小于20 mm和钢筋公称直径 $d$ 两者中的较大值,标记 Y 或 V 与断裂点之间的距离不应小于 50 mm 和 2 倍钢筋公称直径($2d$)两者中的较大值。钢筋拉断后量测标记之间的距离为 $L$,并求出钢筋拉断时的最大拉应力 $\sigma_b$,然后按式(2.2)计算 $\delta_{gt}$。

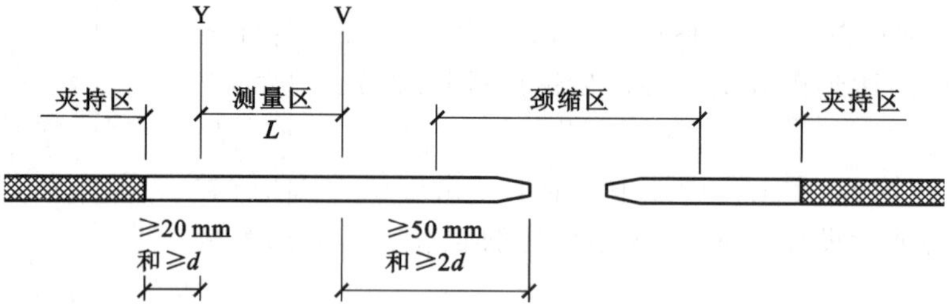


图 2.5 最大力总延伸率的量测方法

钢筋的最大力总延伸率 $\delta_{gt}$既能反映钢筋的残余变形,又能反映钢筋的弹性变形,量测结果受原始标距 $L_0$ 的影响较小,也不易产生人为误差,因此,《混凝土结构通用规范》(GB 55008—2021)和《混凝土结构设计标准》(GB/T 50010—2010)采用 $\delta_{gt}$来统一评定钢筋的塑性性能。

2.1.2.3 钢筋的冷弯性能

钢筋的冷弯性能是检验钢筋韧性、内部质量和可加工性的有效方法,是将直径为 $d$ 的钢筋绕直径为 $D$ 的弯芯进行弯折(图 2.6),在达到规定冷弯角度 $\alpha$ 时,钢筋不发生裂纹、断裂或起层现象。冷弯性能也是评价钢筋塑性的指标,弯芯的直径 $D$ 越小,弯折角 $\alpha$ 越大,说明钢筋的塑性越好。

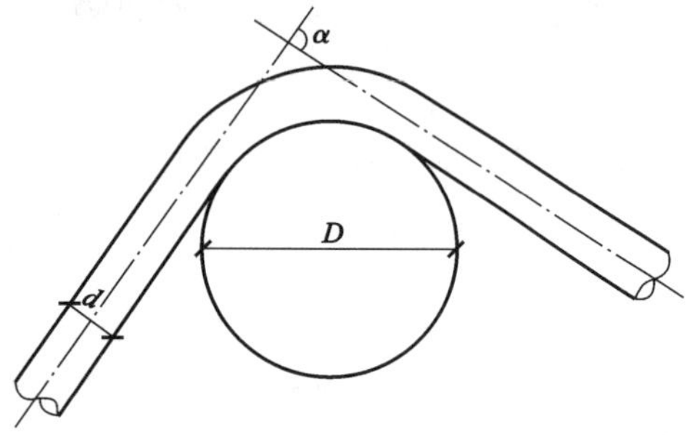


图 2.6 钢筋的冷弯

对有明显屈服点的钢筋,其检验指标为屈服强度、极限抗拉强度、伸长率和冷弯性能四项。对无明显屈服点的钢筋,其检验指标则为极限抗拉强度、伸长率和冷弯性能三项。对在混凝土结构中应用的热轧普通钢筋和预应力筋的具体性能要求见有关国家标准,如《钢筋混凝土用钢第 2 部分:热轧带肋钢筋》(GB/T 1499.2—2018)、《预应力混凝土用钢丝》(GB/T 5223—2014)等。

### 2.1.3 钢筋的疲劳

钢筋的疲劳是指钢筋在承受重复、周期性的动荷载作用下,经过一定次数后,从塑性破坏变为脆性破坏的现象。吊车梁、桥面板、轨枕等承受重复荷载的混凝土构件,在正常使用期间会由于疲劳而发生破坏。钢筋的疲劳强度与一次循环应力中最大应力 $\sigma^f_{max}$和最小应力 $\sigma^f_{min}$的差值 $\Delta\sigma^f$ 有关,$\Delta\sigma^f=\sigma^f_{max}-\sigma^f_{min}$称疲劳应力幅。钢筋的疲劳强度是指在某一规定的应力幅内,经受一定次数(我国规定为 200 万次)循环荷载后发生疲劳破坏的最大应力值。

通常认为,在外力作用下钢筋发生疲劳断裂是由于钢筋内部和外表面的缺陷引起应力集中,钢筋中晶粒发生滑移,产生疲劳裂纹,最后断裂。影响钢筋疲劳强度的因素很多,如疲劳应力幅、最小应力值的大小、钢筋外表面几何形状、钢筋直径、钢筋强度和试验方法等。《混凝土结构设计标准》(GB/T 50010—2010)规定了不同等级钢筋的疲劳应力幅度限值,并规定该值与截面同一层钢筋最小应力与最大应力的比值 $\rho^f$ 有关,$\rho^f$ 称为疲劳应力比值。对预应力钢筋,当 $\rho^f \geqslant 0.9$ 时,可不进行疲劳强度验算。

### 2.1.4 混凝土结构对钢筋性能的要求

(1) 钢筋的强度

钢筋的强度是指钢筋的屈服强度及极限抗拉强度,其中钢筋的屈服强度(对无明显流幅的钢筋取条件屈服强度)是设计计算时的主要依据。采用高强度钢筋可以节约钢材,减少资源和能源的消耗,从而取得良好的社会效益和经济效益。在钢筋混凝土结构中推广应用 500 N/mm² 级或 400 N/mm² 级强度高、延性好的热轧钢筋,在预应力混凝土结构中推广应用高强预应力钢丝、钢绞线和预应力螺纹钢筋,限制并逐步淘汰强度较低、延性较差的钢筋,符合我国可持续发展的要求,是今后混凝土结构的发展方向。

(2) 钢筋的塑性

钢筋有一定的塑性,可使其在断裂前有足够的变形,能给出构件将要破坏的预兆,因此要求钢筋的伸长率和冷弯性能合格。《混凝土结构设计标准》(GB/T 50010—2010)和相关的国家标准中对各种钢筋的最大力总延伸率($\delta_{gt}$)和冷弯性能均有明确规定。

(3) 钢筋的可焊性

可焊性是评定钢筋焊接后的接头性能的指标。要求在一定的工艺条件下,钢筋焊接后不产生裂纹及过大的变形,保证焊接后的接头性能良好。

(4) 钢筋与混凝土的黏结力

为了保证钢筋与混凝土共同工作,要求钢筋与混凝土之间必须有足够的黏结力。钢筋表面的形状是影响黏结力的重要因素。

### 2.1.5 钢筋的选用原则

我国工程建设中钢筋的用量巨大,为了节约资源、保护环境,在混凝土结构中要提倡采用高强、高性能的钢筋,限制并逐步淘汰低强度钢筋。根据混凝土结构和构件对钢筋性能的要求,《混凝土结构设计标准》(GB/T 50010—2010)规定了各种牌号钢筋的选用原则:

(1) 纵向受力普通钢筋可采用 HRB400、HRB500、HRBF400、HRBF500、RRB400、HPB300(直径 6～14 mm);梁、柱和斜撑构件的纵向受力普通钢筋宜采用 HRB400、HRB500、HRBF400、HRBF500 钢筋。

(2) 箍筋宜采用 HRB400、HRBF400、HPB300(直径 6～14 mm)、HRB500、HRBF500 钢筋。

(3) 预应力筋宜采用预应力钢丝、钢绞线和预应力螺纹钢筋。

HPB300 钢筋主要用于中、小跨度梁板配筋,以及梁柱的箍筋和构造配筋,其规格仅限于直径 6～14 mm。

## 2.2 混　凝　土

### 2.2.1 混凝土的组成结构

混凝土是用水泥、水、砂(细骨料)、石材(粗骨料)以及外加剂等原材料经搅拌后入模浇筑,经养护硬化形成的人工石材。混凝土各组成成分的数量比例、水泥的强度、骨料的性质以及水与水泥胶凝材料的比例(水胶比)对混凝土的强度和变形有着重要的影响。另外,在很大程度上,混凝土的性能还取决于搅拌质量、浇筑的密实性和养护条件。

混凝土在凝结硬化过程中,水化反应形成的水泥结晶体和水泥凝胶体组成的水泥胶块把砂、石骨料黏结在一起。水泥结晶体和砂、石骨料组成了混凝土中错综复杂的弹性骨架,主要依靠它来承受外力,并使混凝土具有弹性变形的特点。水泥凝胶体是混凝土产生塑性变形的根源，并起着调整和扩散混凝土应力的作用。

在混凝土凝结初期，由于水泥胶块的收缩、泌水、骨料下沉等原因，在粗骨料与水泥胶块的接触面上以及水泥胶块内部将形成微裂缝，也称黏结裂缝(图 2.7)，它是混凝土内最薄弱的环节。混凝土在受荷前存在的微裂缝在荷载作用下将继续发展，对混凝土的强度和变形将产生重要影响。

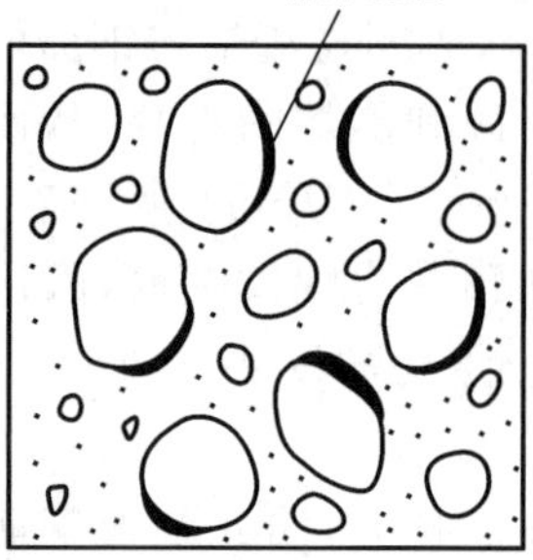

图 2.7　混凝土内微裂缝情况

### 2.2.2　混凝土的强度

强度是指结构材料所能承受的某种极限应力。从混凝土结构受力分析和设计计算的角度，需要了解如何确定混凝土的强度等级，以及用不同方式测定的混凝土强度指标与各类构件中混凝土真实强度之间的相互关系。

#### 2.2.2.1　混凝土的立方体抗压强度

混凝土的立方体抗压强度(简称立方体强度)是衡量混凝土强度的基本指标，用 $f_{cu}$ 表示。我国规范采用立方体抗压强度作为评定混凝土强度等级的标准，规定按标准方法制作、养护的边长为 150 mm 的立方体试件，在 28 d 或规定龄期用标准试验方法测得的具有 95%保证率的抗压强度值(以 $N/mm^2$ 计)作为混凝土的强度等级。

《混凝土结构设计标准》(GB/T 50010—2010)规定的混凝土强度等级有 13 级，分别为 C20、C25、C30、C35、C40、C45、C50、C55、C60、C65、C70、C75 和 C80。符号“C”代表混凝土，后面的数字表示混凝土的立方体抗压强度的标准值(以 $N/mm^2$ 计)，如 C60 表示混凝土立方体抗压强度标准值为 60 $N/mm^2$。

结构混凝土强度等级的选用应满足工程结构的承载力、刚度及耐久性需求。《混凝土结构通用规范》(GB 55008—2021)和《混凝土结构设计标准》(GB/T 50010—2010)规定，对设计工作年限为 50 年的混凝土结构，结构混凝土的强度等级应符合下列规定：

(1)素混凝土结构构件的混凝土强度等级不应低于 C20；钢筋混凝土结构构件的混凝土强度等级不应低于 C25；预应力混凝土楼板结构的混凝土强度等级不应低于 C30，其他预应力混凝土结构构件的混凝土强度等级不应低于 C40；钢-混凝土组合结构构件的混凝土强度等级不应低于 C30。

(2)承受重复荷载作用的钢筋混凝土结构构件，混凝土强度等级不应低于 C30。

(3)抗震等级不低于二级的钢筋混凝土结构构件，混凝土强度等级不应低于 C30。

(4)采用 500 MPa 及以上等级钢筋的钢筋混凝土结构构件，混凝土强度等级不应低于 C30。

对设计工作年限大于 50 年的混凝土结构，结构混凝土的最低强度等级应比上述规定高。

混凝土立方体抗压强度不仅与养护时的温度、湿度和龄期等因素有关，而且与立方体试件的尺寸和试验方法也有密切关系。试验结果表明，用边长 200 mm 的立方体试件测得的强度偏低，而用边长 100 mm 的立方体试件测得的强度偏高，因此需将非标准试件的实测值乘以换算系数换算成标准试件的立方体抗压强度。根据对比试验结果，采用边长为 200 mm 的立方体试件的换算系数为 1.05，采用边长为 100 mm 的立方体试件的换算系数为 0.95。也有的国家采用直径为 150 mm、高度为 300 mm 的圆柱体试件作为标准试件。对同一种混凝土，其圆柱体抗压强度与边长 150 mm 的标准立方体试件抗压强度之比为 0.79～0.81。

试验方法对混凝土立方体的抗压强度有较大影响。在一般情况下，试件受压时上下表面与试验机承压板之间将产生阻止试件向外横向变形的摩擦阻力，像两道套箍一样将试件上下两端套住，从而延缓裂缝的发展，提高了试件的抗压强度；破坏时试件中部剥落，形成两个对顶的角锥形破坏面，如图 2.8(a)所示。如果在试件的上下表面涂一些润滑剂，试验时摩擦阻力就大大减小，试件将沿着平行力的作用方向产生几条裂缝而破坏，所测得的抗压强度较低，其破坏形状如图 2.8(b)所示。我国规定的标准试验方法是不涂润滑剂的。

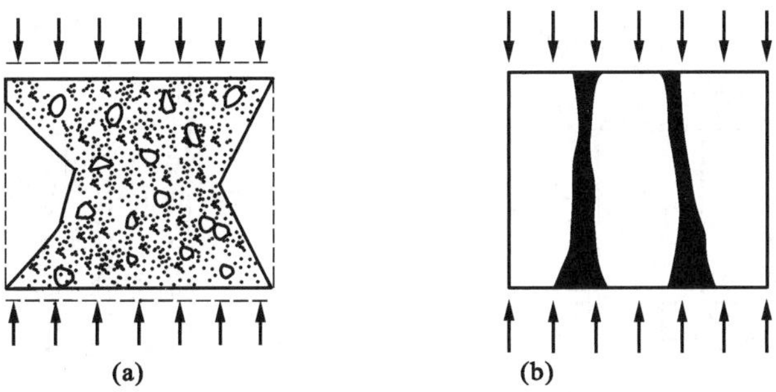


图 2.8　混凝土立方体试件破坏情况

加载速度对混凝土立方体抗压强度也有影响，加载速度越快，测得的强度越高。通常规定的加载速度为：混凝土强度等级低于 C30 时，取每秒钟 0.3～0.5 $N/mm^2$；混凝土强度等级高于或等于 C30 时，取每秒钟 0.5～0.8 $N/mm^2$。

混凝土立方体抗压强度还与养护条件和龄期有关。如图 2.9 所示，混凝土立方体抗压强度随混凝土的龄期逐渐增长，初期增长较快，以后逐渐缓慢；在潮湿环境中增长较快，而在干燥环境中增长较慢，甚至还有所下降。我国规范规定的标准养护条件为温度(20±3) ℃、相对湿度在90%以上的潮湿空气环境，规定的试验龄期为 28 d。

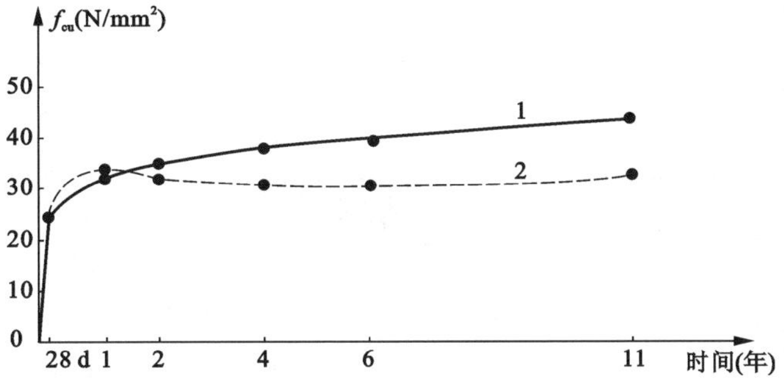


图 2.9　混凝土立方体强度随龄期的变化

1—潮湿环境中；2—干燥环境中

近年来，我国建材行业根据工程应用的具体情况，对某些种类的混凝土(如粉煤灰混凝土等)的试验龄期作了修改，允许根据有关标准的规定对这些种类的混凝土试件的试验龄期进行调整，如粉煤灰混凝土因早期强度增长较慢，其试验龄期可为 60 d。

2.2.2.2　混凝土的轴心抗压强度

实际工程中的构件一般不是立方体而是棱柱体，因此棱柱体试件的抗压强度能更好地反映混凝土构件的实际受力情况。用混凝土棱柱体试件测得的抗压强度称为混凝土的轴心抗压强度，也称棱柱体抗压强度，用 $f_c$ 表示。

混凝土的轴心抗压强度比立方体抗压强度要低，这是因为棱柱体的高度 $h$ 比宽度 $b$ 大，试验机压板与试件之间的摩擦力对试件中部横向变形的约束要小。高宽比 $h/b$ 越大，测得的强度越低，但当高宽比达到一定值后，这种影响就不明显了。试验表明，当高宽比 $h/b$ 由 1 增加到 2 时，抗压强度降低很快，但当高宽比 $h/b$ 由 2 增加到 4 时，其抗压强度变化不大。我国规范规定以 150 mm×150 mm×300 mm 的棱柱体作为混凝土轴心抗压强度试验的标准试件。图 2.10 所示为混凝土棱柱体抗压试验和试件破坏的情况。

图 2.11 所示为我国所做的混凝土轴心抗压强度与立方体抗压强度对比试验的结果，可以看出，试验值 $f_c^0$ 和 $f_{cu}^0$ 大致成线性关系。考虑实际结构构件混凝土与试件在尺寸、制作、养护和受力方面的差异，《混凝土结构设计标准》(GB/T 50010—2010)采用的混凝土轴心抗压强度标准值 $f_{ck}$ 与立方体抗压强度标准值 $f_{cu,k}$ 之间的换算关系为：

$$f_{ck} = 0.88\alpha_{c1}\alpha_{c2}f_{cu,k} \tag{2.3}$$

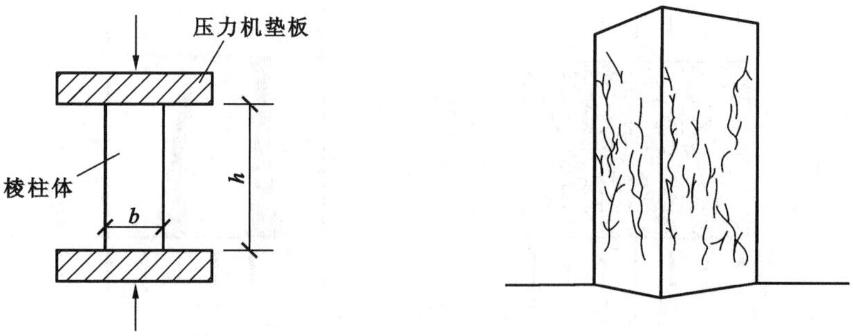


图 2.10　混凝土棱柱体抗压试验和试件破坏情况

式中　$\alpha_{c1}$——混凝土轴心抗压强度与立方体抗压强度的比值，当混凝土强度等级不大于 C50 时，$\alpha_{c1}=0.76$；当混凝土强度等级为 C80 时，$\alpha_{c1}=0.82$；当混凝土强度等级为中间值时，按线性变化插值。

$\alpha_{c2}$——混凝土的脆性系数，当混凝土强度等级不大于 C40 时，$\alpha_{c2}=1.0$；当混凝土强度等级为 C80 时，$\alpha_{c2}=0.87$；当混凝土强度等级为中间值时，按线性变化插值。

0.88——考虑结构中的实体混凝土强度与立方体试件混凝土强度差异等因素的修正系数。

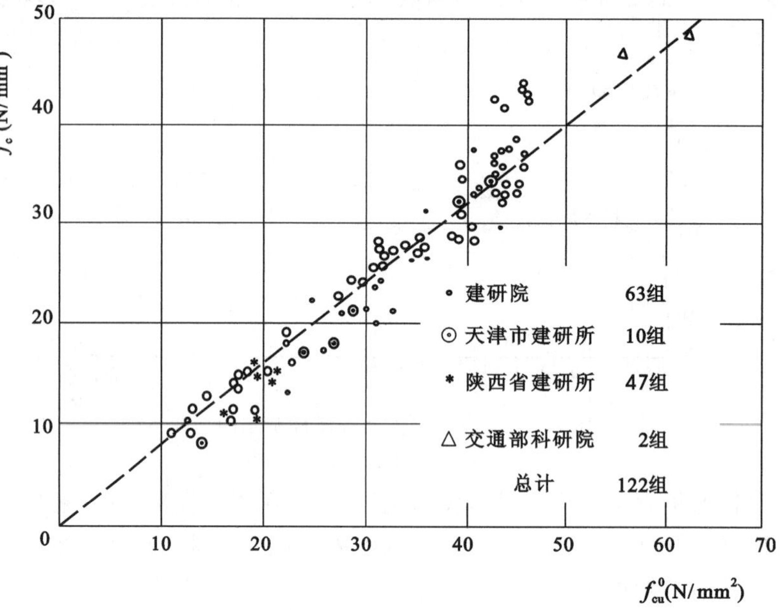


图 2.11　混凝土轴心抗压强度与立方体抗压强度的关系

2.2.2.3　混凝土的抗拉强度

混凝土的抗拉强度也是其基本力学性能指标之一。混凝土构件的开裂、裂缝宽度、变形验算以及受剪、受扭、受冲切等承载力的计算均与抗拉强度有关。混凝土的抗拉强度比抗压强度低得多，一般只有抗压强度的 1/20～1/10，且不与抗压强度成正比。混凝土的强度等级越高，抗拉强度与抗压强度的比值越低。

测定混凝土抗拉强度的试验方法通常有两种：一种为直接拉伸试验，如图 2.12 所示，试件尺寸为 100 mm×100 mm×500 mm，两端预埋钢筋，钢筋位于试件的轴线上，对试件施加拉力使其均匀受拉，试件破坏时的平均拉应力即为混凝土的抗拉强度，称为轴心抗拉强度 $f_t$，这种试验对试件尺寸及钢筋位置要求很严；另一种为间接测试方法，称为劈裂试验，如图 2.13 所示，对圆柱体或立方体试件施加线荷载，试件破坏时，在破裂面上产生与该面垂直且基本均匀分布的拉应力。根据弹性理论，试件劈裂破坏时，混凝土抗拉强度（劈裂抗拉强度）$f_{t,s}$可按下式计算：

$$f_{t,s}=\frac{2F}{\pi dl} \tag{2.4}$$

式中　$F$——劈裂破坏荷载；

$d$——圆柱体的直径或立方体的边长；

$l$——圆柱体的长度或立方体的边长。

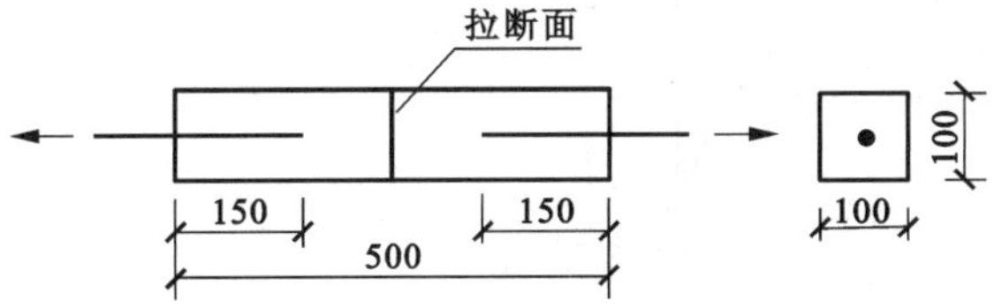


图 2.12　直接拉伸试验

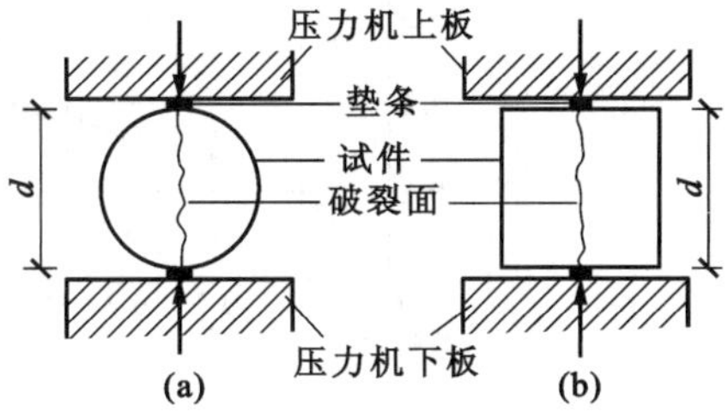


图 2.13　劈裂试验

(a) 圆柱体；(b) 立方体

劈裂试验试件的大小和垫条的尺寸、刚度都对试验结果有一定影响。我国的一些试验结果为劈裂抗拉强度略大于轴心抗拉强度，而国外的一些试验结果为劈裂抗拉强度略小于轴心抗拉强度。

我国规范采用轴心抗拉强度 $f_t$ 作为混凝土抗拉强度的代表值，根据对比试验结果，《混凝土结构设计标准》(GB/T 50010—2010)采用的混凝土轴心抗拉强度标准值 $f_{tk}$($N/mm^2$)与立方体抗压强度标准值 $f_{cu,k}$($N/mm^2$)之间的换算关系为：

$$f_{tk}=0.88\times 0.395\alpha_{c2}f_{cu,k}^{0.55}(1-1.645\delta)^{0.45} \tag{2.5}$$

式中 0.88 的意义和 $\alpha_{c2}$ 的取值与式(2.3)相同，$\delta$ 为试验结果的变异系数。

2.2.2.4　*混凝土在复合应力作用下的强度*

实际工程中的混凝土结构或构件通常受到轴力、弯矩、剪力及扭矩的不同组合作用，混凝土很少处于单向受力状态，往往是处于双向或三向受力状态。在复合应力状态下，混凝土的强度和变形性能有明显的变化。

(1) 混凝土的双向受力强度

在混凝土单元体两个互相垂直的平面上，作用有法向应力 $\sigma_1$ 和 $\sigma_2$，第三个平面上应力为零，混凝土在双向应力状态下强度的变化曲线如图 2.14 所示。

双向受压时(图 2.14 中第三象限)，一向的抗压强度随另一向压应力的增大而增大，最大抗压强度发生在两个应力比($\sigma_1/\sigma_2$ 或 $\sigma_2/\sigma_1$)为 0.4～0.7 时，其强度比单向抗压强度增加约 30%，而在两向压应力相等的情况下强度增加为 15%～20%。

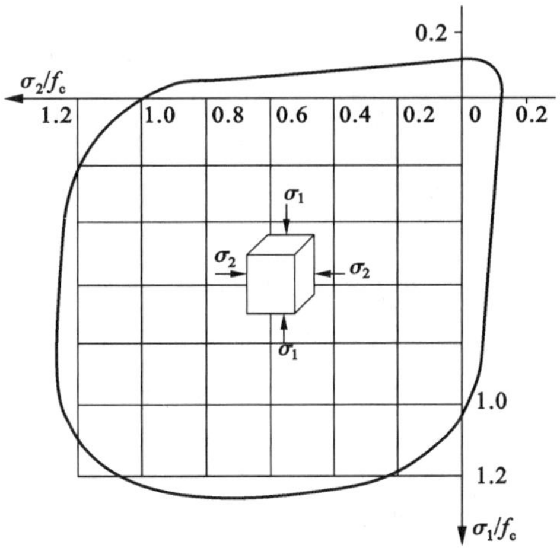


图 2.14　混凝土双向应力强度

双向受拉时(图 2.14 中第一象限)，一个方向的抗拉强度受另一方向拉应力的影响不明显，其抗拉强度接近于单向抗拉强度。

一向受拉另一向受压时(图 2.14 中第二、四象限)，抗压强度随拉应力的增大而降低，同样抗拉强度也随压应力的增大而降低，其抗压或抗拉强度均不超过相应的单轴强度。

(2) 混凝土在正应力和剪应力共同作用下的强度

图 2.15 所示为混凝土在正应力和剪应力共同作用下的强度变化曲线，可以看出混凝土的抗剪强度随拉应力的增大而减小；当压应力小于(0.5～0.7)$f_c$ 时，抗剪强度随压应力的增大而增大；当压应力大于(0.5～0.7)$f_c$ 时，由于混凝土内裂缝的明显发展，抗剪强度反而随压应力的增大而减小。从图 2.15 中还可看出，由于剪应力的存在，其抗压强度和抗拉强度均低于相应的单轴强度。

(3) 混凝土的三向受压强度

混凝土三向受压时，一向抗压强度随另两向压应力的增加而增大，并且混凝土受压的极限变形也大大增加。图 2.16 所示为圆柱体混凝土试件三向受压时(侧向压应力均为 $\sigma_2$)的试验结果，由于周围的压应力限制了混凝土内微裂缝的发展，这就大大提高了混凝土的纵向抗压强度和承受变形的能力。由试验结果

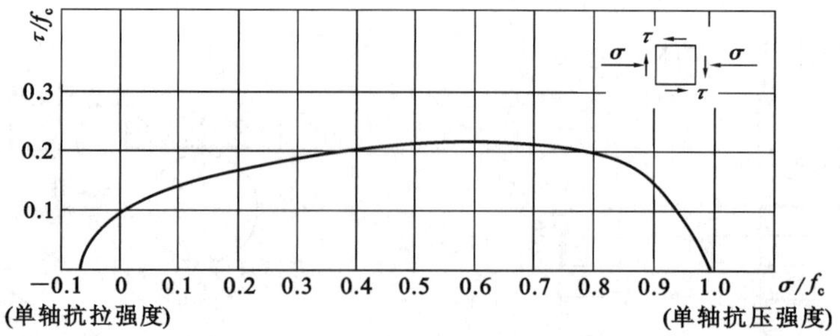


图 2.15　混凝土在正应力和剪应力共同作用下的强度曲线

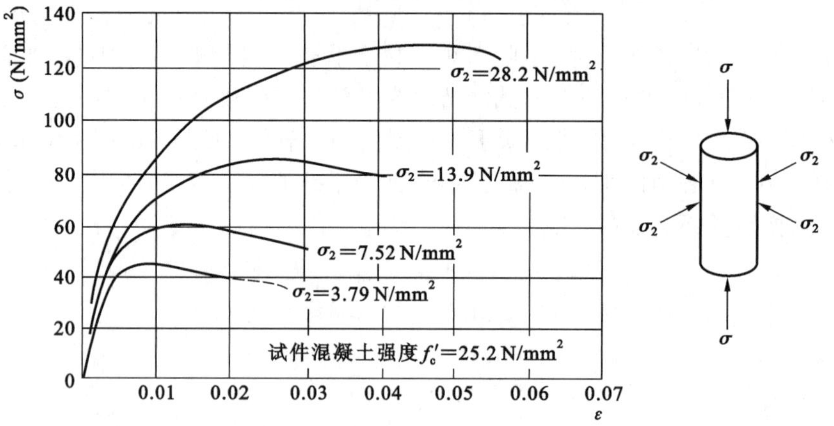


图 2.16　圆柱体试件三向受压试验

得到的经验公式为：

$$f_{cc}' = f_c' + \kappa\sigma_2 \tag{2.6}$$

式中　$f_{cc}'$——在等侧向压应力 $\sigma_2$ 作用下混凝土圆柱体抗压强度；

$f_c'$——无侧向压应力时混凝土圆柱体抗压强度；

$\kappa$——侧向压应力系数，根据试验结果取 $\kappa=4.5\sim7.0$，平均值为 5.6，当侧向压应力较低时得到的系数值较高。

### 2.2.3　混凝土的变形

混凝土的变形可分为两类：一类是混凝土的受力变形，包括一次短期加荷的变形、荷载长期作用下的变形和多次重复荷载作用下的变形等；另一类为混凝土由于收缩或由于温度变化产生的变形。

2.2.3.1　混凝土在一次短期加荷时的变形性能

(1) 混凝土受压应力-应变曲线

混凝土的应力-应变关系是混凝土力学性能的一个重要方面，它是研究钢筋混凝土构件截面应力分析，建立强度和变形计算理论所必不可少的依据。我国采用棱柱体试件测定混凝土一次短期加荷时的变形性能，图 2.17 所示即为实测的典型混凝土棱柱体在一次短期加荷下的应力-应变全曲线。可以看到，应力-应变曲线分为上升段和下降段两个部分。

上升段($OC$)：上升段($OC$)又可分为三个阶段。第一阶段 $OA$ 为准弹性阶段，从开始加载到 $A$ 点(混凝土应力 $\sigma$ 约为 $0.3f_c$)，应力-应变关系接近于直线，$A$ 点称为比例极限，其变形主要是骨料和水泥石结晶体受压后的弹性变形，已存在于混凝土内部的微裂缝没有明显发展，如图 2.18(a)所示。第二阶段 $AB$ 为裂缝稳定扩展阶段，随着荷载的增大压应力逐渐提高，混凝土逐渐表现出明显的非弹性性质，应变增长速度超过应力增长速度，应力-应变曲线逐渐弯曲，$B$ 点为临界点(混凝土应力 $\sigma$ 一般取 $0.8f_c$)。在这一阶段，混凝土内原有的微裂缝开始扩展，并产生新的裂缝，如图 2.18(b)所示，但裂缝的发展仍能保持稳定，

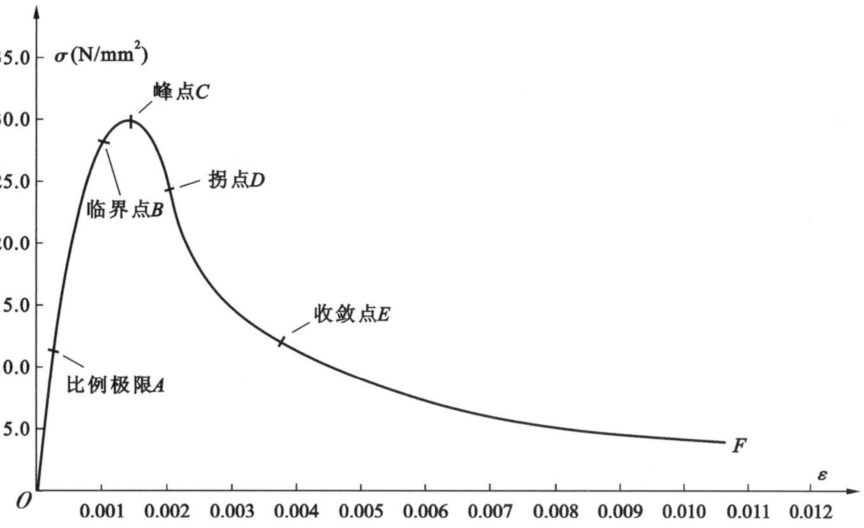


图 2.17 混凝土棱柱体受压应力-应变曲线

即应力不增加，裂缝也不继续发展；$B$ 点的应力可作为混凝土长期受压强度的依据。第三阶段 $BC$ 为裂缝不稳定扩展阶段，随着荷载的进一步增加，曲线明显弯曲，直至峰值 $C$ 点；这一阶段内裂缝发展很快并相互贯通，进入不稳定状态，如图 2.18(c)所示；峰值 $C$ 点的应力即为混凝土的轴心抗压强度 $f_c$，相应的应变称为峰值应变 $\varepsilon_0$，其值为 0.0015～0.0025，对 C50 及以下的素混凝土通常取 $\varepsilon_0=0.002$。

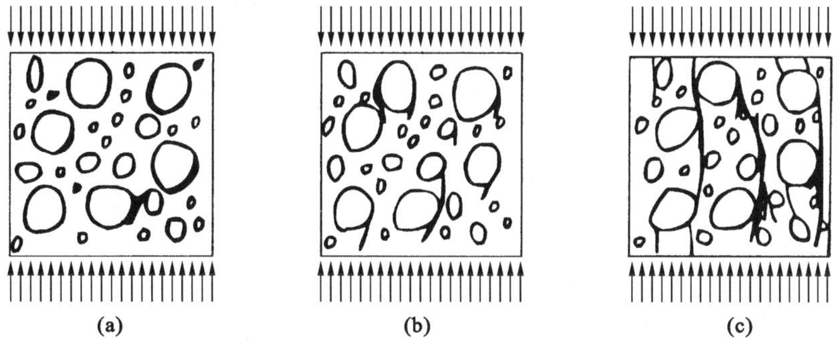


图 2.18 混凝土内微裂缝发展过程

(a) $\sigma_c<0.3f_c$；(b) $\sigma_c=(0.3\sim0.8)f_c$；(c) $\sigma_c>0.8f_c$

下降段($CF$)：当混凝土的应力达到 $f_c$ 以后，承载力开始下降，试验机受力也随之下降而产生恢复变形。对于一般的试验机，由于机器的刚度小，恢复变形较大，试件将在机器的冲击作用下迅速破坏而测不出下降段。如果能控制机器的恢复变形（如在试件旁附加弹性元件吸收试验机所积蓄的变形能，或采用有伺服装置控制下降段应变速度的特殊试验机），则在达到最大应力后，试件并不立即破坏，而是随着应变的增长，应力逐渐减小，呈现出明显的下降段。下降段曲线开始为凸曲线，随后变为凹曲线，$D$ 点为拐点；超过 $D$ 点后曲线下降加快，至 $E$ 点曲率最大，$E$ 点称为收敛点；超过 $E$ 点后，试件的贯通主裂缝已经很宽，已失去结构意义。混凝土达到极限强度后，在应力下降幅度相同的情况下，变形能力大的混凝土延性要好。

混凝土应力-应变曲线的形状和特征是混凝土内部结构变化的力学标志，影响应力-应变曲线的因素有混凝土的强度、加荷速度、横向约束以及纵向钢筋的配筋率等。不同强度混凝土的应力-应变曲线如图 2.19 所示。可以看出，随着混凝土强度的提高，上升段曲线的直线部分增大，峰值应变 $\varepsilon_0$ 也有所增大，但混凝土强度越高，曲线下降段越陡，延性也越差。图 2.20 所示为相同强度的混凝土在不同应变速度下的应力-应变曲线。可以看出，随着应变速度的降低，峰值应力逐渐减小，但与峰值应力对应的应变却增大了，下降段也变得平缓一些。

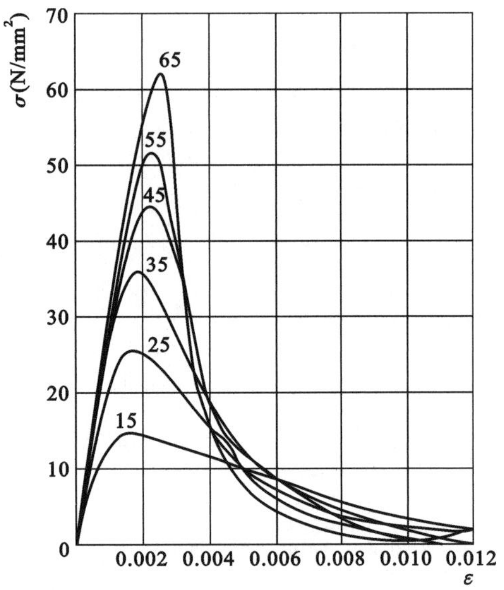


图 2.19　不同强度混凝土的应力-应变曲线

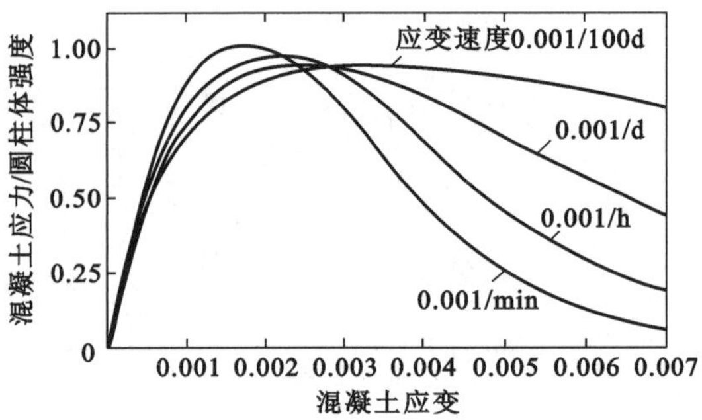


图 2.20　不同应变速度下混凝土的应力-应变曲线

混凝土受到横向约束时，其强度和变形能力均可明显提高，在实际工程中可采用密排螺旋筋或箍筋来约束混凝土，以改善混凝土的受力性能。图 2.21 所示为配有密排螺旋筋短柱和密排箍筋矩形短柱的受压应力-应变曲线，可以看出，在混凝土轴向压力很小时，螺旋筋或箍筋几乎不受力，混凝土基本不受约束；当混凝土应力达到临界应力时，混凝土内裂缝引起体积膨胀，使螺旋筋或箍筋受拉，而螺旋筋或箍筋反过来又约束混凝土，使混凝土处于三向受压状态，从而使混凝土的受力性能得到改善。从图 2.21 中还可看出，螺旋筋能很好地提高混凝土的强度和延性；密排箍筋能较好地提高混凝土延性，但提高强度的效果不明显。这是因为箍筋是方形的，仅能使箍筋的角上和核心的混凝土受到约束。

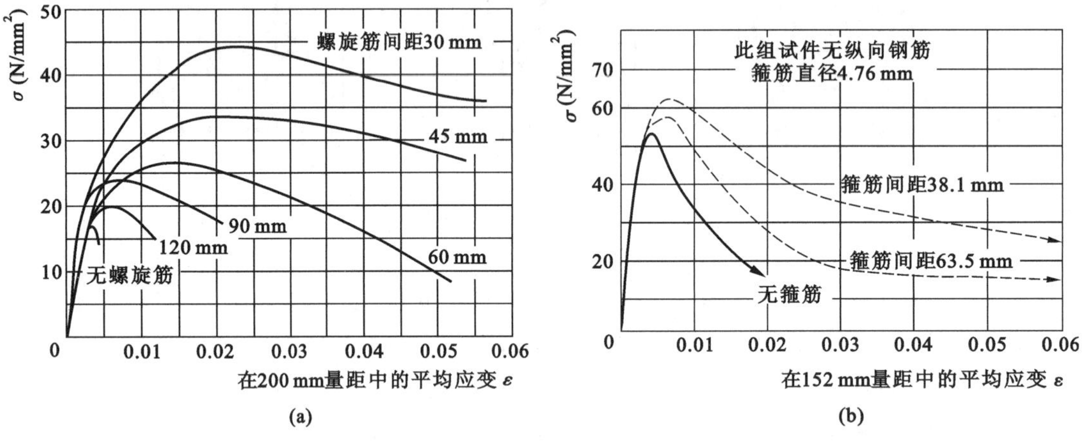


图 2.21　配有密排螺旋筋短柱和密排箍筋矩形短柱的应力-应变曲线

(a) 螺旋筋约束的柱；(b) 密排箍筋柱

试验表明，混凝土内配有纵向钢筋时也可使混凝土的变形能力有一定提高。图 2.22 所示为不同纵筋配筋率（箍筋间距较大，仅用于固定纵筋位置）的混凝土试件的受压应力-应变曲线。可以看出，随着纵筋配筋率的增大，混凝土的峰值应力变化不大，但峰值应变有较明显增大，这是由于钢筋和混凝土之间有很好的黏结，当混凝土应力接近或达到峰值时，纵筋起到一定的卸载和约束作用。

(2) 混凝土受压时纵向应变与横向应变的关系

混凝土试件在一次短期加荷时，除了产生纵向压应变外，还将在横向产生膨胀应变。横向应变与纵向应变的比值称横向变形系数 $\nu_c$，又称为泊松比。不同应力下横向变形系数 $\nu_c$ 的变化如图 2.23 所示。可以看出，当应力值小于 $0.5f_c$ 时，横向变形系数基本保持为常数；当应力值超过 $0.5f_c$ 以后，横向变形系数

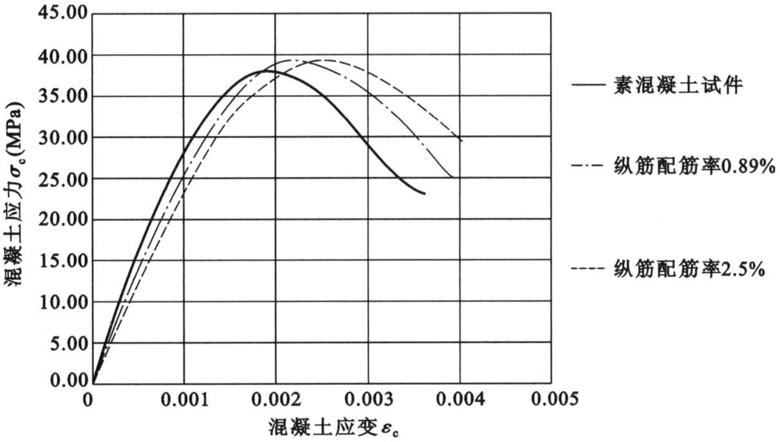


图 2.22　纵筋配筋率对混凝土变形的影响

逐渐增大，应力越高，增大的速度越快，表明试件内部的微裂缝迅速发展。材料处于弹性阶段时，混凝土的横向变形系数（泊松比）$\nu_c$ 可取为 0.2。

试验还表明，当混凝土应力较小时，体积随压应力的增大而减小。当压应力超过一定值后，随着压应力的增加，体积又重新增大，最后竟超过了原来的体积。混凝土体积应变 $\varepsilon_v$ 与应力的变化关系如图 2.24 所示。

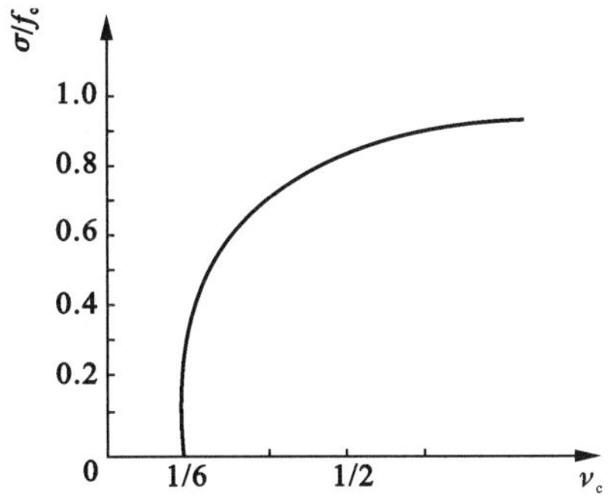


图 2.23　混凝土横向应变和纵向应变的关系

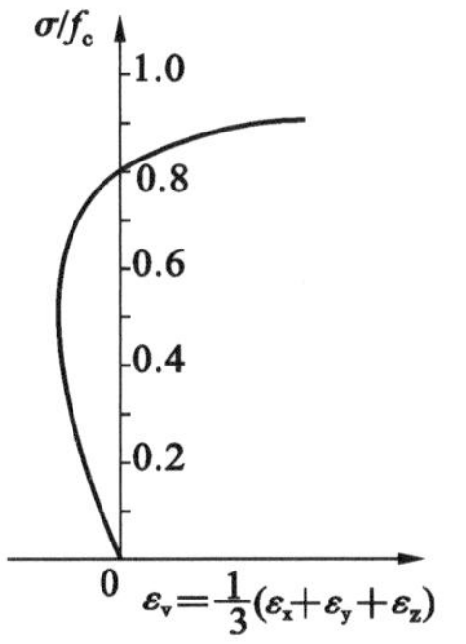


图 2.24　混凝土体积应变与应力的变化关系

(3) 混凝土的变形模量

与弹性材料不同，混凝土的应力-应变关系是一条曲线，在不同的应力阶段，应力与应变之比的变形模量不是常数，而是随着混凝土的应力变化而变化。混凝土的变形模量有三种表示方法：

① 混凝土的弹性模量（原点模量）$E_c$

如图 2.25 所示，在混凝土应力-应变曲线的原点作切线，该切线的斜率即为原点模量，称为弹性模量，用 $E_c$ 表示：

$$E_c = \frac{\sigma_c}{\varepsilon_{ce}} = \tan\alpha_0 \tag{2.7}$$

式中　$\alpha_0$——混凝土应力-应变曲线在原点处的切线与横坐标的夹角。

② 混凝土的切线模量 $E_c''$

在混凝土应力-应变曲线上某一应力值为 $\sigma_c$ 处作切线，该切线的斜率即为相应于应力 $\sigma_c$ 时混凝土的切线模量，用 $E_c''$ 表示：

$$E_c'' = \tan\alpha \tag{2.8}$$

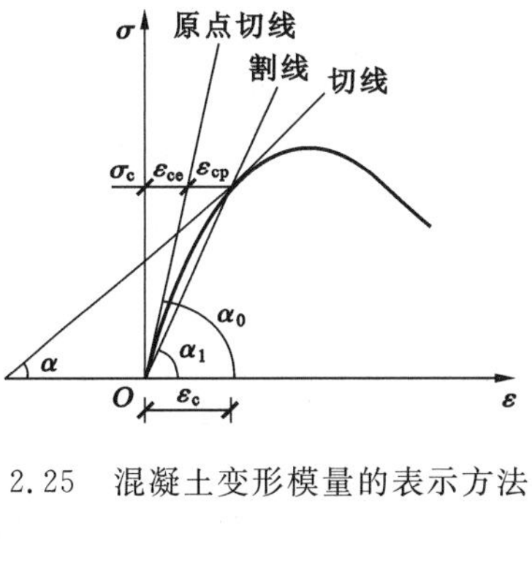


图 2.25　混凝土变形模量的表示方法

式中　$\alpha$——混凝土应力-应变曲线上应力为 $\sigma_c$ 处切线与横坐标的夹角。

可以看出，混凝土的切线模量是一个变值，它随着混凝土应力的增大而减小。

③ 混凝土的变形模量（割线模量）$E_c'$

连接图 2.25 中原点 $O$ 至曲线上应力为 $\sigma_c$ 处作的割线，割线的斜率称为混凝土在 $\sigma_c$ 处的割线模量或变形模量，用 $E_c'$ 表示：

$$E_c' = \frac{\sigma_c}{\varepsilon_c} = \tan\alpha_1 \tag{2.9}$$

式中　$\alpha_1$——混凝土应力-应变曲线上应力为 $\sigma_c$ 处割线与横坐标的夹角。

可以看出，式(2.9)中总变形 $\varepsilon_c$ 包含了混凝土弹性变形 $\varepsilon_{ce}$ 和塑性变形 $\varepsilon_{cp}$ 两部分，因此混凝土的割线模量也是变值，也随着混凝土应力的增大而减小。比较式(2.7)和式(2.9)可以得到：

$$E_c' = \frac{\sigma_c}{\varepsilon_c} = \frac{\sigma_c}{\varepsilon_{ce} + \varepsilon_{cp}} = \frac{\varepsilon_{ce}}{\varepsilon_{ce} + \varepsilon_{cp}} \cdot \frac{\sigma_c}{\varepsilon_{ce}} = \nu E_c \tag{2.10}$$

式中　$\nu$——混凝土受压时的弹性系数，为混凝土弹性应变与总应变之比，其值随混凝土应力的增大而减小。当 $\sigma_c < 0.3f_c$ 时，混凝土基本处于弹性阶段，可取 $\nu=1$；当 $\sigma_c=0.5f_c$ 时，可取 $\nu=0.8\sim0.9$；当 $\sigma_c=0.8f_c$ 时，可取 $\nu=0.4\sim0.7$。

由以上分析可以看出，混凝土的变形模量是随应力的大小变化而变化的，当混凝土处于弹性阶段时，其变形模量和弹性模量近似相等。我国规范中给出的混凝土弹性模量 $E_c$ 是按下述方法测定的：如图2.26所示，将棱柱体试件加荷至应力 $0.4f_c$，反复加荷 5～10 次，由于混凝土为非弹性性质，每次卸荷为零时，变形不能完全恢复，存在有残余变形。但随荷载重复次数的增加，残余变形逐渐减小，重复 5～10 次后，变形已基本趋于稳定，应力-应变曲线接近于直线，该直线的斜率即作为弹性模量的取值。根据试验结果，混凝土弹性模量与混凝土立方体强度 $f_{cu}$ 之间的关系可用下式表示：

$$E_c = \frac{10^5}{2.2 + \frac{34.7}{f_{cu}}} \quad (\text{N/mm}^2) \tag{2.11}$$

式中 $f_{cu}$ 的单位应取 $\text{N/mm}^2$。

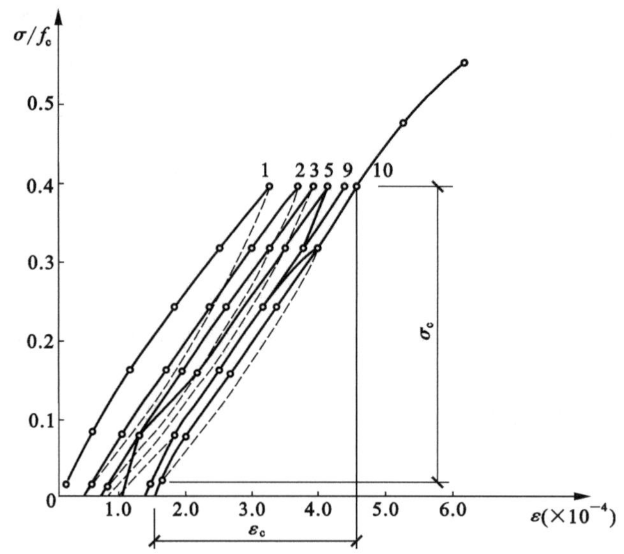


图 2.26　混凝土弹性模量的测定方法

混凝土的剪切模量 $G_c$ 可根据抗压试验测定的弹性模量 $E_c$ 和泊松比 $\nu_c$ 按下式确定：

$$G_c = \frac{E_c}{2(1+\nu_c)} \tag{2.12}$$

式(2.12)中若取 $\nu_c=0.2$，则 $G_c = 0.416E_c$，我国规范近似取 $G_c=0.4E_c$。

(4) 混凝土轴向受拉时的应力-应变关系

混凝土受拉应力-应变曲线的测试比受压时要更困难。图 2.27 所示是采用电液伺服试验机控制应变速度测出的混凝土轴心受拉应力-应变曲线。可以看出，曲线形状与受压时相似，也有上升段和下降段。曲线原点切线斜率与受压时基本一致，因此混凝土受拉和受压均可采用相同的弹性模量 $E_c$。到达峰值应

力 $f_t$ 时的应变很小，只有 $75\times10^{-6}\sim115\times10^{-6}$，曲线的下降段随着混凝土强度的提高也更为陡峭；相应于抗拉强度 $f_t$ 时的变形模量可取 $E_c'=0.5E_c$，即取弹性系数 $\nu=0.5$。

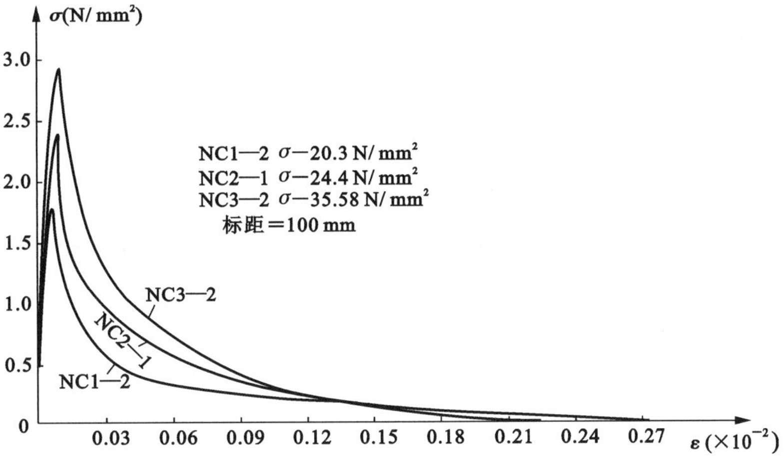


图 2.27　不同强度混凝土受拉时应力-应变曲线

2.2.3.2　混凝土在荷载重复作用下的变形性能(疲劳变形)

混凝土在荷载重复作用下引起的破坏称为疲劳破坏。在荷载重复作用下，混凝土的变形性能有重要的变化。图 2.28 所示为混凝土受压柱体在一次加荷、卸荷的应力-应变曲线，当一次短期加荷的应力不超过混凝土的疲劳强度时，加荷卸荷的应力-应变曲线 $OAB'$ 形成一个环状，在产生瞬时恢复应变后经过一段时间，其应变又可恢复一部分，称为弹性后效，剩下的是不能恢复的残余应变。

混凝土柱体在多次重复荷载作用下的应力-应变曲线如图 2.29 所示。当加荷应力 $\sigma_1$ 小于混凝土的疲劳强度 $f_c^f$ 时，其一次加荷卸荷应力-应变曲线形成一个环状，经过多次重复后，环状曲线逐渐密合成一直线。如果再选择一个较高的加荷应力 $\sigma_2$，但 $\sigma_2$ 仍小于混凝土的疲劳强度 $f_c^f$ 时，经过多次重复后，应力-应变环状曲线仍能密合成一直线。如果选择一个高于混凝土疲劳强度 $f_c^f$ 的加荷应力 $\sigma_3$，开始时混凝土的应力-应变曲线凸向应力轴，在重复加载过程中逐渐变化为凸向应变轴，不能形成封闭环；随着荷载重复次数的增加，应力-应变曲线的斜率不断降低，最后混凝土试件因严重开裂或变形太大而破坏，这种因荷载重复作用而引起的混凝土破坏称为混凝土的疲劳破坏。混凝土能承受荷载多次重复作用而不发生疲劳破坏的最大应力限值称为混凝土的疲劳强度 $f_c^f$。

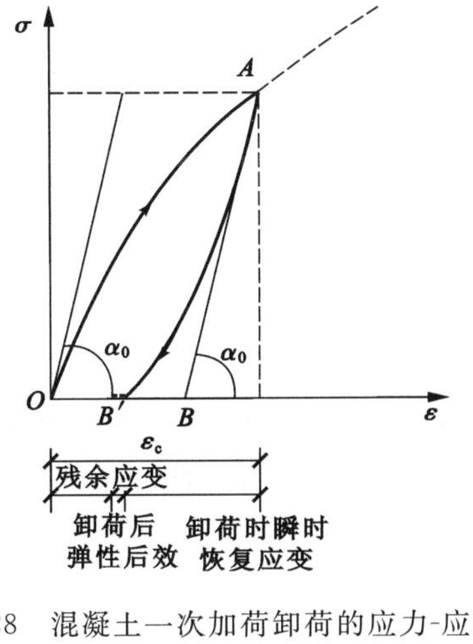


图 2.28　混凝土一次加荷卸荷的应力-应变曲线

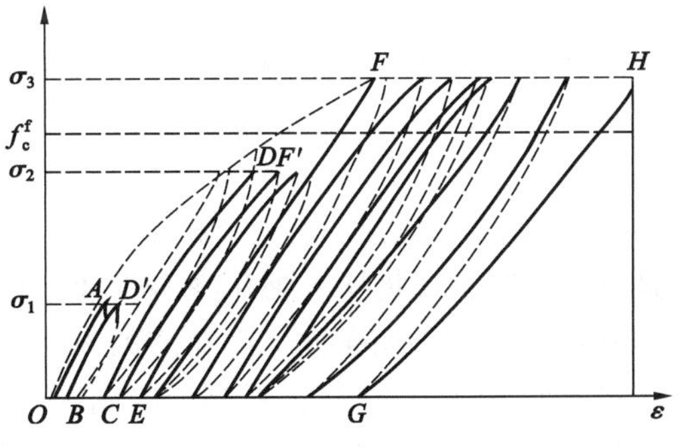


图 2.29　混凝土多次重复加荷的应力-应变曲线

从图 2.29 可以看出，施加荷载时的应力大小是影响应力-应变曲线变化的关键因素，即混凝土的疲劳强度与荷载重复作用时应力变化的幅度有关。在相同的重复次数下，疲劳强度随着疲劳应力比 $\rho_c^f$ 的增大而增大。疲劳应力比 $\rho_c^f$ 按下式计算：

$$\rho_c^f = \frac{\sigma_{c,\ min}^f}{\sigma_{c,\ max}^f} \tag{2.13}$$

式中　$\sigma_{c,\ min}^f$、$\sigma_{c,\ max}^f$——截面同一纤维上混凝土的最小、最大应力。

2.2.3.3　混凝土在荷载长期作用下的变形性能——徐变

早在20世纪初，人们就发现钢筋混凝土桥梁的挠度几年后仍在继续增长，这提醒人们有必要研究混凝土在长期荷载作用下的变形性质。混凝土在荷载的长期作用下随时间而增长的变形称为徐变。

图2.30所示为100 mm×100 mm×400 mm棱柱体试件在相对湿度65%、温度20 ℃条件下，承受压应力 $\sigma_c=0.5f_c$ 后保持外荷载不变，应变随时间变化关系的曲线。图中 $\varepsilon_{ce}$ 为加荷时产生的瞬时弹性应变，$\varepsilon_{cr}$ 为随时间而增长的应变，即混凝土的徐变。从图2.30中可以看出，徐变在前4个月增长较快，6个月左右时可达终极徐变的70%～80%，以后增长逐渐缓慢，两年时间的徐变为瞬时弹性应变的2～4倍。若在两年后的 $B$ 点卸荷时，其瞬时恢复应变为 $\varepsilon_{ce}'$；经过一段时间(约20d)，试件还将恢复一部分应变 $\varepsilon_{ce}''$，这种现象称为弹性后效。弹性后效是由混凝土中粗骨料受压时的弹性变形逐渐恢复引起的，其值仅为徐变变形的1/12左右。最后还将留下大部分不可恢复的残余应变 $\varepsilon_{cr}'$。

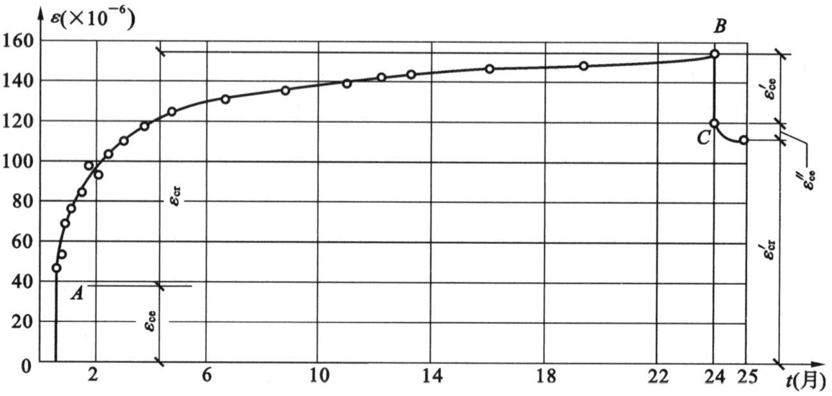


图2.30　混凝土的徐变

影响混凝土徐变的因素很多，总的来说可分为三类：

(1) 内在因素

内在因素主要是指混凝土的组成与配合比。水泥用量大，水泥胶体多，水胶比越大，徐变越大。要减小徐变，就应尽量减少水泥用量，减少水胶比，增加骨料所占体积及刚度。

(2) 环境影响

环境影响主要是指混凝土的养护条件以及使用条件下的温度和湿度影响。养护的温度越高，湿度越大，水泥水化作用越充分，徐变就越小，采用蒸汽养护可使徐变减少20%～35%；试件受荷后，环境温度越低、湿度越大，以及体表比(构件体积与表面积的比值)越大，徐变就越小。

(3) 应力条件

应力条件的影响包括加荷时施加的初应力水平和混凝土的龄期两个方面。在同样的应力水平下，加荷龄期越早，混凝土硬化越不充分，徐变就越大；在同样的加荷龄期条件下，施加的初应力水平越大，徐变就越大。图2.31所示为不同 $\sigma_c/f_c$ 比值的条件下徐变随时间增长的曲线变化图。从图2.31中可以看出，当 $\sigma_c/f_c$ 的比值小于0.5时，曲线接近等间距分布，即徐变值与应力的大小成正比，这种徐变称为线性徐变，通常线性徐变在两年后趋于稳定，其渐近线与时间轴平行；当应力 $\sigma_c$ 为(0.5～0.8) $f_c$ 时，徐变的增长较应力增长快，这种徐变称为非线性徐变；当应力 $\sigma_c>0.8f_c$ 时，这种非线性徐变往往是不收敛的，最终将导致混凝土的破坏，如图2.32所示。

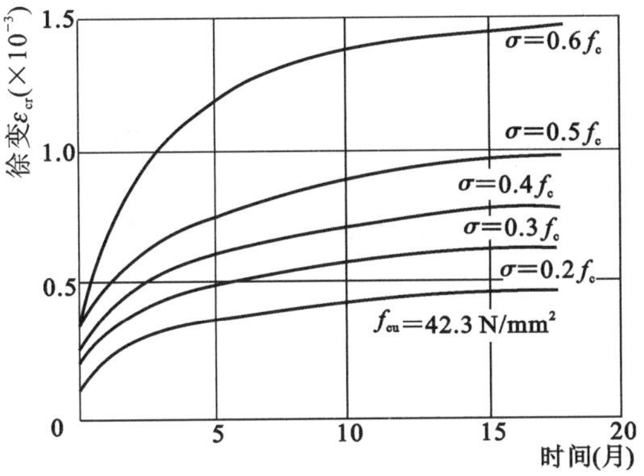


图 2.31　不同 $\sigma_c/f_c$ 比值的条件下徐变与时间的关系

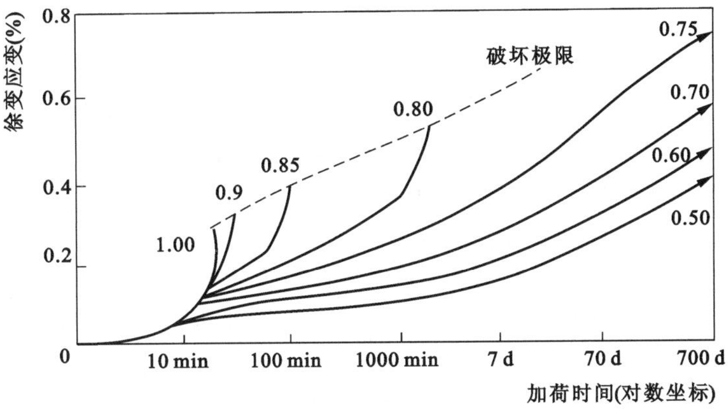


图 2.32　不同应力比值的徐变时间曲线

对于混凝土产生徐变的原因，目前研究得还不够充分，通常可从两个方面来理解：一是由于尚未转化为结晶体的水泥凝胶体黏性流动的结果，二是混凝土内部的微裂缝在荷载长期作用下持续延伸和扩展的结果。线性徐变以第一个原因为主，因为黏性流动的增长将逐渐趋于稳定；非线性徐变以第二个原因为主，因为应力集中引起的微裂缝开展将随应力的增加而急剧发展。

徐变对钢筋混凝土构件的受力性能有重要影响。一方面，徐变将使构件的变形增加，如受长期荷载作用的受弯构件由于受压区混凝土的徐变，可使挠度增大 2～3 倍或更多；长细比较大的偏心受压构件，由于徐变引起的附加偏心距增大，将使构件的承载力降低；徐变还将在钢筋混凝土截面引起应力重分布，在预应力混凝土构件中徐变将引起相当大的预应力损失。另一方面，徐变对结构的影响也有有利的一面，在某些情况下，徐变可减少由于支座不均匀沉降而产生的应力，并可延缓收缩裂缝的出现。

2.2.3.4　混凝土的收缩、膨胀和温度变形

混凝土在凝结硬化过程中，体积会发生变化，在空气中硬化时体积会收缩，而在水中硬化时体积会膨胀。一般来说，收缩值要比膨胀值大很多。

混凝土的收缩是一种随时间增长而增长的变形，如图 2.33 所示。凝结硬化初期收缩变形发展较快，两周可完成全部收缩的 25%，一个月约可完成全部收缩的 50%，三个月后增长逐渐缓慢，一般两年后趋于稳定，最终收缩应变一般为(2～5)×$10^{-4}$。

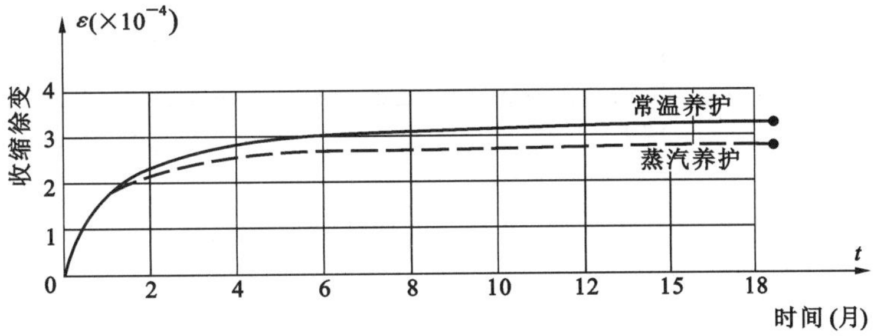


图 2.33　混凝土的收缩变形

引起混凝土收缩的原因，在硬化初期主要是水泥石凝固结硬过程中产生的体积变形，后期主要是混凝土内自由水分蒸发而引起的干缩。混凝土的组成、配合比是影响收缩的重要因素。水泥用量越多，水胶比越大，收缩就越大。骨料级配好、密度大、弹性模量高、粒径大等均可减少混凝土的收缩。

因为干燥失水是引起收缩的重要原因，所以构件的养护条件、使用环境的温度和湿度，以及凡是影响混凝土中水分保持的因素，都对混凝土的收缩有影响。高温湿养(蒸汽养护)可加快水化作用，减少混凝土中的自由水分，因而可使收缩减少。使用环境的温度越高，相对湿度越低，收缩就越大。如果混凝土处于饱和湿度情况下或在水中，不仅不会收缩，而且会产生体积膨胀。

混凝土的最终收缩量还和构件的体表比有关，体表比较小的构件如工形、箱形薄壁构件，收缩量较大，而且发展也较快。

混凝土的收缩对钢筋混凝土结构有着不利的影响。在钢筋混凝土结构中，混凝土往往由于钢筋或邻近部件的牵制处于不同程度的约束状态，使混凝土产生收缩拉应力，从而加速裂缝的出现和开展。在预应力混凝土结构中，混凝土的收缩将导致预应力的损失。对跨度变化比较敏感的超静定结构（如拱等），混凝土的收缩还将产生不利于结构的内力。

混凝土的膨胀往往是有利的，一般可不予考虑。

混凝土的线膨胀系数随骨料的性质和配合比的不同而在$(1.0\sim1.5)\times10^{-5}/℃$之间变化，它与钢筋的线膨胀系数$1.2\times10^{-5}/℃$相近，因此当温度变化时，在钢筋和混凝土之间仅引起很小的内应力，不致产生有害的影响。我国规范取混凝土的线膨胀系数为$\alpha_c=1.0\times10^{-5}/℃$。

## 2.3 钢筋与混凝土的相互作用——黏结

### 2.3.1 黏结的作用与性质

在钢筋混凝土结构中，钢筋和混凝土这两种性质不同的材料之所以能够共同工作，主要是依靠钢筋和混凝土之间的黏结应力。黏结应力是钢筋和混凝土接触面上的剪应力，由于这种剪应力的存在，使钢筋和周围混凝土之间的内力得到传递。

钢筋受力后，由于钢筋和周围混凝土的作用，使钢筋应力发生变化，钢筋应力的变化率取决于黏结力的大小。由图2.34中钢筋微段$\mathrm{d}x$上内力的平衡可求得：

$$\tau=\frac{\mathrm{d}\sigma_s\cdot A_s}{\pi\mathrm{d}x\cdot d}=\frac{\frac{1}{4}\pi d^2}{\pi d}\cdot\frac{\mathrm{d}\sigma_s}{\mathrm{d}x}=\frac{d}{4}\cdot\frac{\mathrm{d}\sigma_s}{\mathrm{d}x}\tag{2.14}$$

式中 $\tau$——微段$\mathrm{d}x$上的平均黏结应力，即钢筋表面上的剪应力；

$A_s$——钢筋的截面面积；

$d$——钢筋直径。

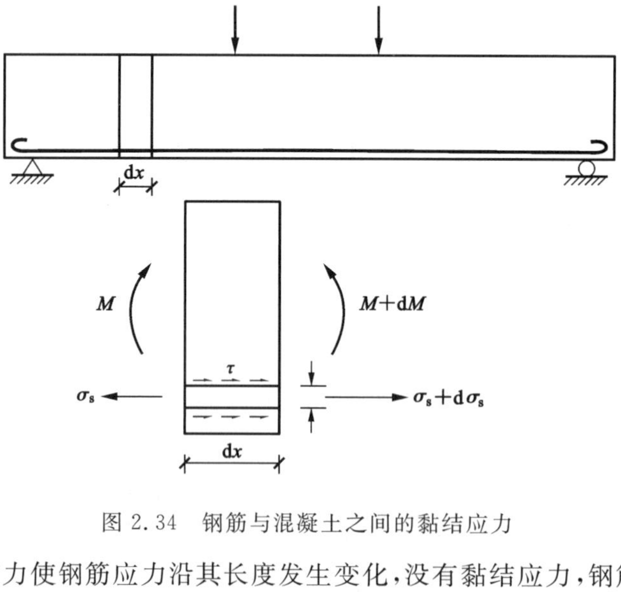


图2.34 钢筋与混凝土之间的黏结应力

式(2.14)表明，黏结应力使钢筋应力沿其长度发生变化，没有黏结应力，钢筋应力就不会发生变化；反之，如果钢筋应力没有变化，就说明不存在黏结应力$\tau$。

钢筋与混凝土的黏结性能按其在构件中作用的性质可分为两类：第一类是钢筋的锚固黏结或延伸黏结，如图2.35(a)所示，受拉钢筋必须有足够的锚固长度，以便通过这段长度上黏结应力的积累，使钢筋中建立起所需发挥的拉力;第二类是混凝土构件裂缝间的黏结,如图 2.35(b)所示,在两个开裂截面之间,钢筋应力的变化受到黏结应力的影响,钢筋应力变化的幅度反映了裂缝间混凝土参加工作的程度。

黏结应力的测定通常有两种方法:一种是拔出试验,即把钢筋的一端埋在混凝土内,另一端施加拉力,将钢筋拔出,测出其拉力,如图 2.36(a)所示;另一种是梁式试验,可以考虑弯矩的影响,如图 2.36(b)所示。黏结应力沿钢筋呈曲线分布,最大黏结应力产生在离端头某一距离处。钢筋埋入混凝土的长度 $l_a$ 越长,则拔出力越大。但如果 $l_a$ 太长,靠近钢筋端头处的黏结应力就会很小,甚至等于零。由此可见,为了保证钢筋在混凝土中有可靠的锚固,钢筋应有足够的锚固长度,但也不必太长。

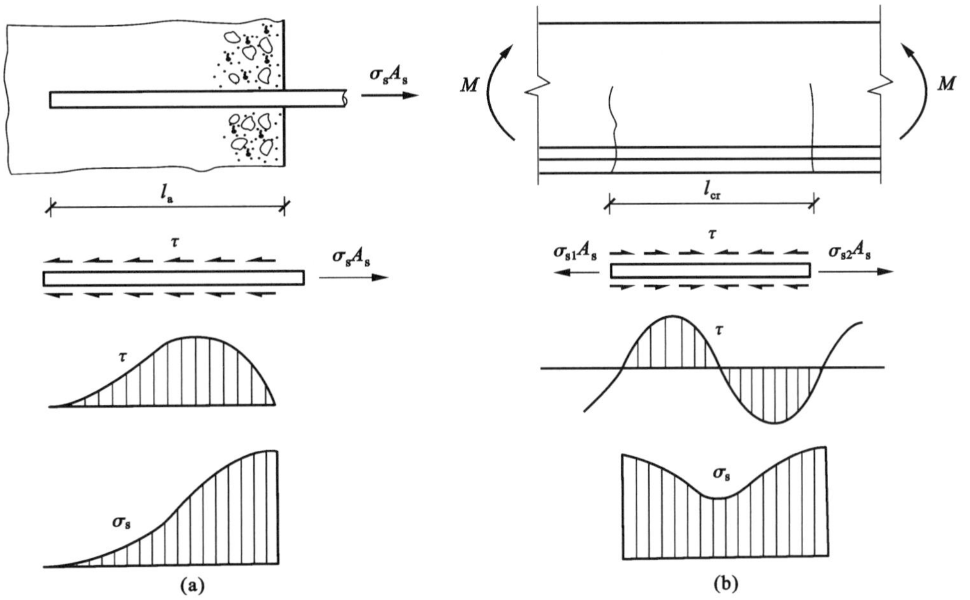


图 2.35 锚固黏结和裂缝间黏结

(a) 锚固黏结;(b) 裂缝间黏结

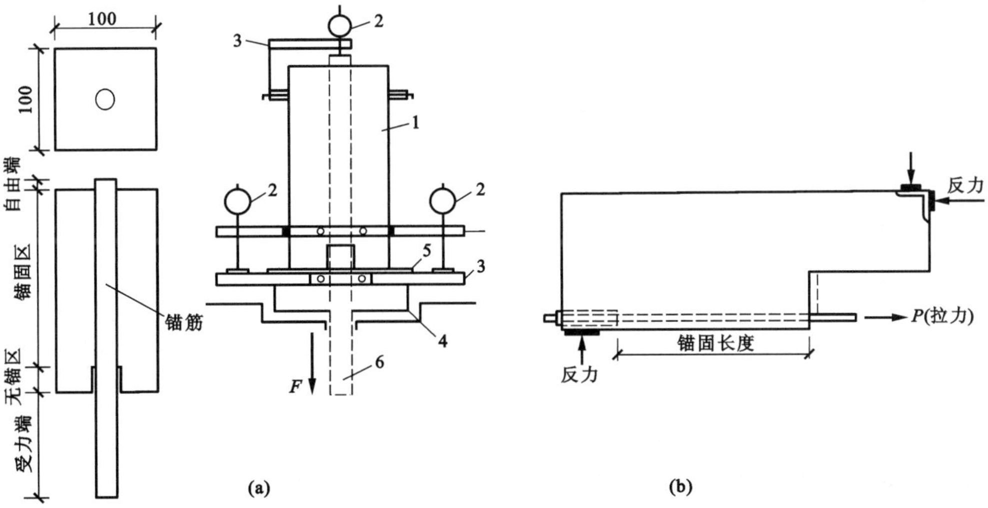


图 2.36 黏结应力测定方法

(a) 拔出试验;(b) 梁式试验

1—试件;2—百分表;3—仪表架;4—垫块;5—垫板;6—锚筋

### 2.3.2 黏结机理分析

钢筋和混凝土的黏结力主要由三部分组成。

第一部分是钢筋和混凝土接触面上的化学胶结力，来源于浇筑时水泥浆体向钢筋表面氧化层的渗透和养护过程中水泥晶体的生长和硬化，从而使水泥胶体和钢筋表面产生吸附胶着作用。化学胶结力只能在钢筋和混凝土界面处于原生状态时才起作用，一旦发生滑移，它就失去作用。

第二部分是钢筋与混凝土之间的摩阻力，由于混凝土凝结时收缩，使钢筋和混凝土接触面上产生正应力。摩阻力的大小取决于垂直摩擦面上的压应力，还取决于摩擦系数，即钢筋与混凝土接触面的粗糙程度。

第三部分是钢筋与混凝土之间的机械咬合力。对光面钢筋，是指表面粗糙不平产生的咬合应力；对变形钢筋，是指变形钢筋肋间嵌入混凝土而形成的机械咬合作用，这是变形钢筋与混凝土黏结力的主要来源。图 2.37 所示为变形钢筋与混凝土的相互作用，钢筋横肋对混凝土的挤压就像一个楔，斜向挤压力不仅产生沿钢筋表面的轴向分力，而且产生沿钢筋径向的径向分力。当荷载增加时，因斜向挤压作用，肋顶前方的混凝土将发生斜向开裂形成内裂缝，而径向分力将使钢筋周围的混凝土产生环向拉应力，形成径向裂缝。

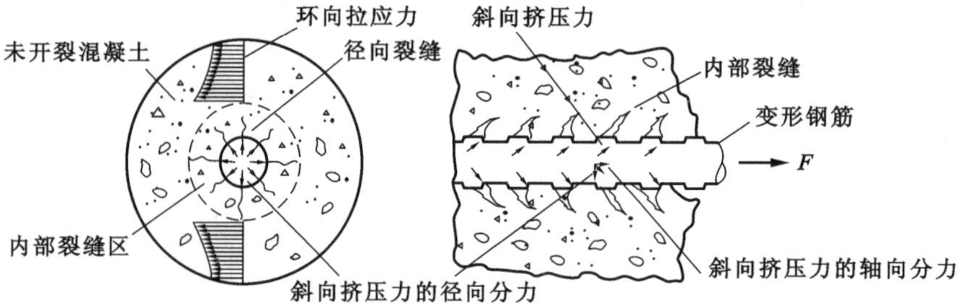


图 2.37 变形钢筋与混凝土的相互作用

### 2.3.3 影响黏结强度的主要因素

影响钢筋与混凝土黏结强度的因素很多，主要有以下几种：

(1) 钢筋表面形状

试验表明，变形钢筋的黏结力比光面钢筋高出 2～3 倍，因此变形钢筋所需的锚固长度比光面钢筋要短，而光面钢筋的锚固端头则需要作弯钩以提高黏结强度。

(2) 混凝土强度

变形钢筋和光面钢筋的黏结强度均随混凝土强度的提高而提高，但不与立方体抗压强度 $f_{cu}$ 成正比。黏结强度 $\tau_u$ 与混凝土的抗拉强度 $f_t$ 大致成正比例关系。

(3) 保护层厚度和钢筋净距

混凝土保护层和钢筋间距对黏结强度也有重要影响。对于高强度的变形钢筋，当混凝土保护层厚度较小时，外围混凝土可能发生劈裂而使黏结强度降低；当钢筋之间净距过小时，将可能出现水平劈裂而导致整个保护层崩落，从而使黏结强度显著降低，如图 2.38 所示。

(4) 钢筋浇筑位置

黏结强度与浇筑混凝土时钢筋所处的位置也有明显的关系。对于混凝土浇筑深度过大的“顶部”水平钢筋，其底面的混凝土由于水分、气泡的逸出和骨料泌水下沉，与钢筋间形成了空隙层，从而削弱了钢筋与混凝土的黏结作用，如图 2.39 所示。

(5) 横向钢筋

横向钢筋(如梁中的箍筋)可以延缓径向劈裂裂缝的发展或限制裂缝的宽度，从而提高黏结强度。在较大直径钢筋的锚固区或钢筋搭接长度范围内，以及当一排并列的钢筋根数较多时，均应设置一定数量的

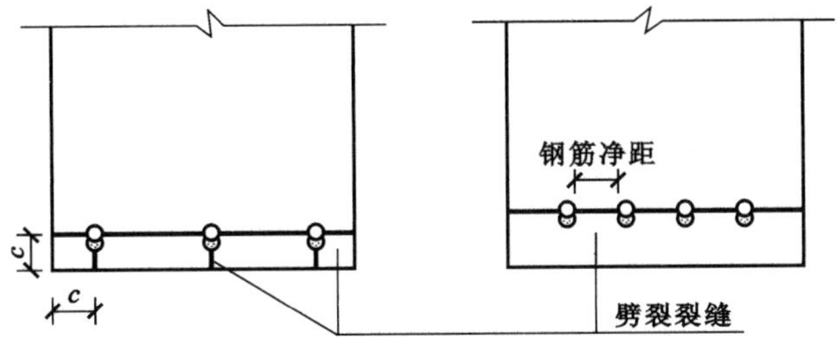


图 2.38　保护层厚度和钢筋间距对黏结强度的影响

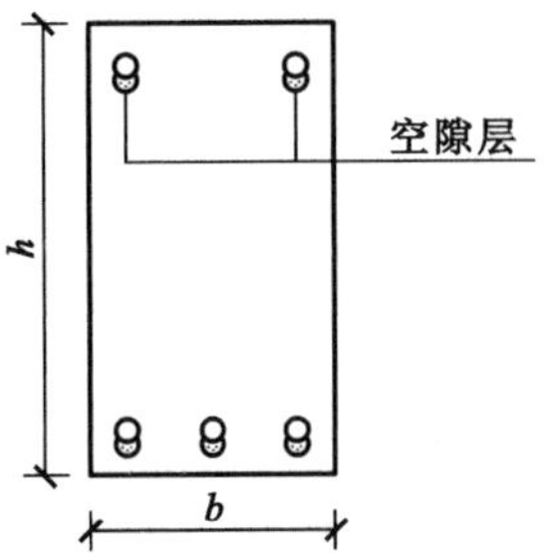


图 2.39　浇筑位置对黏结强度的影响

附加箍筋，以防止保护层的劈裂崩落。

(6) 侧向压力

当钢筋的锚固区作用有侧向压应力时，可增强钢筋与混凝土之间的摩阻作用，使黏结强度提高。因此，在直接支承的支座处，如梁的简支端，考虑支座压力的有利影响，伸入支座的钢筋锚固长度可适当减少。

### 2.3.4　钢筋的锚固长度

为了保证钢筋与混凝土之间的可靠黏结，钢筋必须有一定的锚固长度。《混凝土结构设计标准》(GB/T 50010—2010)规定，纵向受拉钢筋的锚固长度作为钢筋的基本锚固长度 $l_{ab}$，它与钢筋强度、混凝土强度、钢筋直径及外形有关，按下式计算：

$$l_{ab} = \alpha \frac{f_y}{f_t} d \tag{2.15}$$

或

$$l_{ab} = \alpha \frac{f_{py}}{f_t} d \tag{2.16}$$

式中　$f_y$、$f_{py}$——普通钢筋、预应力筋的抗拉强度设计值；

$f_t$——混凝土轴心抗拉强度设计值，当混凝土的强度等级高于 C60 时，按 C60 取值；

$d$——锚固钢筋的直径；

$\alpha$——锚固钢筋的外形系数，按表 2.1 取用。

**表 2.1　锚固钢筋的外形系数**

| 钢筋类型 | 光面钢筋 | 带肋钢筋 | 螺旋肋钢丝 | 三股钢绞线 | 七股钢绞线 |
|---|---|---|---|---|---|
| $\alpha$ | 0.16 | 0.14 | 0.13 | 0.16 | 0.17 |

注：光面钢筋末端应做 180°弯钩，弯后平直段长度不应小于 $3d$，但作受压钢筋时可不做弯钩。

一般情况下，受拉钢筋的锚固长度可取基本锚固长度。考虑各种影响钢筋与混凝土黏结锚固强度的因素，当采取不同的埋置方式和构造措施时，锚固长度应按下列公式计算，且不应小于 200 mm：

$$l_a = \zeta_a l_{ab} \tag{2.17}$$

式中　$l_a$——受拉钢筋的锚固长度；

$\zeta_a$——锚固长度修正系数，按下面规定取用，当多于一项时，可以连乘计算，但不宜小于 0.6；对预应力筋，可取 1.0。

纵向受拉带肋钢筋的锚固长度修正系数 $\zeta_a$ 应根据钢筋的锚固条件按下列规定取用：

(1) 当带肋钢筋的公称直径大于 25 mm 时取 1.10；

(2) 对环氧涂层钢筋取 1.25；

(3) 施工过程中易受扰动的钢筋取 1.10；

(4) 锚固区保护层厚度为 $3d$ 时修正系数可取 0.80，保护层厚度为 $5d$ 时修正系数可取0.70，中间按内插法取值(此处 $d$ 为纵向受力带肋钢筋的直径)；

(5) 当纵向受拉普通钢筋末端采用钢筋弯钩或机械锚固措施时，包括弯钩或锚固端头在内的锚固长度(投影长度)可取为基本锚固长度 $l_{ab}$的 60%。钢筋弯钩和机械锚固的形式和技术要求应符合表 2.2 及图 2.40 的规定。

当锚固钢筋保护层厚度不大于 5$d$ 时，锚固长度范围内应配置构造钢筋(箍筋或横向钢筋)，其直径不应小于 $d/4$；对梁、柱、斜撑等构件间距不应大于 5$d$，对板、墙等平面构件间距不应大于 10$d$，且均不应大于 100 mm(此处 $d$ 为锚固钢筋的直径)。

混凝土结构中的纵向受压钢筋，当计算中充分利用钢筋的抗压强度时，受压钢筋的锚固长度应不小于相应受拉锚固长度的 70%。

**表 2.2　钢筋弯钩和机械锚固的形式和技术要求**

| 锚固形式 | 技　术　要　求 |
|---|---|
| 90°弯钩 | 末端 90°弯钩，弯钩内径 4$d$，弯后直段长度 12$d$ |
| 135°弯钩 | 末端 135°弯钩，弯钩内径 4$d$，弯后直段长度 5$d$ |
| 一侧贴焊锚筋 | 末端一侧贴焊长 5$d$ 同直径钢筋，焊缝满足强度要求 |
| 两侧贴焊锚筋 | 末端两侧贴焊长 3$d$ 同直径钢筋，焊缝满足强度要求 |
| 焊端锚板 | 末端与厚度 $d$ 的锚板穿孔塞焊，焊缝满足强度要求 |
| 螺栓锚头 | 末端旋入螺栓锚头，螺纹长度满足强度要求 |

注：① 锚板或锚头的承压净面积应不小于锚固钢筋计算截面面积的 4 倍；
② 螺栓锚头产品的规格、尺寸应满足螺纹连接的要求，并应符合相关标准的要求；
③ 螺栓锚头和焊接锚板的间距不大于 4$d$ 时，宜考虑群锚效应对锚固的不利影响；
④ 截面角部的弯钩和一侧贴焊锚筋的布筋方向宜向内偏置。

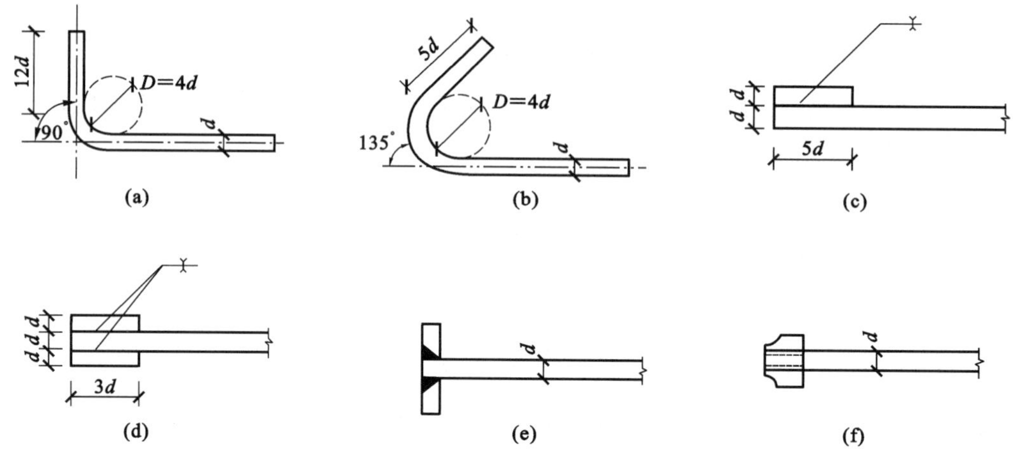


图 2.40　钢筋机械锚固的形式及构造要求

(a) 弯折；(b) 弯钩；(c) 一侧贴焊锚筋；(d) 两侧贴焊锚筋；(e) 穿孔塞焊锚板；(f) 螺栓锚头

## 本 章 小 结

(1) 我国用于普通钢筋混凝土结构和预应力混凝土结构中的钢筋或钢丝可分为热轧钢筋、中强度预应力钢丝、消除应力钢丝、钢绞线和预应力螺纹钢筋。根据钢筋单调受拉时应力-应变关系特点的不同，可分为有明显屈服点钢筋和无明显屈服点钢筋。对于有明显屈服点的钢筋，取屈服强度作为强度设计指标；对于无明显屈服点的钢筋，则取残余应变为 0.2%时所对应的应力 $\sigma_{0.2}$ 作为强度设计指标，称为条件屈服强度。

(2) 钢筋的力学性能指标有屈服强度、极限抗拉强度、伸长率和冷弯性能等。混凝土结构对钢筋性能的基本要求有强度、塑性、可焊性以及与混凝土的黏结性能等。

(3) 混凝土中水泥结晶体和砂、石骨料组成了混凝土中错综复杂的弹性骨架，其作用是承受外力，并使混凝土具有弹性变形的特点。水泥凝胶体是混凝土产生塑性变形的根源，并起着调整和扩散混凝土应力的作用。混凝土凝结过程中在粗骨料与水泥胶块的接触面上产生微裂缝，这些微裂缝是混凝土内最薄弱的环节，对混凝土的强度和变形将产生重要影响。

(4) 混凝土的立方体抗压强度(简称立方体强度)是衡量混凝土强度的基本指标，用 $f_{cu}$表示。我国规范采用立方体抗压强度作为评定混凝土强度等级的标准。混凝土轴心抗压强度能更好地反映混凝土构件的实际受力情况，用混凝土棱柱体试件测得的抗压强度称为混凝土的轴心抗压强度，也称棱柱体抗压强度，用 $f_c$ 表示。混凝土的抗拉强度也是其基本力学性能指标之一，混凝土构件的开裂、裂缝宽度、变形验算，以及受剪、受扭、受冲切等承载力的计算均与抗拉强度有关。在复合应力状态下，混凝土的强度和变形性能有明显的变化。

(5) 混凝土的应力-应变关系是混凝土力学性能的一个重要方面，它是研究钢筋混凝土构件截面应力分析，建立强度和变形计算理论所必不可少的依据。混凝土一次短期加荷时的应力-应变曲线分为上升段和下降段两个部分。混凝土的变形模量有三种表示方法，即弹性模量(原点模量)$E_c$、切线模量 $E_c''$和变形模量(割线模量)$E_c'$。

(6) 混凝土在荷载的长期作用下随时间增长而增长的变形称为徐变，影响混凝土徐变的因素可分为内在因素、环境影响和应力条件三类。徐变将使构件的变形增加，在钢筋混凝土截面引起应力重分布，在预应力混凝土构件中将引起预应力损失。在某些情况下，徐变可减少由于支座不均匀沉降而产生的应力，并可延缓收缩裂缝的出现。

(7) 混凝土在空气中硬化时体积收缩，在水中硬化时体积膨胀，收缩是一种随时间增长而增长的变形。混凝土的收缩受到约束时将产生收缩拉应力，加速裂缝的出现和开展；在预应力混凝土结构中，混凝土的收缩将导致预应力的损失。

(8) 钢筋和混凝土能够共同工作，是依靠钢筋和混凝土之间的黏结应力。钢筋和混凝土的黏结力主要由化学胶结力、摩阻力和机械咬合力三部分组成。影响钢筋与混凝土黏结强度的因素主要有钢筋表面形状、混凝土强度、保护层厚度、钢筋浇筑位置、钢筋净间距、横向钢筋和横向压力等。为了保证钢筋与混凝土之间的可靠黏结，钢筋必须有一定的锚固长度。

## 思考题与习题

2.1 我国用于普通钢筋混凝土结构和预应力混凝土结构中的钢筋或钢丝有哪些种类？有明显屈服点钢筋和没有明显屈服点钢筋的应力-应变关系有什么不同？为什么将屈服强度作为强度设计指标？

2.2 钢筋的力学性能指标有哪些？混凝土结构对钢筋性能有哪些基本要求？

2.3 混凝土的立方体抗压强度是如何确定的？其与试块尺寸、试验方法和养护条件有什么关系？

2.4 我国规范是如何确定混凝土的强度等级的？

2.5 混凝土在复合应力状态下的强度有哪些特点？

2.6 混凝土在一次短期加荷时的应力-应变关系有什么特点？

2.7 混凝土的变形模量有几种表示方法？混凝土的弹性模量是如何确定的？

2.8 什么是混凝土的疲劳破坏？疲劳破坏时应力-应变曲线有何特点？

2.9 什么是混凝土的徐变？影响混凝土徐变的因素有哪些？徐变对普通混凝土结构和预应力混凝土结构有何影响？

2.10 混凝土的收缩变形有哪些特点？对混凝土结构有哪些影响？

2.11 钢筋和混凝土之间的黏结力主要由哪几部分组成？影响钢筋与混凝土黏结强度的因素主要有哪些？钢筋的锚固长度是如何确定的？

2.12 工程应用中混凝土结构的钢筋和混凝土强度等级的选用有哪些规定？

2.13 传统的钢筋断后伸长率指标($\delta_5$、$\delta_{10}$或 $\delta_{100}$)在实际工程应用中存在哪些问题？试说明钢筋的最大力总延伸率(均匀伸长率)$\delta_{gt}$的意义和量测方法。参见图 2.5，某直径 14 mm 的 HRB500 级钢筋拉伸试验的结果如表 2.3 所示，若钢筋极限抗拉强度$\sigma_b = 661\ \text{N/mm}^2$、弹性模量 $E_s = 2\times10^5\ \text{N/mm}^2$，试分别求出 $\delta_5$、$\delta_{10}$、$\delta_{100}$和 $\delta_{gt}$的值。

**表 2.3　HRB500 级钢筋拉伸试验结果**(单位:mm)

| 试验前标距长度 | 拉断后标距长度 | 试验前标距长度(不含颈缩区) | 试验后标记之间的距离 |
|---|---|---|---|
| $l_0=5d=70$ | $l=92.0$ | $L_0=140$ | $L=162.4$ |
| $l_0=10d=140$ | $l=169.5$ | | |
| $l_0=100$ | $l=125.4$ | | |

# 3　混凝土结构设计方法

**本 章 提 要**

本章介绍了结构的功能要求，结构的极限状态，结构上的作用、作用效应和结构抗力的基本概念，以及以概率理论为基础的极限状态设计方法的基本知识；介绍了工程应用的实用设计表达式，以及荷载、荷载组合和材料强度的取值原则。本章的内容和设计方法不仅适用于混凝土结构，也适用于钢结构、砌体结构等其他建筑结构。

## 3.1　极限状态设计法的基本概念

### 3.1.1　结构的功能要求

结构设计的目的是要保证所建造的结构安全、适用和耐久，能够在规定的设计工作年限内以规定的可靠度且经济的方式满足各项功能要求。《工程结构通用规范》(GB 55001—2021)和《建筑结构可靠性设计统一标准》(GB 50068—2018)规定，结构的设计、施工和维护应使结构在规定的设计工作年限内，以规定的可靠度满足下列功能要求：

(1) 安全性

结构应能承受在施工和使用期间可能出现的各种作用；当发生爆炸、撞击、人为错误等偶然事件时，结构能保持必要的整体稳固性，不出现与起因不相称的破坏后果，防止出现结构的连续倒塌；当发生火灾时，在规定的时间内可保持足够的承载力。例如，厂房结构在正常使用过程中受自重、吊车、风和积雪等荷载作用时，均应坚固不坏；在遇到强烈地震、爆炸等偶然事件时，允许有局部的损坏，但应保持结构的整体稳固性而不发生倒塌；在发生火灾时，应在规定时间内(如 1～2 小时)保持足够的承载力，以便人员逃生或施救。

(2) 适用性

结构在使用过程中应保持良好的使用性能。如吊车梁变形过大，会使吊车无法运行；水池开裂便不能蓄水；过大的裂缝会造成用户心理上的不安等。这些情况都影响正常使用，需要对结构的变形、裂缝等进行控制。

(3) 耐久性

在正常维护条件下，结构应在预定的设计工作年限内满足各项功能的要求，即应具有足够的耐久性能。例如，不致因混凝土的劣化、腐蚀或钢筋的锈蚀等影响使结构不能正常使用至预定的设计工作年限。

结构的设计工作年限是指设计规定的结构或构件不需进行大修即可按预定目的使用的年限。《工程结构通用规范》(GB 55001—2021)和《建筑结构可靠性设计统一标准》(GB 50068—2018)分别对房屋建筑结构、铁路桥涵结构、公路桥涵结构和港口工程结构等的设计工作年限有明确规定。如标志性建筑和特别重要建筑结构的设计工作年限为 100 年，普通房屋和构筑物的设计工作年限为 50 年，临时性建筑结构的设计工作年限为 5 年等。

结构的安全性、适用性和耐久性可概括称为结构的可靠性。虽然通过采用加大构件截面、增加配筋数量或提高对材料性能的要求等措施可以满足上述功能要求，但这样可能导致材料过度浪费、造价提高、经济效益降低。一个好的设计应做到既保证结构的可靠性，同时又经济合理，即用较经济的方法来保证结构的可靠性，这是结构设计的基本原则。

### 3.1.2　结构的极限状态

结构在施工和使用期间能够满足各项功能要求良好工作，则称结构为“可靠”或“有效”，反之则称结构为“不可靠”或“失效”。区分结构可靠或失效的标志称为“极限状态”。

当整个结构或结构的一部分超过某一特定状态(如达到极限承载力、失稳,或变形、裂缝宽度超过规定的限值等)就不能满足设计规定的某一功能的要求时,此特定状态就称为该功能的极限状态。极限状态可分为承载能力极限状态、正常使用极限状态和耐久性极限状态,均规定有明确的标志或限值。

3.1.2.1 承载能力极限状态

该状态对应于结构或结构构件达到最大承载能力或达到不适于继续承载的变形。当结构或结构构件出现下列状态之一时,应认定为超过了承载能力极限状态:

(1) 结构构件或连接因超过材料强度而破坏,或因过度变形而不适于继续承载;

(2) 整个结构或其中一部分作为刚体失去平衡;

(3) 结构变为机动体系;

(4) 结构或构件丧失稳定;

(5) 结构因局部破坏而发生连续倒塌;

(6) 地基丧失承载力而破坏;

(7) 结构或构件的疲劳破坏。

3.1.2.2 正常使用极限状态

该状态对应于结构或结构构件达到正常使用的某项规定限值。当结构或结构构件出现下列状态之一时,应认定为超过了正常使用极限状态:

(1) 影响正常使用或外观的变形;

(2) 影响正常使用的局部损坏;

(3) 影响正常使用的振动;

(4) 影响正常使用的其他特定状态。

3.1.2.3 耐久性极限状态

当结构或结构构件出现下列状态之一时,应认定为超过了耐久性极限状态;

(1)影响承载能力或正常使用的材料性能劣化;

(2)影响耐久性能的裂缝、变形、缺口、外观、材料削弱等;

(3)影响耐久性能的其他特定状态。

结构设计时应对结构的不同极限状态分别进行计算或验算,当某一极限状态的计算或验算起控制作用时,可仅对该极限状态进行计算或验算。例如,对混凝土结构,通常可按承载能力极限状态来设计或计算,再按正常使用极限状态进行验算;当承载能力极限状态起控制作用,并采取了相应构造措施时,也可不进行正常使用极限状态的验算。

### 3.1.3 结构上的作用、作用效应和结构抗力

3.1.3.1 结构上的作用

结构是指能承受作用并具有适当刚度的由各连接部件有机组合而成的系统,是房屋建筑或其他构筑物中的承重骨架。作用是指施加在结构上的集中力或分布力和引起结构外加变形或约束变形的原因。其中,施加在结构上的集中力或分布力又称为直接作用或荷载,如构件自重、人群重量、风压力和积雪重量等;引起结构外加变形或约束变形的原因又称为间接作用,如温度变化、支座沉降和地震作用等。

按随时间的变化分类,结构上的作用可分为永久作用、可变作用和偶然作用。永久作用是指在设计工作年限内始终存在,且其量值变化与平均值相比可以忽略不计的作用,或其变化是单调的并趋于某个限值的作用,如结构的自重、土壤的压力、预加应力等。可变作用是指在设计工作年限内其量值随时间变化,且变化与平均值相比不可忽略不计的作用,如人群荷载、风荷载、雪荷载等。偶然作用是指在设计工作年限内不一定出现,而一旦出现其量值很大,且持续期很短的作用,如撞击、爆炸及地震作用等。

按随空间的变化分类，结构上的作用可分为固定作用和自由作用。固定作用是指在结构上具有固定空间分布的作用，当固定作用在结构某一点上的大小和方向确定后，该作用在整个结构上的作用即得以确定，如楼面上的固定设备荷载及结构构件的自重等。自由作用是指在结构上给定的范围内具有任意空间分布的作用，如楼面上的人群荷载、厂房中的吊车荷载等。

按结构的反应特点分类，结构上的作用又可分为静态作用和动态作用。静态作用是指使结构产生的加速度可以忽略不计的作用，如结构自重、楼面人群荷载、雪荷载等。动态作用是指使结构产生的加速度不可忽略不计的作用，如吊车荷载、设备振动、作用在高耸结构上的风荷载等。

按有无限值分类，结构上的作用可分为有界作用和无界作用。有界作用是指具有不能被超越的且可确切或近似掌握其界限值的作用，如水坝的最高水位压力等。无界作用是指没有明确界限值的作用，如爆炸、撞击等。

3.1.3.2　作用效应

作用效应 $S$ 是指由作用引起的结构或构件的反应，如各种作用施加在结构上所产生的内力和变形等。直接作用（即荷载）的效应也称为荷载效应。作用效应（或荷载效应）$S$ 与作用（或荷载）$Q$ 之间一般可近似按线性关系考虑，即：

$$S = C \cdot Q \tag{3.1}$$

式中　$C$——作用效应系数（或荷载效应系数）。

3.1.3.3　结构抗力

结构抗力 $R$ 是指结构或结构构件承受作用效应和环境影响的能力，即结构或结构构件抵抗内力和变形的能力。结构抗力是材料性能、几何参数以及计算模式的函数，可用下式表示：

$$R = R(f, a) \tag{3.2}$$

式中　$f$——所采用的结构材料的强度指标；

　　$a$——结构尺寸的几何参数。

## 3.2　可靠度分析的基本概念

### 3.2.1　结构设计问题的不确定性

作用效应 $S$ 和结构抗力 $R$ 的关系可用下面的极限状态方程表示：

$$Z = R - S \tag{3.3}$$

当 $Z=R-S>0$ 时，结构处于可靠状态；当 $Z=R-S<0$ 时，结构处于失效（破坏）状态；当 $Z=R-S=0$ 时，结构处于即将破坏的极限状态，如图 3.1 所示。

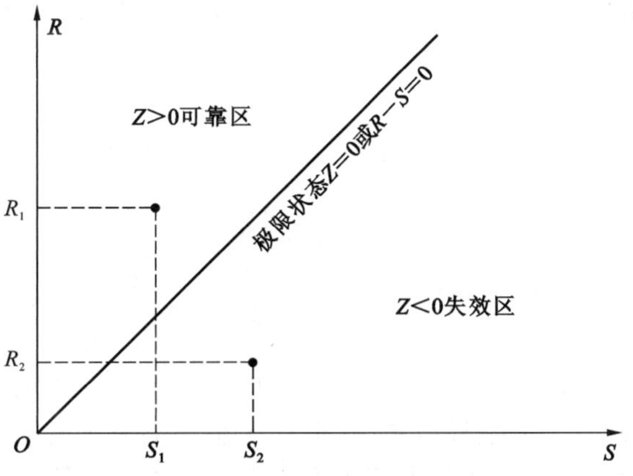


图 3.1　极限状态方程

为了使结构不超过极限状态，必须满足 $Z=R-S\geqslant0$，即 $S\leqslant R$。如果作用效应 $S$ 和结构抗力 $R$ 都是确定的量，要满足 $S\leqslant R$ 是容易做到的。但由于影响 $S$ 和 $R$ 的很多因素都具有不确定性，在进行结构设计时很难确定 $S$ 和 $R$ 的准确数值，亦即 $S$ 和 $R$ 都具有不确定性，这就使问题变得复杂了。

作用(荷载)效应通常是指在荷载作用下结构中产生的内力，影响内力大小的主要不确定性因素有：

(1) 作用(荷载)本身的变异性

通常作用在结构上的荷载可以分为恒荷载和活荷载，恒荷载是作用在结构上的永久荷载，活荷载是作用在结构上的可变荷载。活荷载的变异性是明显的，如风压有强有弱，积雪有厚有薄，人群有多有少等。恒荷载也有变异性，只是变异的程度要小些，如施工偏差引起的构件尺寸、材料密实程度的变化等。

(2) 内力计算假定与实际受力情况之间的差异

在进行结构内力计算时往往要忽略一些次要因素，进行某些假定，以得到理想化的计算简图，这些简化和假定不可避免地使内力计算与实际结构的内力情况有所差异，计算所得值可能大些，也可能小些。

影响结构抗力或承载力的主要不确定性因素有：

(1) 结构构件材料性能的变异性

这是影响结构抗力或承载力的主要因素。材料性能或强度指标取决于材料本身的品质和生产工艺，抽样结果表明，即使尽量使其他条件都一样，材料的性能或强度指标也并不完全相同，而是在一定范围内变化。材料的实际强度高，构件的实际承载力就大些；材料的实际强度低，构件的实际承载力就小些。

(2) 结构构件几何参数的变异性

由于制作和安装的原因，会使结构构件的尺寸出现偏差，造成实际结构构件与设计中预期的结构构件在几何特征上有差异，从而导致结构构件的计算抗力和实际抗力的差异。应该指出的是，这里所说的制作和安装中的偏差是指在正常施工过程中难以避免的，不包括质量事故和施工制作中出现的错误。对于后者，施工验收时不予验收合格，应进行修补、加固或重新制作。

(3) 结构构件抗力计算模式的不确定性

在建立结构构件抗力的计算公式时，往往采用一些近似假设，如假设材料为理想的匀质弹性体，截面变形符合平截面变形条件，以矩形或三角形等简单应力图形代替复杂的应力分布等，这一系列的近似处理也将导致实际结构构件的抗力值与按公式计算结果的差异。

### 3.2.2 数理统计的基本概念

#### 3.2.2.1 随机变量及其统计特征值

由以上分析可知，作用效应和结构抗力都具有不确定性。具有不确定性的现象称为随机现象，表示随机出现各种结果的变量称随机变量。下面以混凝土的强度试验为例，说明随机变量的一些概念及其统计特征值。

(1) 算术平均值

算术平均值 $\mu$ 是代表随机变量平均水平的特征值，可按下式计算：

$$\mu=\frac{1}{n}\sum_{i=1}^{n}X_i \tag{3.4}$$

式中 $X_i$——随机变量；

$n$——随机变量的个数。

从某工地随机抽样得到35组混凝土立方体试块，测得混凝土立方体抗压强度如表3.1所示。可以看出，这批数据虽然是从同一批混凝土中抽样取得的，但由于组成混凝土材料性能的变异以及混凝土搅拌、浇筑、养护和试验的偏差，各组混凝土试块的实测强度仍有一定波动。算术平均值可用来代表这批混凝土立方体强度的平均水平，由式(3.4)可求出这批混凝土立方体强度的平均值 $\mu=41.59\ \text{N/mm}^2$。

**表 3.1　混凝土立方体强度试验结果**

| 组编号 | $f_{cu}$(N/mm$^2$) | 组编号 | $f_{cu}$(N/mm$^2$) | 组编号 | $f_{cu}$(N/mm$^2$) | 组编号 | $f_{cu}$(N/mm$^2$) | 组编号 | $f_{cu}$(N/mm$^2$) |
|---|---|---|---|---|---|---|---|---|---|
| 1 | 40.1 | 8 | 39.5 | 15 | 45.6 | 22 | 47.1 | 29 | 39.9 |
| 2 | 39.6 | 9 | 43.8 | 16 | 38.7 | 23 | 43.5 | 30 | 38.9 |
| 3 | 37.1 | 10 | 44.5 | 17 | 41.4 | 24 | 36.3 | 31 | 40.9 |
| 4 | 45.5 | 11 | 36.9 | 18 | 49.0 | 25 | 41.0 | 32 | 42.1 |
| 5 | 43.9 | 12 | 47.3 | 19 | 36.1 | 26 | 40.9 | 33 | 43.7 |
| 6 | 41.5 | 13 | 42.7 | 20 | 45.9 | 27 | 42.8 | 34 | 34.0 |
| 7 | 39.6 | 14 | 44.1 | 21 | 38.7 | 28 | 41.7 | 35 | 41.5 |

(2) 标准差

标准差 $\sigma$ 是衡量随机变量离散程度的特征值，按下式计算：

$$\sigma = \sqrt{\frac{1}{n-1}\sum_{i=1}^{n}(x_i-\mu)^2} \tag{3.5}$$

标准差 $\sigma$ 越大，表示随机变量的分布越分散，或称离散性越大；$\sigma$ 越小，表示随机变量的分布越集中，或称离散性越小。由表 3.1 的数据可求出这批混凝土立方体强度的标准差 $\sigma=3.45$ N/mm$^2$。

(3) 变异系数

标准差虽然能反映随机变量绝对离散程度的大小，但不能判别不同算术平均值的各随机变量的离散程度的不同。因此在数理统计中一般常用变异系数 $\delta$ 作为反映随机变量相对离散程度的特征值，并按式(3.6)计算。

$$\delta = \frac{\sigma}{\mu} \tag{3.6}$$

由表 3.1 的数据可求出这批混凝土立方体强度的变异系数 $\delta=0.083$。为了直观反映随机变量的分布，表 3.1 的试验结果也可用统计直方图来表示。如图 3.2 所示，横坐标为混凝土立方体强度，区间间距为2 N/mm$^2$；纵坐标为混凝土强度试验值落在每个区间的组数 $m$ 与总组数 $n$（本例 $n=35$）的比值，称为频率。为消除区间间距大小的影响，并便于与其他随机变量比较，也可将纵坐标改用频率密度（即频率/组距间距）来表示。从图 3.2 中可看出，统计直方图有以下特点：直方图两边低、中间高，在算术平均值（$\mu=41.59$ N/mm$^2$）附近的频率或频率密度最高；混凝土强度值与平均值的绝对差值越大，其出现的频率或频率密度越小；频率或频率密度的分布以平均值为中心，两边大体呈对称分布。

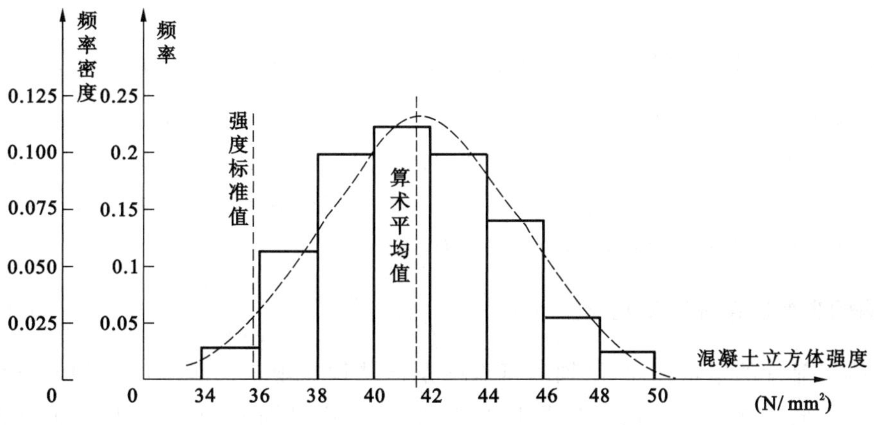


图 3.2　混凝土立方体强度统计直方图

3.2.2.2　正态分布

统计直方图虽然能够比较直观地反映随机变量的分布情况，但还不便于分析计算，因此需要找出一种能用数学解析式表达的分布曲线。可以看出，如果图 3.2 中的样本数量增大，而区间间距减小，则直方图的外轮廓线就会变得平滑，当样本数量 $n$ 趋于无穷、区间间距趋于零时，直方图的外轮廓线就成为一条分布曲线。理论和实践都已证明，在随机变量的分布函数中，正态分布占有很重要的地位。例如，材料强度的统计数量越多，其分布便越接近正态分布。

正态分布一般用 $N(\mu,\sigma)$ 表示，其中 $\mu$ 为算术平均值，$\sigma$ 为标准差。其密度函数 $f(x)$ 可表示为：

$$f(x)=\frac{1}{\sigma\sqrt{2\pi}}\cdot\exp\left[-\frac{(x-\mu)^2}{2\sigma^2}\right] \tag{3.7}$$

随机变量 $X$ 小于或等于某一确定值 $x$ 的概率，即 $P(X\leqslant x)$ 可用其分布函数 $F(x)$ 表示：

$$P(X\leqslant x)=F(x)=\frac{1}{\sigma\sqrt{2\pi}}\int_{-\infty}^{x}e^{-\frac{(x-\mu)^2}{2\sigma^2}}\mathrm{d}x=\frac{1}{\sigma\sqrt{2\pi}}\int_{-\infty}^{x}\exp\left[-\frac{(x-\mu)^2}{2\sigma^2}\right]\mathrm{d}x \tag{3.8}$$

3.2.2.3　保证率

随机变量的值不小于(或不大于)某一定值的概率，称为关于这一定值的保证率。图 3.3 表示的某一随机变量的分布曲线与横轴之间的总面积$(-\infty,\infty)$代表总概率，为 100%，$u$ 为某一定值。随机变量的值不小于 $u$ 的概率可用 $u$ 右边的曲线与 $x$ 轴所围成的面积 $\omega$ 来表示，$\omega$ 称为随机变量的值不小于 $u$ 的保证率。随机变量的值不大于 $u$ 的概率可由 $u$ 左边的曲线与 $x$ 轴所围成的面积 $\omega'$ 来表示，$\omega'$ 称为随机变量的值不大于 $u$ 的保证率。显然，$\omega'=1-\omega$。

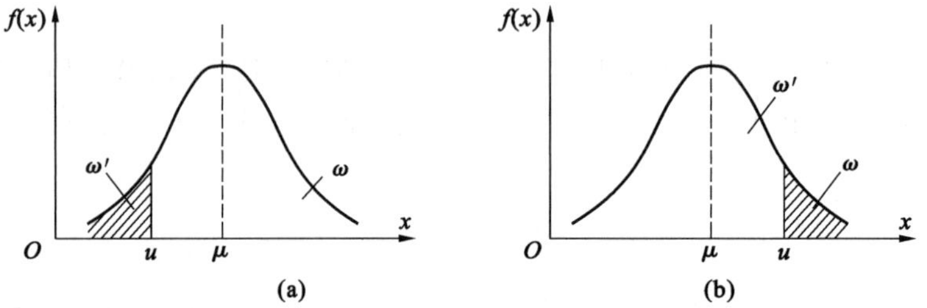


图 3.3　随机变量的保证率

(a) 随机变量不大于 $u$ 的保证率；(b) 随机变量不小于 $u$ 的保证率

若随机变量 $X$ 服从正态分布，则 $X$ 的值不小于或不大于某一定值 $u$ 的概率(保证率)可由式(3.8)求得，即：

$$P(X\leqslant u)=P\left(\frac{X-\mu}{\sigma}\leqslant\frac{u-\mu}{\sigma}\right)=\frac{1}{\sqrt{2\pi}}\int_{-\infty}^{U}e^{-\frac{U^2}{2}}\mathrm{d}U=\frac{1}{\sqrt{2\pi}}\int_{-\infty}^{U}\exp\left(-\frac{U^2}{2}\right)\mathrm{d}U=\Phi(U) \tag{3.9}$$

$$P(X>u)=1-P(X\leqslant u)=1-\Phi(U) \tag{3.10}$$

式中 $U=(u-\mu)/\sigma$，$\Phi(U)=\Phi\left(\frac{u-\mu}{\sigma}\right)$为标准正态分布的分布函数值，表示随机变量 $X$ 不大于某一定值 $u$ 的概率，可由标准正态分布表中查出。

例如，当 $u=\mu-1.645\sigma$ 时，$U=(u-\mu)/\sigma=-1.645$，可得出 $P(X\leqslant u)=\Phi(-1.645)=5\%$，而 $P(X>u)=1-\Phi(-1.645)=95\%$，即表示随机变量 $X$ 不大于某一定值 $u=\mu-1.645\sigma$ 的概率(保证率)为 5%，而 $X$ 大于某一定值 $u=\mu-1.645\sigma$ 的概率(保证率)为 95%。

### 3.2.3　结构的失效概率和可靠指标

可靠度是结构可靠性的定量描述，结构的可靠度是指结构在规定的时间内和规定条件下完成预定功能的概率。由于作用效应 $S$ 和结构抗力 $R$ 都具有不确定性，都是随机变量，用概率方法来度量结构的可靠性是科学的。

由前面分析可知，为了使结构不超过极限状态，必须满足 $Z=R-S\geqslant 0$，即 $S\leqslant R$。要保证结构的可靠性，应使 $S\leqslant R$ 的概率足够大，或使 $R<S$ 的概率足够小。为使分析简单化，假定 $R$ 和 $S$ 均服从正态分布，

$R$ 的均值为 $\mu_R$，$R$ 的标准差为 $\sigma_R$，$S$ 的均值为 $\mu_S$，$S$ 的标准差为 $\sigma_S$，且 $R$ 和 $S$ 相互独立。由概率理论可知，两个相互独立的正态分布的随机变量之差 $Z=R-S$ 仍服从正态分布，其均值和标准差分别为：

$$\mu_Z = \mu_R - \mu_S \tag{3.11}$$

$$\sigma_Z = \sqrt{\sigma_S^2 + \sigma_R^2} \tag{3.12}$$

$Z$ 的分布曲线如图 3.4(a)所示，$Z<0$ 的概率即 $R<S$ 的概率称为失效概率，用 $P_f$ 表示，其值为图 3.4(a)中 $Z$ 为负值时的分布曲线的尾部面积，在图中用阴影线标出，并用下式计算：

$$P_f = P(Z<0) = P\left(\frac{Z-\mu_Z}{\sigma_Z} < -\frac{\mu_Z}{\sigma_Z}\right) = \Phi\left(-\frac{\mu_Z}{\sigma_Z}\right) = 1-\Phi\left(\frac{\mu_Z}{\sigma_Z}\right) \tag{3.13}$$

$Z\geqslant 0$ 的概率即 $S\leqslant R$ 的概率称为可靠概率，用 $P_s$ 表示，其值相当于图 3.4(a)中 $Z>0$ 部分的曲线与横轴之间的面积。由图 3.4(a)还可看出 $P_f+P_s=1$，则有：

$$P_s = P(Z\geqslant 0) = 1-P_f = \Phi\left(\frac{\mu_Z}{\sigma_Z}\right) \tag{3.14}$$

令

$$\beta = \frac{\mu_Z}{\sigma_Z} = \frac{\mu_R-\mu_S}{\sqrt{\sigma_R^2+\sigma_S^2}} \tag{3.15}$$

则有：

$$\mu_Z = \mu_R - \mu_S = \beta\cdot\sigma_Z = \beta\cdot\sqrt{\sigma_R^2+\sigma_S^2} \tag{3.16}$$

由式(3.16)和图 3.4(b)可以看出，$\beta$ 越大，$R<S$ 的失效概率 $P_f$ 就越小，可靠概率 $P_s$ 就越大；反之 $\beta$ 越小，失效概率 $P_f$ 就越大，可靠概率 $P_s$ 就越小。$\beta$ 与 $P_f$、$P_s$ 有一一对应的关系，所以 $\beta$ 与 $P_f$、$P_s$ 一样可作为衡量结构可靠度的一个指标，$\beta$ 称为结构的可靠指标。可靠指标 $\beta$ 与失效概率 $P_f$ 之间的对应关系列于表 3.2 中。从表 3.2 可以看出，当 $\beta$ 的值相差 0.5 时，失效概率 $P_f$ 大致相差一个数量级。

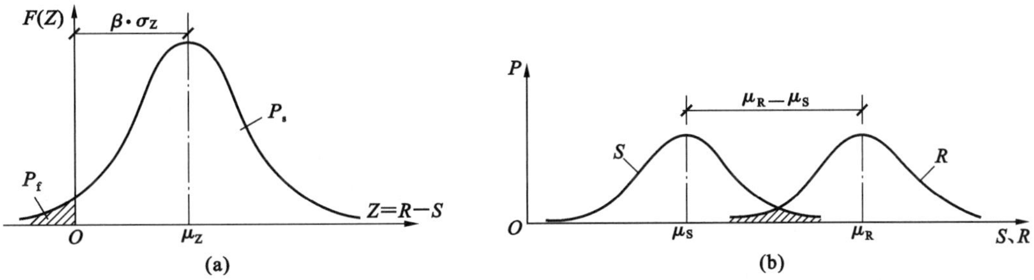


图 3.4　失效概率和可靠指标

**表 3.2　可靠指标和失效概率的对应关系**

| $\beta$ | 2.7 | 3.2 | 3.7 | 4.2 |
|---|---|---|---|---|
| $P_f$ | $3.5\times10^{-3}$ | $6.9\times10^{-4}$ | $1.1\times10^{-4}$ | $1.3\times10^{-5}$ |

由于 $R$ 、$S$ 都是随机变量，要绝对地保证 $R$ 总是大于 $S$ 是不可能的，因此只能做到绝大多数情况下使 $R\geqslant S$，并使 $R<S$ 的概率即失效概率 $P_f$ 小到人们可以接受的程度，这时便认为结构是可靠的。

通过对以往设计经验的总结并参考国外的有关规定，我国《建筑结构可靠性设计统一标准》(GB 50068—2018)对建筑结构设计的可靠指标，即目标可靠度指标作了具体的规定。对一般结构或构件属于延性破坏时，目标可靠度指标($\beta$)取为 3.2；当结构或构件属于脆性破坏时，由于破坏较为突然，没有明显的预兆，可靠概率应提高一些，目标可靠度指标($\beta$)取为 3.7。此外，根据建筑物重要性的不同，即一旦结构失效时对生命财产的危害程度以及对社会影响的不同，还将建筑结构分为三个安全等级，并对其目标可靠度指标作适当调整。这三个安全等级分别是：

一级——重要的工业与民用建筑，破坏后果很严重；对人的生命、经济、社会或环境影响很大；

二级——一般的工业与民用建筑，破坏后果严重；对人的生命、经济、社会或环境影响较大；

三级——次要的建筑物，破坏后果不严重；对人的生命、经济、社会或环境影响较小。

对于承载能力极限状态，不同安全等级的结构或结构构件设计时应采用的目标可靠度指标不应小于表 3.3 的规定。

**表 3.3　结构承载能力极限状态设计的目标可靠度指标**

| 破坏类型 | 安全等级 | | |
|---|---|---|---|
| | 一级 | 二级 | 三级 |
| 延性破坏 | 3.7 | 3.2 | 2.7 |
| 脆性破坏 | 4.2 | 3.7 | 3.2 |

## 3.3　极限状态设计的实用表达式

从前面对可靠指标、失效概率和可靠概率及其相互关系的分析中可以看出，如果知道了作用效应 $S$ 和结构抗力 $R$ 的分布函数和充分的统计特征值，就可以计算出结构的可靠度，并按照目标可靠度的要求进行结构设计或校核，目前对一些特殊的工程结构就是按照可靠度的要求进行设计的。但是对于量大面广的一般工程结构而言，直接按可靠度进行设计在应用中还存在着很多问题：首先是实际结构中的随机变量可能有多个，对其概率分布尚未完全掌握；其次是目前对影响可靠性的一些不确定因素研究得还不够充分，统计资料也不够完善，这就使直接按可靠度进行设计有一定困难。

为了使结构的可靠性设计方法简便、实用，并考虑到工程技术人员的习惯，对于一般常见的工程结构，我国规范采用了以概率理论为基础的极限状态设计方法，以可靠指标度量结构构件的可靠度，并采用分项系数的实用设计表达式进行设计。

结构设计时为保证所设计的结构安全可靠，应使结构的可靠概率 $P_s$ 即 $S \leqslant R$ 的概率足够大，或使失效概率 $P_f$ 即 $S > R$ 的概率足够小。如果计算作用效应（或荷载效应）$S$ 时取某一足够大的作用（荷载）值，则实际出现的作用值超过所取的作用值的概率就会很小；同样，如果在计算结构抗力 $R$ 时取某一足够低的材料强度指标，则实际结构中的材料强度低于所取材料强度指标的概率也会很小。在给定 $S \leqslant R$ 表达式和作用及材料强度取值的条件下，结构或构件的失效概率就是同时出现超作用值和低强度的概率。计算作用效应 $S$ 时的作用取值越大，出现超作用值的概率就越小，而在计算结构抗力 $R$ 时的材料强度取值越低，出现低强度的概率也越小，因而失效概率也越小。由此可见，如果事先给定一个 $S \leqslant R$ 的设计表达式和给定的目标可靠指标$[\beta]$（即给定了失效概率 $P_f$），通过调整设计计算时作用和材料强度的取值，就可以达到当满足 $S \leqslant R$ 的设计表达式时，其相应的可靠指标（或失效概率）也满足要求。

按极限状态设计的实用设计表达式就是根据各种规定的目标可靠指标，经过优选对作用乘以大于 1 的作用分项系数，对材料按照规定的保证率确定一个较低的材料强度设计值，使得按极限状态设计表达式计算的各种结构所具有的可靠指标与规定的目标可靠指标之间在总体上误差最小。此外，为使设计表达式满足不同安全等级的要求，还引入结构重要性系数 $\gamma_0$，对不同安全等级建筑结构的可靠指标进行调整。

因此，以概率理论为基础的极限状态设计方法的设计表达式可不必进行繁杂的概率运算，而是通过作用的取值、材料强度的取值以及分项系数三方面来保证相应可靠度的。

### 3.3.1　作用代表值

3.3.1.1　作用（荷载）标准值

作用（荷载）标准值是结构设计时采用的作用（荷载）基本代表值。永久作用（荷载）的标准值 $G_k$ 可按结构设计尺寸与材料密度计算得到，可变作用（荷载）的标准值 $Q_k$ 应根据设计基准期（为确定可变作用等

取值而选用的时间参数)内最大作用(荷载)概率分布的某一分位值确定,即取比统计平均值要大的某一作用(荷载)值,公式如下:

$$Q_k = \mu_Q + \alpha_Q \sigma_Q \tag{3.17}$$

式中 $\mu_Q$——设计基准期内最大作用(荷载)概率分布的平均值;

$\sigma_Q$——最大作用(荷载)分布的标准差;

$\alpha_Q$——与保证率有关的系数。

根据统计分析和长期使用的经验,《工程结构通用规范》(GB 55001—2021)对风荷载、雪荷载、楼面使用活荷载以及其他一些荷载均给出了荷载标准值,设计时可直接查用,如住宅、宿舍、旅馆、医院病房、托儿所、幼儿园等的楼面均布活荷载标准值取 2.0 $kN/m^2$,办公楼、教室、医院门诊等的楼面均布活荷载标准值取2.5 $kN/m^2$,食堂、餐厅、实验室、阅览室、会议室以及一般资料档案室的楼面均布活荷载标准值取3.0 $kN/m^2$。

3.3.1.2 作用(荷载)分项系数

在承载能力极限状态设计中,为了充分考虑作用(荷载)的变异性以及计算内力时简化所带来的不利影响,通过可靠度的校准,须对作用(荷载)标准值乘以作用(荷载)分项系数。考虑到可变作用(荷载)的变异性比永久作用(荷载)要大,因而对可变作用(荷载)的分项系数的取值要比永久作用(荷载)大一些。《工程结构通用规范》(GB 55001—2021)和《建筑结构可靠性设计统一标准》(GB 50068—2018)规定,房屋建筑结构的作用(荷载)分项系数应符合下列要求:

(1) 永久作用(荷载)分项系数

当永久作用(荷载)效应对结构不利时,永久作用(荷载)分项系数应取 $\gamma_G=1.3$。当永久作用(荷载)效应对结构有利时,$\gamma_G$ 不应大于 1.0;对结构的倾覆、滑移或漂浮进行验算时,作用(荷载)分项系数应满足有关建筑结构设计规范的规定。

(2) 可变作用(荷载)分项系数

一般情况下,当作用效应对结构不利时,应取可变作用(荷载)分项系数 $\gamma_Q=1.5$;对于标准值大于或等于 4 $kN/m^2$ 的工业房屋楼面结构的活荷载,因其变异性相对较小,应取 $\gamma_Q=1.4$。当作用效应对结构有利时,应取 $\gamma_Q=0$。

(3) 预应力作用分项系数

预应力混凝土结构是在结构或构件正常受荷前预先对混凝土受拉区施加压应力以改善在使用荷载作用下混凝土抗拉性能的混凝土结构,施加预应力对结构或构件产生的作用称为预应力作用。当作用效应对结构不利时,应取预应力作用的分项系数 $\gamma_p=1.3$;当作用效应对结构有利时,$\gamma_p$ 不应大于 1.0。

3.3.1.3 可变作用(荷载)的准永久值

可变作用(荷载)的准永久值是按正常使用极限状态长期效应进行组合设计时采用的作用(荷载)代表值。在正常使用极限状态设计中要考虑作用(荷载)长期效应的影响,显然永久作用(荷载)是长期作用的,而可变作用(荷载)则时有时无,时大时小,但若达到和超过某一值的可变作用(荷载)出现次数较多、持续时间较长,以致其累计的总持续时间 $T_q$ 与整个设计基准期 $T$ 的比值达到一定值(对楼面活荷载、风荷载和雪荷载等可取 $T_q/T=0.5$)时,则该值便称为可变作用(荷载)的准永久值,如图 3.5 所示。

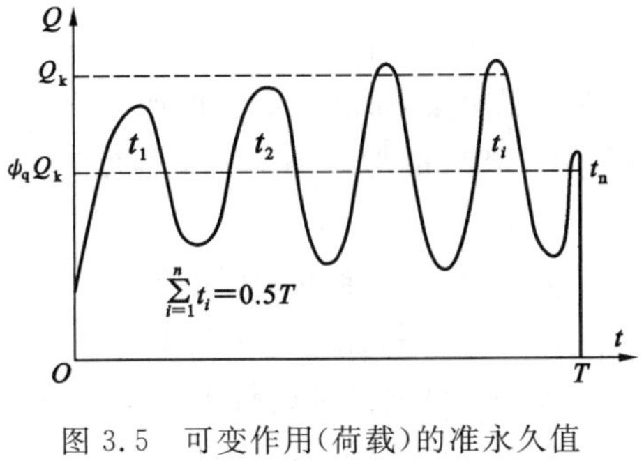

图 3.5 可变作用(荷载)的准永久值

可变作用(荷载)的准永久值实际上是考虑作用(荷载)长期作用效应而对可变作用(荷载)标准值的折减,可记为 $\psi_q Q_k$,其中 $Q_k$ 为某种可变作用(荷载)的标准值,$\psi_q$ 为折减系数,称为可变作用(荷载)的准永久值系数。《工程结构通用规范》(GB 55001—2021)规定了各种可变作用(荷载)的准永久值系数,设计时可以查用。如住宅、宿舍、旅馆等的楼面均布活荷载的准永久值系数取 $\psi_q=0.4$,办公楼、教室、会议室等取 $\psi_q=0.5$。

3.3.1.4 作用(荷载)(效应)组合

结构上作用有多种可变作用(荷载)时，各可变作用(荷载)同时达到标准值的概率显然比其中一种可变作用(荷载)达到标准值的概率要低。为使结构在两种或两种以上可变作用(荷载)同时作用的情况与仅有一种可变作用(荷载)作用的情况具有大致相同的可靠指标，《工程结构通用规范》(GB 55001—2021)还规定了可变作用(荷载)的组合值系数，对同时作用的多种可变作用(荷载)的标准值进行折减。

对于承载能力极限状态，作用(荷载)效应组合的设计值 $S_d$ 应按下式中最不利值来确定。

$$S_d = \sum_{i\geqslant 1}\gamma_{Gi}S_{Gik} + \gamma_P S_P + \gamma_{Q1}\gamma_{L1}S_{Q1k} + \sum_{j>1}\gamma_{Qj}\gamma_{Lj}\psi_{cj}S_{Qjk} \tag{3.18}$$

式中 $\gamma_{Gi}$——第 $i$ 个永久作用(荷载)的分项系数；

$\gamma_{Qj}$——第 $j$ 个可变作用(荷载)的分项系数，其中 $\gamma_{Q1}$ 为第一个(起主导作用的)可变作用(荷载)$Q_{1k}$ 的分项系数；

$\gamma_{Lj}$——第 $j$ 个可变作用(荷载)考虑设计工作年限的调整系数(见表 3.4)，其中 $\gamma_{L1}$ 为主导可变作用(荷载)$Q_{1k}$ 考虑设计工作年限的调整系数；

$S_{Gik}$——按第 $i$ 个永久作用(荷载)标准值 $G_{ik}$ 计算的作用(荷载)效应值；

$\gamma_P$——预应力作用的分项系数；

$S_P$——预应力作用有关代表值的效应；

$S_{Qjk}$——按第 $j$ 个可变作用(荷载)标准值 $Q_{jk}$ 计算的作用(荷载)效应值，其中 $S_{Q1k}$ 为诸可变作用(荷载)效应中起控制作用者；

$\psi_{cj}$——第 $j$ 个可变作用(荷载)$Q_{ik}$ 的组合值系数，按《工程结构通用规范》(GB 55001—2021)的规定采用。

当无法明显判断 $S_{Q1k}$ 时，应依次以各可变作用(荷载)效应作为 $S_{Q1k}$，并选取其中最不利的作用(荷载)组合的效应设计值。

**表 3.4 楼面和屋面活荷载考虑设计工作年限的调整系数 $\gamma_L$**

| 结构设计工作年限(年) | 5 | 50 | 100 |
|---|---|---|---|
| $\gamma_L$ | 0.9 | 1.0 | 1.1 |

注：①当设计工作年限不为表中数值时，调整系数 $\gamma_L$ 可按线性内插法确定；

②对于荷载标准值可控制的活荷载，设计工作年限调整系数 $\gamma_L$ 取 1.0。

对于正常使用极限状态的标准组合，作用(荷载)效应组合的设计值 $S_d$ 应按下式采用：

$$S_d = \sum_{i\geqslant 1}S_{Gik} + S_P + S_{Q1k} + \sum_{j>1}\psi_{cj}S_{Qjk} \tag{3.19}$$

对于正常使用极限状态的准永久组合，作用(荷载)效应组合的设计值 $S_d$ 应按下式采用：

$$S_d = \sum_{i\geqslant 1}S_{Gik} + S_P + \sum_{j\geqslant 1}\psi_{qj}S_{Qjk} \tag{3.20}$$

式中 $\psi_{qj}$——第 $j$ 个可变荷载的准永久值系数，按《工程结构通用规范》(GB 55001—2021)的规定采用。

### 3.3.2 材料强度取值

3.3.2.1 材料强度的标准值

材料强度的标准值是一种特征值，其取值原则是在符合规定质量的材料强度实测总体中，标准值应具有不小于 95% 的保证率。材料强度标准值可由下式确定：

$$f_k = \mu_f - 1.645\sigma_f = \mu_f(1 - 1.645\delta_f) \tag{3.21}$$

式中 $f_k$——材料强度的标准值；

$\mu_f$——材料强度的平均值；

$\sigma_f$——材料强度的标准差；

$\delta_f$——材料强度的变异系数。

例如，图 3.2 中混凝土立方体强度的分布符合正态分布，其平均值 $\mu_c = 41.59\ \text{N/mm}^2$，标准差 $\sigma_c = 3.45\ \text{N/mm}^2$，变异系数 $\delta_c = 0.083$，则由式(3.21)可求出该批混凝土立方体强度的标准值为 $f_{cu,k} = 35.91\ \text{N/mm}^2$。

热轧钢筋的强度标准值按屈服强度确定，无明显屈服点的预应力筋的强度标准值按条件屈服强度确定(条件屈服强度取残余应变为 0.2%所对应的应力 $\sigma_{0.2}$)，且均应具有不小于 95%的保证率。图 3.6所示为一批热轧钢筋屈服强度的分布图，也符合正态分布的规律，其平均值 $\mu_y = 400.3\ \text{N/mm}^2$，标准差 $\sigma_y = 15.7\ \text{N/mm}^2$，离散系数 $\delta_y = 0.039$，则由式(3.21)可求出该批钢筋抗拉强度的标准值为 $f_{yk} = 374.5\ \text{N/mm}^2$。

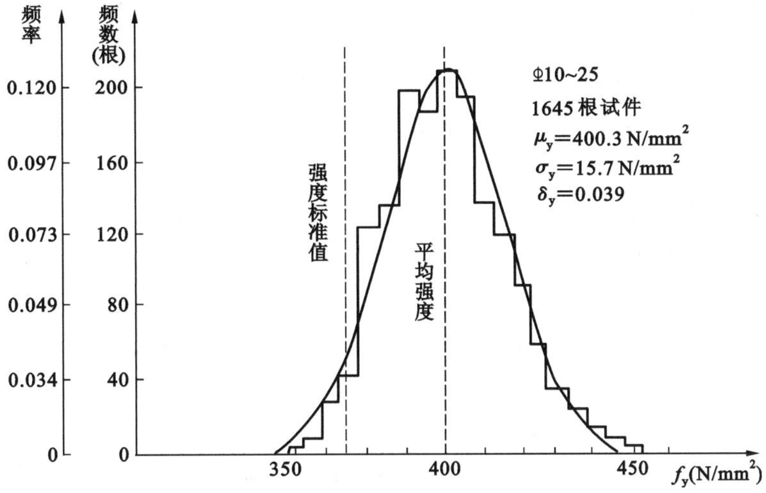


图 3.6　钢筋屈服强度分布图

《混凝土结构设计标准》(GB/T 50010—2010)规定了各类钢筋和各种强度等级混凝土的强度标准值，分别见附表 1、附表 4 和附表 5。

3.3.2.2　材料强度的设计值

材料强度的设计值是在承载能力极限状态的设计中所采用的材料强度代表值，材料强度设计值由材料强度标准值除以材料分项系数得到，按下式计算：

$$f = \frac{f_k}{\gamma_f} \tag{3.22}$$

式中　$f$——材料强度的设计值；

$f_k$——材料强度的标准值；

$\gamma_f$——材料分项系数。

各种材料的分项系数是考虑了不同材料的特点和强度离散程度，通过可靠度分析确定的。例如，混凝土的轴心抗压强度设计值按下式计算：

$$f_c = \frac{f_{ck}}{\gamma_c} \tag{3.23}$$

式中　$f_c$——混凝土轴心抗压强度设计值；

$f_{ck}$——混凝土轴心抗压强度标准值；

$\gamma_c$——混凝土材料分项系数，取 1.4。

钢筋抗拉强度设计值按下式计算：

$$f_y = \frac{f_{yk}}{\gamma_s} \tag{3.24}$$

式中　$f_y$——钢筋抗拉强度设计值；

$f_{yk}$——钢筋抗拉强度标准值；

$\gamma_s$——钢筋材料分项系数，对 400 N/mm² 级及以下的热轧钢筋取 $\gamma_s = 1.10$，对 500 N/mm² 级热轧

钢筋取 $\gamma_s=1.15$，对预应力筋取 $\gamma_s=1.20$。

《混凝土结构设计标准》(GB/T 50010—2010)也规定了各类钢筋和各种强度等级混凝土的强度设计值，分别见附表 2、附表 6 和附表 7。

### 3.3.3 结构的设计状况

设计状况是代表一定时段内实际情况的一组设计条件，设计应做到在该组条件下结构不超越有关的极限状态。《工程结构通用规范》(GB 55001—2021)和《建筑结构可靠性设计统一标准》(GB 50068—2018)规定，结构设计时应区分下列设计状况：

(1) 持久设计状况

持久设计状况是指在结构使用过程中一定出现且持续期很长的设计状况，其持续期一般与设计工作年限为同一数量级。持久设计状况适用于结构使用时的正常情况。

(2) 短暂设计状况

短暂设计状况是指在结构施工和使用过程中出现概率较大，而与设计工作年限相比其持续期很短的设计状况。短暂设计状况适用于结构出现的临时情况，包括结构施工和维修时的情况等。

(3) 偶然设计状况

偶然设计状况是指在结构使用过程中出现概率较小，且持续期很短的设计状况。偶然设计状况适用于结构出现的异常情况，包括结构遭受火灾、爆炸、撞击时的情况等。

(4) 地震设计状况

地震设计状况是指结构遭受地震时的设计状况。地震设计状况适用于结构遭受地震时的情况，在抗震设防地区必须考虑地震设计状况。

对各类工程结构的上述四种设计状况均应进行承载能力极限状态设计，对持久设计状况尚应进行正常使用极限状态设计，并宜进行耐久性极限状态设计；对短暂设计状况和地震设计状况可根据需要进行正常使用极限状态设计；对偶然设计状况可不进行正常使用极限状态设计。

### 3.3.4 承载能力极限状态的设计表达式

对持久、短暂和地震的设计状况，当用内力的形式表达时，结构或结构构件应采用下列承载能力极限状态表达式：

$$\gamma_0 S_d \leqslant R_d \tag{3.25}$$

其中

$$R_d = R(f_c, f_s, a_k, \cdots)/\gamma_{Rd} \tag{3.26}$$

式中 $\gamma_0$——结构重要性系数：在持久设计状况和短暂设计状况下，对安全等级为一级的结构构件不应小于 1.1，对安全等级为二级的结构构件不应小于 1.0，对安全等级为三级的结构构件不应小于 0.9；对偶然设计状况和地震设计状况取 1.0。

$S_d$——承载能力极限状态下作用效应的设计值($N$、$M$、$V$、$T$ 等)：对持久或短暂设计状况，按作用的基本组合式(3.18)计算；对地震设计状况，按作用的地震组合计算。

$R_d$——结构或结构构件的抗力设计值。

$R(\cdot)$——结构或结构构件的抗力函数。

$\gamma_{Rd}$——结构构件的抗力模型不定性系数：静力设计取 1.0；对不确定性较大的结构构件根据具体情况取大于 1.0 的数值；对抗震设计应采用承载力抗震调整系数 $\gamma_{RE}$ 代替 $\gamma_{Rd}$。

$f_c$、$f_s$——混凝土、普通钢筋或预应力筋的强度设计值(见附表 2、附表 6 和附表 7)。

$a_k$——结构构件几何参数的标准值；当几何参数的变异性对结构性能有明显的不利影响时，还应增减一个附加值。

### 3.3.5 正常使用极限状态设计表达式

混凝土结构除应按承载能力极限状态设计外，还应进行正常使用极限状态的验算，以满足结构的正常使用功能和耐久性要求。混凝土结构构件正常使用极限状态验算的内容包括：

(1) 对需要控制变形的构件，应进行变形验算；

(2) 对使用上不允许出现裂缝的构件，应进行混凝土拉应力验算；

(3) 对允许出现裂缝的构件，应进行受力裂缝宽度验算；

(4) 对有舒适度要求的楼盖结构，应进行竖向自振频率验算。

对于一般常见的工程结构，正常使用极限状态验算主要包括变形验算和裂缝控制验算两个方面。

与承载能力极限状态相比，正常使用极限状态的目标可靠指标相对要低一些，应根据规定采用作用(荷载)效应的标准组合[式(3.19)]或准永久组合[式(3.20)]，并考虑荷载长期作用的影响，按相应的设计表达式进行验算，材料强度可取标准值。

3.3.5.1 变形验算

混凝土受弯构件的挠度不应影响其使用功能和外观要求。普通钢筋混凝土受弯构件的最大挠度应按作用(荷载)效应的准永久组合验算，预应力混凝土受弯构件的最大挠度应按作用(荷载)效应的标准组合验算，并均应考虑作用(荷载)长期作用影响的最大挠度计算值不应超过规定的挠度限值，即：

$$f_{max} \leqslant [f] \tag{3.27}$$

式中 $f_{max}$——最大挠度计算值；

$[f]$——规范规定的挠度限值，见附表 11。

3.3.5.2 裂缝宽度验算

钢筋混凝土和预应力混凝土构件应按下列规定进行受拉边缘混凝土应力或正截面裂缝宽度验算。

(1) 一级——严格要求不出现裂缝的构件

按作用(荷载)效应标准组合计算时，构件受拉边缘混凝土不应产生拉应力，即应符合下式要求：

$$\sigma_{ck} - \sigma_{pc} \leqslant 0 \tag{3.28}$$

式中 $\sigma_{ck}$——作用(荷载)效应的标准组合下抗裂验算边缘的混凝土法向应力；

$\sigma_{pc}$——扣除全部预应力损失后在抗裂验算边缘混凝土的预压应力。

(2) 二级——一般要求不出现裂缝的构件

按作用(荷载)效应标准组合计算时，构件受拉边缘混凝土拉应力不应大于混凝土抗拉强度的标准值，即应符合下式要求：

$$\sigma_{ck} - \sigma_{pc} \leqslant f_{tk} \tag{3.29}$$

式中 $f_{tk}$——混凝土轴心抗拉强度标准值。

(3) 三级——允许出现裂缝的构件

普通钢筋混凝土构件的最大裂缝宽度可按作用(荷载)效应准永久组合并考虑长期作用影响的效应计算，预应力混凝土构件的最大裂缝宽度可按作用(荷载)效应标准组合并考虑长期作用影响的效应计算，计算的最大裂缝宽度应符合下式要求：

$$w_{max} \leqslant w_{lim} \tag{3.30}$$

式中 $w_{max}$——按作用(荷载)效应的标准组合或准永久组合并考虑长期作用影响计算的最大裂缝宽度；

$w_{lim}$——规范规定的最大裂缝宽度限值，见附表 12。

对环境类别为二 a 类(环境类别的规定见第 9 章及附表 10)的三级预应力混凝土构件，准永久组合下尚应符合下列规定：

$$\sigma_{cq} - \sigma_{pc} \leqslant f_{tk} \tag{3.31}$$

式中 $\sigma_{cq}$——作用(荷载)效应的准永久组合下抗裂验算边缘的混凝土法向应力。

**【例 3.1】** 如图 3.7 所示，某简支梁的计算跨度 $l_0 = 4$ m，承受永久均布荷载标准值 $g_k = 8$ kN/m，集中永久荷载(作用于跨中)标准值 $G_k=10$ kN,可变均布荷载标准值 $q_k=6$ kN/m,可变荷载的准永久值系数 $\psi_q=0.4$,设计工作年限为 50 年,$\gamma_L=1.0$。试求按承载能力极限状态设计时梁跨中截面的弯矩设计值 $M$,以及在正常使用极限状态下荷载效应的标准组合弯矩值 $M_k$ 和荷载效应的准永久组合弯矩值 $M_q$。

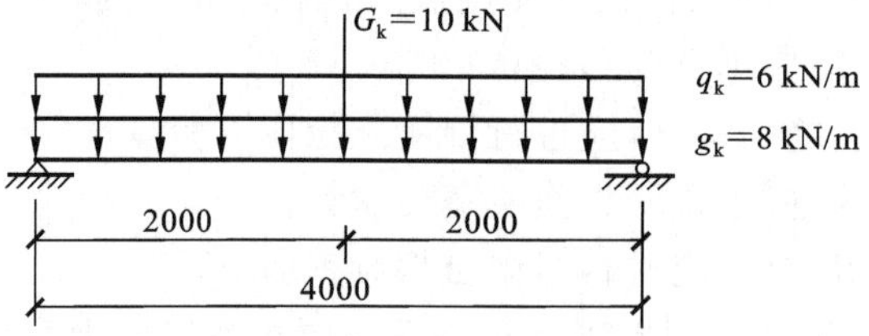


图 3.7　例 3.1 简图

**【解】** (1) 计算按承载能力极限状态设计的弯矩设计值 $M$

由式(3.18)有:

$$M=\gamma_G\left(\frac{l_0^2}{8}g_k+\frac{l_0}{4}G_k\right)+\gamma_Q\gamma_L\frac{l_0^2}{8}q_k$$

$$=1.3\times\left(\frac{4^2}{8}\times8+\frac{4}{4}\times10\right)+1.5\times1.0\times\frac{4^2}{8}\times6$$

$$=51.8\text{kN}\cdot\text{m}$$

(2) 计算在正常使用极限状态下荷载效应的标准组合弯矩值 $M_k$

由式(3.19)有:

$$M_k=\frac{l_0^2}{8}g_k+\frac{l_0}{4}G_k+\frac{l_0^2}{8}q_k=\frac{4^2}{8}\times8+\frac{4}{4}\times10+\frac{4^2}{8}\times6=38\text{kN}\cdot\text{m}$$

(3) 计算在正常使用极限状态下荷载效应的准永久组合弯矩值 $M_q$

由式(3.20)有:

$$M_q=\frac{l_0^2}{8}g_k+\frac{l_0}{4}G_k+\psi_q\frac{l_0^2}{8}q_k=\frac{4^2}{8}\times8+\frac{4}{4}\times10+0.4\times\frac{4^2}{8}\times6=30.8\text{kN}\cdot\text{m}$$

## 本章小结

(1) 结构设计的目的是要保证所建造的结构安全适用,结构应满足安全性、适用性和耐久性的功能要求,结构的安全性、适用性和耐久性可概括称为结构的可靠性。整个结构或结构的一部分超过某一特定状态就不能满足设计规定的某一功能的要求,此特定状态称为该功能的极限状态。极限状态可分为承载能力极限状态、正常使用极限状态和耐久性极限状态。

(2) 作用是指施加在结构上的集中力或分布力和引起结构外加变形或约束变形的原因。其中施加在结构上的集中力或分布力称为直接作用或荷载,引起结构外加变形或约束变形的原因称为间接作用。作用效应是指由作用引起的结构或构件的反应,如各种作用施加在结构上所产生的内力和变形等。直接作用(即荷载)的效应也称为荷载效应。结构抗力是结构或结构构件承受作用效应和环境影响的能力,即结构或结构构件抵抗内力和变形的能力。作用效应和结构抗力都是具有不确定性的随机变量。

(3) 结构的可靠指标 $\beta$ 与失效概率 $P_f$、可靠概率 $P_s$ 有一一对应的关系:$\beta$ 越大,失效概率 $P_f$ 就越小,可靠概率 $P_s$ 就越大;$\beta$ 越小,失效概率 $P_f$ 就越大,可靠概率 $P_s$ 就越小。

(4) 作用(荷载)标准值是结构设计时采用的荷载基本代表值。永久作用(荷载)的标准值 $G_k$ 可按结构设计尺寸和标准容积密度计算得到;可变作用(荷载)的标准值 $Q_k$ 应根据设计基准期内最大作用(荷载)概率分布的某一分位值确定。可变作用(荷载)的准永久值是按正常使用极限状态长期效应组合设计时采用的作用(荷载)代表值。

(5) 材料强度的标准值是一种特征值,其取值原则是在符合规定质量的材料强度实测总体中,标准值应具有不小于95%的保证率。材料强度的设计值是在承载能力极限状态的设计中所采用的材料强度代表值,材料强度设计值由材料强度标准值除以材料分项系数得到。

(6) 设计状况是代表一定时段内实际情况的一组设计条件,设计应做到在该组条件下结构不超越有关的极限状态。工程结构的设计状况可分为持久设计状况、短暂设计状况、偶然设计状况和地震设计状况。

(7) 承载能力极限状态应按作用(荷载)效应的基本组合并采用极限状态设计表达式进行设计。对于常见的工程结构,正常使用极限状态验算主要包括变形验算和裂缝控制验算两个方面,应根据规定采用作用(荷载)效应的标准组合或准永久组合,并考虑作用(荷载)效应的长期影响,按相应的设计表达式进行验算。

## 思考题与习题

3.1　试简述结构有哪些功能要求。什么是结构的可靠性?

3.2　什么是结构的极限状态?极限状态可分为哪几类?

3.3　什么是结构上的作用和作用效应?什么是结构抗力?为什么说作用效应和结构抗力都具有不确定性?试说明 $R>S$、$R<S$ 和 $R=S$ 的意义。

3.4　试说明算术平均值 $\mu$、标准差 $\sigma$ 和变异系数 $\delta$ 的意义,如何计算?

3.5　试说明结构的可靠指标 $\beta$ 与失效概率 $P_f$、可靠概率 $P_s$ 的对应关系。

3.6　结构的安全等级是如何确定的?

3.7　试说明作用(荷载)的标准值、可变作用(荷载)的准永久值是如何确定的?为什么要进行作用(荷载)效应组合?

3.8　什么是材料强度的标准值?什么是材料强度的设计值?它们是如何确定的?

3.9　什么是结构设计状况?工程结构的设计状况可分为哪几种?

3.10　50组混凝土立方体棱柱试件轴心抗压强度的平均值 $\mu=26.5\ \text{N/mm}^2$,标准差 $\sigma=3.47\ \text{N/mm}^2$,若混凝土的材料分项系数取 $\gamma_c=1.4$,试确定该批混凝土轴心抗压强度的标准值 $f_{ck}$ 和轴心抗压强度的设计值 $f_c$。

3.11　某批钢筋2037组,试件抗拉屈服强度的平均值 $\mu=387.5\ \text{N/mm}^2$,标准差 $\sigma=23.75\ \text{N/mm}^2$,若钢筋的材料分项系数取 $\gamma_s=1.1$,试确定该批钢筋抗拉强度的标准值 $f_{yk}$ 和设计值 $f_y$。

3.12　某承受集中荷载和均布荷载的楼面简支梁计算跨度 $l_0=6$ m,作用于跨中的集中永久荷载标准值 $G_k=12$ kN,均布永久荷载标准值 $g_k=10$ kN/m,均布可变荷载标准值 $q_k=8$ kN/m,可变荷载的准永久值系数 $\psi_q=0.4$,设计工作年限为50年。试求按承载能力极限状态设计时梁跨中截面的弯矩设计值 $M$,以及在正常使用极限状态下荷载效应的标准组合弯矩值 $M_k$ 和荷载效应的准永久组合弯矩值 $M_q$。

3.13　某楼面简支梁设计工作年限为30年,其他条件同习题3.12,试分别计算 $M$、$M_k$ 和 $M_q$,若设计工作年限改为100年,$M$、$M_k$ 和 $M_q$ 的值又为多少?

3.14　C40混凝土($f_{cu,k}=40\ \text{N/mm}^2$)强度的变异系数 $\delta=0.12$,材料分项系数 $\gamma_c=1.4$,结合第2章相关公式计算C40混凝土轴心抗压强度的标准值 $f_{ck}$ 和设计值 $f_c$,以及轴心抗拉强度的标准值 $f_{tk}$ 和设计值 $f_t$,并与书后附表所列的强度值进行比较。

# 4　受弯构件正截面承载力计算

**本 章 提 要**

土木工程中受弯构件的应用非常广泛，如房屋建筑中钢筋混凝土楼(屋)盖的梁、板构件，楼梯，工业厂房屋面梁，吊车梁等。受弯构件截面同时承受弯矩 $M$ 和剪力 $V$ 的作用，当受弯构件正截面抗弯承载力不足时发生正截面受弯破坏，斜截面抗剪承载力不足则发生受剪破坏。本章主要介绍受弯构件正截面承载力计算，包括受弯构件基本构造要求，单筋矩形截面、双筋矩形截面和 T 形截面受弯构件正截面承载力的计算等。

## 4.1　受弯构件截面形式及计算内容

钢筋混凝土受弯构件常见的梁截面形式有矩形、T 形、工形、箱形、Γ 形、L 形、Π 形等，常见的板有现浇矩形截面板、预制空心板、预制槽形板等，如图 4.1 所示。考虑到施工方便和结构整体性要求，工程中也常采用预制和现浇结合的施工工艺，形成叠合梁或叠合板。受弯构件在弯矩作用下，截面中和轴的一侧受压，另一侧受拉，仅在截面受拉区配置受力钢筋的受弯构件称为单筋受弯构件，既在截面受拉区配置受力钢筋也在截面受压区配置受力钢筋的受弯构件称为双筋受弯构件。

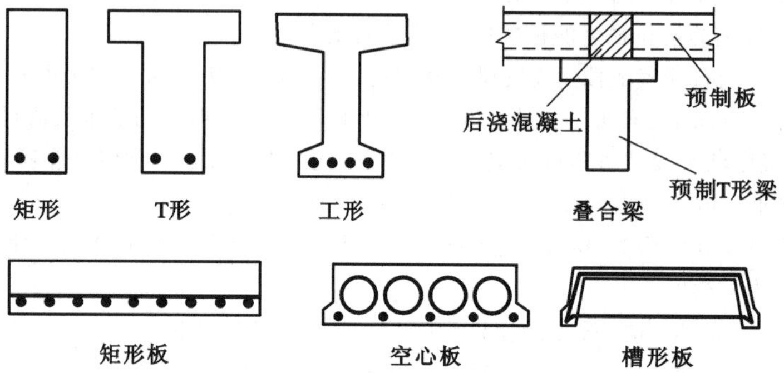


图 4.1　受弯构件常见截面形式

钢筋混凝土受弯构件的设计内容通常包括：正截面受弯承载力计算，斜截面受剪承载力计算，钢筋布置(根据荷载产生的弯矩图和剪力图确定钢筋的布置)，正常使用阶段的挠度和裂缝宽度验算，以及绘制施工图等。本章主要介绍正截面受弯承载力的计算，其他内容将分别在第五章和第九章介绍。

## 4.2　受弯构件基本构造要求

### 4.2.1　板的构造要求

受弯构件板的基本构造如图 4.2 所示。

(1) 现浇钢筋混凝土实心板的厚度不应小于 80 mm，现浇空心楼板的顶板、底板厚度不应小于 50 mm，钢筋直径通常为 6～12 mm，板厚度较大时，钢筋直径可用 14～18 mm。

(2) 受力钢筋的间距：当板厚 $h \leqslant 150$ mm 时，应为 70～200 mm；当板厚 $h > 150$ mm 时，应为 70 mm～1.5$h$，且不宜大于 250 mm。

(3) 垂直于受力钢筋的方向应布置分布钢筋，以便将荷载均匀地传递给受力钢筋，并便于在施工中固定受力钢筋的位置，同时也可抵抗温度变化和混凝土收缩等产生的应力。

(4) 板的混凝土保护层厚度是指最外层钢筋边缘至板边混凝土表面的距离 $c$，其值应满足附表 14 中最小保护层厚度的规定，且不应小于受力钢筋直径 $d$，如图 4.2 所示。受力钢筋的形心至截面受压混凝土边缘的距离称为截面有效高度，取 $h_0=h-c-d/2$，其中 $d$ 为受力钢筋直径。

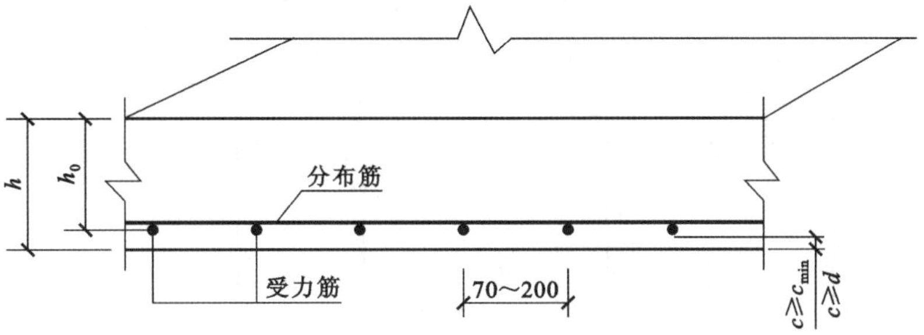


(a)

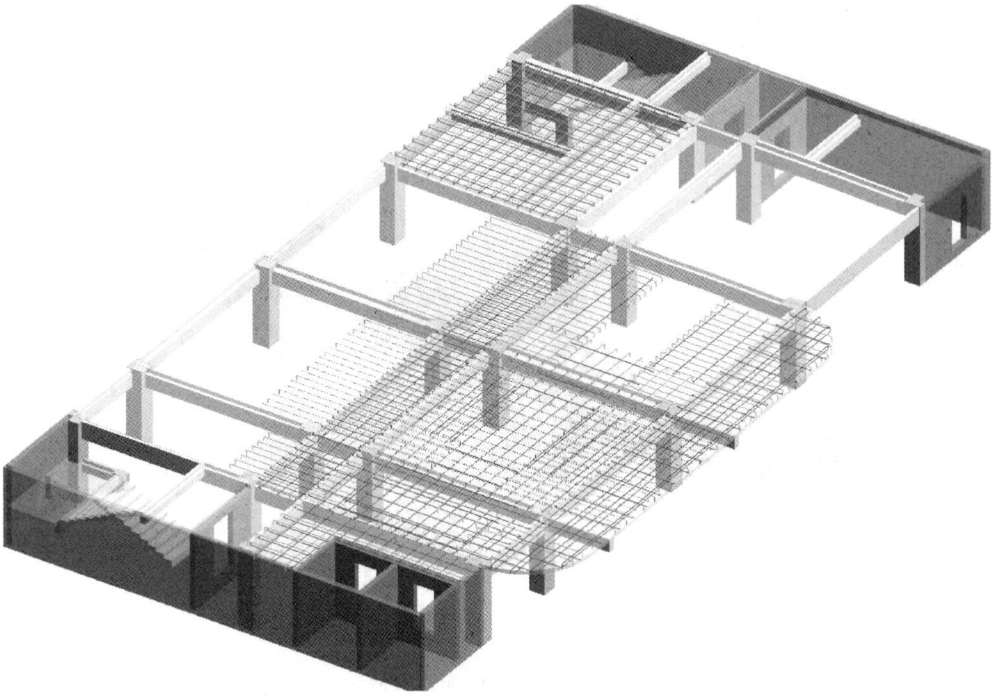

(b)

图 4.2 板的构造

(a)板截面配筋构造；(b)有梁楼盖板结构三维图

### 4.2.2 梁的构造要求

受弯构件梁的基本构造如图 4.3 所示。

(1) 一般情况下，矩形截面梁高宽比 $h/b$ 取 2.0～3.5，T 形截面梁 $h/b$ 取 2.5～4.0。为便于统一模板尺寸，梁宽度 $b$ 常用 120 mm、150 mm、180 mm、200 mm、220 mm、250 mm、300 mm、350 mm、…，矩形截面框架梁的截面宽度不应小于 200 mm；梁高度 $h$ 常用 250 mm、300 mm、…、750 mm、800 mm、900 mm、…。

(2) 梁底部纵向受力钢筋一般不少于 2 根，钢筋常用直径为 10～32 mm。钢筋数量较多时，可多层配置。

(3) 梁上部无需配受压钢筋时，需配置 2 根架立钢筋，以便与箍筋和梁底部纵筋形成钢筋骨架。当梁

的跨度 $l<4\text{m}$ 时，架立筋直径不宜小于 8 mm；当 $l$ 为 4～6 m 时，架立筋直径不应小于10 mm；当 $l>6$ m 时，架立筋直径不宜小于 12 mm。

（4）当梁的腹板高度 $h_w$ 不小于 450 mm 时，在梁的两个侧面应沿高度配置纵向构造钢筋（又称腰筋），以防止或减小梁腹部的裂缝。每侧纵向构造钢筋（不包括梁上、下部受力钢筋及架立钢筋）的间距不宜大于200 mm，截面面积不应小于腹板截面面积（$bh_w$）的 0.1%，但当梁宽较大时可以适当放松。梁的腹板高度 $h_w$：对矩形截面，取有效高度；对 T 形截面，取有效高度减去翼缘高度；对工形截面，取腹板净高。

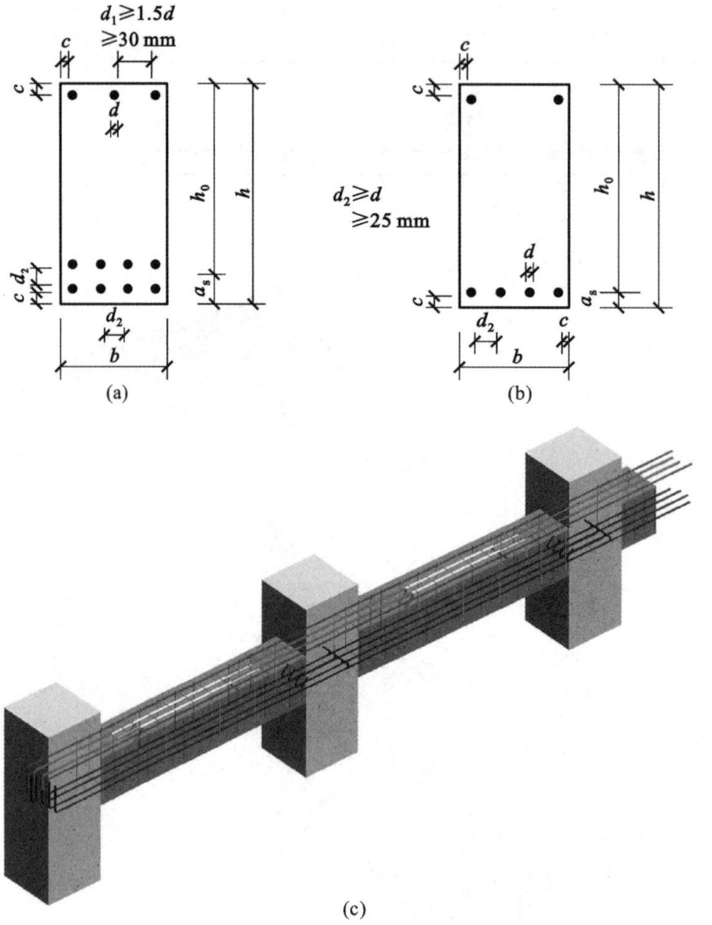


图 4.3　梁截面配筋构造

（5）梁最外层钢筋（从箍筋外皮算起）至混凝土表面的最小距离为钢筋的混凝土保护层厚度 $c$，其值应满足《混凝土结构设计标准》(GB/T 50010—2010)规定的最小保护层厚度的规定（见附表 14），且不小于受力钢筋的直径 $d$。截面有效高度 $h_0=h-c-d_v-d/2$，其中 $d_v$ 是箍筋直径。

（6）为保证钢筋与混凝土的黏结和混凝土浇筑的密实性，梁上部钢筋水平方向的净间距 $d_1$ 不应小于 30 mm 和 $1.5d$；梁下部钢筋水平方向的净间距不应小于 25 mm 和 $d$。当下部钢筋多于两层时，两层以上钢筋水平方向的中距应比下面两层的中距增大 1 倍；各层钢筋之间的净间距不应小于 25 mm 和 $d$，其中 $d$ 为钢筋的最大直径。

在梁的配筋密集区域，当受力钢筋单根布置导致混凝土难以浇筑密实时，为方便施工，可采用两根或三根钢筋一起配置的并筋形式，如图 4.4 所示。对直径不大于 28 mm 的钢筋，并筋数量不宜超过 3 根；直径 32 mm 的钢筋并筋数量宜为 2 根；直径 36 mm 及以上的钢筋不应采用并筋。

当采用并筋时，上述构造要求中的钢筋直径应改用并筋的等效直径 $d_e$。并筋的等效直径 $d_e$ 按面积等效原则确定，等直径双并筋 $d_e=\sqrt{2}d$，等直径三并筋 $d_e=\sqrt{3}d$，其中 $d$ 为单根钢筋的直径。

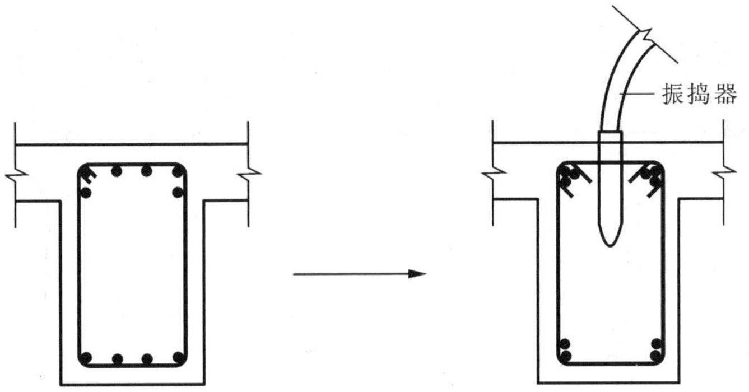


图 4.4　并筋

## 4.3　受弯构件正截面受力性能

### 4.3.1　适筋梁的试验研究

图 4.5 所示为一配筋合适的钢筋混凝土矩形截面试验梁，梁截面宽度为 $b$，高度为 $h$，截面的受拉区配置了面积为 $A_s$ 的受拉钢筋。钢筋截面形心至梁顶面受压边缘的距离为 $h_0$，称为截面有效高度。

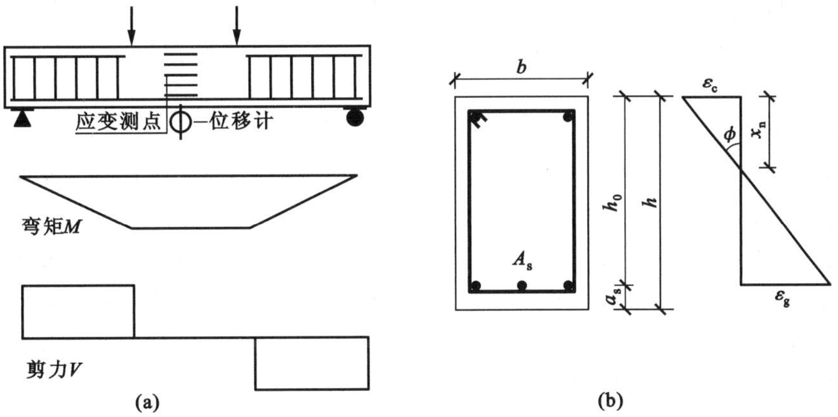


图 4.5　钢筋混凝土简支梁受弯试验

(a) 试验梁测点布置；(b) 截面及应变分布

试验梁采用两点对称加载方式，忽略自重影响。跨中两集中荷载之间，梁截面仅承受弯矩，该区段称为纯弯段。为分析梁截面的受弯性能，在纯弯段沿截面高度布置若干应变计，量测沿构件高度截面纵向应变的分布；在受拉钢筋上布置应变计，量测受拉钢筋应变；在梁的跨中布置位移计，量测梁的挠度变形。

4.3.1.1　适筋梁受力过程的三个阶段

适筋梁从开始施加荷载到破坏的受力全过程可分为三个阶段，各阶段的受力性能和特征如下。

(1) 弹性工作阶段(第Ⅰ阶段)

从开始加荷到受拉区混凝土开裂前，整个截面均参与受力。由于荷载较小，混凝土处于弹性阶段，截面上混凝土的拉应力和压应力分布呈直线变化，截面混凝土的受拉应变和受压应变很小，应变分布符合平截面假定，如图 4.6(a)所示。

当截面受拉边缘混凝土的拉应变达到极限拉应变时($\varepsilon_t=\varepsilon_{tu}$，$\varepsilon_{tu}$为 0.0001～0.00015)，受拉区混凝土表现出明显的塑性特征，拉应力呈曲线分布，当受拉边缘混凝土拉应力达 $f_t$时，截面处于即将开裂的极限状态(Ⅰ$_a$ 状态)，表明第Ⅰ阶段结束。梁截面承受的相应弯矩为开裂弯矩 $M_{cr}$。此时，截面受压区压应力较小，仍处于直线分布的弹性状态。

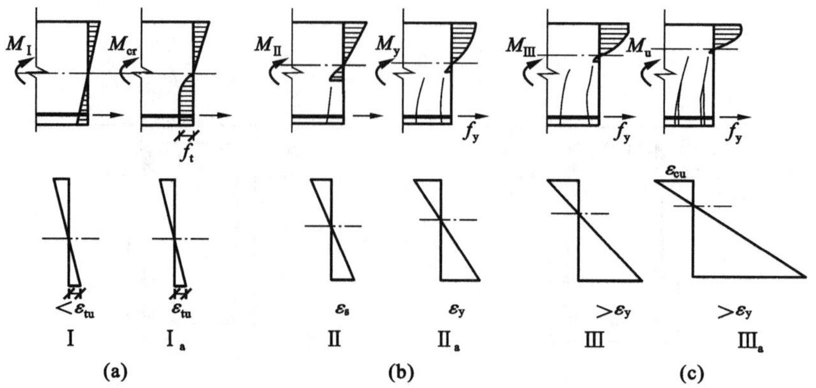


图 4.6　受弯适筋梁截面的应力-应变分布

(a) 第Ⅰ阶段；(b) 第Ⅱ阶段；(c) 第Ⅲ阶段

(2) 带裂缝工作阶段(第Ⅱ阶段)

继续增加荷载，梁中部纯弯段薄弱截面开始出现裂缝，梁进入带裂缝工作阶段。

受压区混凝土的压应力随荷载的增加不断增大，压应力图形逐渐呈曲线分布，如图 4.6(b)所示，表现出弹塑性特征。

开裂瞬间，裂缝截面受拉区混凝土退出工作，其开裂前承担的拉力转移给钢筋承担。当受拉钢筋应力达到屈服强度 $f_y$ 时，钢筋应变 $\varepsilon_s=\varepsilon_y$，达到$\rm II_a$ 状态，表明第Ⅱ阶段结束，梁截面承受的相应弯矩为屈服弯矩 $M_y$。

正常使用情况下，钢筋混凝土梁处于第Ⅱ阶段，因此，带裂缝工作阶段受力状态是裂缝宽度和挠度验算的依据。

(3) 破坏阶段(第Ⅲ阶段)

对于配筋合适的梁，钢筋应力达到屈服强度时，受压区混凝土一般尚未压坏。此时，钢筋应力保持屈服强度 $f_y$ 不变，受拉钢筋应变 $\varepsilon_s>\varepsilon_y$，并继续增大。

随着荷载增大，裂缝进一步向上开展，中和轴上移，混凝土受压区高度减小，受压混凝土表现出充分的塑性特征，压应力曲线趋于丰满，如图 4.6(c)所示。混凝土的压应力和压应变迅速增大，当受压区边缘混凝土的压应变 $\varepsilon_c$ 达到极限压应变 $\varepsilon_{cu}$时($\varepsilon_{cu}$在 0.003～0.0035 之间)，受压混凝土被压碎，达到$\rm III_a$ 状态，梁处于受弯正截面破坏的极限状态，相应弯矩为极限弯矩 $M_u$。

$\rm III_a$ 状态是受弯构件适筋梁正截面承载力计算的依据。

适筋梁受力过程中，梁从弹性状态到受拉区混凝土出现裂缝，由于构件纵向应变的实际量测标距有足够的长度，因此，构件的平均应变沿截面高度分布近似为直线，即截面应变符合平截面假定。

4.3.1.2　适筋梁受力过程试验曲线

图 4.7 所示为适筋梁受力过程中三个阶段的 $M$-$f$(跨中挠度)、$M$-$\phi$(截面曲率)、$M$-$\varepsilon_s$(受拉钢筋应变)以及 $M$-$\xi_n$(相对中和轴高度，$\xi_n=x_n/h_0$)的曲线关系，$x_n$ 为受压区高度，$h_0$ 为截面有效高度。

(1) $M$-$f$($M$-$\phi$)曲线

第Ⅰ阶段，荷载很小，整个截面参与受力，截面抗弯刚度较大，梁的挠度很小，$M$-$f$ 或 $M$-$\phi$ 接近直线；第Ⅱ阶段，$M\geqslant M_{cr}$，截面刚度下降，挠度明显增大，$M$-$f$ 或 $M$-$\phi$ 出现转折，呈曲线关系；第Ⅲ阶段，$M\geqslant M_y$，裂缝显著开展，截面刚度急剧下降，梁的挠度变形 $f$ 和曲率 $\phi$ 急剧增大，$M$-$f$ 或 $M$-$\phi$ 曲线渐趋平缓，如图 4.7(a)、(b)所示。此时适筋梁承载力基本保持不变，表现出良好的变形能力，表明构件破坏前有明显的预兆，这种破坏称为延性破坏。

(2) $M$-$\varepsilon_s$ 曲线

第Ⅰ阶段，受拉钢筋应力和应变很小，且与弯矩近似成正比；第Ⅱ阶段，开裂瞬间，裂缝截面受拉区混凝土逐步退出工作，开裂前由混凝土承担的拉力将转由受拉钢筋承担，裂缝截面钢筋应变 $\varepsilon_s$ 增长速率明显加快，$M$-$\varepsilon_s$ 曲线出现转折，此时钢筋的应力 $\sigma_s<f_y$，应变 $\varepsilon_s<\varepsilon_y$。随着荷载增加，进入第Ⅲ阶段，钢筋应

力保持屈服强度 $f_y$ 不变，钢筋应变曲线出现明显转折，并在弯矩增加不多的情况下持续增长，如图 4.7(c)所示。

(3) $M$-$\xi_n$ 曲线

第Ⅰ阶段，梁截面中和轴保持在截面物理形心位置($\xi_n$ 略大于 0.5)不变；随荷载增加，混凝土开始开裂，钢筋混凝土梁截面中和轴位置随弯矩 $M$ 的增大而不断上移，但第Ⅱ阶段中和轴位置变化不显著；第Ⅲ阶段，裂缝显著开展，中和轴迅速上移，受压高度急剧减小，如图 4.7(d)所示。

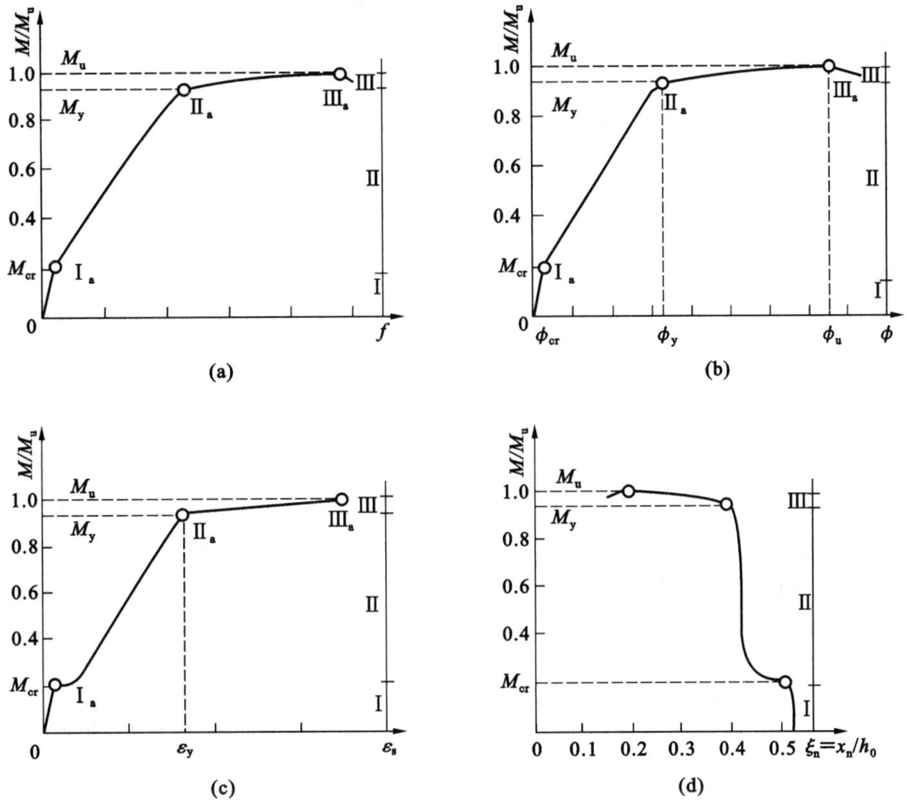


图 4.7 适筋梁受弯试验曲线

(a) $M$-$f$ 关系；(b) $M$-$\phi$ 关系；(c) $M$-$\varepsilon_s$ 关系；(d) $M$-$\xi_n$ 关系

### 4.3.2 配筋率与受弯构件正截面破坏特征

钢筋混凝土梁受弯破坏特征，与受拉钢筋面积 $A_s$ 和构件截面上混凝土有效面积 $bh_0$ 的比值有关，称为纵向钢筋配筋率，即：

$$\rho = \frac{A_s}{bh_0} \tag{4.1}$$

式中 $h_0$——受弯构件截面抗弯的有效高度。

上述受弯构件正截面受力过程三个阶段仅出现在配筋适中的钢筋混凝土梁中，配筋率不同，破坏特征也不同。

(1) 适筋梁

受拉钢筋配置适中的梁，称为适筋梁。适筋梁的破坏特征为受拉钢筋首先屈服，然后受压区混凝土被压碎。从钢筋屈服到受弯构件破坏，屈服弯矩 $M_y$ 到极限弯矩 $M_u$ 变化不大，但构件曲率 $\phi$ 或挠度 $f$ 变形很大，破坏前有明显预兆，表现为延性破坏。

随配筋率 $\rho$ 增大，构件达到屈服弯矩 $M_y$ 时，受压区混凝土的压力也将增大，受压区高度 $x_n$ 增加，受压边缘混凝土压应变 $\varepsilon_c$ 也相应增大。因此，从屈服弯矩 $M_y$ 到极限弯矩 $M_u$ 的破坏过程缩短，当配筋率增

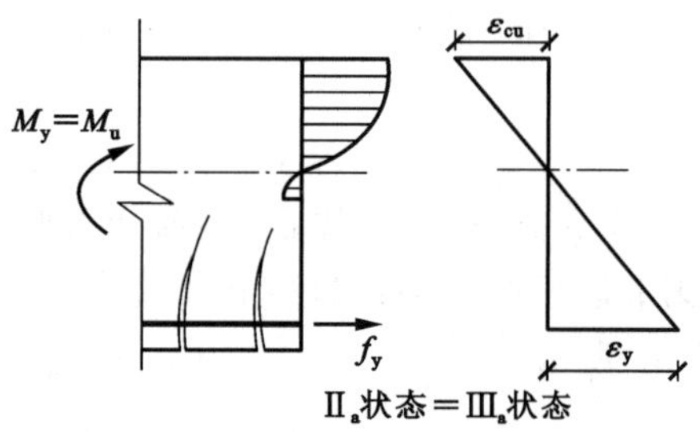


图 4.8 受弯构件正截面界限状态

加到某一界限值，即 $\rho=\rho_b$ 时，在钢筋屈服的同时，受压边缘混凝土压应变也达到极限压应变 $\varepsilon_{cu}$，表现为"Ⅱ$_a$ 状态"与"Ⅲ$_a$ 状态"重合，无第Ⅲ阶段受力过程，如图 4.8 所示。这种破坏称为界限破坏，相应的配筋率 $\rho_b$ 称为界限配筋率，它是保证受拉钢筋能达到屈服的上限值，也称为最大配筋率 $\rho_{max}$。

(2) 超筋梁

当配筋率超过界限配筋率，即 $\rho>\rho_{max}$时，构件中受拉钢筋应力尚未达到屈服，而受压区混凝土边缘压应变先达到极限压应变 $\varepsilon_{cu}$被压坏，称为超筋梁。超筋梁的破坏特征表现为受压混凝土先压碎，受拉钢筋未屈服。超筋梁的破坏取决于受压区混凝土的抗压强度，受拉钢筋的强度未得到充分发挥，其破坏为没有明显预兆的脆性破坏，在实际工程中应避免采用。

(3) 少筋梁

随着配筋率 $\rho$ 减小，构件中受拉钢筋屈服时的总拉力相应减小。梁开裂时受拉区混凝土的拉力释放，使受拉钢筋应力突然增加。当梁的配筋率小于一定值时，受拉钢筋应力增量很大，钢筋应力在混凝土开裂瞬间达到屈服强度，即"Ⅰ$_a$ 状态"与"Ⅱ$_a$ 状态"重合，无第Ⅱ阶段的受力过程。此状态的配筋率称为最小配筋率 $\rho_{min}$。

当配筋率低于最小配筋率，即 $\rho<\rho_{min}$时，构件中受拉钢筋应力很快达到屈服并进入强化阶段，或者被拉断，梁的变形和裂缝宽度急剧增大，称为少筋梁。少筋梁的破坏特征是混凝土一开裂就破坏。梁的强度取决于混凝土的抗拉强度，混凝土的受压强度未得到充分发挥，极限弯矩很小。少筋梁破坏类似于素混凝土梁，属于受拉脆性破坏，且承载能力低，应用不经济，实际工程中也应避免采用。

适筋梁、超筋梁和少筋梁的破坏形态如图 4.9(a)、图 4.9(b)、图 4.9(c)所示，不同配筋率梁的 $M$-$\phi$ 曲线如图 4.10 所示。

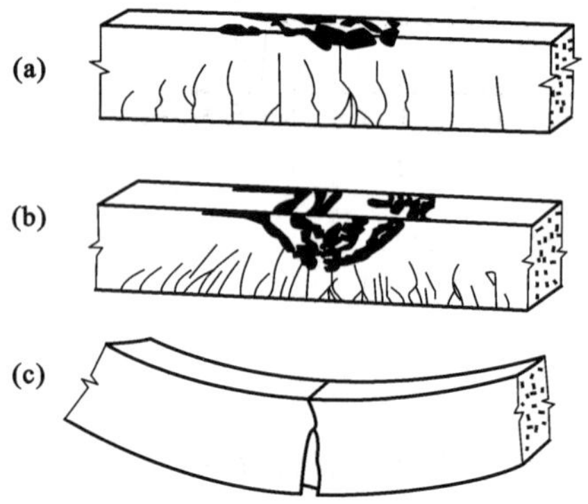


图 4.9 不同配筋率钢筋混凝土梁正截面破坏形态

(a) 适筋梁；(b) 超筋梁；(c) 少筋梁

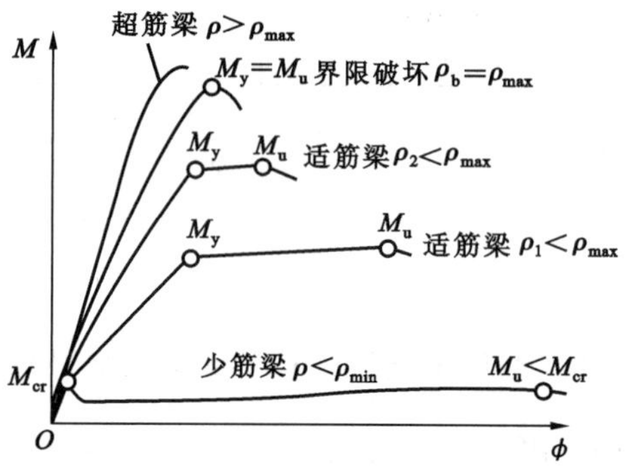


图 4.10 不同配筋率钢筋混凝土梁的 $M$-$\phi$ 曲线

## 4.4 受弯构件正截面承载力计算基本规定

### 4.4.1 基本假定

根据前述钢筋混凝土梁受弯性能分析，正截面受弯承载力计算可采用以下基本假定：

(1) 平截面假定

受弯构件正截面弯曲变形后，截面平均应变保持为平面，即截面上各点应变与该点到中和轴的距离成正比。

(2) 混凝土受压应力-应变关系

混凝土受压应力-应变关系采用抛物线上升段和直线水平段的形式，如图 4.11 所示，表达式如下：

当 $\varepsilon_c < \varepsilon_0$ 时

$$\sigma_c = f_c\left[1-\left(1-\frac{\varepsilon_c}{\varepsilon_0}\right)^n\right] \tag{4.2a}$$

当 $\varepsilon_0 < \varepsilon_c \leqslant \varepsilon_{cu}$ 时

$$\sigma_c = f_c \tag{4.2b}$$

上两式中

$$\left.\begin{aligned} n &= 2-\frac{1}{60}(f_{cu,k}-50) \\ \varepsilon_0 &= 0.002+0.5(f_{cu,k}-50)\times 10^{-5} \\ \varepsilon_{cu} &= 0.0033-(f_{cu,k}-50)\times 10^{-5} \end{aligned}\right\} \tag{4.3}$$

式中 $\sigma_c$——混凝土压应变为 $\varepsilon_c$ 时的混凝土压应力；

$f_c$——混凝土轴心抗压强度设计值；

$\varepsilon_0$——混凝土压应力达到 $f_c$ 时的混凝土压应变，当计算的 $\varepsilon_0$ 值小于 0.002 时，取为 0.002；

$\varepsilon_{cu}$——正截面的混凝土极限压应变，当处于非均匀受压且计算值大于 0.0033 时，取为 0.0033；当处于轴心受压时取为 $\varepsilon_0$；

$f_{cu,k}$——混凝土立方体抗压强度标准值；

$n$——系数，当计算的 $n$ 值大于 2.0 时，取为 2.0。

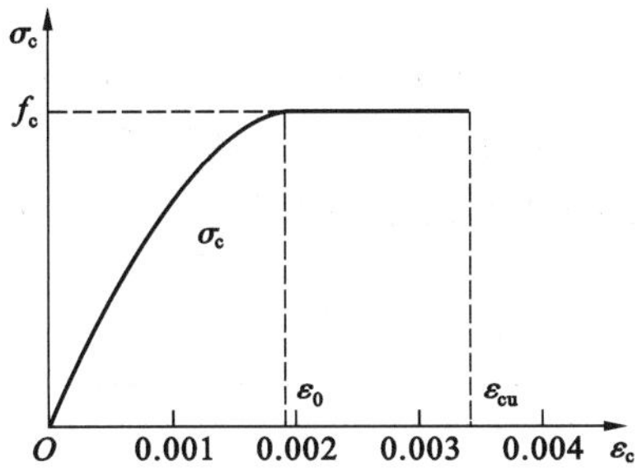


图 4.11 混凝土受压应力-应变关系

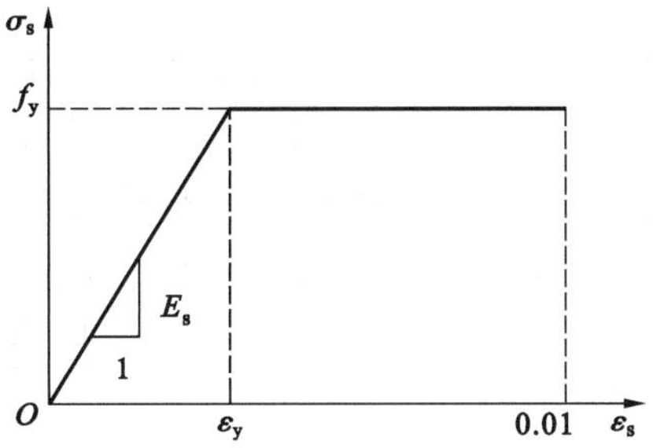


图 4.12 钢筋受拉应力-应变关系

(3) 钢筋受拉应力-应变关系

钢筋采用理想弹性和理想塑性的双直线，如图 4.12 所示，受拉钢筋的极限拉应变取0.01，表达式如下：

当 $\varepsilon_s \leqslant \varepsilon_y$ 时

$$\sigma_s = E_s\varepsilon_s \tag{4.4a}$$

当 $\varepsilon_s > \varepsilon_y$ 时

$$\sigma_s = f_y \tag{4.4b}$$

(4) 不考虑混凝土的抗拉强度，受拉区开裂后拉力全部由受拉钢筋承担。

### 4.4.2 等效矩形应力图

按照基本假定，已可以进行钢筋混凝土受弯构件正截面承载力的计算。在实用中为简化计算，可采用等效矩形应力图形来代替受压区混凝土的实际应力图形。

由适筋梁构件的受弯性能分析，构件破坏达到极限弯矩 $M_u$ 时，受压区混凝土压应力分布采用基本假定中的应力-应变曲线形状，受压区混凝土合压力为 $C$，其大小和作用位置与混凝土应力-应变曲线形状及受压区高度 $x_n$ 有关，如图 4.13 所示。

理论计算中可利用积分求得合力 $C$ 的大小和作用位置，即可计算出极限弯矩。实用简化计算中，采用等效矩形应力图来代替实际受压区混凝土应力图，等效的原则是等效矩形应力图不改变实际应力图中合力 $C$ 的大小及作用位置，如图 4.14 所示。

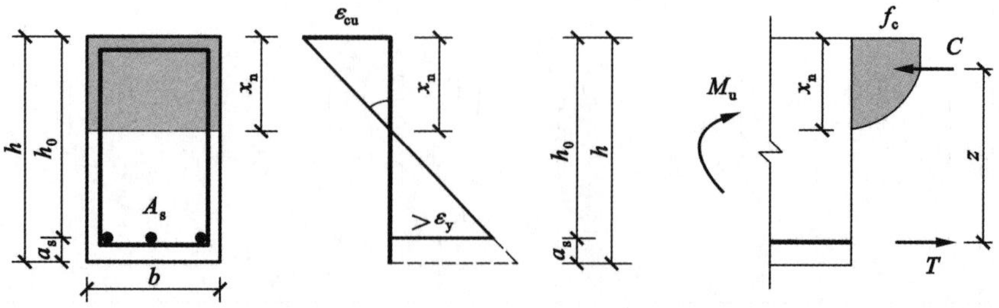


图 4.13　破坏阶段截面实际应变及应力分布

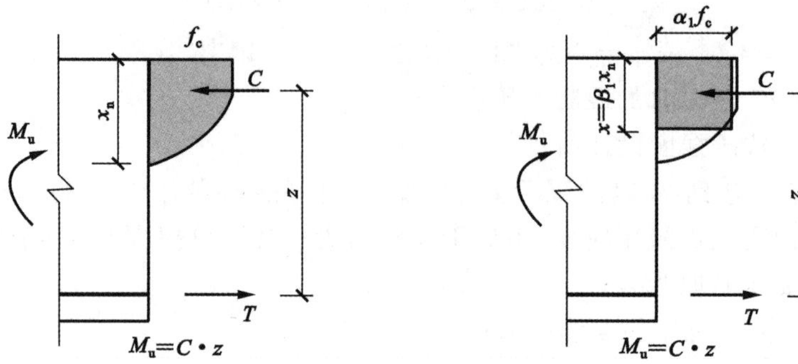


图 4.14　等效矩形应力图

设等效矩形应力图中混凝土的压应力值为 $\alpha_1 f_c$，等效矩形受压区混凝土高度为 $x$。按等效原则可知，$C=\alpha_1 f_c bx$，$x=\beta_1 x_n$。可见等效矩形应力图与实际应力图的关系由 $\alpha_1$ 和 $\beta_1$ 两个系数联系，考虑 $\alpha_1$ 和 $\beta_1$ 仅与混凝土应力-应变曲线有关，故称为等效矩形应力图系数，根据基本假定中混凝土应力-应变曲线关系式计算，取等效矩形应力图系数 $\alpha_1$ 和 $\beta_1$ 如表 4.1 所示。

**表 4.1　混凝土受压区等效矩形应力图系数**

| 混凝土强度等级 | ≤C50 | C55 | C60 | C65 | C70 | C75 | C80 |
|---|---|---|---|---|---|---|---|
| $\alpha_1$ | 1.0 | 0.99 | 0.98 | 0.97 | 0.96 | 0.95 | 0.94 |
| $\beta_1$ | 0.8 | 0.79 | 0.78 | 0.77 | 0.76 | 0.75 | 0.74 |

由表 4.1 可见，当混凝土的强度等级不大于 C50 时，$\alpha_1$ 和 $\beta_1$ 为定值，分别为 1.0 和 0.8；当混凝土的强度等级大于 C50 时，$\alpha_1$ 和 $\beta_1$ 随强度等级的提高而逐渐减小。受弯构件的混凝土强度等级一般不大于 C50，可取 $\alpha_1=1.0$，$\beta_1=0.8$。

### 4.4.3　受弯构件正截面承载力计算公式

采用图 4.14 所示的等效矩形应力图，根据混凝土合压力与钢筋合拉力平衡，以及力矩平衡的原则，受弯构件正截面承载力计算可建立平衡方程：

$$\left.\begin{aligned}&\sum N=0,\quad C=T\\&\sum M=0,\quad M_u=C\cdot z=T\cdot z\end{aligned}\right\}\tag{4.5}$$

对于适筋梁，达到极限弯矩时钢筋已屈服，故式中钢筋合拉力 $T=A_s f_y$，$z=h_0-x/2$，由此可得受弯构件正截面承载力计算公式：

$$\left.\begin{aligned}&\sum N=0,\quad \alpha_1 f_c bx=A_s f_y\\&\sum M=0,\quad M_u=\alpha_1 f_c bx\left(h_0-\frac{x}{2}\right)=A_s f_y\left(h_0-\frac{x}{2}\right)\end{aligned}\right\}\tag{4.6}$$

将等效矩形应力图受压区高度 $x$ 与截面有效高度 $h_0$ 的比值记为 $\xi$，即 $\xi=x/h_0$，称为相对受压区高度，则式(4.6)可写成：

$$\left.\begin{aligned}\sum N = 0,\quad & \alpha_1 f_c b h_0 \xi = A_s f_y \\ \sum M = 0,\quad & M_u = \alpha_1 f_c b h_0^2 \xi(1-0.5\xi) = A_s f_y h_0 (1-0.5\xi)\end{aligned}\right\} \tag{4.7}$$

相对受压区高度 $\xi$ 可表示为：

$$\xi = \frac{f_y}{\alpha_1 f_c} \cdot \frac{A_s}{bh_0} = \rho \frac{f_y}{\alpha_1 f_c} \tag{4.8}$$

相对受压区高度 $\xi$ 与配筋率 $\rho$ 有关，同时反映了钢筋与混凝土两种材料强度的比值($f_y/f_c$)，因此，$\xi$ 是反映受弯构件中两种材料配比本质的参数，也称为含钢特征值。

若对式(4.7)取 $\alpha_s=\xi(1-0.5\xi)$、$\gamma_s=1-0.5\xi$，则对于适筋梁，计算极限弯矩的式(4.7)可写成：

$$\left.\begin{aligned}M_u &= \alpha_s \alpha_1 f_c b h_0^2 \\ M_u &= f_y A_s \gamma_s h_0\end{aligned}\right\} \tag{4.9}$$

或

系数 $\alpha_s$ 反映了受压区混凝土的弹塑性性质，称为钢筋混凝土截面的弹塑性抵抗矩系数；$\gamma_s h_0$ 为钢筋的合拉力到受压区混凝土合压力的力臂，称 $\gamma_s$ 为内力臂系数。系数 $\alpha_s$ 和 $\gamma_s$ 只与相对受压区高度 $\xi$ 有关，$\alpha_s$、$\xi$ 和 $\gamma_s$ 三者的关系可按下式确定：

$$\left.\begin{aligned}\xi &= 1-\sqrt{1-2\alpha_s} \\ \gamma_s &= \frac{1+\sqrt{1-2\alpha_s}}{2}\end{aligned}\right\} \tag{4.10}$$

附表 20 列出了不同 $\xi$ 对应的 $\alpha_s$、$\gamma_s$ 值，可供计算时查用。

### 4.4.4 界限相对受压区高度

根据受弯性能及平截面假定可知，界限破坏时，受拉钢筋屈服与受压混凝土压碎同时发生，即钢筋应变为 $\varepsilon_y=f_y/E_s$ 的同时，受压区混凝土边缘应变达 $\varepsilon_{cu}$。界限破坏时的截面应变分布如图 4.15 所示，界限破坏的实际中和轴高度为 $x_{nb}$，按下式计算：

$$x_{nb} = \frac{\varepsilon_{cu}}{\varepsilon_{cu}+\varepsilon_y} h_0 \tag{4.11}$$

界限破坏等效矩形应力图的受压区高度为 $x_b$，则界限破坏时的界限相对受压区高度 $\xi_b$ 为：

$$\xi_b = \frac{x_b}{h_0} = \frac{\beta_1 x_{nb}}{h_0} = \frac{\beta_1 \varepsilon_{cu}}{\varepsilon_{cu}+\varepsilon_y} \tag{4.12}$$

对有明显流幅的钢筋，应变 $\varepsilon_y=f_y/E_s$，则：

$$\xi_b = \frac{\beta_1 \varepsilon_{cu}}{\varepsilon_{cu}+\varepsilon_y} = \frac{\beta_1}{1+\dfrac{f_y}{\varepsilon_{cu} E_s}} \tag{4.13}$$

上式表明，界限相对受压区高度 $\xi_b$ 仅与材料性能有关，而与截面尺寸无关。

对强度等级不大于 C50 的混凝土，受压区混凝土边缘应变 $\varepsilon_{cu}=0.0033$、$\beta_1=0.8$，则界限相对受压区高度 $\xi_b$ 可表示为：

$$\xi_b = \frac{\beta_1}{1+\dfrac{f_y}{\varepsilon_{cu} E_s}} = \frac{0.8}{1+\dfrac{f_y}{0.0033 E_s}} \tag{4.14}$$

对无明显流幅的钢筋，应变 $\varepsilon_y=0.002+f_y/E_s$，则式(4.12)可写成：

$$\xi_b = \frac{\beta_1 \varepsilon_{cu}}{\varepsilon_{cu}+\varepsilon_y} = \frac{\beta_1}{1+\dfrac{0.002}{\varepsilon_{cu}}+\dfrac{f_y}{\varepsilon_{cu} E_s}} \tag{4.15}$$

由图 4.16 可知，当相对受压区高度 $\xi<\xi_b$(配筋率大于最小配筋率)时，受拉钢筋先屈服，然后受压区混凝土破坏，属于适筋梁情况；当 $\xi>\xi_b$ 时，受压区混凝土先压坏，受拉钢筋未屈服，属于超筋梁情况；当

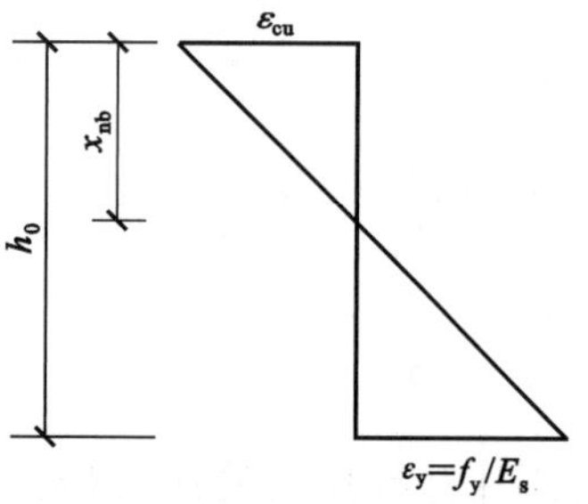


图 4.15　界限破坏截面应变分布

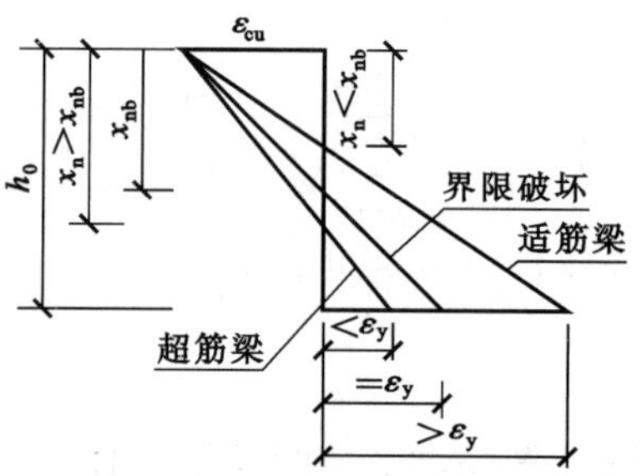


图 4.16　界限破坏、适筋梁、超筋梁截面应变分布

$\xi=\xi_b$时，受拉钢筋屈服的同时受压区混凝土被压碎，即适筋梁和超筋梁间的界限破坏，也是适筋梁上限。适筋梁正截面承载力的上限 $M_{u,max}$ 可由式(4.7)中取 $\xi=\xi_b$ 求得：

$$M_{u,max}=\alpha_1 f_c b h_0^2 \xi_b(1-0.5\xi_b)=\alpha_{s,max}\alpha_1 f_c b h_0^2 \tag{4.16}$$

式中 $\alpha_{s,max}=\xi_b(1-0.5\xi_b)$，其值与截面尺寸无关，仅与材料性能有关。界限相对受压区高度 $\xi_b$ 和 $\alpha_{s,max}$ 的数值见表 4.2 所示。

**表 4.2　界限相对受压区高度 $\xi_b$ 和 $\alpha_{s,max}$**

| 钢筋级别 | 系数 | ≤C50 | C60 | C70 | C80 |
|---|---|---|---|---|---|
| HPB300 钢筋 | $\xi_b$<br>$\alpha_{s,max}$ | 0.576<br>0.410 | 0.556<br>0.402 | 0.537<br>0.393 | 0.518<br>0.384 |
| HRB335 钢筋 | $\xi_b$<br>$\alpha_{s,max}$ | 0.550<br>0.399 | 0.531<br>0.390 | 0.512<br>0.381 | 0.493<br>0.372 |
| HRB400 钢筋<br>HRBF400 钢筋<br>RRB400 钢筋 | $\xi_b$<br>$\alpha_{s,max}$ | 0.518<br>0.384 | 0.499<br>0.375 | 0.481<br>0.365 | 0.463<br>0.356 |
| HRB500 钢筋<br>HRBF500 钢筋 | $\xi_b$<br>$\alpha_{s,max}$ | 0.482<br>0.366 | 0.464<br>0.357 | 0.447<br>0.347 | 0.429<br>0.337 |

界限破坏时的配筋率 $\rho_b$ 可由式(4.8)取 $\xi=\xi_b$，得适筋梁配筋率的上限，称为最大配筋率，即：

$$\rho_b=\rho_{max}=\xi_b\frac{\alpha_1 f_c}{f_y} \tag{4.17}$$

为防止超筋梁的破坏，应满足下列条件的任一条：

$$\left.\begin{array}{l}\xi\leqslant\xi_b\\ x\leqslant x_b\\ \rho\leqslant\rho_{max}\\ \alpha_s\leqslant\alpha_{s,max}\\ M\leqslant M_{u,max}=\alpha_{s,max}\alpha_1 f_c b h_0^2\end{array}\right\} \tag{4.18}$$

式(4.18)中五个判别条件是等价的，其中本质条件为 $\xi\leqslant\xi_b$，即相对受压区高度 $\xi$ 是影响受拉钢筋能否达到屈服的本质因素。

### 4.4.5　最小配筋率

最小配筋率是适筋梁与少筋梁的界限，由 $M_{cr}=M_u$ 可确定最小配筋率，即少筋梁截面的开裂弯矩 $M_{cr}$ 相当于素混凝土梁截面的极限弯矩 $M_u$，由此确定钢筋混凝土梁的最小配筋率 $\rho_{min}$。

矩形截面素混凝土梁的开裂弯矩可按图 4.17 所示截面应力分布计算，受拉区混凝土的应力图可简化为矩形，此时中和轴高度可取为 $h/2$，得：

$$M_{cr}=f_{tk}b\frac{h}{2}\left(\frac{h}{4}+\frac{h}{3}\right)=\frac{7}{24}f_{tk}bh^2 \tag{4.19}$$

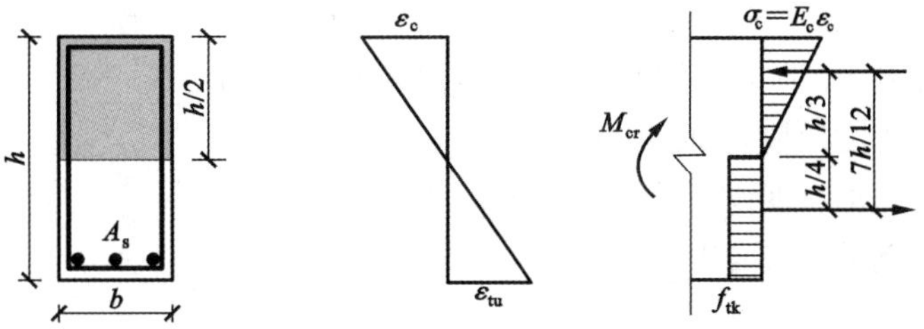


图 4.17 开裂时截面应变和应力分布

此时的极限弯矩 $M_u$ 若用配筋率 $\rho=A_s/bh$ 表示，则可写成：

$$M_u = f_{yk}A_s h_0(1-0.5\xi) = \frac{A_s}{bh}f_{yk}bhh_0(1-0.5\xi) = \rho f_{yk}bhh_0(1-0.5\xi) \tag{4.20}$$

令 $M_{cr}=M_u$，近似取 $1-0.5\xi\approx0.98$，以及 $h\approx1.1h_0$，可求得最小配筋率为：

$$\rho_{min} = \frac{A_s}{bh} = 0.327\frac{f_{tk}}{f_{yk}} \tag{4.21}$$

以上公式中 $M_{cr}$ 和 $M_u$ 是按材料强度标准值计算的。《混凝土结构设计标准》(GB/T 50010—2010)依照上述原则，考虑混凝土温度变化、收缩等因素的影响以及工程实践经验规定，受弯构件的最小配筋百分率取0.20%和 $45f_t/f_y$(%)中的较大值；对板类受弯构件(不包括悬臂板)的受拉钢筋，当采用强度级别为500 MPa的钢筋时，其最小配筋百分率应允许采用 0.15%和 $45f_t/f_y$(%)中的较大值(见附表 15)。

为防止少筋梁的破坏发生，对矩形截面，配筋率或截面配筋面积 $A_s$ 应满足：

$$\left.\begin{aligned}\rho &\geqslant \rho_{min}\\ A_s &\geqslant A_{s,min} = \rho_{min}bh\end{aligned}\right\} \tag{4.22}$$

应当注意，式(4.22)验算截面配筋是否满足最小配筋率要求时应采用全部截面面积 $bh$，而不是计算界限配筋率 $\rho_b$ 或最大配筋率 $\rho_{max}$ 时采用的有效截面面积 $bh_0$，这是因为受拉区混凝土开裂时退出受拉工作的面积是从受拉混凝土截面边缘开始的。

## 4.5 单筋矩形截面受弯构件正截面承载力计算

### 4.5.1 基本计算公式

对于仅配受拉钢筋的单筋矩形截面适筋受弯构件，建立受弯构件正截面承载力计算公式的等效应力图如图 4.18 所示。

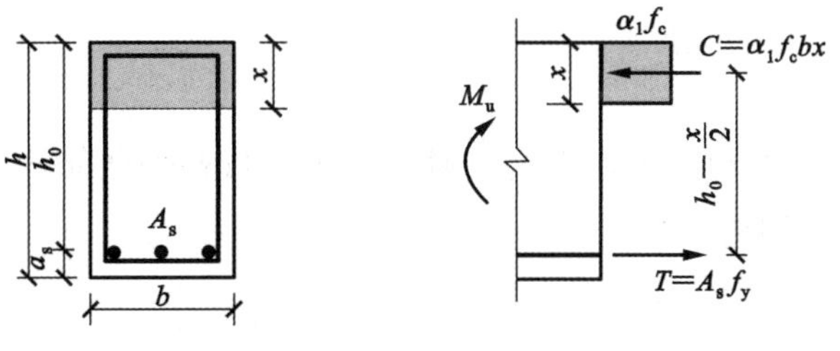


图 4.18 受弯构件正截面承载力计算等效应力图

根据承载能力极限状态设计表达式 $M\leqslant M_u$，受弯构件正截面承载力计算的基本公式为：

$$\left.\begin{aligned}\alpha_1 f_c bx &= f_y A_s\\ M\leqslant M_u &= \alpha_1 f_c bx\left(h_0-\frac{x}{2}\right)\\ \text{或}\quad M\leqslant M_u &= f_y A_s\left(h_0-\frac{x}{2}\right)\end{aligned}\right\} \tag{4.23}$$

式中 $M$——弯矩设计值，通常取计算截面（最大弯矩截面）的弯矩效应组合；

$M_u$——正截面极限抵抗弯矩设计值，取决于构件截面尺寸和混凝土及钢筋强度；

$f_y$——钢筋抗拉强度设计值，见附表6；

$f_c$——混凝土轴心抗压强度设计值，见附表2；

$A_s$——受拉区纵向钢筋截面面积；

$b$——截面宽度；

$x$——等效矩形应力图受压区高度，由式(4.23)得 $x=\dfrac{f_yA_s}{\alpha_1 f_c b}$；

$h_0$——截面有效高度，$h_0=h-a_s$；

$a_s$——受拉钢筋形心到截面受拉边缘的距离。

当受拉钢筋放置一排时，$a_s=c+d_v+d/2$；当受拉钢筋放置两排时，$a_s=c+d_v+d+d_2/2$，其中 $c$ 为混凝土保护层厚度（见附表14），$d_v$ 为箍筋直径，$d$ 为受拉钢筋直径，$d_2$ 为两排钢筋之间的间距，如图4.3所示。为计算方便，若取受拉钢筋直径为20 mm，则不同环境等级下钢筋混凝土梁设计计算中 $a_s$ 参考取值列于表4.3中。

**表4.3 钢筋混凝土梁 $a_s$ 近似取值**(mm)

| 环境等级 | 梁混凝土保护层最小厚度 | 箍筋直径6mm | | 箍筋直径8mm | |
|---|---|---|---|---|---|
| | | 受拉钢筋一排 | 受拉钢筋两排 | 受拉钢筋一排 | 受拉钢筋两排 |
| 一 | 20 | 35 | 60 | 40 | 65 |
| 二a | 25 | 40 | 65 | 45 | 70 |
| 二b | 35 | 50 | 75 | 55 | 80 |
| 三a | 40 | 55 | 80 | 60 | 85 |
| 三b | 50 | 65 | 90 | 70 | 95 |

板类构件的受力钢筋通常布置在外侧，常用直径为8～12 mm，对于一类环境可取 $a_s=20$ mm，对于二a类环境可取 $a_s=25$ mm。

采用相对受压区高度 $\xi$，则式(4.23)可写成：

$$\left.\begin{aligned}\alpha_1 f_c b\xi h_0 &= f_yA_s\\ M\leqslant M_u &= \alpha_1 f_c bh_0^2\xi(1-0.5\xi)=\alpha_s\alpha_1 f_c bh_0^2\\ M\leqslant M_u &= f_yA_sh_0(1-0.5\xi)=f_yA_s\gamma_s h_0\end{aligned}\right\}\tag{4.24}$$

对于一般受弯构件，混凝土强度等级不大于C50，故等效矩形应力系数 $\alpha_1=1.0$，在计算中可省略 $\alpha_1$。

### 4.5.2 适用条件

满足式(4.23)或式(4.24)的设计，理论上讲可避免发生受弯构件适筋梁正截面破坏，为防止超筋梁的脆性破坏，还应满足式(4.18)的要求，即：

$$\left.\begin{aligned}\xi &\leqslant \xi_b\\ x &\leqslant x_b\\ \rho &\leqslant \rho_{max}\\ \alpha_s &\leqslant \alpha_{s,max}\\ M\leqslant M_{u,max} &= \alpha_{s,max}\alpha_1 f_c bh_0^2\end{aligned}\right\}$$

为防止发生少筋梁脆性破坏，截面配筋还应满足最小配筋率的要求，即：

$$\left.\begin{aligned}\rho &\geqslant \rho_{min}\\ A_s &\geqslant A_{s,min}=\rho_{min}bh\end{aligned}\right\}$$

### 4.5.3 设计计算方法

工程设计中，受弯构件正截面承载力的计算分为截面设计（设计型）和截面复核（复核型）两种情况。

4.5.3.1 *截面设计*

截面设计时，已知荷载作用下的弯矩设计值 $M$，需通过设计计算所需纵向钢筋 $A_s$。这种类型设计中可能会存在多个未知数，如材料强度等级（$f_y$，$f_c$）、构件截面尺寸（$b$ 和 $h$）等，而受弯正截面承载力计算的公式仅有两个，因此，应根据情况进行材料强度等级和截面尺寸的选择，以获得较为经济合理的设计。

（1）材料选择

对普通钢筋混凝土构件，由于适筋梁、板正截面受弯承载力主要取决于受拉钢筋，因此，钢筋混凝土梁、板混凝土强度等级不宜过高或过低，现浇混凝土通常采用 C30～C40，预制构件为减轻自重，混凝土强度等级可适当提高。尽量采用高强和高性能钢筋，普通钢筋混凝土中常用钢筋为 HRB400、HRB500、HRBF400、HRBF500 和 RRB400 级钢筋，也可采用 HRB300 级钢筋。

（2）确定构件截面尺寸

确定构件截面尺寸时，应考虑到截面应具有一定抗弯刚度，以便能满足挠度变形要求。通常按构件的高跨比$\frac{h}{l}$来估计截面尺寸。如简支梁的高度可取 $h=\left(\frac{1}{16}\sim\frac{1}{10}\right)l$，简支板可取 $h=\left(\frac{1}{35}\sim\frac{1}{30}\right)l$，梁宽可按 $b=\left(\frac{1}{3}\sim\frac{1}{2}\right)h$ 选取。也可初步选定配筋率 $\rho$，来调整截面高度 $h$ 和宽度 $b$。

实际工程中截面尺寸的选择范围较大，需从经济角度考虑。当已知弯矩设计值 $M$ 时，截面尺寸 $b\times h$ 越大，则所需钢筋 $A_s$ 就越少，配筋率 $\rho$ 就越小，但这会增加混凝土用量和模板费用，并降低房屋的净空高度；反之，截面尺寸 $b\times h$ 越小，所需钢筋 $A_s$ 就越多，$\rho$ 增大，钢材费用就增加。合理的选择应该是在满足承载力及使用要求前提下，选用经济配筋率。根据我国工程设计经验，通常采用如下经济配筋率：板的经济配筋率为 $\rho=0.4\%\sim0.8\%$；梁的经济配筋率为 $\rho=0.6\%\sim1.5\%$。

由经济配筋率 $\rho$，梁截面高度可近似采用下式确定：

$$h_0=\frac{1}{\sqrt{1-0.5\xi}}\sqrt{\frac{M}{\rho f_y b}}=(1.05\sim1.1)\sqrt{\frac{M}{\rho f_y b}} \tag{4.25}$$

（3）截面设计步骤

通过上述步骤(1)选择材料，确定钢筋和混凝土的强度（$f_y$，$f_c$），通过步骤(2)选定 $b\times h$，则此时截面设计问题成为已知 $M$、$f_y$、$f_c$、$b\times h$，求 $A_s$。这里仅有 $A_s$ 和 $x$ 两个未知数，由式(4.23)或式(4.24)即可求解。具体计算步骤如下：

① 计算 $\alpha_s=\frac{M}{\alpha_1 f_c b h_0^2}$；

② 如果 $\alpha_s\leqslant\alpha_{s,\max}$，则可计算 $\xi=1-\sqrt{1-2\alpha_s}$或 $\gamma_s=0.5(1+\sqrt{1-2\alpha_s})$；

③ 计算 $A_s=\xi b h_0\alpha_1\frac{f_c}{f_y}$或 $A_s=\frac{M}{f_y\gamma_s h_0}$；

④ 验算 $A_s\geqslant\rho_{\min}bh$。

上述计算所得仅为计算配筋结果，接下来还需进行合适的钢筋直径和根数选择，以获得实际配筋结果。通常实际配筋面积与计算配筋面积差值宜控制在 5%内，且选择钢筋直径和根数时应注意满足有关构造要求。

如在计算中出现 $\alpha_s>\alpha_{s,\max}$，说明截面过小，会发生超筋梁的脆性破坏，此时可通过采用加大截面尺寸或提高混凝土强度等级来调整。

以上计算过程为直接公式计算法，也可利用 $\alpha_s$、$\xi$、$\gamma_s$ 三者间的关系编制表格直接查附表 20，后者称为查表法。

【例 4.1】 已知矩形截面简支梁如图 4.19 所示，混凝土保护层厚为 20 mm(一类环境)，梁计算跨度 $l_0=5$ m，梁上作用均布永久荷载(包括梁自重)标准值 $g_k=6$ kN/m，均布可变荷载标准值 $q_k=15$ kN/m，设计工作年限为 50 年，$\gamma_L=1.0$。选用混凝土强度等级 C30，钢筋 HRB400 级。试确定该梁的截面尺寸 $b\times h$ 及配筋面积 $A_s$。

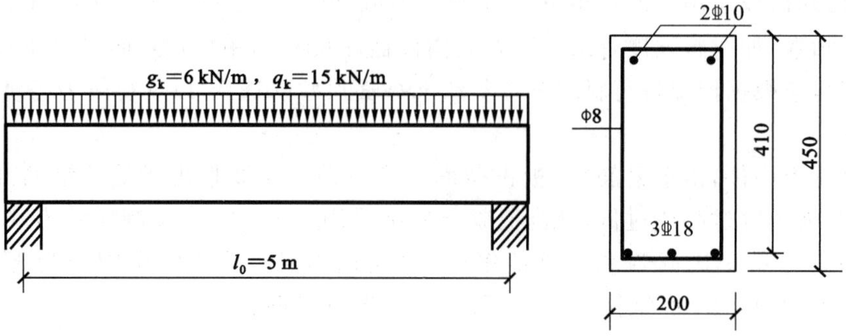


图 4.19 例 4.1 图

【解】 (1) 设计参数

由附表 2 和附表 6 查得材料强度设计值，C30 混凝土 $f_c=14.3$ N/mm$^2$，$f_t=1.43$ N/mm$^2$，HRB400 级钢筋 $f_y=360$ N/mm$^2$，等效矩形图形系数 $\alpha_1=1.0$。设该梁的箍筋选用直径为 8mm 的 HPB300 级钢筋。

(2) 计算跨中截面最大弯矩设计值

$$M=\frac{1}{8}(1.3g_k+1.5\gamma_L q_k)l_0^2=\frac{1}{8}\times(1.3\times6+1.5\times1.0\times15)\times5^2=94.69\ \text{kN}\cdot\text{m}$$

(3) 估计截面尺寸 $b\times h$

由跨度选择梁截面高度 $h=450\ \text{mm}\left(\frac{1}{11}l\right)$，截面宽度 $b=200\ \text{mm}\left(\frac{1}{2.25}h\right)$，即取简支梁截面尺寸 $b\times h=200\ \text{mm}\times450\ \text{mm}$。

(4) 计算截面有效高度 $h_0$

先按单排钢筋布置，取受拉钢筋形心到受拉混凝土边缘的距离(参见表 4.3)：

$$a_s=c+d_v+\frac{d}{2}\approx40\ \text{mm}$$

取 $a_s=40$ mm，则梁有效高度为：

$$h_0=h-a_s=450-40=410\ \text{mm}$$

(5) 计算配筋

$$\alpha_s=\frac{M}{\alpha_1 f_c b h_0^2}=\frac{94.69\times10^6}{1.0\times14.3\times200\times410^2}=0.197<\alpha_{s,\max}=0.384$$

满足适筋梁的要求。

$$\xi=1-\sqrt{1-2\alpha_s}=1-\sqrt{1-2\times0.197}=0.222<\xi_b=0.518$$

$$A_s=\xi b h_0\alpha_1\frac{f_c}{f_y}=\frac{0.222\times200\times410\times1.0\times14.3}{360}=723.1\ \text{mm}^2$$

由附表 16，选用 3Φ18 钢筋，$A_s=763$ mm$^2$，梁上部配 2Φ10 架立筋。

(6) 验算最小配筋率

$$\rho=\frac{A_s}{bh}=\frac{763}{200\times450}=0.85\begin{cases}>\rho_{\min}=0.45\dfrac{f_t}{f_y}=0.179\%\\>\rho_{\min}=0.2\%\end{cases}$$

满足要求。

(7) 验算配筋构造要求

钢筋净间距为:

$$\frac{200-20\times 2-8\times 2-18\times 3}{2}=45\ \text{mm}\begin{array}{l}>25\ \text{mm}\\>d=20\ \text{mm}\end{array}$$

满足构造要求。

4.5.3.2 *截面复核*

实际工程中经常遇到已建成或已完成的设计,截面尺寸、材料强度、钢筋直径与根数已确定,要求计算构件的极限承载力,或复核构件的安全性等,属于复核型问题。

截面复核时,已知截面尺寸 $b$、$h(h_0)$,截面配筋 $A_s$ 和材料强度 $f_y$、$f_c$,确定该截面受弯承载力 $M_u$,或验算是否满足 $M\leqslant M_u$ 的要求。这里仅有 $M_u$(或 $M$)和 $x$ 两个未知数,由式(4.23)或式(4.24)即可求得唯一解。

当计算的 $x\leqslant\xi_b h_0$ 时,可直接代入公式求 $M_u$(或 $M$);当 $x\geqslant\xi_b h_0$ 时,受弯承载力 $M_u$ 仅按 $M_u=\alpha_{s,\max}\alpha_1 f_c b h_0^2$ 确定,这种情况一般会在施工质量出现问题、混凝土没有达到设计强度时出现。如果出现 $A_s<\rho_{\min}bh$ 或 $M>M_u$,则认为该受弯构件是不安全的,应修改设计或进行加固。

**【例 4.2】** 某钢筋混凝土矩形截面梁,混凝土保护层厚为 25 mm(二 a 类环境),$b=250$ mm,$h=500$ mm,承受弯矩设计值 $M=160$ kN·m,采用 C25 级混凝土,HRB400 级钢筋,箍筋直径为 8mm,截面配筋如图 4.20所示。试复核该截面是否安全。

**【解】** (1) 计算参数

由附表 2 和附表 6 查得材料强度设计值:C25 级混凝土,等效矩形图形系数 $\alpha_1=1.0$,$f_c=11.9\ \text{N/mm}^2$,$f_t=1.27\ \text{N/mm}^2$;HRB400 级钢筋,钢筋面积 $A_s=1256\ \text{mm}^2$,$f_y=360\ \text{N/mm}^2$,$\xi_b=0.518$。

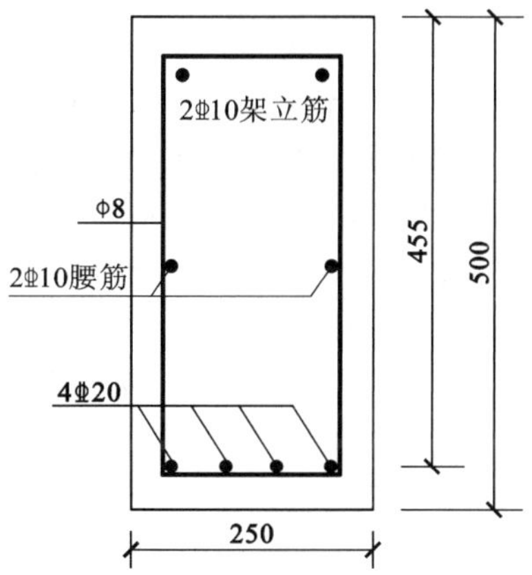

图 4.20 例 4.2 图

(2) 计算截面有效高度 $h_0$

因混凝土保护层厚度为 25 mm,得截面有效高度 $h_0=500-25-8-20/2=457$ mm,近似取 $h_0=455$ mm。

(3) 计算截面配筋率 $\rho$

$$\rho_{\min}=0.45\frac{f_t}{f_y}=0.45\times\frac{1.27}{360}=0.0016$$

$$\rho=\frac{A_s}{bh}=\frac{1256}{250\times 500}=0.01\begin{array}{l}>\rho_{\min}=0.0016\\>\rho_{\min}=0.002\end{array}$$

(4) 计算受压区高度 $x$

由式(4.23)有:

$$x=\frac{f_yA_s}{\alpha_1 f_c b}=\frac{360\times 1256}{1.0\times 11.9\times 250}=152.0\ \text{mm}<x_b=\xi_b h_0=0.518\times 455=235.69\ \text{mm}$$

满足适筋梁要求。

(5) 计算受弯承载力 $M_u$

$$M_u=f_yA_s\left(h_0-\frac{x}{2}\right)=360\times 1256\times(455-0.5\times 152.0)$$
$$=171.37\ \text{kN}\cdot\text{m}>M=160\ \text{kN}\cdot\text{m}$$

受弯承载力满足要求。

**【例 4.3】** 矩形截面梁截面尺寸和材料强度同例 4.2。已知梁中纵向受拉钢筋配置了 8 根直径为 18 mm的 HRB400 级钢筋(图4.21),试计算该截面的受弯承载力 $M_u$。

**【解】** (1) 计算参数

材料强度设计值同上题。由附表 16 查得钢筋面积 $A_s=2036\ \text{mm}^2$,等效矩形图形系数 $\alpha_1=1.0$。

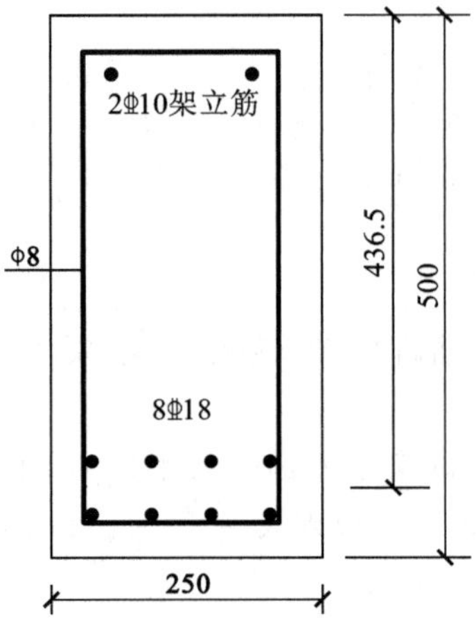


图 4.21　例 4.3 图

(2) 计算截面有效高度 $h_0$

混凝土保护层厚度和钢筋净距均为 25 mm，则梁的有效高度为：

$$h_0=500-25-8-18-\frac{25}{2}=436.5 \text{ mm}。$$

(3) 计算截面配筋率 $\rho$

$$\rho_{\min}=0.45\frac{f_t}{f_y}=0.45\times\frac{1.27}{360}=0.0016$$

$$\rho=\frac{A_s}{bh}=\frac{2036}{250\times 500}=0.016\begin{matrix}>\rho_{\min}=0.0016\\>\rho_{\min}=0.002\end{matrix}$$

(4) 计算受压区高度 $x$

由式(4.23)得：

$$x=\frac{f_yA_s}{\alpha_1 f_c b}=\frac{360\times 2036}{1.0\times 11.9\times 250}=246.4 \text{ mm}>x_b$$

$$=\xi_b h_0=0.518\times 436.5=226.11 \text{ mm}$$

不满足式(4.18)的条件，属于超筋梁。

(5) 计算受弯承载力 $M_u$

查表 4.2 得 $\alpha_{s,\max}=0.384$，故该矩形梁的受弯承载力为：

$$M_u=\alpha_{s,\max}\alpha_1 f_c b h_0^2=0.384\times 1.0\times 11.9\times 250\times 436.5^2=217.66 \text{ kN}\cdot\text{m}$$

**【例 4.4】** 某钢筋混凝土矩形截面梁，$b=250$ mm，$h=500$ mm，采用 C30 混凝土，混凝土保护层厚度 25 mm(二 a 类环境)，承受弯矩设计值 $M=115$ kN·m，箍筋直径为 6 mm，$a_s=40$ mm。试分别采用 HRB335、HRB400、HRB500 钢筋配置纵向受力钢筋，并进行钢筋用量比较分析。

**【解】** (1)计算参数

由附表 2、附表 6 及表 4.2 有：C30 混凝土 $f_c=14.3$ N/mm²，$f_t=1.43$ N/mm²，$\alpha_1=1.0$；HRB335 钢筋 $f_y=300$ N/mm²，$\xi_b=0.550$，$\alpha_{s,\max}=0.399$；HRB400 钢筋 $f_y=360$ N/mm²，$\xi_b=0.518$，$\alpha_{s,\max}=0.384$；HRB500 钢筋 $f_y=435$ N/mm²，$\xi_b=0.482$，$\alpha_{s,\max}=0.366$；$h_0=500-40=460$ mm。

(2)采用 HRB335 钢筋配置纵向受力钢筋

$$\alpha_s=\frac{M}{\alpha_1 f_c b h_0^2}=\frac{115\times 10^6}{1.0\times 14.3\times 250\times 460^2}=0.152<\alpha_{s,\max}=0.399$$

满足适筋梁要求。

$$\xi=1-\sqrt{1-2\alpha_s}=1-\sqrt{1-2\times 0.152}=0.166<\xi_b$$

$$A_s=\xi b h_0\alpha_1\frac{f_c}{f_y}=0.166\times 250\times 460\times 1.0\times\frac{14.3}{300}=910 \text{ mm}^2$$

因 HRB335 钢筋最大直径为 14 mm，查附表 16，选 6Φ14，$A_s=923$ mm²，采用双并筋的配筋形式，梁上部配 2Φ10 架立筋，因 $h_w>450$ mm，在两侧配 2Φ10 构造钢筋(腰筋)[图 4.22(a)]。梁下部受力钢筋净间距为：

$$s=\frac{250-25\times 2-6\times 2-14\times 2\times 3}{2}=52 \text{ mm}$$(大于 25 mm，且大于 $d_e=19.8$ mm；$d_e$ 为并筋等效直径，等直径双并筋 $d_e=\sqrt{2}d$，$d$ 为单根钢筋的直径)，满足构造要求。

验算最小配筋率：

$$45\frac{f_t}{f_y}=45\times\frac{1.43}{300}=0.215>0.2，取\ \rho_{\min}=0.215\%$$

实配 $A_s=923\text{mm}^2>\rho_{\min}bh=0.00215\times 250\times 500=268.8$ mm²，满足最小配筋率要求。

(3)采用 HRB400 钢筋配置纵向受力钢筋

$$A_s=\xi b h_0\alpha_1\frac{f_c}{f_y}=0.166\times 250\times 460\times 1.0\times\frac{14.3}{360}=758.3 \text{ mm}^2$$

查附表 16，选 3 $\Phi$ 18，$A_s=763\ mm^2$[图 4.22(b)]，钢筋净间距为：

$s=\dfrac{250-25\times2-6\times2-18\times3}{2}=67$ mm（大于 25 mm，且大于 $d=18$ mm），满足构造要求。

验算最小配筋率：

$$45\frac{f_t}{f_y}=45\times\frac{1.43}{360}=0.179<0.2,\text{取}\ \rho_{min}=0.2\%$$

实配 $A_s=763\ mm^2>\rho_{min}bh=0.002\times250\times500=250\ mm^2$，满足最小配筋率要求。

(4)采用 HRB500 钢筋配置纵向受力钢筋

$$A_s=\xi bh_0\alpha_1\frac{f_c}{f_y}=0.166\times250\times460\times1.0\times\frac{14.3}{435}=627.6\ mm^2$$

查附表 16，选 2 $\Phi$ 20，$A_s=628\ mm^2$[图 4.22(c)]，钢筋净间距满足构造要求。

验算最小配筋率：

$$45\frac{f_t}{f_y}=45\times\frac{1.43}{435}=0.148<0.2,\text{取}\ \rho_{min}=0.2\%$$

实配 $A_s=628\ mm^2>\rho_{min}bh=0.002\times250\times500=250\ mm^2$，满足最小配筋率要求。

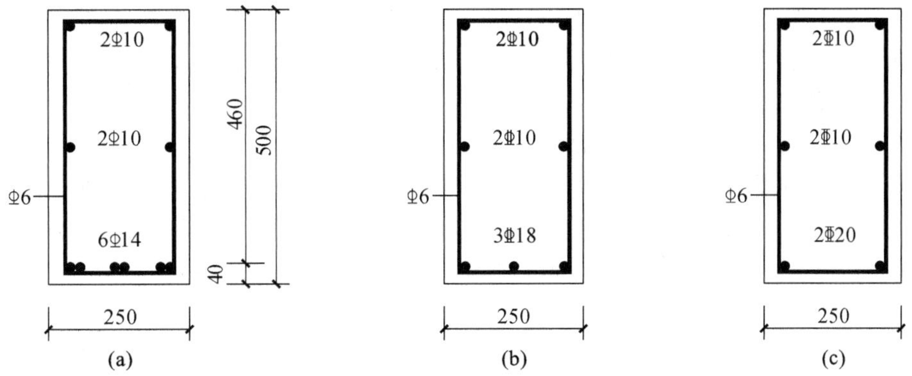


图 4.22 例 4.4 纵筋配筋图

(a)HRB335 钢筋；(b)HRB400 钢筋；(c)HRB500 钢筋

(5)钢筋用量比较分析

采用 HRB335、HRB400、HRB500 钢筋配置纵向受力钢筋的计算钢筋截面面积及比较见表 4.4，可以看出，在梁截面尺寸、混凝土强度等级以及承受的弯矩设计值相同的情况下，采用 HRB400 钢筋比 HRB335 钢筋截面面积减少（节材率）16.7%，采用 HRB500 钢筋比 HRB335 钢筋截面面积减少（节材率）31.0%，说明在混凝土结构中采用 400MPa 及以上强度级别钢筋的节材效果是很显著的。从表 4.4 中还可看出，当混凝土强度等级为 C30 时，采用 HRB335 钢筋的纵向受力钢筋最小配筋率大于 0.2%，而采用 HRB400、HRB500 钢筋的纵向受力钢筋最小配筋率均为 0.2%，说明当钢筋强度较低时，纵向受力钢筋的最小配筋率也有所增大。因此，在混凝土结构中推广应用高强度钢筋，《混凝土结构通用规范》(GB 55008—2021)和局部修订后的《混凝土结构设计标准》(GB/T 50010—2010)不再列入 HRB335 级钢筋是十分合理的。

**表 4.4 钢筋用量比较表**

| 采用钢筋牌号 | 计算纵向受力钢筋截面面积($mm^2$) | 与 HRB335 钢筋比较节材百分率(%) | 纵向受力钢筋最小配筋百分率(%) |
|---|---|---|---|
| HRB335 | 910 | — | 0.215 |
| HRB400 | 758.3 | 16.7 | 0.2 |
| HRB500 | 627.6 | 31.0 | 0.2 |

## 4.6 双筋矩形截面受弯构件正截面承载力计算

在受弯构件截面受压区配置钢筋，协助混凝土承受压力，称这类钢筋为受压钢筋，用 $A_s'$ 表示。双筋截面指同时配置受拉和受压钢筋的情况，如图 4.23 所示。

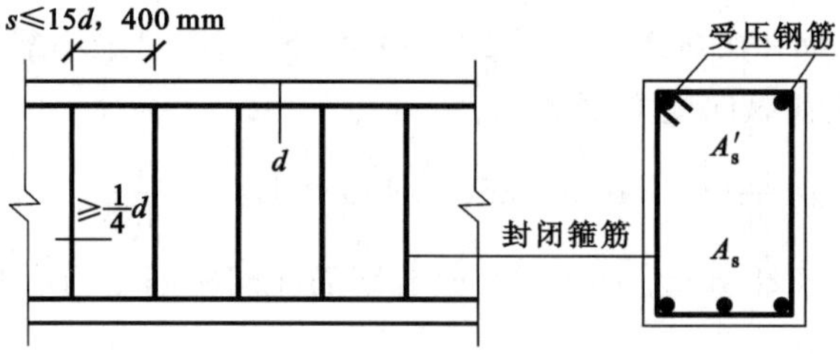


图 4.23 受压钢筋及其箍筋直径和间距

一般情况，梁中采用受压钢筋来协助混凝土承受压力是不经济的，但在下列情况下可考虑采用配置双筋：

(1) 梁承受的弯矩很大，构件截面尺寸和材料强度受使用和施工条件(或整个工程)的限制不能增加，而计算又无法满足单筋截面最大配筋率的限制条件，出现超筋梁时($\rho>\rho_{max}$，或 $\xi>\xi_b$)，可在受压区配置钢筋以补充混凝土受压能力的不足。

(2) 受弯构件在不同荷载组合下，截面承受正、负弯矩作用(如风荷载作用、地震作用下的框架梁)，为承受变号弯矩分别作用于截面的拉力，需要配置受拉和受压钢筋形成双筋截面构件。

从正截面受弯承载力来说，同时配置受拉和受压钢筋不如仅配置受拉钢筋的单筋截面经济，但受压钢筋有利于提高截面延性。在抗震结构中，为保证框架梁具有足够的延性，要求必须配置一定比例受压钢筋。

即使受弯构件设计为双筋截面，为节省用钢量，设计时还是应尽量利用混凝土的抗压能力，即取受压区高度 $x=\xi_b h_0$，受压不足部分再考虑配置受压钢筋承担。

### 4.6.1 受压钢筋的强度

双筋截面设计在受拉区配置受拉钢筋，同时在受压区配置受压钢筋，若满足 $\xi\leqslant\xi_b$ 及双筋截面构造条件，双筋截面梁达到极限弯矩时的破坏形态与适筋梁类似，即破坏始于受拉钢筋屈服($\sigma_s=f_y$)，然后受压区边缘混凝土应变达到极限压应变($\varepsilon_{cu}$)，属于延性破坏。

此时，受压钢筋应力 $\sigma_s'$ 能否达到屈服强度，取决于受压钢筋所能达到的压应变值 $\varepsilon_s'$，如图 4.24 所示。计算双筋矩形截面受弯承载力时，受压区混凝土的应力仍按等效矩形应力图方法考虑。

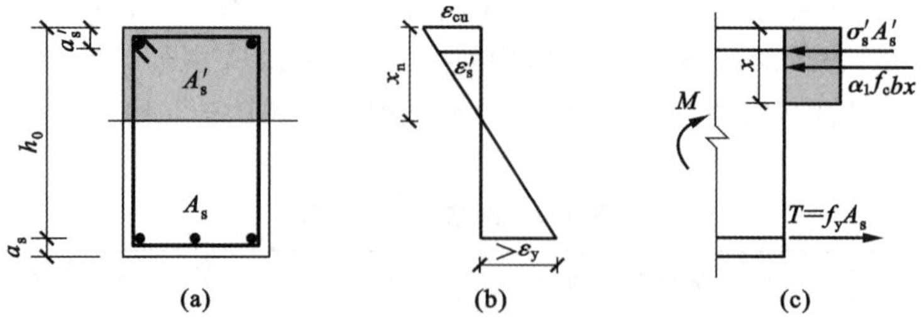


图 4.24 受压钢筋的应力、应变

(a) 双筋截面；(b) 截面应变分布；(c) 截面应力图

由平截面假定及图 4.24(b)，双筋矩形截面达到极限弯矩时受压钢筋的压应变为：

$$\varepsilon_s' = \varepsilon_{cu}\left(\frac{x_n - a_s'}{x_n}\right) = \varepsilon_{cu}\left(1 - \frac{a_s'}{x_n}\right) = \varepsilon_{cu}\left(1 - \frac{\beta_1 a_s'}{x}\right) \tag{4.26}$$

若取 $x \geqslant 2a_s'$，取素混凝土的极限压应变 $\varepsilon_{cu}=0.0033$，以及 $\beta_1=0.8$，代入式(4.26)可得 $\varepsilon_s' \geqslant 0.002$。双筋截面的受压区配有受压纵筋和箍筋，混凝土受到一定的约束作用，实际的极限压应变 $\varepsilon_{cu}$ 和峰值应变 $\varepsilon_0$ 均有所增大，从而使双筋矩形截面构件达到极限弯矩时受压钢筋的压应变 $\varepsilon_s'$ 也大于按素混凝土极限压应变计算的值。试验表明，在受弯和偏心受压构件中，当 $x \geqslant 2a_s'$ 时，热轧钢筋（包括 HRB500 级、HRBF500 级钢筋）的抗压强度均可充分发挥。《混凝土结构设计标准》(GB/T 50010—2010)规定：对热轧钢筋 HPB300、HRB400、HRBF400、RRB400、HRB500 和 HRBF500 级钢筋的抗压强度设计值均取 $f_y' = f_y$；但对于轴心受压构件，当采用 HRB500、HRBF500 级钢筋时，钢筋的抗压强度设计值 $f_y'$ 应取 $400\text{N/mm}^2$（见附表 6）。

因此，为保证受压钢筋的强度充分发挥，双筋矩形截面构件混凝土受压区高度 $x$ 应满足：

$$x \geqslant 2a_s' \tag{4.27a}$$

或

$$\gamma_s h_0 \leqslant h_0 - a_s' \tag{4.27b}$$

式(4.27)是受压钢筋发挥强度的充分条件，表明受压钢筋的位置不得低于等效矩形应力图中混凝土压力的合力作用点。

此外，作为保证受压钢筋发挥强度的必要条件，《混凝土结构设计标准》(GB/T 50010—2010)做了如下规定：

(1) 配置受压钢筋的构件，必须配置封闭箍筋以防止受压钢筋的压曲，并限制其侧向凸出；封闭箍筋弯钩直线段长度不应小于 5 倍箍筋直径。这是因为受压钢筋在纵向压力作用下易产生压曲而导致钢筋侧向凸出，将受压区保护层崩裂，使构件提前发生破坏，降低构件的承载力。

(2) 箍筋间距 $s$ 应满足 $s \leqslant 15d$ 及 $s \leqslant 400$ mm（此处 $d$ 为受压钢筋最小直径）；当一层内受压钢筋多于 5 根且钢筋直径大于 18 mm 时，箍筋间距 $s$ 应满足 $s \leqslant 10d$。

(3) 箍筋直径 $d_v$ 应满足 $d_v \geqslant \frac{1}{4}d$（此处 $d$ 为受压钢筋最大直径）。

(4) 当梁宽 $b \leqslant 400$ mm 且一层内受压钢筋多于 4 根，或当梁宽 $b > 400$ mm 且一层内受压钢筋多于 3 根时，应设复合箍筋。

注意，单筋矩形截面中为形成钢筋骨架而设置的架立筋不作为双筋矩形截面的受压钢筋考虑，因此，单筋截面的箍筋不一定需要满足以上构造要求。

### 4.6.2 基本计算公式

双筋矩形截面受弯构件中受压钢筋在满足式(4.27)和构造要求的条件下，达到承载力极限状态时的截面应力如图 4.25 所示。

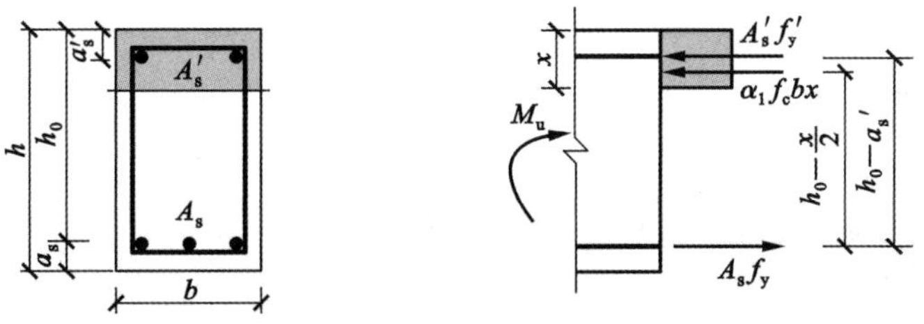


图 4.25 双筋矩形截面应力图

由平衡条件，双筋矩形截面承载力的基本公式为：

$$\left.\begin{aligned} &\alpha_1 f_c bx + f_y'A_s' = f_y A_s \\ &M < M_u = \alpha_1 f_c bx\left(h_0 - \frac{x}{2}\right) + f_y'A_s'(h_0 - a_s') \end{aligned}\right\} \tag{4.28}$$

式中 $f_y'$——钢筋抗压强度设计值，见附表 6；

$A_s'$——受压钢筋截面面积；

$a_s'$——受压钢筋形心到截面受压边缘的距离。

其余符号含义同单筋矩形截面。

双筋截面的受弯承载力可以分解为两部分：第一部分由受压混凝土合力 $\alpha_1 f_c bx$ 与部分受拉钢筋合力 $f_y A_{s1}$ 组成的单筋矩形截面的受弯承载力 $M_{u1}$；第二部分由受压钢筋合力 $f_y' A_s'$ 与另一部分受拉钢筋 $A_{s2}$ 构成"纯钢筋截面"的受弯承载力 $M_{u2}$，如图 4.26 所示。第二部分弯矩与混凝土无关，因此，截面破坏形态不受 $A_{s2}$ 配筋量的影响。

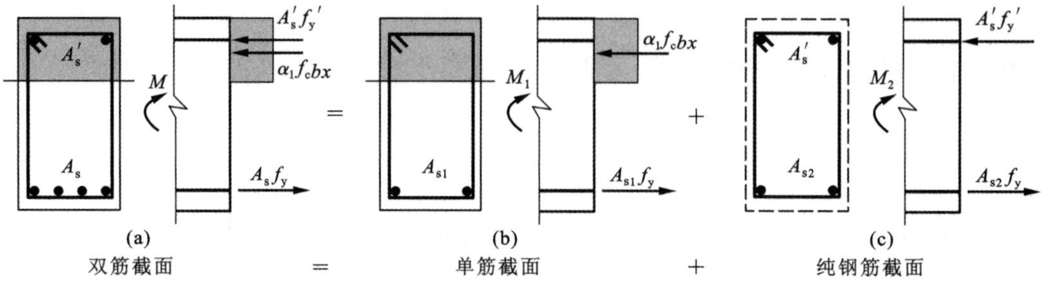


图 4.26 双筋截面图式分解

将单筋截面部分[图 4.26(b)]和纯钢筋截面部分[图 4.26(c)]叠加，则式(4.28)可写成：

$$\begin{cases}\alpha_1 f_c bx = f_y A_{s1} \\ M_{u1} = \alpha_1 f_c bx\left(h_0 - \dfrac{x}{2}\right)\end{cases} + \begin{cases}f_y' A_s' = f_y A_{s2} \\ M_{u2} = f_y' A_s'(h_0 - a_s')\end{cases}$$

两部分之和为双筋截面的受弯承载力和总用钢面积，即：

$$\left.\begin{aligned}M_u &= M_{u1} + M_{u2} \\ A_s &= A_{s1} + A_{s2}\end{aligned}\right\} \tag{4.29}$$

### 4.6.3 适用条件

由于"纯钢筋截面"部分不影响破坏形态，双筋截面受弯的破坏形态仅与单筋截面部分有关，因此，为防止其发生超筋脆性破坏，仅需控制单筋截面部分不出现超筋即可，即：

$$\left.\begin{aligned}&\xi \leqslant \xi_b \\ &M_1 \leqslant \alpha_{s,\max}\alpha_1 f_c bh_0^2 \\ &A_{s1} \leqslant \rho_{\max} bh_0\end{aligned}\right\} \tag{4.30}$$

为保证受压钢筋达到抗压设计强度，应满足式(4.27)的要求，即 $x \geqslant 2a_s'$ 或 $\gamma_s h_0 \leqslant h_0 - a_s'$。双筋截面一般不会出现少筋破坏的情况，故一般可不必验算最小配筋率。

### 4.6.4 设计计算方法

4.6.4.1 截面设计

双筋截面受弯构件正截面设计，一般有以下两种情况：

(1) 双筋矩形截面设计(情况一)

已知：弯矩设计值 $M$，截面尺寸 $b$、$h$、$a_s$ 和 $a_s'$，材料强度 $f_y$、$f_y'$和 $f_c$，要求计算截面配筋 $A_s$ 和 $A_s'$。

设计步骤如下：

① 验算是否需要配置受压钢筋。

当满足下式要求时，表明不需要配置受压钢筋，仅需按单筋矩形截面设计即可。

$$M \leqslant M_{u\max} = \alpha_1 f_c bh_0^2 \xi_b (1 - 0.5\xi_b)$$

$$\alpha_s = \frac{M}{\alpha_1 f_c b h_0^2} \leqslant \alpha_{s,max}$$

当 $M > M_{umax}$ 或 $\alpha_s > \alpha_{s,max}$ 时，表明需要配置受压钢筋，按下述方法进行双筋矩形截面设计配筋。

② 此时共有三个未知数，即 $x$、$A_s$ 和 $A_s'$，基本公式仅有两个，需要补充条件。补充条件应充分考虑经济设计原则，即截面总用钢量($A_s + A_s'$)为最少。一般情况下，在充分利用混凝土抗压作用的基础上再配置受压钢筋，可使用钢量最少。因此，在实际计算中，一般取 $\xi = \xi_b$ 作为补充条件。

③ 求单筋截面承担的弯矩 $M_1$ 和所需受拉钢筋 $A_{s1}$。

单筋截面承担的弯矩 $M_1$：

$$M_1 = \alpha_1 f_c b h_0^2 \xi_b (1 - 0.5\xi_b) = \alpha_{s,max} \alpha_1 f_c b h_0^2 \tag{4.31}$$

相应单筋截面的受拉钢筋：

$$A_{s1} = \xi_b b h_0 \frac{\alpha_1 f_c}{f_y} \tag{4.32}$$

④ 求纯钢筋截面承担的弯矩 $M_2$ 和所需受拉钢筋 $A_{s2}$。

纯钢筋截面承担的弯矩 $M_2$：

$$M_2 = M - M_1 \tag{4.33}$$

相应纯钢筋截面的钢筋：

$$\left.\begin{aligned} A_s' &= \frac{M_2}{f_y'(h_0 - a_s')} = \frac{M - M_1}{f_y'(h_0 - a_s')} = \frac{M - \alpha_{s,max}\alpha_1 f_c b h_0^2}{f_y'(h_0 - a_s')} \\ A_{s2} &= \frac{f_y'}{f_y} A_s' \end{aligned}\right\} \tag{4.34}$$

⑤ 求双筋截面总受拉钢筋面积。

$$A_s = A_{s1} + A_{s2} = \xi_b b h_0 \frac{\alpha_1 f_c}{f_y} + \frac{f_y'}{f_y} A_s' \tag{4.35}$$

工程设计中，常取 $f_y = f_y'$，则 $A_{s2} = A_s'$，则式(4.35)也可写成：

$$A_s = A_{s1} + A_{s2} = A_{s1} + A_s' = \xi_b b h_0 \frac{\alpha_1 f_c}{f_y} + A_s' \tag{4.36}$$

对于情况一，因取 $\xi = \xi_b$，故一般均能满足 $x \geqslant 2\alpha'$ 的适用条件，可不再进行验算。

(2) 双筋矩形截面设计(情况二)

已知：弯矩设计值 $M$，截面尺寸 $b$、$h$、$a_s$ 和 $a_s'$，材料强度 $f_y$、$f_y'$ 和 $f_c$，且给定了受压钢筋 $A_s'$，要求计算截面所需受拉钢筋 $A_s$。

此时，未知数仅有 $x$ 和 $A_s$ 两个，可直接由基本公式求解。

设计步骤如下：

① 由给定的 $A_s'$ 求纯钢筋截面承担的弯矩 $M_2$ 和所需受拉钢筋 $A_{s2}$

$$\left.\begin{aligned} M_2 &= A_s' f_y' (h_0 - a_s') \\ A_{s2} &= \frac{f_y'}{f_y} A_s' \quad 或 \quad A_{s2} = A_s' \end{aligned}\right\} \tag{4.37}$$

② 求单筋截面承担的弯矩 $M_1$ 和所需受拉钢筋 $A_{s1}$

单筋截面承担的弯矩 $M_1$：

$$M_1 = M - M_2 = M - A_s' f_y' (h_0 - a_s')$$

计算 $\alpha_s = \dfrac{M_1}{\alpha_1 f_c b h_0^2}$，如果 $\alpha_s < \alpha_{s,max}$，即可求得 $\xi$ 或 $\gamma_s$，即：

$$\left.\begin{aligned} &\xi = 1 - \sqrt{1 - 2\alpha_s} \leqslant \xi_b, \quad 且 \quad x = \xi h_0 \geqslant 2a_s' \\ 或 \quad &\gamma_s = \frac{1 + \sqrt{1 - 2\alpha_s}}{2}, \quad 且 \quad \gamma_s \leqslant \frac{h_0 - a_s'}{h_0} \end{aligned}\right\} \tag{4.38}$$

相应单筋截面所需受拉钢筋 $A_{s1}$ 为：

$$A_{s1} = b\xi h_0 \frac{\alpha_1 f_c}{f_y}$$

或

$$A_{s1} = \frac{M_1}{f_y \gamma_s h_0}$$

③ 求双筋截面总受拉钢筋面积

$$A_s = A_{s1} + A_{s2} = \xi b h_0 \frac{\alpha_1 f_c}{f_y} + \frac{f_y'}{f_y} A_s' \tag{4.39}$$

④ 检查适用条件

a. 如果 $\xi > \xi_b$ 或 $\alpha_s > \alpha_{s,max}$，说明给定的受压钢筋 $A_s'$ 不足，会形成超筋截面破坏，此时应转到情况一，按 $A_s$ 和 $A_s'$ 均未知的双筋截面设计。

b. 如果 $x < 2a_s'$ 或 $\gamma_s > (h_0 - a_s')/h_0$，表明受压钢筋的强度未充分发挥，即 $\sigma_s' < f_y'$。为简化计算，偏安全地取 $x = 2a_s'$，则受压混凝土的合压力与受压钢筋 $A_s'$ 的形心重合，计算的应力图如图 4.27 所示，并对 $A_s$ 的合力取矩，求得双筋截面总受拉钢筋面积为：

$$A_s = \frac{M}{f_y(h_0 - a_s')} \tag{4.40}$$

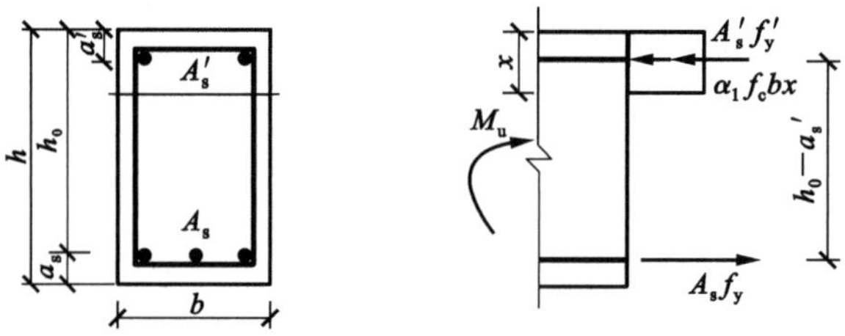


图 4.27　$x = 2a_s'$ 时截面应力图

**【例 4.5】** 已知梁的截面尺寸 $b \times h = 250\ mm \times 500\ mm$，混凝土强度等级为 C30，采用 HRB400 级钢筋，混凝土保护层厚为 25 mm（二 a 类环境），承受弯矩设计值 $M = 300\ kN \cdot m$，试配置纵向受力钢筋。

**【解】** （1）设计参数

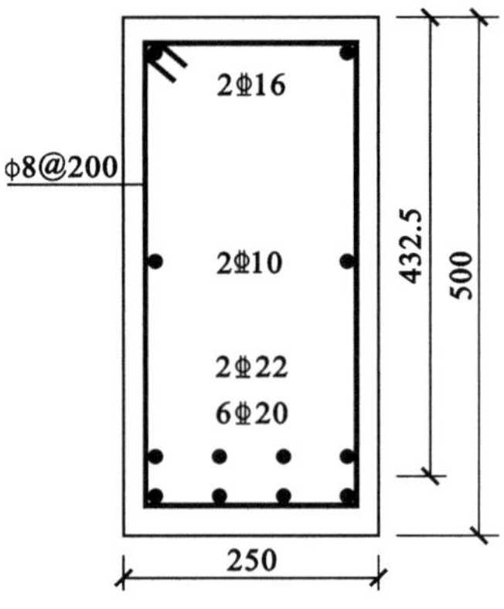


图 4.28　例 4.5 图

查附表 2 和附表 6 有：$f_c = 14.3\ N/mm^2$，$f_y = f_y' = 360\ N/mm^2$，查表 4.2 有：$\alpha_{s,max} = 0.384$，$\xi_b = 0.518$，且等效矩形图形系数 $\alpha_1 = 1.0$。

设箍筋直径为 8mm，受拉钢筋为双排配置，由表 4.3 取 $h_0 = 500 - 70 = 430\ mm$。

（2）验算是否需要配置受压钢筋

$$\alpha_s = \frac{M}{\alpha_1 f_c b h_0^2} = \frac{300 \times 10^6}{1.0 \times 14.3 \times 250 \times 430^2} = 0.454 > \alpha_{s,max} = 0.384$$

故需配受压钢筋。

（3）计算配置截面的受压和受拉钢筋

取 $a_s' = 45\ mm$，补充条件 $\xi = \xi_b$ 或 $\alpha_s = \alpha_{s,max}$，可直接由式（4.34）、式（4.35）求解，有：

$$A_s' = \frac{M - \alpha_{s,max}\alpha_1 f_c b h_0^2}{f_y'(h_0 - a_s')} = \frac{300 \times 10^6 - 0.384 \times 1.0 \times 14.3 \times 250 \times 430^2}{360 \times (430 - 45)} = 333\ mm^2$$

$$A_s = \xi_b b h_0 \frac{\alpha_1 f_c}{f_y} + A_s' = 0.518 \times 250 \times 430 \times \frac{1.0 \times 14.3}{360} + 333 = 2545\ mm^2$$

查附表 16，受压钢筋选用 2 Φ 16，$A_s'=402\ mm^2$；受拉钢筋选用2 Φ 22和6 Φ 20，$A_s=2644\ mm^2$。

(4) 箍筋配置及配筋构造根据受压钢筋的配箍要求，箍筋直径应大于 $d/4=4$ mm($d$ 为受压钢筋直径)；箍筋间距应小于 $15d=240$ mm，故箍筋配置取Φ 8@200。由于梁截面高度等于 500 mm，故在梁侧中部设置纵筋 2 Φ 10。

经验算，混凝土保护层厚度及钢筋净间距均符合要求，截面配筋如图 4.28 所示。

**【例 4.6】** 已知梁的截面尺寸 $b\times h=250\ mm\times 500\ mm$，采用混凝土强度等级为 C30，纵向受力钢筋采用 HRB500，其中受压钢筋为 2 Φ 20，$A_s'=628\ mm^2$，混凝土保护层厚为25 mm(二 a 类环境)，弯矩设计值 $M=150\ kN\cdot m$。试设计所需配置的受拉钢筋面积 $A_s$。

**【解】** (1) 设计参数

查附表 2 和附表 6 有：$f_c=14.3\ N/mm^2$，$f_y=f_y'=435\ N/mm^2$，查表 4.2 有 $\alpha_{s,max}=0.366$，$\xi_b=0.482$，等效矩形图形系数 $\alpha_1=1.0$。

设箍筋直径为 8mm，受拉钢筋为单排配置，取 $a_s=a_s'=45$ mm，$h_0=500-45=455$ mm。

(2) 确定截面承担的弯矩 $M_2$ 和所需受拉钢筋 $A_{s2}$

由式(4.37)计算有：

$$M_2=f_y'A_s'(h_0-a_s')=435\times 628\times(455-45)=112.0\ kN\cdot m$$

$$A_{s2}=A_s'=628\ mm^2$$

(3) 确定截面承担的弯矩 $M_1$ 和所需受拉钢筋 $A_{s1}$

$$M_1=M-M_2=150-112.0=38.0\ kN\cdot m$$

$$\alpha_s=\frac{M}{\alpha_1 f_c b h_0^2}=\frac{38.0\times 10^6}{1.0\times 14.3\times 250\times 455^2}=0.051<\alpha_{s,max}=0.366$$

$$\begin{cases}\xi=1-\sqrt{1-2\alpha_s}=1-\sqrt{1-2\times 0.051}=0.0524\leqslant\xi_b\\ x=\xi h_0=0.0524\times 455=23.84\ mm<2a_s'=90\ mm\end{cases}$$

或

$$\gamma_s=\frac{1+\sqrt{1-2\alpha_s}}{2}=0.974,\quad 且\quad \gamma_s>\frac{h_0-a_s'}{h_0}=\frac{455-45}{455}=0.9$$

表明受压钢筋未充分利用，为简化计算，偏安全地取 $x=2a_s'$，可按式(4.40)计算总受拉钢筋 $A_s$：

$$A_s=\frac{M}{f_y(h_0-a_s')}=\frac{150\times 10^6}{435\times(455-45)}=841\ mm^2$$

由附表 16，选用 3 Φ 20，$A_s=942\ mm^2$。

4.6.4.2　*截面复核*

截面复核时，已知截面尺寸 $b$、$h(h_0)$，截面配筋 $A_s$ 和 $A_s'$，以及材料强度 $f_y$、$f_y'$和 $f_c$，求截面受弯承载力 $M_u$。此时，未知数仅有受压区高度 $x$ 和受弯承载力 $M_u$ 两个，可直接由基本公式求解。

具体步骤如下：

(1) 由双筋矩形截面的基本公式(4.28)确定 $x$：

$$x=\frac{f_yA_s-f_y'A_s'}{\alpha_1 f_c b}$$

(2) 按 $x$ 值的不同分别计算受弯承载力 $M_u$

① 若 $2a_s'\leqslant x\leqslant\xi_b h_0$，直接由公式确定 $M_u$，即：

$$M<M_u=M_{u1}+M_{u2}=\alpha_1 f_c bx\left(h_0-\frac{x}{2}\right)+f_s'A_s'(h_0-a_s')$$

② 若 $x>\xi_b h_0$ 时，表明梁单筋截面部分可能发生超筋破坏，此时，先取 $\xi=\xi_b$ 计算单筋截面的受弯承载力 $M_1$：

$$M_1\leqslant M_{u1}=\alpha_1 f_c b h_0^2\xi_b(1-0.5\xi_b)=\alpha_{s,max}\alpha_1 f_c b h_0^2$$

则截面总的受弯承载力 $M_u$ 为：

$$M_u = \alpha_{s,max}\alpha_1 f_c b h_0^2 + f_y' A_s'(h_0 - a_s')$$

③ 若 $x \leqslant 2a_s'$，表明受压钢筋未达到其屈服强度 $f_y'$，可偏安全地按式(4.40)计算 $M_u$：

$$M_u = f_y A_s(h_0 - a_s')$$

**【例 4.7】** 已知梁截面尺寸为 $b\times h=200\ \text{mm}\times 450\ \text{mm}$，混凝土强度等级为 C30 级，纵向受力钢筋采用 HRB400 级，受拉钢筋为 3 ⏀25，$A_s=1473\ \text{mm}^2$，受压钢筋为 2 ⏀16，$A_s'=402\ \text{mm}^2$，承受弯矩设计值 $M=160\ \text{kN}\cdot\text{m}$，混凝土保护层厚为 25 mm(二 a 类环境)。试验算该截面是否安全。

**【解】** (1) 设计参数

由附表 2 和附表 6 查得：$f_c=14.3\ \text{N/mm}^2$，$f_y=f_y'=360\ \text{N/mm}^2$，$\xi_b=0.518$，$\alpha_1=1.0$。

设钢筋一排放置，则 $a_s=a_s'=45$ mm；截面有效高度 $h_0=450-45=405$ mm。

(2) 计算受压区高度 $x$

$$x = \frac{f_y A_s - f_y' A_s'}{\alpha_1 f_c b} = \frac{360\times(1473-402)}{1.0\times 14.3\times 200}$$

$$= 134.8\ \text{mm} \begin{cases} \leqslant \xi_b h_0 = 0.518\times 405 = 209.79\ \text{mm} \\ > 2a_s' = 90\ \text{mm} \end{cases}$$

(3) 计算受弯承载力 $M_u$

由于 $2a_s' \leqslant x \leqslant \xi_b h_0$，故按双筋矩形截面基本公式(4.28)直接计算：

$$M_u = \alpha_1 f_c bx\left(h_0 - \frac{x}{2}\right) + f_y' A_s'(h_0 - a_s')$$

$$= 1.0\times 14.3\times 200\times 134.8\times\left(405 - \frac{134.8}{2}\right) + 360\times 402\times(405-45)$$

$$= 182.25\ \text{kN}\cdot\text{m} > M = 160\ \text{kN}\cdot\text{m}$$

满足安全要求。

## 4.7 T 形 截 面

### 4.7.1 概述

矩形截面受弯构件具有构造简单和施工方便等优点，但由于受拉区混凝土开裂退出工作，实际上受拉区混凝土的作用未能得到充分发挥。如挖去部分受拉区混凝土，并将钢筋集中放置，就形成由梁肋和位于受压区的翼缘所组成的 T 形截面，如图 4.29(a)所示。受弯构件截面由矩形变成 T 形，并不会影响受弯承载力，却可达到节省混凝土、减轻结构自重、降低造价的目的。若受拉钢筋较多，为便于布置钢筋，可将截面底部适当增大，形成工形截面，如图 4.29(b)所示。工形截面受弯承载力的计算与 T 形截面相同。

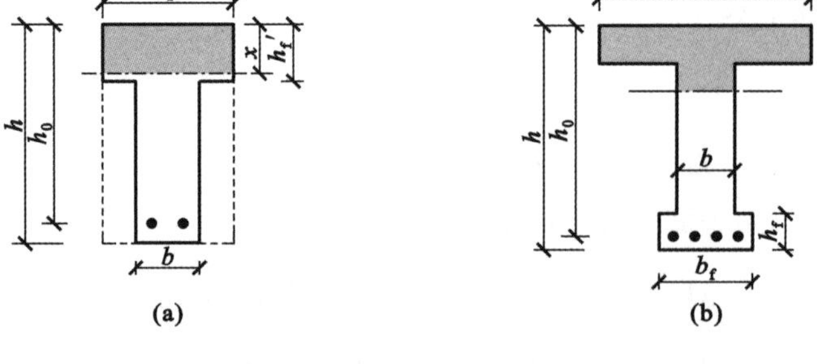


图 4.29 T 形与工形截面

(a) T 形截面；(b) 工形截面

T 形和工形截面受弯构件在工程中的应用非常广泛，凡是带受压翼缘的构件，如现浇肋形楼盖中的主、次梁，T 形吊车梁、薄腹梁、槽形板等均为 T 形截面。箱形截面、空心楼板、桥梁中的梁为工形截面，均可按 T 形截面计算。而翼缘位于受拉区的倒 T 形截面，仍然按矩形截面计算。

T 形截面由于受压翼缘的存在，理论上似乎受压翼缘宽度越大，受压高度 $x$ 减小，内力臂增大，对截面受弯越有利。但试验分析表明，T 形截面整个受压翼缘混凝土的压应力分布是不均匀的，如图 4.30(a)所示。压应力由梁肋中部向两边逐渐减小，翼缘距肋部越远，其参与受力的程度越小。为简化计算，并考虑受压翼缘压应力不均匀分布的影响，《混凝土结构设计标准》(GB/T 50010—2010)采用有效翼缘宽度 $b_f'$，并认为在 $b_f'$ 范围内压应力为均匀分布[图 4.30(b)]，在 $b_f'$ 范围外的翼缘不考虑其作用。有效翼缘宽度 $b_f'$ 也称为翼缘计算宽度，它与翼缘厚度 $h_f'$、梁计算跨度 $l_0$ 以及梁的受力条件(整体现浇肋形楼盖梁、独立梁)等因素有关。《混凝土结构设计标准》(GB/T 50010—2010)规定翼缘计算宽度 $b_f'$ 按表 4.5 所列情况中的最小值取用。

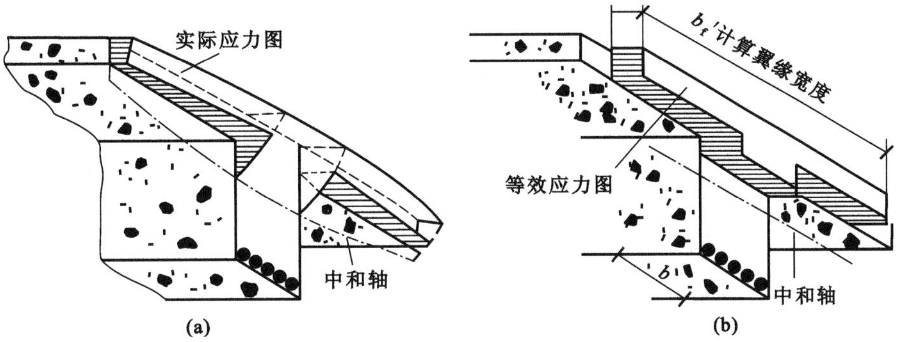


图 4.30　T 形截面应力分布和计算翼缘宽度 $b_f'$

(a) 受压区实际应力图形；(b) 受压区计算应力图形

**表 4.5　受弯构件受压区有效翼缘计算宽度 $b_f'$**

| 情况 | | | T 形、I 形截面 | | 倒 L 形截面 |
|---|---|---|---|---|---|
| | | | 肋形梁(板) | 独立梁 | 肋形梁(板) |
| 1 | 按计算跨度 $l_0$ 考虑 | | $\frac{l_0}{3}$ | $\frac{l_0}{3}$ | $\frac{l_0}{6}$ |
| 2 | 按梁(肋)净距 $s_n$ 考虑 | | $b+s_n$ | — | $b+s_n/2$ |
| 3 | 按翼缘高度 $h_f'$ 考虑 | $h_f'/h_0 \geqslant 0.1$ | — | $b+12h_f'$ | — |
| | | $0.05 \leqslant h_f'/h_0 < 0.1$ | $b+12h_f'$ | $b+6h_f'$ | $b+5h_f'$ |
| | | $h_f'/h_0 < 0.05$ | $b+12h_f'$ | $b$ | $b+5h_f'$ |

注：① 表中 $b$ 为梁的腹板厚度；

② 肋形梁在梁跨内设有间距小于纵肋间距的横肋时，可不考虑表中情况 3 的规定；

③ 加腋的 T 形、I 形和倒 L 形截面，当受压区加腋的高度 $h_h$ 不小于 $h_f'$ 且加腋的长度 $b_h$ 不大于 $3h_h$ 时，其翼缘计算宽度可按表中情况 3 的规定分别增加 $2b_h$(T 形、I 形截面)和 $b_h$(倒 L 形截面)；

④ 独立梁受压区的翼缘板在荷载作用下经验算沿纵肋方向可能产生裂缝时，其计算宽度应取腹板宽度 $b$。

### 4.7.2　T 形截面类型及判别条件

采用有效翼缘宽度后，T 形截面受压区混凝土仍考虑等效矩形应力图。根据中和轴的位置或受压区高度 $x$ 的大小，T 形截面可分为两类：

(1) 第一类 T 形截面，中和轴位于受压翼缘内，即 $x \leqslant h_f'$，受压区为矩形，如图 4.31(a)所示。

(2) 第二类 T 形截面，中和轴进入梁肋部，即 $x > h_f'$，受压区为 T 形，如图 4.31(c)所示。

若中和轴正好与翼缘高度重合，即 $x = h_f'$，则为两类 T 形截面的界限情况，如图 4.31(b)所示。将界

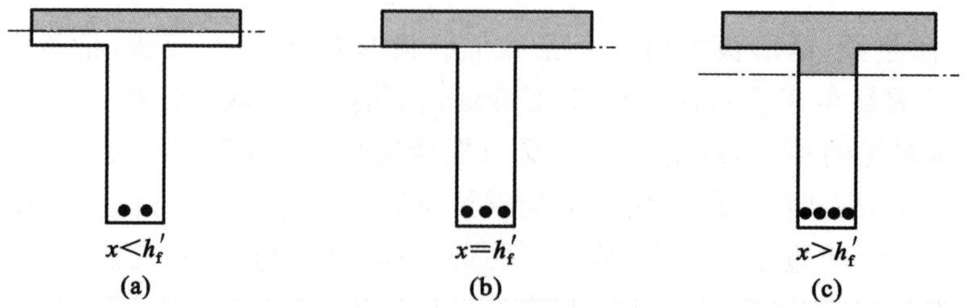


图 4.31　T 形截面类型

(a) 第一类 T 形截面；(b) 界限情况；(c) 第二类 T 形截面

限情况截面受弯承载力记为 $M'_f$，则相应界限情况截面平衡方程为：

$$\left.\begin{aligned}\alpha_1 f_c b'_f h'_f &= f_y A_s\\ M'_f &= \alpha_1 f_c b'_f h'_f\left(h_0-\frac{h'_f}{2}\right)\end{aligned}\right\}\tag{4.41}$$

由于界限情况受压区形状也是矩形，因此，满足下列条件之一时为第一类 T 形截面：

$$\left.\begin{aligned}& x\leqslant h'_f\\ & \alpha_1 f_c b'_f h'_f \geqslant f_y A_s\\ & M\leqslant M'_f=\alpha_1 f_c b'_f h'_f\left(h_0-\frac{h'_f}{2}\right)\end{aligned}\right\}\tag{4.42}$$

反之，不满足上述条件则为第二类 T 形截面，即：

$$\left.\begin{aligned}& x> h'_f\\ & \alpha_1 f_c b'_f h'_f < f_y A_s\\ & M> M'_f=\alpha_1 f_c b'_f h'_f\left(h_0-\frac{h'_f}{2}\right)\end{aligned}\right\}\tag{4.43}$$

### 4.7.3　基本计算公式

#### 4.7.3.1　第一类 T 形截面

对第一类 T 形截面，因 $x\leqslant h'_f$，故其受压区混凝土为 $b'_f\times x$ 的矩形截面，因此，计算公式相当 $b'_f\times h$ 的单筋矩形截面。第一类 T 形截面承载力计算应力图如图 4.32 所示。

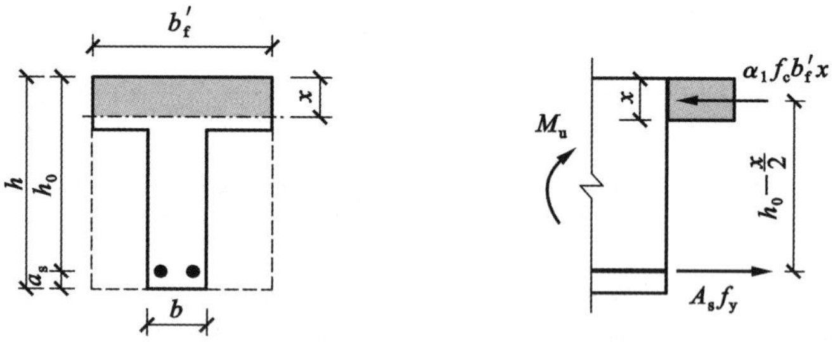


图 4.32　第一类 T 形截面应力图

当仅配置受拉钢筋时，用 $b'_f$ 代替单筋矩形截面计算公式(4.23)中的 $b$，即得第一类 T 形截面基本公式为：

$$\left.\begin{aligned}& \alpha_1 f_c b'_f x = f_y A_s\\ & M\leqslant M_u=\alpha_1 f_c b'_f x\left(h_0-\frac{x}{2}\right)\\ \text{或}\quad & M\leqslant M_u=f_y A_s\left(h_0-\frac{x}{2}\right)\end{aligned}\right\}\tag{4.44}$$

4.7.3.2　第二类 T 形截面

对第二类 T 形截面，因 $x>h_f'$，故受压区为 T 形，承载力计算应力图如图 4.33 所示。

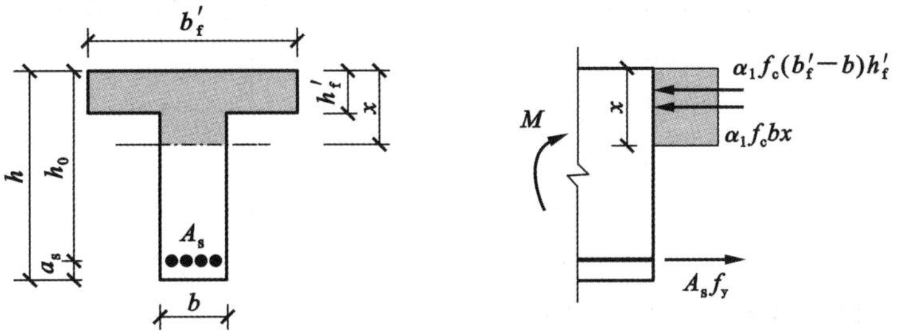


图 4.33　第二类 T 形截面应力图

由截面平衡条件可得基本公式为：

$$\left.\begin{aligned}\alpha_1 f_c bx+\alpha_1 f_c(b_f'-b)h_f'&=f_y A_s\\ M_u=\alpha_1 f_c bx\left(h_0-\frac{x}{2}\right)+\alpha_1 f_c(b_f'-b)h_f'\left(h_0-\frac{h_f'}{2}\right)&\end{aligned}\right\}\tag{4.45}$$

与双筋矩形截面类似，式(4.45)可分解为两部分，如图 4.34 所示。

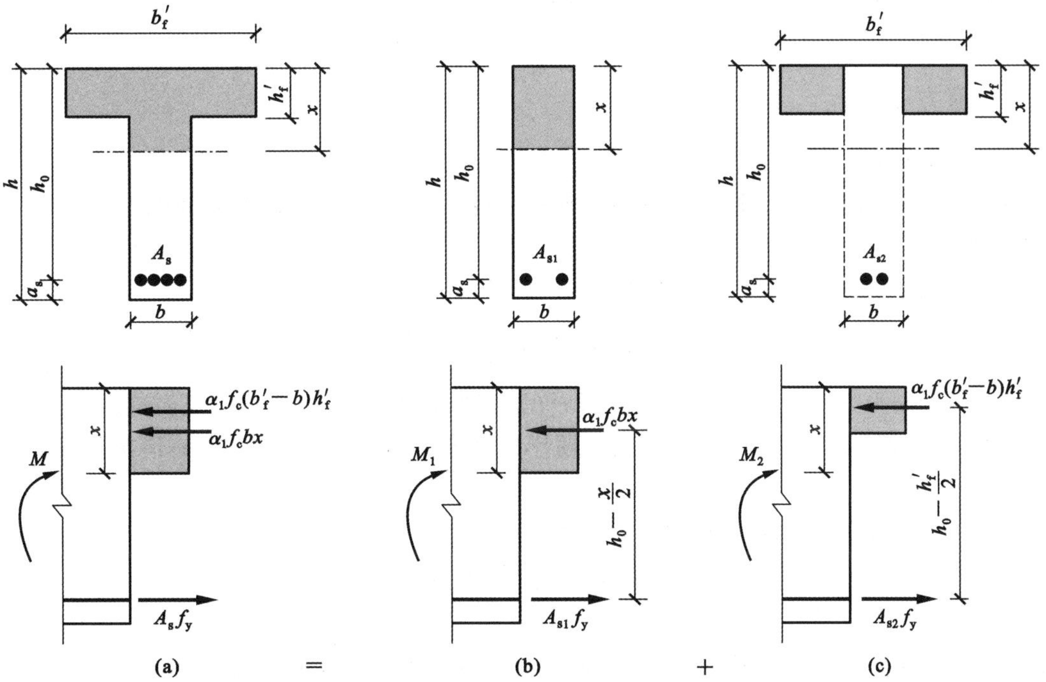


图 4.34　T 形截面的分解

图 4.34(b)所示为第一部分，相当于 $b\times h$ 的单筋矩形截面部分所承担的弯矩 $M_1$ 及对应的受拉钢筋 $A_{s1}$；图 4.34(c)所示为第二部分，即受压翼缘挑出部分$[(b_f'-b)h_f']$混凝土与其余部分受拉钢筋 $A_{s2}$ 组成的受弯承载力为 $M_2$。分解后公式可写成：

$$\begin{cases}\alpha_1 f_c bx=f_y A_{s1}\\ M_1\leqslant M_{u1}=\alpha_1 f_c bx\left(h_0-\dfrac{x}{2}\right)\end{cases}+\begin{cases}\alpha_1 f_c(b_f'-b)h_f'=f_y A_{s2}\\ M_2\leqslant M_{u2}=\alpha_1 f_c(b_f'-b)h_f'\left(h_0-\dfrac{h_f'}{2}\right)\end{cases}\tag{4.46}$$

两部分之和为第二类 T 形截面总受弯承载力和总受拉钢筋面积，即：

$$\left.\begin{aligned}A_s&=A_{s1}+A_{s2}\\ M&=M_1+M_2\\ M_u&=M_{u1}+M_{u2}\end{aligned}\right\}\tag{4.47}$$

### 4.7.4 适用条件

与双筋截面类似，为防止其发生超筋脆性破坏，T形截面中的单筋矩形截面部分应满足：

$$\left.\begin{array}{l} x \leqslant \xi_b h_0 \\ \xi \leqslant \xi_b \\ M_1 \leqslant \alpha_{s,\max}\alpha_1 f_c b h_0^2 \\ \rho_1 = \dfrac{A_{s1}}{bh_0} \leqslant \rho_{\max} = \xi_b \dfrac{\alpha_1 f_c}{f_y} \end{array}\right\} \tag{4.48}$$

而为防止发生少筋脆性破坏，截面总受拉钢筋面积应满足：

$$A_s \geqslant \rho_{\min} bh \tag{4.49}$$

对于第一类T形截面，因 $x \leqslant h_f'$，式(4.48)一般均能满足，可不进行验算；对于第二类T形截面，式(4.49)一般能满足，可不进行验算。需注意式(4.49)中 $b$ 为T形截面的腹板宽度，尽管受弯承载力计算按 $b_f' \times h$ 的矩形截面计算，但最小配筋面积按 $\rho_{\min} bh$ 计算，而不是 $\rho_{\min} b_f' h$，这是因为最小配筋率是按 $M_u = M_{cr}$ 的条件确定，而开裂弯矩 $M_{cr}$ 主要取决于受拉区混凝土的面积，T形截面的开裂弯矩与具有同样腹板宽度 $b$ 的矩形截面基本相同。

对工形和倒T形截面，由于存在受拉翼缘，故式(4.49)中受拉钢筋面积应满足：

$$A_s \geqslant \rho_{\min}[bh + (b_f - b)h_f] \tag{4.50}$$

### 4.7.5 计算方法

4.7.5.1 截面设计

已知：弯矩设计值 $M$，截面尺寸 $b \times h$、$b_f'$、$h_f'$，材料强度 $f_y$、$f_c$ 等，要求计算截面配筋 $A_s$。

设计步骤如下：

(1) 判别T形截面的类型。按下式计算 $M_f'$，然后判别：

$$M_f' = \alpha_1 f_c b_f' h_f' \left(h_0 - \frac{h_f'}{2}\right) \tag{4.51}$$

(2) 若 $M \leqslant M_f'$，则为第一类T形截面，按 $b_f' \times h$ 单筋矩形截面计算 $A_s$，并验算是否满足最小配筋率要求；

(3) 若 $M > M_f'$，则为第二类T形截面，截面设计计算方法与双筋截面已知 $A_s'$ 情况的计算类似，计算步骤为：

① 由式(4.46)的第二部分计算 $M_2$ 及 $A_{s2}$，即：

$$A_{s2} = \frac{\alpha_1 f_c (b_f' - b) h_f'}{f_y}$$

$$M_2 \leqslant M_{u2} = \alpha_1 f_c (b_f' - b) h_f' \left(h_0 - \frac{h_f'}{2}\right)$$

② 计算 $M_1 = M - M_2$，然后按单筋矩形截面计算钢筋面积 $A_{s1}$，并验算适用条件 $\alpha_s \leqslant \alpha_{s,\max}$，或 $\xi \leqslant \xi_b$。

③ 计算总配筋面积 $A_s = A_{s1} + A_{s2}$。

4.7.5.2 截面复核

截面复核时，已知截面尺寸 $b$、$h(h_0)$，截面配筋 $A_s$，以及材料强度 $f_y$、$f_c$ 等，求截面受弯承载力 $M_u$。

复核步骤如下：

(1) 判别T形截面的类型。按下式判别：

$$A_s \leqslant \frac{\alpha_1 f_c b_f' h_f'}{f_y} \tag{4.52a}$$

$$A_s > \frac{\alpha_1 f_c b_f' h_f'}{f_y} \tag{4.52b}$$

(2) 若满足式(4.52a)，则为第一类T形截面，按 $b_f' \times h$ 单筋矩形截面计算 $M_u$。

(3) 若满足式(4.52b)，则为第二类 T 形截面，截面复核计算步骤如下：

① 由式(4.46)的第二部分计算 $A_{s2}$ 及 $M_2$，即：

$$A_{s2}=\frac{\alpha_1 f_c(b_f'-b)h_f'}{f_y}$$

$$M_2\leqslant M_{u2}=A_{s2}f_y\left(h_0-\frac{h_f'}{2}\right)$$

② 计算 $A_{s1}=A_s-A_{s2}$，然后按单筋矩形截面复核方法计算 $M_1$。

③ 计算总抵抗弯矩 $M=M_1+M_2$。

**【例 4.8】** 某 T 形截面梁，已知截面尺寸 $b=250$ mm，$h=700$ mm，$b_f'=600$ mm，$h_f'=100$ mm，混凝土为 C30 级，采用 HRB400 级钢筋，弯矩设计值 $M=500$ kN·m，混凝土保护层厚为 25 mm(二 a 类环境)。试设计该梁所需钢筋，并绘出截面配筋图。

**【解】** (1) 设计参数

由附表 2 和附表 6 查得 $f_c=14.3$ N/mm²，$f_y=360$ N/mm²，$\xi_b=0.518$，$\alpha_1=1.0$。

设钢筋分两排放置，$a_s=70$ mm；截面有效高度 $h_0=700-70=630$ mm。

(2) 判别 T 形截面类型

由式(4.41)有：

$$M_f'=\alpha_1 f_c b_f' h_f'\left(h_0-\frac{h_f'}{2}\right)=1.0\times14.3\times600\times100\times\left(630-\frac{100}{2}\right)$$

$$=497.64\ \text{kN}\cdot\text{m}<500\ \text{kN}\cdot\text{m}$$

为第二类 T 形截面。

(3) 确定 $M_2$ 及 $A_{s2}$

由式(4.46)第二部分计算有：

$$M_2=\alpha_1 f_c(b_f'-b)h_f'\left(h_0-\frac{h_f'}{2}\right)=1.0\times14.3\times(600-250)\times100\times\left(630-\frac{100}{2}\right)$$

$$=290.3\ \text{kN}\cdot\text{m}$$

$$A_{s2}=\frac{\alpha_1 f_c(b_f'-b)h_f'}{f_y}=\frac{1.0\times14.3\times(600-250)\times100}{360}=1390.3\ \text{mm}^2$$

(4) 确定 $M_1$ 及 $A_{s1}$

$$M_1=M-M_2=500-290.3=209.7\ \text{kN}\cdot\text{m}$$

$$\alpha_s=\frac{M_1}{\alpha_1 f_c b h_0^2}=\frac{209.7\times10^6}{1.0\times14.3\times250\times630^2}$$

$$=0.148<\alpha_{s,\max}=0.384$$

$$\xi=1-\sqrt{1-2\alpha_s}=0.161\leqslant\xi_b=0.518$$

$$A_{s1}=\xi b h_0\frac{\alpha_1 f_c}{f_y}=\frac{0.161\times250\times630\times1.0\times14.3}{360}$$

$$=1007.3\ \text{mm}^2$$

(5) 确定截面总配筋

$$A_s=A_{s2}+A_{s1}=1390.3+1007.3=2397.6\ \text{mm}^2$$

查附表 16，受拉钢筋选用 3 Φ 25＋3 Φ 20，$A_s=2415$ mm²。

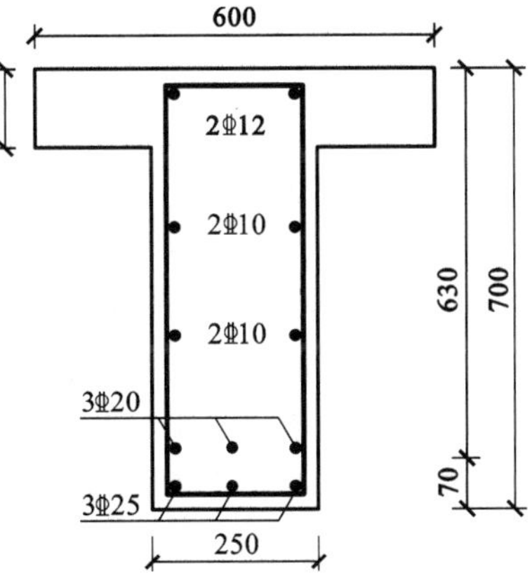

图 4.35　例 4.8 图

第二类 T 形截面不用验算最小配筋，截面配筋见图 4.35所示。腹板上部配 2 Φ 12 架立筋，因截面腹板高度 $h_w>450$ mm，在腹板两侧面配两排 2 Φ 10 构造钢筋。

**【例 4.9】** 某 T 形截面梁，已知截面尺寸 $b=250$ mm，$h=600$ mm，$b_f'=500$ mm，$h_f'=100$ mm，配有 4 Φ 25，$A_s=1964$ mm²，采用 C25 混凝土，HRB400 级钢筋，混凝土保护层厚为20 mm(一类环境)，试计算该梁能承受的设计弯矩。

【解】 (1) 设计参数

由附表 2 和附表 6 查得 $f_c=11.9\ \text{N/mm}^2$，$f_y=360\ \text{N/mm}^2$，$\xi_b=0.518$，$\alpha_1=1.0$。

设钢筋一排放置，$a_s=40\ \text{mm}$；截面有效高度 $h_0=600-40=560\ \text{mm}$。

(2) 判别 T 形截面类型

$$A_s=1964\ \text{mm}^2 \geqslant \frac{\alpha_1 f_c b_f' h_f'}{f_y}=\frac{1.0\times 11.9\times 500\times 100}{360}=1652.8\ \text{mm}^2$$

为第二类 T 形截面。

截面复核计算步骤如下：

(3) 确定 $A_{s2}$ 及 $M_2$

由式(4.46)第二部分计算有：

$$A_{s2}=\frac{\alpha_1 f_c(b_f'-b)h_f'}{f_y}=\frac{1.0\times 11.9\times(500-250)\times 100}{360}=826.4\ \text{mm}^2$$

$$M_2\leqslant M_{u2}=A_{s2}f_y\left(h_0-\frac{h_f'}{2}\right)=826.4\times 360\times\left(560-\frac{100}{2}\right)=151.73\ \text{kN}\cdot\text{m}$$

(4) 确定 $M_1$

$$A_{s1}=A_s-A_{s2}=1964-826.4=1137.6\ \text{mm}^2$$

$$\rho_1=\frac{A_{s1}}{bh_0}=\frac{1137.6}{250\times 560}=0.813\%$$

$$\xi=\rho_1\frac{f_y}{\alpha_1 f_c}=0.00813\times\frac{360}{1.0\times 11.9}=0.246\leqslant\xi_b=0.518$$

满足不超筋的条件，则：

$$M_1\leqslant M_{u1}=A_{s1}f_y\left(h_0-\frac{\xi h_0}{2}\right)=1137.6\times 360\times\left(560-\frac{0.246\times 560}{2}\right)=201.13\ \text{kN}\cdot\text{m}$$

(5) 确定梁能承受的设计弯矩 $M$

$$M=M_1+M_2=201.13+151.73=352.86\ \text{kN}\cdot\text{m}$$

## 本 章 小 结

适筋截面梁受力过程可分为三个阶段：第Ⅰ阶段——弹性工作阶段，此阶段末受压区应力图形为三角形，而受拉区混凝土应力接近均匀分布；第Ⅱ阶段——带裂缝工作阶段，在裂缝截面处的受拉混凝土大部分退出工作，拉力基本上由钢筋承担，受压区混凝土应力图形呈曲线分布；第Ⅲ阶段——破坏阶段，此时受拉钢筋先屈服，而后裂缝向上延伸，直至受压区混凝土被压坏，应力图形曲线分布较丰满。混凝土即将压坏的状态为正截面破坏极限状态，为承载力计算的依据。

钢筋混凝土受弯构件的正截面破坏形态可分为三种：① 适筋截面梁的延性破坏，特点是受拉钢筋先屈服，而后受压区混凝土被压碎；② 超筋截面梁的脆性破坏，特点是受拉钢筋未屈服而受压混凝土先被压碎，其承载力取决于混凝土的抗压强度；③ 少筋截面梁的脆性破坏，特点是受拉区混凝土一开裂受拉钢筋就屈服，甚至进入硬化阶段，而受压区混凝土可能被压碎，也可能未被压碎，它的承载力取决于混凝土的抗拉强度。

影响正截面破坏形态的主要因素，对单筋矩形截面有纵向受拉钢筋配筋率、钢筋强度和混凝土强度等因素；对双筋矩形截面还有受压钢筋配筋率这一重要因素；对 T 形截面则还有挑出的翼缘尺寸大小，这类似于双筋梁受压钢筋的作用。

受弯构件正截面承载力计算采用四个基本假定，据此可确定截面应力图形并建立基本计算公式。根据平截面假定可以确定适筋梁与超筋梁的界限及最大配筋率。

影响受弯构件正截面承载力的最主要因素是钢筋强度和配筋率。在配筋率较低时，随着钢筋强度的提高或配筋率的增大，承载力几乎线性增大，但当配筋率较高并接近界限配筋率时，承载力增长的速度减慢。混凝土强度对受弯构件正截面承载力的影响比钢筋强度要小得多，但当接近或达到最大配筋率时，混凝土强度决定着正截面承载力的大小。

在实际工程中，受弯构件应设计成适筋截面。适筋截面计算应力图形为：受压区采用等效矩形应力图，应力值取混凝土抗压强度设计值乘以系数 $\alpha_1$，受拉钢筋应力达其抗拉强度设计值 $f_y$；当有受压钢筋时，受压钢筋应力达其抗压强度设计值 $f_y'$，按应力图形由轴向力以及弯矩平衡建立计算公式，适用条件对单筋截面为 $\xi\leqslant\xi_b$ 和 $\rho\geqslant\rho_{min}$，对双筋梁为 $\xi\leqslant\xi_b$ 和 $x\geqslant 2a_s'$。

正截面承载力计算分为截面设计和截面复核两类问题。

对单筋矩形截面，截面设计时有 $x$ 和 $A_s$ 两个未知数，复核时有 $x$ 和 $M_u$ 两个未知数，可通过求解联立方程或利用表格求解。

对双筋矩形截面，截面设计时有 $A_s'$ 已知和未知两种情况。$A_s'$ 已知时，有 $x$ 和 $A_s$ 两个未知数，可通过求解联立方程或利用表格求解；当 $A_s'$ 为未知数时，为节省钢筋，补充条件 $\xi=\xi_b$ 后，则未知数 $A_s$ 和 $A_s'$ 较易求解。复核时仅有 $x$ 和 $M_u$ 两个未知数。

对 T 形截面，截面设计和复核前，首先要判别其属于哪一类 T 形梁。如果 $M\leqslant\alpha_1 f_c b_f' h_f'(h_0-h_f'/2)$ 或 $f_y A_s\leqslant\alpha_1 f_c b_f' h_f'$，则属于第一类 T 形梁，否则属于第二类 T 形梁。第一类 T 形梁相当于截面宽度为 $b_f'$ 的单筋矩形截面梁；第二类 T 形梁，其挑出的受压翼缘相当于双筋梁中的 $A_s'$ 为已知的情况。

## 思考题与习题

4.1　试简述适筋梁的受力全过程，在各阶段的受力特点及其与计算的联系。

4.2　钢筋混凝土梁正截面破坏有哪几种破坏形态？各种破坏形态有何破坏特征？钢筋混凝土适筋梁正截面受弯破坏的标志是什么？

4.3　什么是适筋梁的配筋率？如何确定适筋梁的最大配筋率和最小配筋率？

4.4　适筋梁的极限弯矩如何计算？试推导超筋梁极限弯矩的计算公式。

4.5　为什么把适筋梁的第Ⅲ阶段称为破坏阶段，它的含义是什么？配筋率对第Ⅲ阶段的变形能力有何影响？

4.6　钢筋混凝土梁、板构件的截面配筋基本构造要求有哪些？试说明这些构造要求的作用。

4.7　什么是相对受压区高度 $\xi$ 和界限相对受压区高度 $\xi_b$？如何计算 $\xi_b$？

4.8　影响 $\xi_b$ 的因素有哪些？最大配筋率 $\rho_{max}$ 与 $\xi_b$ 的关系是怎样的？

4.9　如何定义等效矩形应力图？等效的原则是什么？

4.10　正截面承载力计算的基本假定有哪些？按基本假定如何进行正截面受弯承载力计算？

4.11　试根据正截面承载力基本假定分析超筋梁受弯承载力的计算。在单筋矩形截面复核时，为什么当 $x\geqslant\xi_b h_0$ 时，可按 $M_{u,max}=\alpha_{s,max}\alpha_1 f_c b h_0^2$ 确定受弯承载力？

4.12　如何确定最小配筋率 $\rho_{min}$？为何矩形截面最小受拉钢筋配筋面积应满足的条件是 $A_s\geqslant\rho_{min}bh$，而不是 $A_s\geqslant\rho_{min}bh_0$？

4.13　T 形截面最小受拉钢筋配筋面积应满足的条件是什么？有受拉翼缘的工形截面和倒 L 形截面的最小受拉钢筋配筋面积如何确定？

4.14　在钢筋强度、混凝土强度和截面尺寸给定的情况下，矩形截面的受弯承载力随相对受压区高度 $\xi$ 的增加而变化的情况怎样？随钢筋面积的增加而变化的情况怎样？

4.15　什么情况下可采用双筋截面梁？配置受压钢筋有何有利作用？如何保证受压钢筋强度得到充分利用？

4.16　双筋矩形截面设计时，若已知受压钢筋面积 $A_s'$，则其计算方法与单筋矩形截面有何异同？当 $x\geqslant\xi_b h_0$ 时，应如何计算？当 $x<2a'$ 时，又如何计算？

4.17　如何理解在双筋矩形截面设计时取 $\xi=\xi_b$？

4.18　在双筋矩形截面复核时，为什么当 $x<2a_s'$ 时，可按 $M_u=f_y A_s(h_0-a_s')$ 确定受弯承载力？

4.19　进行截面设计时和截面复核时如何判别两类 T 形截面？

4.20　比较第二类 T 形截面与双筋截面计算方法的异同。

4.21　第二类 T 形截面设计时，当 $x\geqslant\xi_b h_0$ 时应如何处理？

4.22　试比较双筋矩形截面、T 形截面与单筋矩形截面防止超筋破坏的条件。

4.23　如图 4.36 所示四种截面，当材料强度相同时，试确定：

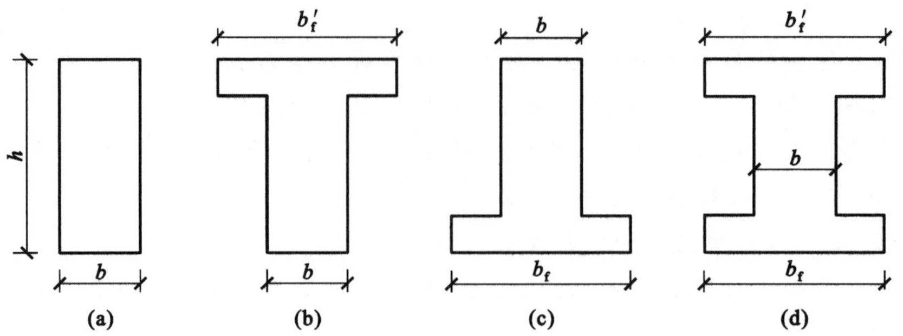


图 4.36　题 4.23 图

(1) 各截面开裂弯矩的大小次序。

(2) 各截面最小配筋面积的大小次序。

(3) 当承受的设计弯矩相同时，各截面的配筋大小次序。

4.24　如何理解承载力与延性的关系？钢筋混凝土梁的配筋越多越好吗？

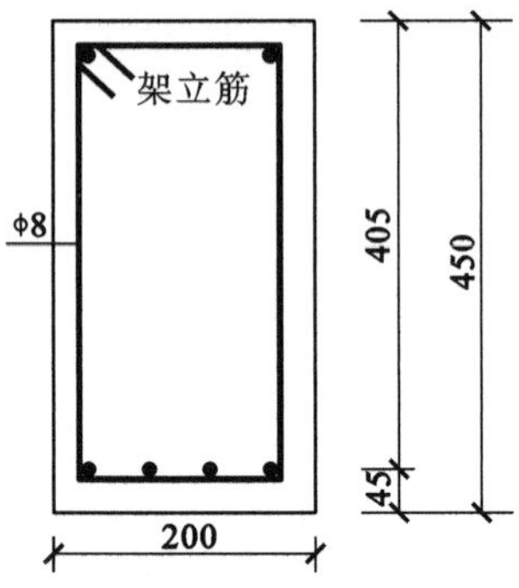


图 4.37　题 4.25 图

4.25　已知钢筋混凝土适筋梁的截面尺寸如图 4.37 所示，采用 C30 混凝土，$f_c=14.3\ \mathrm{N/mm^2}$，$f_t=1.43\ \mathrm{N/mm^2}$，钢筋采用 HRB400 级，屈服强度 $f_y=360\ \mathrm{N/mm^2}$。试确定：

(1) 该梁的最大配筋率和最小配筋率。

(2) 配筋为 4 Φ 18 时，该梁的极限弯矩 $M_u$。

(3) 配筋为 3 Φ 28 时，该梁的极限弯矩 $M_u$。

4.26　已知矩形截面梁，已配置 4 根直径 20 mm 的纵向受拉钢筋，$a_s=45$ mm，试确定下列各种情况该梁所能承受的极限弯矩 $M_u$，并分析影响受弯承载力的主要因素。

(1) $b\times h=250\ \mathrm{mm}\times 500\ \mathrm{mm}$，混凝土强度等级 C30，HRB400 级钢筋；

(2) $b\times h=250\ \mathrm{mm}\times 500\ \mathrm{mm}$，混凝土强度等级 C40，HRB400 级钢筋；

(3) $b\times h=250\ \mathrm{mm}\times 500\ \mathrm{mm}$，混凝土强度等级 C30，HRB500 级钢筋；

(4) $b\times h=300\ \mathrm{mm}\times 500\ \mathrm{mm}$，混凝土强度等级 C30，HRB400 级钢筋；

(5) $b\times h=250\ \mathrm{mm}\times 700\ \mathrm{mm}$，混凝土强度等级 C30，HRB400 级钢筋。

4.27　已知矩形截面梁，承受的弯矩设计值 $M=200\ \mathrm{kN\cdot m}$，$a_s=45$ mm，试确定下列各种情况该梁的纵向受拉钢筋面积 $A_s$，并分析纵向受拉钢筋面积的变化趋势。

(1) $b\times h=200\ \mathrm{mm}\times 500\ \mathrm{mm}$，混凝土强度等级 C30，HRB400 级钢筋；

(2) $b\times h=200\ \mathrm{mm}\times 500\ \mathrm{mm}$，混凝土强度等级 C40，HRB400 级钢筋；

(3) $b\times h=200\ \mathrm{mm}\times 500\ \mathrm{mm}$，混凝土强度等级 C30，HRB500 级钢筋；

(4) $b\times h=300\ \mathrm{mm}\times 500\ \mathrm{mm}$，混凝土强度等级 C30，HRB400 级钢筋；

(5) $b\times h=200\ \mathrm{mm}\times 700\ \mathrm{mm}$，混凝土强度等级 C30，HRB400 级钢筋。

4.28　钢筋混凝土矩形截面简支梁，计算跨度为 6.0 m，承受楼面传来的均布恒载标准值 20 kN/m(包括梁自重)，均布活载标准值 16 kN/m，设计工作年限为 50 年，$\gamma_L=1.0$，采用 C30 级混凝土，HRB400 级钢筋。设箍筋选用直径 8mm 的钢筋，试确定该梁的截面尺寸和纵向受拉钢筋，并绘出截面配筋示意图。

4.29　已知矩形截面梁，$b\times h=250\ \mathrm{mm}\times 500\ \mathrm{mm}$，$a_s=45$ mm，采用 C30 级混凝土，HRB400 级钢筋。承受的弯矩设计值 $M=250\ \mathrm{kN\cdot m}$，试计算该梁的纵向受力钢筋。若改用 HRB500 级钢筋，截面配筋情况怎样？

4.30　已知矩形截面梁，$b\times h=350\ \mathrm{mm}\times 600\ \mathrm{mm}$，采用 C30 级混凝土，HRB400 级钢筋，承受弯矩设计值 $M=240\ \mathrm{kN\cdot m}$，试设计该梁所需钢筋。

4.31　已知矩形截面梁，$b\times h=200\ \mathrm{mm}\times 500\ \mathrm{mm}$，$a_s=a_s'=45$ mm，采用 C30 级混凝土，HRB400 级钢筋。梁承受变号弯矩设计值，分别为 $M=-80\ \mathrm{kN\cdot m}$，$M=+140\ \mathrm{kN\cdot m}$ 作用，试求：

(1) 按单筋矩形截面计算在 $M=-80\ \mathrm{kN\cdot m}$ 作用下，梁顶面需配置的受拉钢筋 $A_s'$；按单筋矩形截面计算在 $M=+140\ \mathrm{kN\cdot m}$作用下，梁底面需配置的受拉钢筋 $A_s$；

(2) 将在情况(1)梁顶面配置的受拉钢筋 $A_s'$作为受压钢筋，按双筋矩形截面计算梁在 $M=+140$ kN·m作用下梁底部需配置的受拉钢筋面积 $A_s$；

(3) 比较(1)和(2)的总配筋面积。

4.32 某T形截面梁，$b_f'=400$ mm，$h_f'=100$ mm，$b=200$ mm，$h=600$ mm，$a_s=70$ mm，采用C30级混凝土，HRB400级钢筋，试计算该梁以下情况的配筋：

(1) 承受弯矩设计值 $M=160$ kN·m；

(2) 承受弯矩设计值 $M=260$ kN·m；

(3) 承受弯矩设计值 $M=360$ kN·m。

# 5 受弯构件斜截面承载力计算

**本章提要**

受弯构件截面除弯矩 $M$ 作用外，通常还有剪力 $V$ 作用。在弯矩 $M$ 和剪力 $V$ 的共同作用下，可能产生斜裂缝，并产生沿斜裂缝截面的破坏。这种破坏主要由剪力引起，一般都具有脆性破坏特征。因此，防止受弯构件在正截面受弯破坏前先发生斜截面受剪破坏，是钢筋混凝土受弯构件设计的重要内容。本章叙述了钢筋混凝土受弯构件斜截面的受力特点，较详细地讨论了斜截面的破坏形态和影响斜截面受剪承载力的主要因素，建立了钢筋混凝土无腹筋梁和有腹筋梁斜截面受剪承载力的计算公式及其适用条件，介绍了防止斜截面破坏的主要构造措施，并通过例题说明了受弯构件斜截面受剪承载力计算的步骤。本章还介绍了材料抵抗弯矩图的概念和作法，以及纵向受力钢筋的弯起、锚固、搭接等构造规定。

## 5.1 斜裂缝的形成

图 5.1 所示为一钢筋混凝土简支梁 $AD$，在 $B$、$C$ 截面作用有对称集中荷载，其中 $BC$ 段仅有弯矩 $M$ 作用，称为纯弯区段，纯弯段截面仅产生正应力（受拉和受压）。而 $AB$ 段和 $CD$ 段，截面上既有弯矩 $M$ 又有剪力 $V$ 的作用，称为剪弯区段。

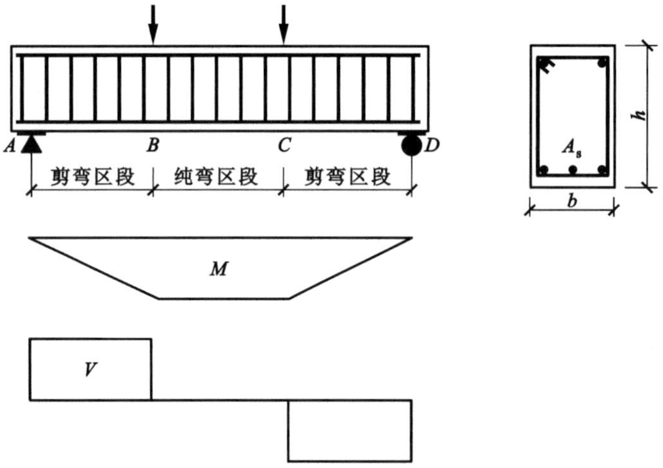


图 5.1 钢筋混凝土简支梁剪弯区段及纯弯区段

由于弯矩和剪力共同作用，弯矩使截面产生正应力 $\sigma$，剪力使截面产生剪应力 $\tau$，两者合成在梁截面上任意点的两个相互垂直的截面上，形成主拉应力 $\sigma_{tp}$ 和主压应力 $\sigma_{cp}$ 。对钢筋混凝土梁，在裂缝出现前，梁基本处于弹性阶段。在中和轴处正应力 $\sigma=0$（图 5.2 中①点），仅有剪应力作用，主拉应力 $\sigma_{tp}$ 和主压应力 $\sigma_{cp}$ 与梁轴线成 45°角；在受压区内（图 5.2中②点），由于正应力 $\sigma$ 为压应力，使 $\sigma_{tp}$ 减小，$\sigma_{cp}$ 增大，主拉应力 $\sigma_{tp}$ 与梁轴线的夹角大于 45°；在受拉区（图 5.2中③点），由于正应力 $\sigma$ 为拉应力，使 $\sigma_{tp}$ 增大，$\sigma_{cp}$ 减小，主拉应力 $\sigma_{tp}$ 与梁轴线的夹角小于 45°。各点主拉应力方向连成的曲线即为主拉应力轨迹线，如图 5.2 中所示实线；图中虚线则为主压应力轨迹线。主拉应力轨迹线与主压应力轨迹线是正交的。

随着荷载不断增加，梁内各点的主应力也随之增大，当拉应力 $\sigma_{tp}$ 超过混凝土抗拉强度 $f_t$ 时，梁的剪弯区段混凝土将开裂，裂缝方向垂直于主拉应力轨迹线方向，即沿主压应力轨迹线方向发展，形成斜裂缝。

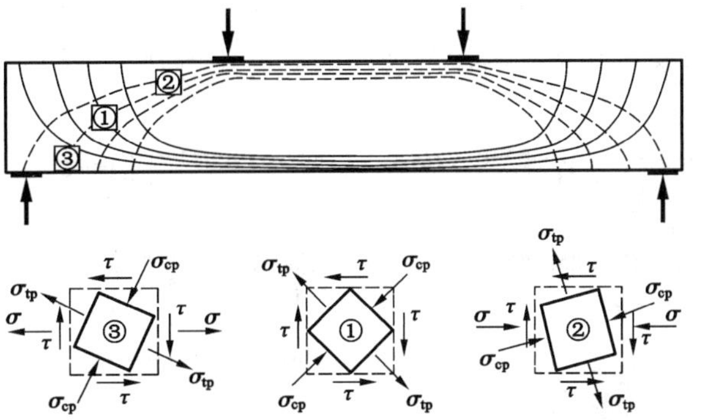


图 5.2　梁的主应力轨迹线

梁的斜裂缝形式主要有两种：一种是因受弯正截面拉应力较大，梁底先出现垂直弯曲裂缝，然后向上沿主压应力轨迹线发展，形成弯剪斜裂缝，如图 5.3(a)所示；另一种斜裂缝通常出现在梁腹部剪应力较大处，由于梁腹主拉应力 $\sigma_{tp}$ 超过混凝土的抗拉强度 $f_t$ 而开裂，然后分别向上、向下沿主压应力轨迹线发展，形成腹剪斜裂缝，如图 5.3(b)所示。斜裂缝出现并不断延伸，将会导致沿斜裂缝截面的受剪承载力不足，随荷载继续增加，当斜截面承载力小于正截面承载力时，梁将发生斜截面破坏。

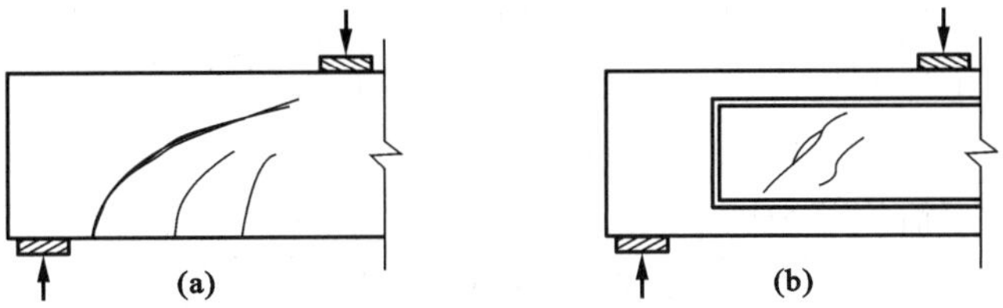


图 5.3　斜裂缝的形式

(a) 弯剪斜裂缝；(b) 腹剪斜裂缝

为防止斜截面破坏，通常需要在梁中配置垂直箍筋，或将梁内按正截面受弯计算配置的纵向钢筋弯起形成弯起钢筋(或斜筋)，来提高斜截面受剪承载力。箍筋和弯起钢筋统称为腹筋。配置了箍筋、弯起钢筋和纵筋的梁称为有腹筋梁，仅有纵筋而未配置腹筋的梁称为无腹筋梁。受弯构件梁中，由腹筋、纵筋以及架立钢筋一起构成梁的钢筋骨架，如图 5.4 所示。

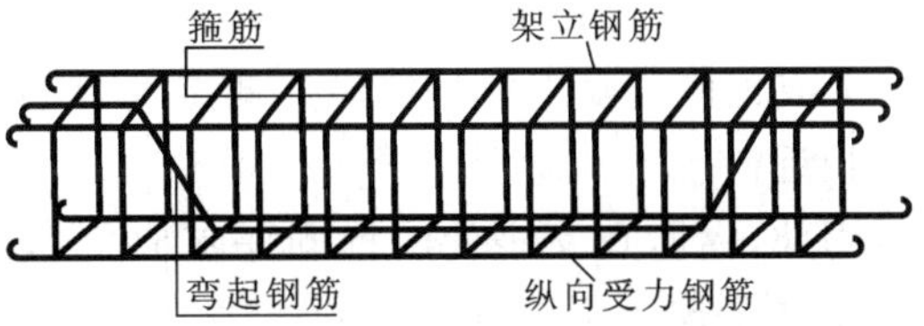


【扫码演示】

图 5.4　纵筋、腹筋以及架立钢筋构成的钢筋骨架

## 5.2　无腹筋梁的受剪性能

在工程设计中，除截面很小的梁和板外，一般均采用有腹筋梁。无腹筋梁的受剪承载力很低，且一旦出现斜裂缝就会很快产生斜截面受剪破坏。为了解钢筋混凝土梁的受剪性能和破坏特征，先讨论无腹筋梁的受剪性能。

### 5.2.1　斜裂缝出现后无腹筋梁的应力状态

集中荷载作用下的钢筋混凝土简支梁，在斜裂缝出现前，梁处于弹性阶段，作用于梁上的剪力由全截面的混凝土承担。当荷载增加到一定值时，靠近支座的一条斜裂缝会很快发展并延伸到加载点，形成临界斜裂缝。斜裂缝出现后，取梁支座至 $AB$ 斜裂缝之间的脱离体来分析梁的受剪状态，如图 5.5 所示。

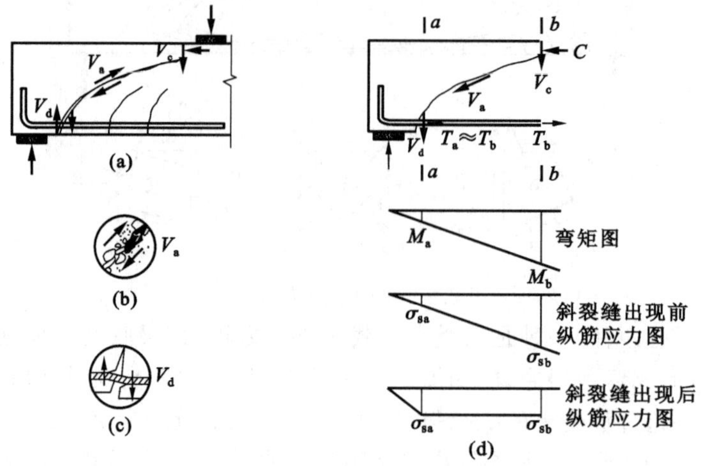


图 5.5 斜裂缝出现后受力状态的变化

(a) 剪力的传播；(b) 骨料咬合作用；(c) 销栓作用；(d) 纵筋应力的变化

此时，斜截面抵抗作用于梁上的剪力主要由以下三部分构成：

① 斜裂缝上部残留截面剪压区混凝土承担的剪力 $V_c$；② 斜裂缝间混凝土发生相对错动产生的骨料咬合作用 $V_a$；③ 纵向受拉钢筋的销栓作用 $V_d$。即：

$$V = V_c + V_{av} + V_d \tag{5.1}$$

式中 $V_{av}$——骨料咬合作用的竖向分量。

斜裂缝出现后，梁中应力状态的变化表现如下：

(1) 斜裂缝出现前，剪力 $V$ 由梁的整个混凝土截面承担；斜裂缝出现后，剪力主要由斜裂缝顶部剪压区混凝土承担，受剪面积的减小使剪应力比斜裂缝出现前明显增大。

(2) 斜裂缝出现前，支座附近临界斜裂缝起点截面处纵筋的拉应力 $\sigma_{sa}$ 与该截面处的弯矩 $M_a$ 基本成正比，如图 5.5(d)所示 $a—a$ 截面。

斜裂缝出现后，$a—a$ 截面处纵筋应力显著增大。这是因为 $a—a$ 截面处 $\sigma_{sa}$ 取决于临界斜裂缝顶点处截面 $b—b$ 的弯矩 $M_b$，即与 $M_b$ 基本成正比。随着斜裂缝向加载点发展，支座附近的纵筋应力 $\sigma_{sa}$ 将与临界斜裂缝顶点处截面的纵筋应力 $\sigma_{sb}$ 相近。

(3) 由于纵筋拉力突然增大，因此，纵筋在支座处的锚固要求应更高。此外，纵筋的销栓作用会使纵筋周围的混凝土产生撕裂裂缝，削弱了混凝土对纵筋的锚固作用。

(4) 由于梁中应力状态的变化，梁由原来的梁传力机制变成了拉杆拱传力机制。

### 5.2.2 无腹筋梁的受剪破坏形态

试验表明，无腹筋梁在集中荷载作用下，其破坏形态与梁的剪跨比有关。这是因为剪弯段在弯矩 $M$ 和剪力 $V$ 的共同作用下，其最终斜截面的受剪破坏形态与截面上的正应力 $\sigma$ 和剪应力 $\tau$ 比值有关。正应力 $\sigma$ 与 $M/bh_0^2$ 成比例，剪应力 $\tau$ 与 $V/bh_0$ 成比例，因此，$\sigma/\tau$ 与 $M/Vh_0$ 成比例。将 $M/Vh_0$ 称为剪跨比，指剪弯区段某垂直截面弯矩、剪力相对于有效高度的比值。对集中荷载作用下的简支梁，有：

$$\lambda = \frac{M}{Vh_0} = \frac{a}{h_0} \tag{5.2}$$

式中 $\lambda$——剪跨比；

$a$——集中荷载到支座的剪跨长度。

无腹筋梁的受剪破坏形态主要受剪跨比的影响，有以下三种形式：

5.2.2.1 斜压破坏($\lambda<1$)

当集中荷载距支座较近时,剪跨比 $\lambda$ 很小,集中荷载和支座间的主压应力较大,斜裂缝多而细密,且在梁腹主压应力作用下发生,裂缝方向与支座和荷载作用点的连线基本一致,斜压破坏如同斜向受压短柱的受压破坏,如图 5.6(a)所示。

斜压破坏受剪承载力主要取决于混凝土的抗压强度,破坏荷载为梁受剪承载力的上限,呈受压脆性破坏特征,如图 5.7 所示。

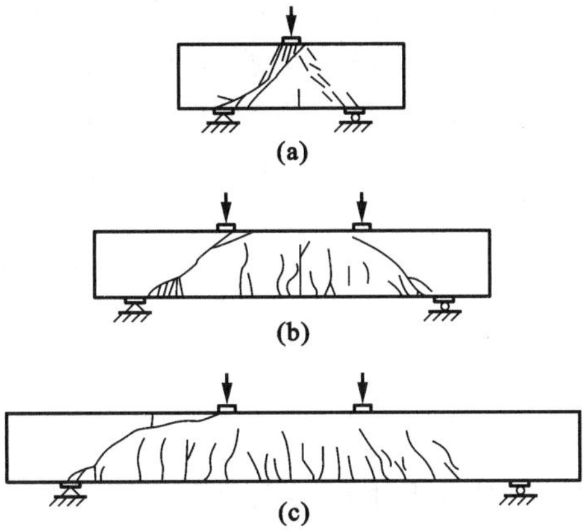


图 5.6 受剪破坏形态

(a) 斜压破坏;(b) 剪压破坏;(c) 斜拉破坏

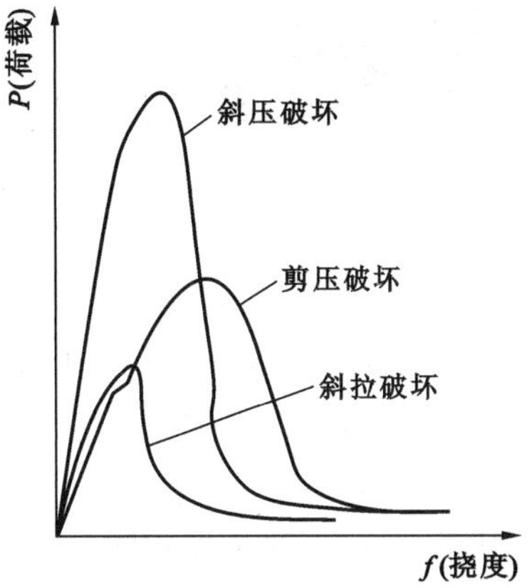


图 5.7 受剪破坏的 $P$-$f$ 关系曲线

5.2.2.2 剪压破坏($1<\lambda<3$)

由于剪跨比适中,斜裂缝出现后,部分荷载通过受压混凝土传递到支座,承载力没有很快丧失。主斜裂缝形成后,随着荷载增大,斜裂缝顶端剪压区混凝土在剪应力和压应力共同作用下被压碎而破坏,如图 5.6(b)所示。

剪压破坏的过程比斜压破坏慢,梁的最后破坏是因主斜裂缝的迅速发展引起,破坏仍呈脆性(图 5.7)。剪压破坏的承载力在很大程度上取决于混凝土的抗拉强度,部分取决于斜裂缝顶端剪压区混凝土的复合(剪压)受力强度,其承载力介于斜拉破坏和斜压破坏之间。

5.2.2.3 斜拉破坏($\lambda>3$)

当剪跨比 $\lambda$ 很大时,无腹筋梁极易发生斜拉破坏。由于正应力与剪应力的比值 $\sigma/\tau$ 较大,当混凝土的主拉应力产生的拉应变超过混凝土极限拉应变时,立刻出现斜裂缝,并迅速向受压边缘延伸,很快形成主裂缝,将构件整个截面劈裂成两部分而破坏,如图 5.6(c)所示。

斜拉破坏的破坏荷载较小,破坏取决于混凝土的抗拉强度,梁的抗剪承载力很低,属于受拉脆性破坏,脆性特征显著,如图 5.7 所示。由于破坏是由混凝土(斜向)拉坏引起的,故称为斜拉破坏。

由图 5.7 可见,无腹筋梁斜截面的三种受剪破坏形态,就其抗剪承载力而言,对同样的构件,斜拉破坏最低,斜压破坏最高,剪压破坏居中;就其破坏性质而言,三种破坏均属于脆性破坏,其中斜拉破坏为受拉脆性破坏,脆性性质最显著,斜压破坏为受压脆性破坏。

### 5.2.3 影响无腹筋梁受剪承载力的因素

5.2.3.1 剪跨比 $\lambda$

无腹筋梁的受剪破坏形态主要受剪跨比的影响,其实质是因为剪跨比 $\lambda=M/Vh_0=a/h_0$ 反映了截面弯矩与剪力的荷载组合情况,从而直接影响到梁中的应力状态。这是因为若 $\lambda$ 小,则荷载主要依靠压应力传递到支座;若 $\lambda$ 大,则荷载主要依靠拉应力传递到支座。图 5.8 所示为集中荷载作用下受剪承载力与剪跨比的关系,可见无腹筋梁的抗剪承载力随剪跨比的增大而很快降低,但当剪跨比 $\lambda$ 超过 3 后,剪跨比对梁的抗剪承载力影响不再明显。

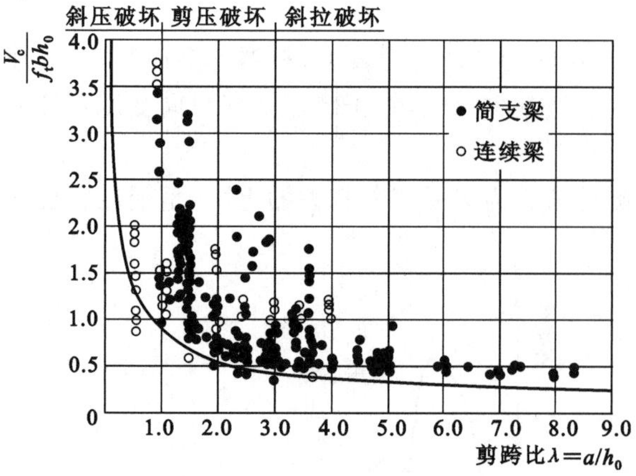


图 5.8　受剪承载力与剪跨比的关系

5.2.3.2　混凝土强度 $f_{cu}$

上述斜截面受剪的三种破坏形态中，斜拉破坏取决于混凝土的抗拉强度，剪压破坏也基本取决于混凝土的抗拉强度，只有在剪跨比很小时的斜压破坏才取决于混凝土的抗压强度，而斜压破坏是受剪承载力的上限。

可见，无腹筋梁的受剪破坏是由于混凝土达到复合应力状态下的强度而发生的，混凝土强度对受剪承载力有很大的影响。试验表明，无腹筋梁的受剪承载力 $V_c$ 随混凝土强度 $f_{cu}$ 的提高而提高，但不呈线性增长关系，而是与混凝土的抗拉强度 $f_t$ 近似成正比例。

5.2.3.3　纵筋配筋率 $\rho_s$

如图 5.9 所示，增加纵筋配筋率 $\rho_s$ 可限制斜裂缝的发展，提高斜裂缝间的骨料咬合力作用，加大混凝土受压区截面高度，提高受剪面积，增加纵筋的销栓作用。因此，受剪承载力随纵筋配筋率的增大而有所提高。

5.2.3.4　尺寸效应

对于无腹筋梁，在其他条件相同的情况下，梁的高度越大，相对抗剪承载力越低。尺寸效应对无腹筋梁受剪承载力影响的原因是，随着梁的高度增大，斜裂缝宽度也较大，骨料咬合作用削弱，撕裂裂缝较明显，从而导致销栓作用大大降低。

图 5.10 所示为集中荷载作用下无腹筋简支梁的相对受剪承载力随截面高度 $h$ 变化情况。由图 5.10 可知：相对受剪承载力随截面高度增加而逐渐降低。试验结果表明，对于截面高度 $h>800$ mm 的梁，应考虑尺寸效应对梁受剪承载力的影响，降低系数约为 $\beta_h=\left(\frac{800}{h_0}\right)^{\frac{1}{4}}$。对于高度较大的梁，配置梁腹纵筋可控制斜裂缝的发展，尺寸效应的影响会减小。

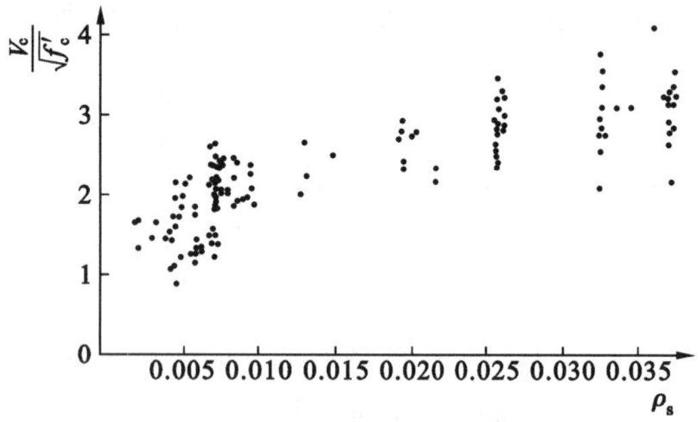


图 5.9　纵筋配筋率的影响

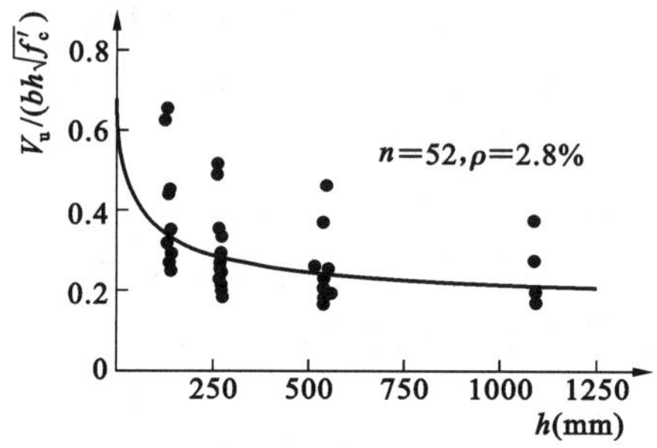


图 5.10　截面高度对受剪承载力的影响

5.2.3.5　截面形状

T 形、工形截面由于存在受压翼缘，增加了剪压区的面积，使斜拉破坏和剪压破坏的受剪承载力比相同梁宽的矩形截面大约提高 20 %，但受压翼缘对斜压破坏的受剪承载力并没有提高作用，因为斜压破坏主要发生在腹板中。

5.2.3.6　其他

弯矩、剪力共同作用区段存在有反弯点的连续梁或伸臂梁，反弯点一侧的弯矩图与将反弯点视为支座的简支梁相同，但其受剪承载力小于剪跨比同样为 $\lambda=a'/h_0$ 的简支梁，如图 5.11(b)所示。这是因为在这种梁中，反弯点两侧将各出现一条临界斜裂缝，斜裂缝处纵筋应力突然增大，导致沿纵筋黏结裂缝的发展。这种黏结裂缝的发展使顶部及底部纵筋在斜裂缝间均处于受拉状态，形成如图 5.11(a)所示的截面应力分布。其混凝土受压区高度比简支梁斜裂缝截面的受压区高度减小，压应力和剪应力相应增大，因此，其受剪承载力低于简支梁的情况。

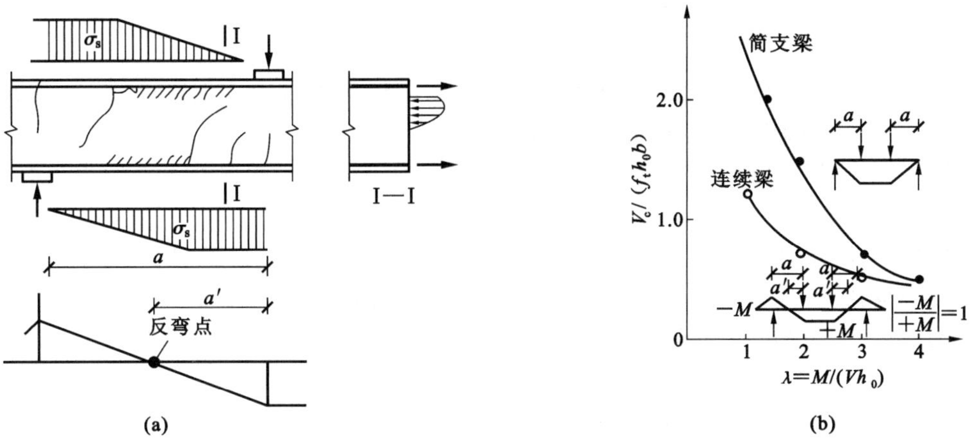


图 5.11　连续梁的受剪承载力

(a) 连续梁临界斜裂缝出现后纵筋的应力分布；(b) 连续梁与简支梁受剪承载力的比较

在实际计算中，为考虑这种降低影响，可近似取加载点到支座的距离 $a$ 与截面有效高度 $h_0$ 的比值的名义剪跨比 $a/h_0$ 来进行计算。

### 5.2.4　无腹筋梁的受剪承载力

由 5.2.1 节所述可知，斜裂缝出现后，无腹筋梁的受剪承载力主要由剪压区混凝土承担的剪力 $V_c$、骨料咬合作用 $V_a$ 以及纵筋的销栓作用 $V_d$ 三部分构成。考虑到在无腹筋梁中，随着斜裂缝的加大，构成骨料咬合作用 $V_a$ 将逐渐减弱甚至消失，另一方面，纵筋的销栓作用 $V_d$ 也将会由于外侧混凝土保护层较薄，纵筋易于在受剪方向产生竖向位移，从而使得 $V_d$ 的作用变得不可靠，因此，在无腹筋梁的受剪承载力计算中，忽略 $V_a$ 和 $V_d$ 的有利影响，只考虑混凝土残余截面上的 $V_c$。在实际工程中，根据大量试验结果分析，偏保守地给出无腹筋受弯构件受剪承载力经验计算公式为：

$$V \leqslant \alpha_c \beta_\rho \beta_h f_t b h_0 \tag{5.3}$$

式(5.3)表明，受剪承载力与抗拉强度和截面尺寸成正比。其中系数 $\alpha_c$ 反映剪跨比的影响，系数 $\beta_\rho$ 反映纵筋配筋率的影响，系数 $\beta_h$ 反映截面尺寸的影响。根据试验结果分析，对于矩形、T 形和工形截面的一般受弯构件，$\alpha_c$ 取 0.7；对于集中荷载作用下的独立梁，$\alpha_c=1.75/(\lambda+1.0)$（当剪跨比 $\lambda<1.5$ 时，取 $\lambda=1.5$；当 $\lambda>3$ 时，取 $\lambda=3$）。纵筋配筋率影响系数 $\beta_\rho$ 可取 $(0.7+20\rho)$，当 $\rho<1.5\%$ 时，取 $\rho=1.5\%$；当 $\rho>3.0\%$ 时，取 $\rho=3.0\%$。截面尺寸影响系数 $\beta_h$ 可取为 $\beta_h=\left(\frac{800}{h_0}\right)^{\frac{1}{4}}$，当 $h_0<800$ mm 时，取 $h_0=800$ mm；当 $h_0\geqslant2000$ mm 时，取 $h_0=2000$ mm。

由于无腹筋梁的受剪破坏都是脆性的，其应用范围有严格的限制，因此，《混凝土结构设计标准》(GB/T 50010—2010)仅给出无腹筋的一般钢筋混凝土板的受剪承载力计算公式：

$$V \leqslant 0.7\beta_h f_t b h_0 \tag{5.4}$$

对于板，因纵筋配筋率一般较小，其影响也有限，因此，计算中忽略了纵筋配筋率较大时的有利影响。

## 5.3　有腹筋梁的斜截面受剪性能

### 5.3.1　斜裂缝出现后有腹筋梁的应力状态

无腹筋梁的抗剪承载力较小，为避免无腹筋梁的受剪脆性破坏，《混凝土结构设计标准》(GB/T 50010—2010)规定：对截面高度 $h<150$ mm 的小梁（如过梁、檩条）或板，可不配置箍筋；对于 $h>150$ mm 的梁，一般均需在梁一定范围内或沿梁的跨度按计算或构造要求设置腹筋。

【扫码演示】

5.3.1.1　箍筋的作用

当梁中配置腹筋以后，斜裂缝出现前，腹筋的应力很小，其对阻止斜裂缝出现的作用不大。而在斜裂缝出现后，腹筋可使梁的斜截面抗剪承载力大大提高，这主要取决于腹筋对梁受剪性能的影响，其主要作用有：

(1) 斜裂缝出现后，斜裂缝间的拉应力由箍筋承担，与斜裂缝相交的腹筋中的应力会突然增大，增强了梁对剪力的传递能力；

(2) 箍筋能抑制斜裂缝的发展，增加斜裂缝顶端混凝土剪压区面积，使 $V_c$ 增大；

(3) 箍筋可减少斜裂缝的宽度，提高斜裂缝间骨料咬合作用，使 $V_u$ 增加；

(4) 箍筋吊住纵筋，限制了纵筋的竖向位移，从而阻止了混凝土沿纵筋的撕裂裂缝发展，增强了纵筋销栓作用 $V_d$；

(5) 箍筋参与了斜截面的受弯，使斜裂缝出现后 $a$—$a$ 截面处纵筋应力 $\sigma_s$ 的增量减小。

上述作用说明，箍筋对梁受剪承载力的影响是综合的。

5.3.1.2　斜截面受剪模型

配置箍筋对斜裂缝开裂荷载基本没有影响，也不能提高斜压破坏的承载力，即对剪跨比 $\lambda$ 很小的情况，箍筋上述作用很小；对剪跨比 $\lambda$ 很大的情况，如果配箍超过某一限值，将改变有腹筋梁斜截面的受剪模型。

配置腹筋后，梁的剪力传递机构将改变。对于无腹筋梁，由于出现斜裂缝，混凝土梁的传力机构形成拉杆拱传力机构，如图 5.12 所示，主要由拱体Ⅰ将剪力传递至支座，临界斜裂缝下方拱体Ⅱ和拱体Ⅲ所能传递的剪力很小。配置箍筋，临界斜裂缝出现后，受剪模型转变为桁架与拱的复合传递机构，称为拱形桁架，如图 5.13 所示。斜裂缝间混凝土拱体为斜压腹杆，箍筋的作用为竖向拉杆，临界斜裂缝上部及受压区混凝土拱体Ⅰ相当于受压弦杆，纵筋相当于下弦拉杆。箍筋可将混凝土拱体传来的内力悬吊到受压弦杆，增加了混凝土拱体传递受压的作用，此外，斜裂缝间的混凝土骨料咬合作用通过拱作用直接将内力传递到支座上。

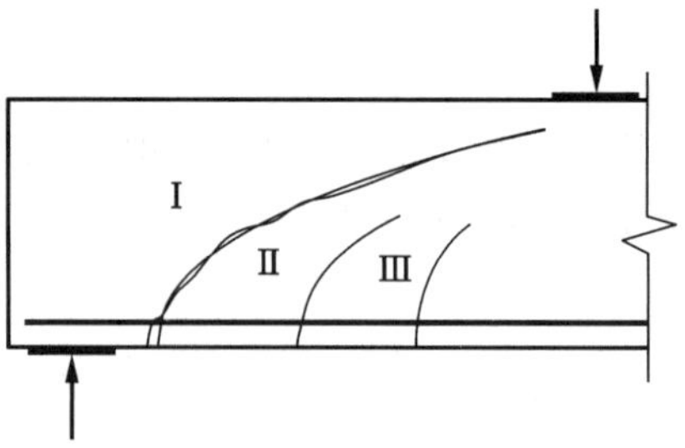


图 5.12　无腹筋梁的剪力传递

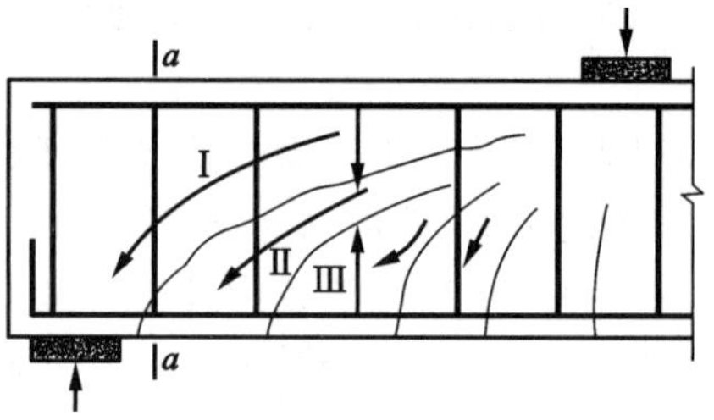


图 5.13　有腹筋梁的剪力传递

### 5.3.2　有腹筋梁的受剪破坏形态

有腹筋梁的斜截面受剪破坏形态与无腹筋梁的破坏形态相似，也可归纳为斜压破坏、剪压破坏和斜拉破坏。但有腹筋梁的破坏形态不仅与剪跨比 $\lambda$ 有关，还与配箍率 $\rho_{sv}$ 有关。配箍率 $\rho_{sv}$ 定义为箍筋截面面积与相应混凝土面积的比值，即：

$$\rho_{sv}=\frac{A_{sv}}{bs}=\frac{nA_{sv1}}{bs} \tag{5.5}$$

式中　$A_{sv}$——配置在同一截面($b$、$s$ 范围)内箍筋各肢的全部截面面积，即 $A_{sv}=nA_{sv1}$(此处 $n$ 为同一截面内箍筋的肢数)；

$A_{sv1}$——单肢箍筋的截面面积；

$s$——沿构件长度方向的箍筋间距；

$b$——梁的宽度。

(1) 若剪跨比 $\lambda$ 过小，或剪跨比 $\lambda$ 虽较大但腹筋数量配置过多，即配箍率 $\rho_{sv}$ 太大，箍筋应力达到屈服前，斜裂缝间的混凝土斜压杆因主压应力过大而产生斜压破坏，箍筋强度未得到充分发挥。破坏类似于受弯构件正截面中的超筋梁。此时受剪承载力取决于混凝土的抗压强度和截面尺寸，增加配箍率 $\rho_{sv}$ 对提高受剪承载力不起作用。

(2) 若剪跨比 $\lambda$ 适中，配箍率 $\rho_{sv}$ 适量，斜裂缝出现后，箍筋的存在限制了斜裂缝的开展，箍筋承担斜截面上的拉应力，荷载可以继续增加。随着箍筋应力的不断发展，箍筋达到屈服，最后剪压区的剪应力和压应力迅速增加，产生剪压破坏。此时受剪承载力取决于混凝土的复合受力强度和配箍率。

(3) 若剪跨比 $\lambda$ 过大($\lambda>3$)，配箍率 $\rho_{sv}$ 太小，斜裂缝一出现，箍筋应力就很快达到屈服，箍筋不再限制斜裂缝的开展，梁如同无腹筋梁一样，产生斜拉破坏。此时受剪承载力取决于混凝土的受拉强度，类似受弯构件正截面的少筋梁。

综上所述，影响有腹筋梁斜截面受剪承载力的主要因素，除 5.2.3 节中影响无腹筋梁受剪承载力的剪跨比 $\lambda$ 外，还应考虑配箍率 $\rho_{sv}$ 和箍筋强度 $f_{yv}$ 对有腹筋梁斜截面受剪承载力的影响。有腹筋梁抗剪承载力计算中，混凝土强度 $f_{cu}$ 的影响，将随配箍率 $\rho_{sv}$ 增大而逐渐减弱；有腹筋梁配置腹筋后纵筋配筋率 $\rho_s$ 和截面尺寸的影响也将减小。

剪跨比和配箍率对有腹筋梁受剪破坏形态的影响见表 5.1 所示。

**表 5.1 斜截面受剪破坏形态**

| 剪跨比 / 配箍率 | $\lambda<1$ | $1<\lambda<3$ | $\lambda>3$ |
|---|---|---|---|
| 无腹筋 | 斜压破坏 | 剪压破坏 | 斜拉破坏 |
| $\rho_{sv}$ 很小 | 斜压破坏 | 剪压破坏 | 斜拉破坏 |
| $\rho_{sv}$ 适量 | 斜压破坏 | 剪压破坏 | 剪压破坏 |
| $\rho_{sv}$ 很大 | 斜压破坏 | 斜压破坏 | 斜压破坏 |

## 5.4 受弯构件斜截面受剪承载力计算

工程设计中，一般受弯构件均配置腹筋，因此，应进行有腹筋梁斜截面受剪承载力的计算。对于梁的三种斜截面受剪破坏形态，在工程设计时都应设法避免，但采用的方式有所不同。对于斜压破坏，通常用限制截面尺寸来防止；对于斜拉破坏，常用满足最小配箍率条件及构造要求来防止；对于剪压破坏，因其受剪承载力变化幅度较大，因此，可通过计算使构件满足一定的斜截面受剪承载力，从而防止剪压破坏。

### 5.4.1 受剪承载力计算公式

《混凝土结构设计标准》(GB/T 50010—2010)中关于有腹筋梁斜截面受剪承载力的计算公式是根据剪压破坏形态，在试验结果和理论研究分析的基础上建立的，公式考虑了两点基本假定。

(1) 梁发生剪压破坏时，斜截面上总的受剪承载力 $V_u$ 主要由三部分组成：① 斜裂缝上端剪压区混凝土承担的剪力 $V_c$；② 与斜裂缝相交的箍筋承担的剪力 $V_{sv}$；③ 与斜裂缝相交的弯起钢筋承担的剪力 $V_{sb}$。如图 5.14 所示。

对配置腹筋梁的受剪承载力计算公式，采用了各部分叠加的形式，即：

$$V \leqslant V_u = V_c + V_{sv} + V_{sb} \tag{5.6}$$

如果仅有箍筋而未配置弯起钢筋时，受剪承载力计算公式为：

$$V \leqslant V_u = V_{cs} = V_c + V_{sv} \tag{5.7}$$

式中 $V_c$——剪压区混凝土承担的剪力，相当于无腹筋梁的承载力，按式(5.3)计算，因配置腹筋后纵筋和截面尺寸的影响减小，则系数 $\beta_p$ 和 $\beta_h$ 均可不考虑，可取 $V_c=\alpha_c f_t bh_0$；

$V_{sv}$——与斜裂缝相交的箍筋承担的剪力；

$V_{sb}$——与斜裂缝相交的弯起钢筋承担的剪力；

$V_{cs}$——仅配置箍筋时，剪压区混凝土和箍筋承担的剪力。

(2) 假定有腹筋梁发生剪压破坏时，与斜裂缝相交的箍筋和弯起钢筋的拉应力可达到其抗拉屈服强度。

试验表明，与斜裂缝相交的弯起钢筋作用与箍筋相同，相当于桁架模型中的斜拉腹杆，可以提高构件斜截面受剪承载力。考虑弯起钢筋与破坏斜截面相交位置的不确定性，弯起钢筋的应力可能达不到屈服强度，因此，《混凝土结构设计标准》(GB/T 50010—2010)对弯起钢筋的强度乘以 0.8 的钢筋应力不均匀系数，并取其抗拉强度设计值为 $f_y$。如图 5.15 所示，弯起钢筋的垂直分量承担的剪力为：

$$V_{sb} = 0.8 f_y A_{sb} \sin\alpha \tag{5.8}$$

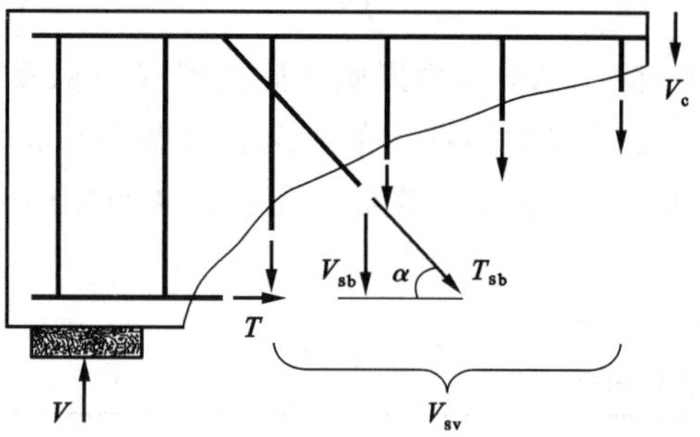


图 5.14　斜截面受剪计算图

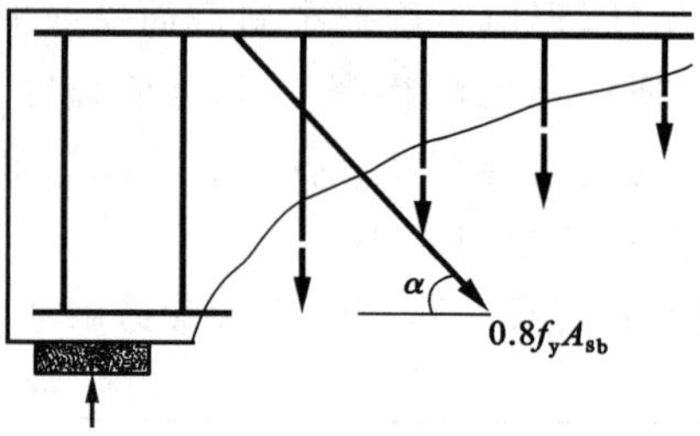


图 5.15　弯起钢筋的抗剪

式中　$A_{sb}$——同一弯起平面内弯起钢筋的截面面积；

$\alpha$——弯起钢筋与构件轴线的夹角，一般取 45°～60°。

5.4.1.1　仅配置箍筋时

当仅配置箍筋时，矩形、T 形和工形截面受弯构件的斜截面受剪承载力计算可统一按下式计算：

$$V_{cs} = \alpha_{cv} f_t b h_0 + f_{yv} \frac{A_{sv}}{s} h_0 \tag{5.9}$$

式中　$\alpha_{cv}$——截面混凝土受剪承载力系数，按图 5.16 所示试验结果分析。

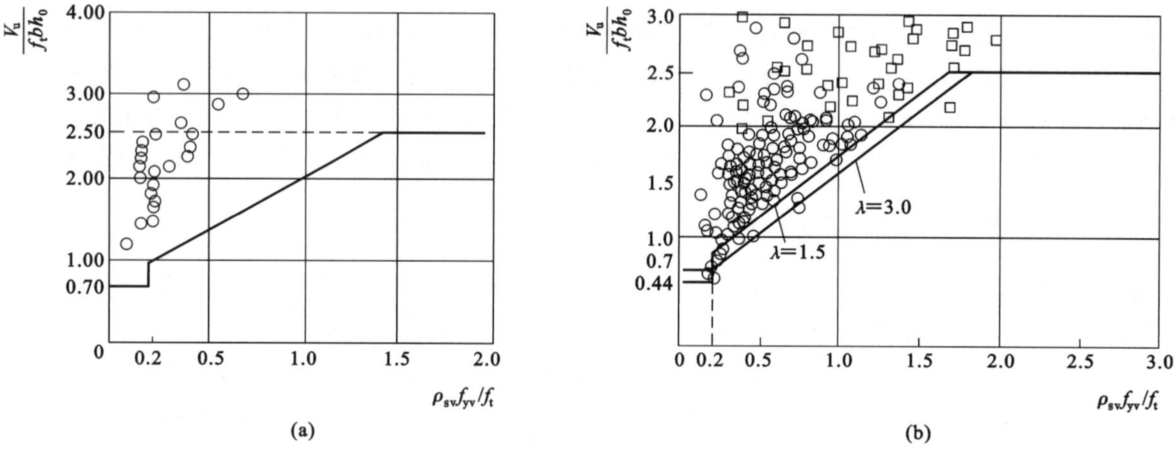


图 5.16　受剪承载力的试验资料

(a) 均布荷载作用情况；(b) 集中荷载作用情况

分别考虑一般受弯构件和集中荷载作用下独立梁的不同情况时：

(1) 对一般受弯构件，按下式计算：

$$V_{cs} = 0.7 f_t b h_0 + f_{yv} \frac{A_{sv}}{s} h_0 \tag{5.10}$$

(2) 对集中荷载作用下(包括作用有多种荷载，其中集中荷载对支座截面或节点边缘所产生的剪力值占总剪力的 75%以上的情况)的独立梁，按下式计算：

$$V_{cs}=\frac{1.75}{\lambda+1.0}f_t bh_0+f_{yv}\frac{A_{sv}}{s}h_0 \tag{5.11}$$

式中 $\lambda$——计算截面的剪跨比，可取 $\lambda=a/h_0$（$a$ 为集中荷载作用点至支座截面或节点边缘的距离）；当剪跨比 $\lambda<1.5$ 时，取 $\lambda=1.5$；当 $\lambda>3.0$ 时，取 $\lambda=3.0$；

$A_{sv}$——配置在同一截面内箍筋各肢的全部截面面积，即 $nA_{sv1}$（此处，$n$ 为在同一个截面内箍筋的肢数，$A_{sv1}$ 为单肢箍筋的截面面积）；

$s$——沿构件长度方向的箍筋间距；

$f_{yv}$——箍筋的抗拉强度设计值，一般可取 $f_{yv}=f_y$，但当 $f_y>360\ \mathrm{N/mm^2}$ 时，应取 $360\ \mathrm{N/mm^2}$。

5.4.1.2 配置箍筋同时又配置弯起钢筋

同时配置箍筋和弯起钢筋时，受剪承载力计算中考虑弯起钢筋作用，则有：

$$V_u=V_{cs}+0.8f_yA_{sb}\sin\alpha \tag{5.12}$$

式中 $\alpha$——弯起钢筋与构件轴线的夹角，一般取 45°～60°；

$A_{sb}$——同一平面内弯起钢筋的截面面积；

$f_y$——弯起钢筋用于抗剪计算时的抗拉强度设计值，当 $f_y>360\ \mathrm{N/mm^2}$ 时，取 $360\ \mathrm{N/mm^2}$。

因此，同时配置箍筋和弯起钢筋时斜截面受剪承载力计算式可表示为：

$$V_u=\alpha_{cv}f_t bh_0+f_{yv}\frac{A_{sv}}{s}h_0+0.8f_yA_{sb}\sin\alpha \tag{5.13}$$

(1) 对一般受弯构件，按下式计算

$$V_u=0.7f_t bh_0+f_{yv}\frac{A_{sv}}{s}h_0+0.8f_yA_{sb}\sin\alpha \tag{5.14}$$

(2) 对集中荷载作用下（包括作用有多种荷载，其中集中荷载对支座截面或节点边缘所产生的剪力值占总剪力的 75%以上的情况）的独立梁，按下式计算：

$$V_u=\frac{1.75}{\lambda+1.0}f_t bh_0+f_{yv}\frac{A_{sv}}{s}h_0+0.8f_yA_{sb}\sin\alpha \tag{5.15}$$

应当注意的是，上述受弯构件斜截面受剪承载力的计算公式虽然采用了混凝土、箍筋和弯起钢筋抗剪承载力叠加的形式，但公式是综合反映了配置腹筋后构件的受剪承载力。

### 5.4.2 适用条件

通过斜截面受剪承载力的计算配置合适的腹筋，可避免受弯构件发生斜截面的剪压破坏。而对于斜压破坏和斜拉破坏，应通过截面限制条件及最小配箍率来避免。

5.4.2.1 截面限制条件

在受剪构件设计中，当配箍率过大时，易发生箍筋未屈服、斜向受压混凝土先压坏的斜压破坏。斜压破坏取决于混凝土的抗压强度和截面尺寸，一般通过控制受剪截面的剪力设计值不大于斜压破坏时的受剪承载力来防止由于配箍率过高而产生斜压破坏。因此，为防止斜压破坏的发生，《混凝土结构设计标准》(GB/T 50010—2010)规定，受弯构件的受剪截面应符合下列截面限制条件：

当 $\frac{h_w}{b}\leqslant 4$ 时

$$V\leqslant 0.25\beta_c f_c bh_0 \tag{5.16a}$$

当 $\frac{h_w}{b}\geqslant 6$ 时

$$V\leqslant 0.2\beta_c f_c bh_0 \tag{5.16b}$$

当 $4<\frac{h_w}{b}<6$ 时，按线性内插法确定。

式中 $\beta_c$——高强混凝土的强度折减系数，当混凝土强度等级不大于 C50 级时，取 $\beta_c=1.0$；当混凝土强度等级为 C80 级时，取 $\beta_c=0.8$；其间按线性内插法确定；

$b$——矩形截面的宽度或 T 形截面和工形截面的腹板宽度；

$h_0$——截面的有效高度；

$h_w$——截面的腹板高度：矩形截面的 $h_w$ 取有效高度 $h_0$，T 形截面的 $h_w$ 取有效高度减去翼缘高度，工形截面的 $h_w$ 取腹板净高。

对 T 形或工形截面的简支受弯构件，当有实践经验时，式(5.16a)中的系数可改用 0.3。

当截面尺寸及混凝土强度给定时，式(5.16a)和式(5.16b)是受剪承载力的上限，同时也是控制最大配箍率的条件。

5.4.2.2　最小配箍率

当配箍率小于一定值时，斜裂缝出现后，箍筋不能承担斜裂缝截面混凝土退出工作后所释放出来的拉应力，为防止配箍率过小而发生斜拉破坏，《混凝土结构设计标准》(GB/T 50010—2010)规定，当 $V>\alpha_{cv}f_tbh_0$ 时，配箍率 $\rho_{sv}$ 应满足：

$$\rho_{sv}=\frac{A_{sv}}{bs}\geqslant\rho_{sv,min}=0.24\frac{f_t}{f_{yv}} \tag{5.17}$$

5.4.2.3　构造配箍要求

在斜截面受剪承载力的计算中，当设计剪力值 $V$ 符合下列要求时：

$$V\leqslant\alpha_{cv}f_tbh_0 \tag{5.18}$$

即对一般受弯构件符合 $V\leqslant0.7f_tbh_0$，对集中荷载作用下的独立梁符合 $V\leqslant\frac{1.75}{\lambda+1.0}f_tbh_0$ 时，均可以不需要通过斜截面受剪承载力计算来配置箍筋，仅需按构造配置箍筋即可。构造配箍的条件应控制最大箍筋间距 $s_{max}$ 和箍筋的最小直径 $d_{min}$，具体要求详见表 5.2 和表 5.3 所示。《混凝土结构设计标准》(GB/T 50010—2010)规定，按承载力计算不需要箍筋的梁，当截面高度大于 300 mm 时，应沿梁全长设置构造箍筋。当截面高度 $h=150\sim300$ mm 时，可仅在 $l_0/4$ 范围内设置构造箍筋，$l_0$ 为跨度；但当构件中部 $l_0/2$ 范围内有集中荷载作用时，则应沿全梁设置箍筋。当截面高度小于 150 mm 时，可以不设箍筋。

【扫码演示】

当设计剪力值 $V>\alpha_{cv}f_tbh_0$ 时，则应通过计算配箍，并应满足式(5.17)最小配箍率和表 5.2、表 5.3 关于最大箍筋间距 $s_{max}$ 和箍筋的最小直径 $d_{min}$ 的要求。

**表 5.2　梁中最大箍筋间距 $s_{max}$(mm)**

| 梁高 $h$(mm) | $V>0.7f_tbh_0$ | $V\leqslant0.7f_tbh_0$ |
|---|---|---|
| $150<h\leqslant300$ | 150 | 200 |
| $300<h\leqslant500$ | 200 | 300 |
| $500<h\leqslant800$ | 250 | 350 |
| $h>800$ | 300 | 400 |

**表 5.3　梁中箍筋最小直径 $d_{min}$(mm)**

| 梁高 $h$(mm) | 箍筋直径 |
|---|---|
| $h\leqslant800$ | 6 |
| $h>800$ | 8 |

规定最大箍筋间距和箍筋最小直径的目的是为了控制受弯构件在荷载作用下的斜裂缝宽度，并保证必要数量的箍筋与斜裂缝相交。

同样，为防止弯起钢筋间距太大，出现斜裂缝与弯起钢筋不相交的情况，《混凝土结构设计标准》(GB/

T 50010—2010)规定：当按计算要求配置弯起钢筋时，前一排弯起钢筋弯起点至后一排弯起钢筋弯终点的距离也应满足表 5.2 关于最大箍筋间距 $s_{max}$ 的要求，并且第一排弯起钢筋距支座边的间距也不应大于 $s_{max}$，如图 5.17 所示。

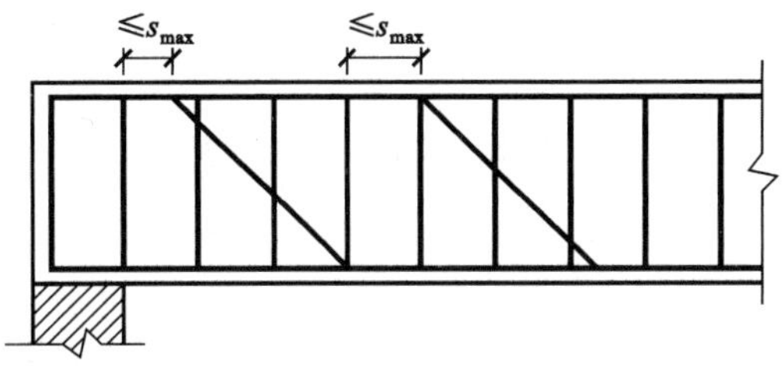

图 5.17　弯起钢筋间距要求

当梁中需要配置计算的纵向受压钢筋时，箍筋直径及间距尚应满足第 4 章中关于防止受压钢筋压屈的有关构造要求。

### 5.4.3　计算方法

5.4.3.1　受剪计算截面

为避免受弯构件发生斜截面的脆性破坏，应使受弯构件剪弯区段中任何斜截面均具有足够的抗剪承载力。斜截面承载力计算的部位，以及剪力设计值 $V$ 应按下列情况处理：

(1) 支座边缘处截面：通常支座边缘截面的剪力最大，如图 5.18 所示 1—1 截面，斜裂缝截面的受剪计算，应取支座截面处的剪力 $V_1$；

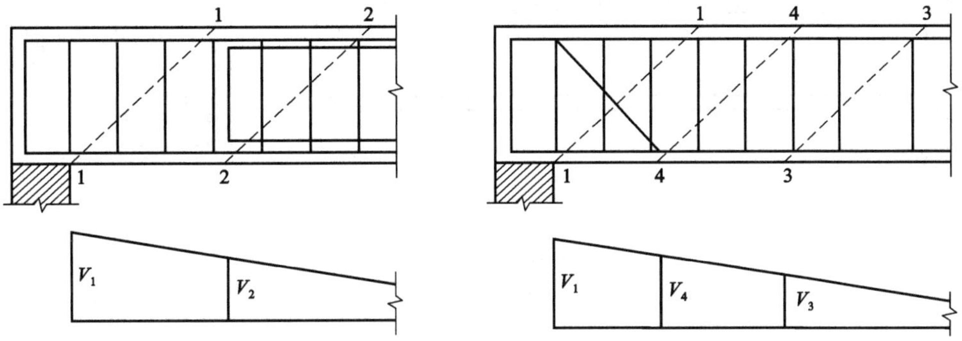

图 5.18　斜截面受剪承载力的计算截面

(2) 截面尺寸或腹板宽度变化处截面：当截面尺寸或腹板宽度减小时，受剪承载力降低，应取腹板宽度改变处截面的剪力 $V_2$，如图 5.18 所示 2—2 截面；

(3) 箍筋直径或间距变化处截面：箍筋直径减小或间距增大，受剪承载力降低，应取箍筋直径或间距改变处截面的剪力 $V_3$，如图 5.18 所示 3—3 截面；

(4) 弯起钢筋弯起点处截面：未设置弯起钢筋区段的受剪承载力低于设置弯起钢筋的区段，应取弯起钢筋起点处截面的剪力 $V_4$，如图 5.18 所示 4—4 截面。

5.4.3.2　仅配箍筋梁的设计

钢筋混凝土受弯构件通常先进行正截面承载力设计，确定截面尺寸、材料强度和纵向钢筋，再进行斜截面受剪承载力的设计计算。进行斜截面受剪承载力计算，步骤如下：

(1) 计算控制截面剪力设计值 $V$。

(2) 按式(5.16)验算截面限制条件：

当 $\frac{h_w}{b}\leqslant 4$ 时，$V\leqslant 0.25\beta_c f_c bh_0$；当 $\frac{h_w}{b}\geqslant 6$ 时，$V\leqslant 0.2\beta_c f_c bh_0$；当 $4<\frac{h_w}{b}<6$ 时，按线性内插法确定。当不满足上述条件时，应加大截面尺寸或提高混凝土强度等级。

(3) 按式(5.18)验算是否需要通过计算配置箍筋：

当 $V\leqslant\alpha_{cv}f_t bh_0$ 时，即对一般受弯构件满足 $V\leqslant 0.7f_t bh_0$，对集中荷载作用下(包括作用有多种荷载，其中集中荷载对支座截面或节点边缘所产生的剪力值占总剪力的 75%以上的情况)的独立梁满足 $V\leqslant\frac{1.75}{\lambda+1.0}f_t bh_0$ 时，则不需要按计算配置箍筋，仅需按表 5.2、表 5.3 的构造要求配置箍筋。

(4) 如果不满足上述条件，则需要通过斜截面受剪承载力计算配箍：

对一般受弯构件

$$\frac{A_{sv}}{s}=\frac{V-0.7f_tbh_0}{f_{yv}h_0}$$

对集中荷载作用下的独立梁

$$\frac{A_{sv}}{s}=\frac{V-\frac{1.75}{\lambda+1.0}f_tbh_0}{f_{yv}h_0}$$

(5) 根据 $A_{sv}/s$ 值确定箍筋肢数、直径和间距，并应满足表 5.2 所示最大箍筋间距、表 5.3 所示最小箍筋直径和式(5.17)最小配箍率要求。

**【例 5.1】** 如图 5.19 所示为某矩形截面简支梁，梁截面尺寸为 $b\times h=250\text{ mm}\times600\text{ mm}$，支撑在厚度 370 mm 的砌体墙上，梁净跨 $l_n=5.76$ m，承受均布荷载设计值 $q=80$ kN/m(包括梁自重)。混凝土强度等级为 C30 级，箍筋采用 HPB300 级钢筋，混凝土保护层厚为 25 mm(二 a 类环境)。已按正截面受弯承载力计算配置了纵向钢筋，试设计抗剪箍筋。

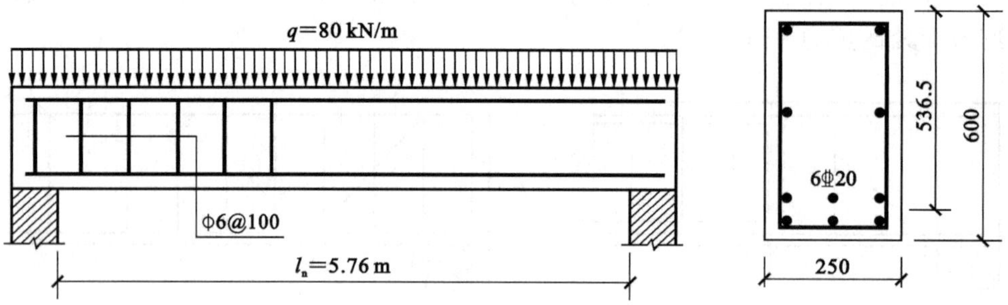


图 5.19 例 5.1 图

**【解】**

(1) 基本参数

混凝土抗压强度设计值 $f_c=14.3\text{ N/mm}^2$，混凝土抗拉强度设计值 $f_t=1.43\text{ N/mm}^2$，箍筋抗拉强度设计值 $f_{yv}=270\text{ N/mm}^2$，$\beta_c=1.0$。

(2) 确定截面有效高度

初选箍筋直径为 6mm，则截面有效高度取：

$$h_0=600-25-6-20-25/2=536.5\text{ mm}$$

取 $h_0=535$ mm。

(3) 计算支座边最大剪力设计值

$$V=\frac{1}{2}ql_n=\frac{1}{2}\times80\times5.76=230.4\text{ kN}$$

(4) 验算截面尺寸

$$\frac{h_w}{b}=\frac{535}{250}=2.14\leqslant4$$

$$0.25\beta_cf_cbh_0=0.25\times1.0\times14.3\times250\times535=478\text{ kN}>V=230.4\text{ kN}$$

截面尺寸满足要求。

(5) 验算是否需要计算配箍

$$0.7f_tbh_0=0.7\times1.43\times250\times535=134\text{ kN}<V=230.4\text{ kN}$$

需要按计算配箍。

(6) 按仅配置箍筋计算

$$\frac{A_{sv}}{s}=\frac{V-0.7f_tbh_0}{f_{yv}h_0}=\frac{230.4\times10^3-0.7\times1.43\times250\times535}{270\times535}=0.668$$

选用双肢($n=2$)Φ 6 箍筋(查附表 16 得 $A_{sv1}=28.3\text{ mm}^2$)，则箍筋间距为：

$$s \leqslant \frac{2A_{sv1}}{0.668} = \frac{2 \times 28.3}{0.668} = 84.7 \text{ mm}$$

取 $s=80$ mm，满足表 5.2 和表 5.3 最大箍筋间距和最小箍筋直径要求。

(7) 验算最小配箍率

$$\rho_{sv} = \frac{A_{sv}}{bs} = \frac{56.6}{250 \times 80} = 0.00283 > 0.24\frac{f_t}{f_{yv}} = 0.24 \times \frac{1.43}{270} = 0.00127$$

故箍筋选用Φ6@80 满足要求。

5.4.3.3　配置箍筋同时又配弯起钢筋的设计

当梁承受的剪力很大时，可以考虑将纵筋在支座截面附近弯起，参与斜截面受剪。通常的方法有两种：

方法一：先根据经验和构造要求配置箍筋，确定 $V_{cs}$，对剪力 $V>V_{cs}$ 部分，考虑截面所需弯起钢筋的面积。此时，按下式计算弯起钢筋面积：

$$A_{sb} = \frac{V - V_{cs}}{0.8 f_y \sin\alpha} \tag{5.19}$$

式中，剪力设计值 $V$ 应根据弯起钢筋计算斜截面的位置确定。对如图 5.20 所示配置多排弯起钢筋的情况：

第一排弯起钢筋的面积为

$$A_{sb1} = \frac{V_1 - V_{cs}}{0.8 f_y \sin\alpha}$$

第二排弯起钢筋的面积为

$$A_{sb2} = \frac{V_2 - V_{cs}}{0.8 f_y \sin\alpha}$$

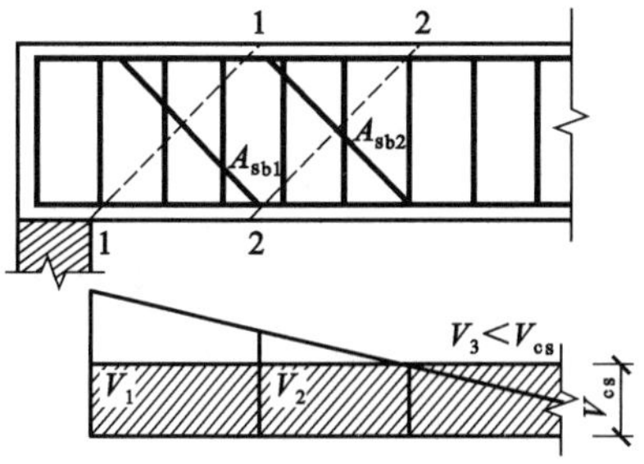

图 5.20　配置多排弯起钢筋

方法二：也可以根据受弯正截面承载力的计算要求，先根据纵筋确定弯起钢筋的面积 $A_{sb}$，再计算所需箍筋。此时，按下式计算所需箍筋：

对一般受弯构件

$$\frac{A_{sv}}{s} = \frac{V - 0.7 f_t b h_0 - 0.8 f_y A_{sb} \sin\alpha}{f_{yv} h_0} \tag{5.20}$$

对集中荷载作用下的独立梁

$$\frac{A_{sv}}{s} = \frac{V - \dfrac{1.75}{\lambda + 1.0} f_t b h_0 - 0.8 f_y A_{sb} \sin\alpha}{f_{yv} h_0} \tag{5.21}$$

再根据 $A_{sv}/s$ 值确定箍筋肢数、直径和间距，并满足表 5.2 所示最大箍筋间距、表 5.3 所示最小箍筋直径和式(5.20)最小配箍率要求。

**【例 5.2】**　某矩形截面简支梁，梁截面尺寸 $b \times h = 200$ mm×500 mm，梁计算跨度 $l=5$ m，梁支撑在厚为 240 mm 砌体墙上，梁的净跨 $l_n=4.76$ m，梁承受集中荷载设计值为 $P=160$ kN，作用于离支承中心 1 m 处，承受均布荷载设计值 $q=18$ kN/m(包括梁自重)，详见图 5.21 所示。混凝土强度等级为 C25 级，纵筋采用 HRB400 级钢筋，箍筋采用 HPB300 级钢筋。混凝土保护层厚为 25 mm(二 a 类环境)，已按正截面受弯承载力计算配置 6Φ18 纵向钢筋，试确定所需要配置的箍筋和弯起钢筋。

**【解】**

(1) 基本参数

混凝土抗压强度设计值 $f_c=11.9$ N/mm²，混凝土抗拉强度设计值 $f_t=1.27$ N/mm²，$\beta_c=1.0$。

箍筋抗拉强度设计值 $f_{yv}=270$ N/mm²，弯起钢筋抗拉强度设计值 $f_y=360$ N/mm²，$A_s=1527$ mm²。

(2) 确定截面有效高度

初选箍筋直径为 6mm 的双肢箍，则截面有效高度取：

$$h_0 = 500 - 25 - 6 - 18 - 25/2 = 438.5 \text{ mm}$$

考虑施工偏差可取 $h_0=435$ mm。

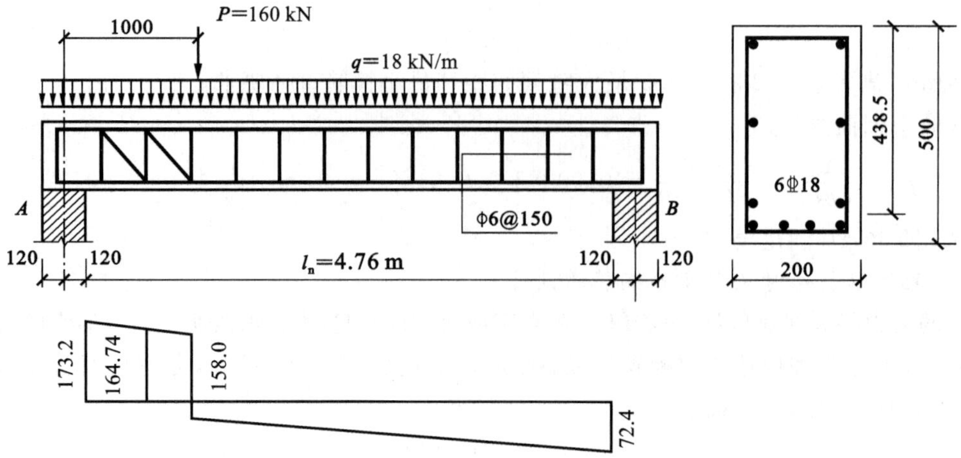


图 5.21 例 5.2 图

(3) 计算支座边剪力设计值

$$V_A = \frac{1}{2} \times 18 \times 4.76 + \frac{4.76 - (1.0 - 0.12)}{4.76} \times 160 = 42.8 + 130.4 = 173.2\ \text{kN}$$

$$V_B = \frac{1}{2} \times 18 \times 4.76 + \frac{1.0 - 0.12}{4.76} \times 160 = 42.8 + 29.6 = 72.4\ \text{kN}$$

(4) 验算截面尺寸

$$\frac{h_w}{b} = \frac{435}{200} = 2.18 \leqslant 4$$

$$0.25\beta_c f_c b h_0 = 0.25 \times 1.0 \times 11.9 \times 200 \times 435 = 258.8\ \text{kN} > V_A = 173.2\ \text{kN}$$

截面尺寸满足要求。

(5) 按构造要求确定箍筋

根据表 5.2 和表 5.3 构造要求确定箍筋Φ 6@150(查附表 16 得 $A_{sv}$=28.3 mm$^2$),验算最小配箍率:

$$\rho_{sv} = \frac{A_{sv}}{bs} = \frac{2 \times 28.3}{200 \times 150} = 0.00189 > \rho_{sv,min} = 0.24\frac{f_t}{f_{yv}} = \frac{0.24 \times 1.27}{270} = 0.00113$$

满足要求。

(6) 计算所需弯起钢筋

因为 $A$ 支座边集中荷载产生的剪力与总剪力的比值$\frac{130.4}{173.2}$=0.753,大于 75%,故应考虑剪跨比的影响。

又由剪跨比 $\lambda = \frac{a}{h_0} = \frac{1000-120}{435}$=2.023,则有:

$$V_{cs} = \frac{1.75}{\lambda + 1.0} f_t b h_0 + f_{yv}\frac{A_{sv}}{s} h_0$$
$$= \frac{1.75}{2.023 + 1} \times 1.27 \times 200 \times 435 + 270 \times \frac{56.6}{150} \times 435$$
$$= 108.28\ \text{kN}$$

弯起钢筋的弯起角度 $\alpha$ 取 45°,则第一排弯起钢筋所需面积为:

$$A_{sb1} = \frac{V_A - V_{cs}}{0.8 f_y \sin\alpha} = \frac{(173.2 - 108.28) \times 10^3}{0.8 \times 360 \times 0.707} = 318.8\ \text{mm}^2$$

查附表 16,选 2 Φ 18,$A_{sb1}$=509 mm$^2$。取第一排弯起钢筋弯终点至支座中线的距离为 170 mm,弯起段水平投影长度为 500−25×2−6×2−18=420 mm,如图 5.22 所示,则第一排弯起钢筋弯起点处的剪力为:

$$V_2 = 173.2 - 18 \times (0.420 + 0.170 - 0.120) = 164.74\ \text{kN}$$

$V_2 > V_{cs}$=108.28 kN,故需弯起第二排弯起钢筋:

$$A_{sb2}=\frac{V_2-V_{cs}}{0.8f_y\sin\alpha}=\frac{(164.74-108.28)\times 10^3}{0.8\times 360\times 0.707}=277.3\ \text{mm}^2$$

仍选 2Φ18，$A_{sb2}=509\ \text{mm}^2$。

取第二排弯起钢筋弯终点与第一排弯起钢筋弯起点对齐，第二排弯起钢筋弯起段的水平投影长度为 500－25×2－6×2－18－25－18＝377 mm，如图5.22所示，则第二排弯起钢筋弯起点距集中荷载作用位置的距离为 1000－170－420－377＝33 mm＜$s_{max}$＝200 mm，因此，不必再设置第三排弯起钢筋。

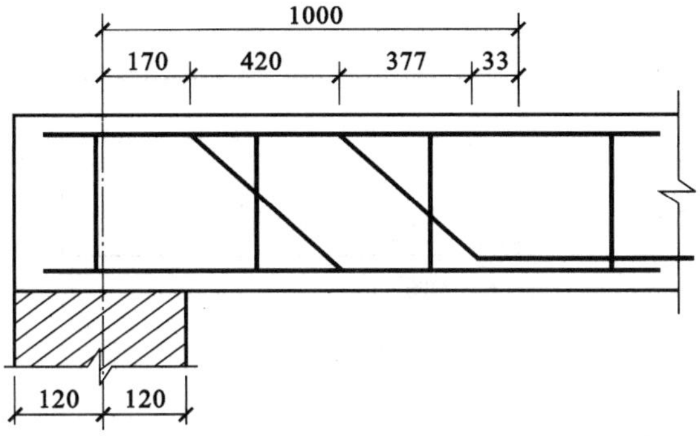


图 5.22　例 5.2 图

$B$ 支座边缘处集中荷载产生的剪力占总剪力的比值 29.6/72.4＝0.41，小于 75%，不考虑剪跨比的影响。

$$0.7f_tbh_0=0.7\times 1.27\times 200\times 435=77343\ \text{N}=77.34\ \text{kN}>V_B=72.4\ \text{kN}$$

不需要按计算配箍筋，按构造要求仍选Φ6@150 箍筋。

## 5.5　受弯构件纵向钢筋的构造要求

钢筋的构造要求是保证钢筋混凝土构件受力及其计算模型和计算方法的必要条件，没有可靠的钢筋构造，材料强度不能充分发挥，承载力的计算模型就不可能成立。在受弯构件正截面受弯承载力和斜截面受剪承载力的计算中，钢筋强度的充分发挥应建立在可靠的配筋构造基础上。因此，在钢筋混凝土结构的设计中，钢筋构造与计算设计同等重要。

通常为节约钢材，在受弯构件设计中，可根据设计弯矩图的变化将钢筋截断，或弯起作受剪钢筋。但将钢筋弯起或截断时，应确保构件受弯承载力、受剪承载力不出现问题。针对保证受弯构件截面承载力的要求，本节主要讨论钢筋的配筋构造原理，钢筋的弯起、截断和锚固要求，并综合考虑受弯构件中受弯、受剪等钢筋的配筋构造要求，进行钢筋布置。

### 5.5.1　抵抗弯矩图

通常由支承条件和荷载作用形式所得弯矩，并沿构件轴线方向绘出的分布图形，称为设计弯矩图，如图 5.23 中所示 $M$ 图，可由力学方法求出。

而按受弯构件正截面计算所得实际截面尺寸、纵向受力钢筋配置情况，并沿构件轴线方向绘出的各截面 $M_u$ 图，称为抵抗弯矩图，如图 5.23 中所示 $M_u$ 图。

如图 5.23 所示，均布荷载作用下的钢筋混凝土简支梁，按跨中截面最大设计弯矩 $M_{max}$ 计算，需配置 2Φ25＋1Φ22 纵向受拉钢筋。如将 2Φ25＋1Φ22 钢筋全部伸入支座并可靠锚固，则该梁沿跨度方向纵向受拉钢筋 $A_s$ 保持不变，抵抗弯矩 $M_u$ 保持不变，抵抗弯矩 $M_u$ 图为一矩形框，且任何截面均有 $M\leqslant M_u$。

这种钢筋布置方式显然满足受弯承载力的要求，但 $M_u$ 图与 $M$ 图相比，$M_u$ 有很多的富裕，且仅在跨中截面全部钢筋得到充分利用，而其他截面钢筋的应力均未达到抗拉设计强度 $f_y$。为节约钢材，可根据设计弯矩 $M$ 图的变化将钢筋弯起或截断。因此，需要研究钢筋弯起或截断时 $M_u$ 图的变化和有关配筋构造要求，以使钢筋弯起或截断后的任何截面始终保持 $M_u$ 图包住 $M$ 图，即 $M_u\geqslant M$，满足受弯承载力的要求。

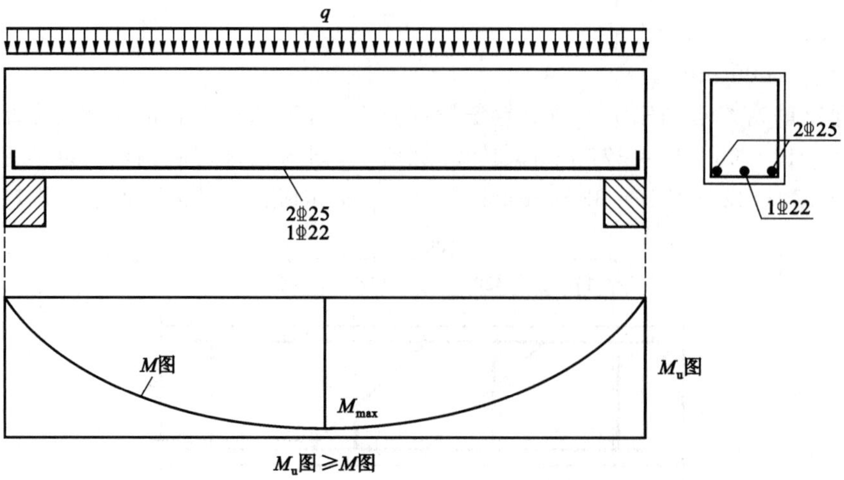


图 5.23　纵筋通长伸入支座的 $M_u$ 图

### 5.5.2　纵向受力钢筋的弯起

由截面总抵抗弯矩

$$M_u = A_s f_y \left(h_0 - \frac{A_s f_y}{2\alpha_1 f_c b}\right) \tag{5.22}$$

可近似得出每根钢筋的抵抗弯矩 $M_{ui}$ 为：

$$M_{ui} = \frac{A_{si}}{A_s} M_u \tag{5.23}$$

按每根钢筋的抵抗弯矩绘出水平线，得各钢筋承担的抵抗弯矩 $M_{ui}$。由抵抗弯矩 $M_u$ 图与 $M$ 图相比可以看出，$M$ 图从跨中到支座有较大变化，支座附近 $M_u$ 有很多富裕，且支座附近为剪力较大区段。因此，若将图 5.23 所示梁中的 1Φ22 钢筋在支座附近弯起，具有如下优点：

(1) 可以随 $M$ 的变化调节纵筋伸入支座的数量，节约钢筋，经济合理；

(2) 增强相应斜截面的抗剪承载力；

(3) 抵抗支座附近的负弯矩。

如图 5.24 所示为 1Φ22 钢筋在支座附近弯起后的抵抗弯矩图。其中，①号钢筋 1Φ22 的抵抗弯矩表示为 $M_{u1}$，②号钢筋 2Φ25 的抵抗弯矩表示为 $M_{u2}$，则梁跨跨中 $a$ 点的抵抗弯矩 $M_u = M_{u1} + M_{u2}$。因为在 $a$ 点 $M_u = M_{max}$，故 $a$ 点为①号和②号钢筋的强度充分利用点。

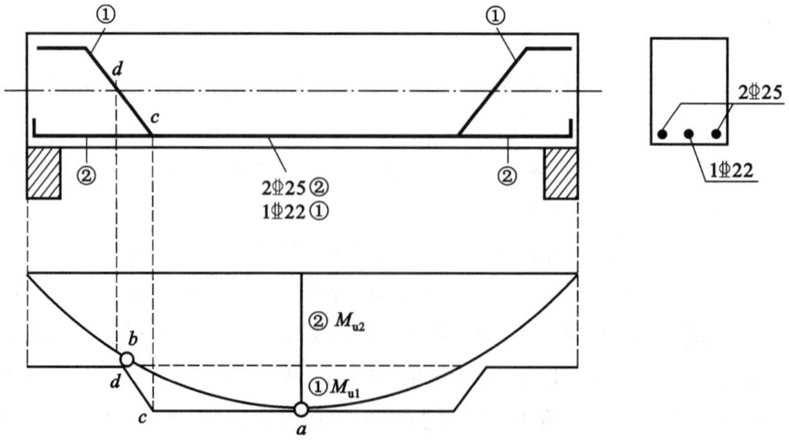


图 5.24　弯起钢筋的抵抗弯矩图

②号钢筋 2$\Phi$25 全部伸入支座，$M_{u2}$图为水平线，$M_{u2}$图与 $M$ 图的交点为 $b$，在该点②号钢筋的强度可充分发挥，称 $b$ 点为②号钢筋的强度充分利用点。而 $b$ 点以外仅由②号钢筋即可满足受弯承载力的要求，即 $M_{u2} \geqslant M$，可不要①号钢筋，因此，$b$ 点也称为①号钢筋的不需要点（或理论断点）。

5.5.2.1　保证正截面受弯承载力

①号钢筋弯起后作抗剪腹筋，由于弯起钢筋的力臂逐渐减小，近似认为弯起钢筋与梁轴线相交（交点为 $d$）后，弯起钢筋完全退出抗弯，即其抵抗弯矩 $M_{u1}$ 为零。为保证正截面的受弯承载力，$d$ 点应在 $b$ 点以外，即 $M_u$ 图始终包在 $M$ 图外。根据弯起钢筋的弯起角度，由 $d$ 点延伸至受拉纵筋位置 $c$ 点即为①号钢筋的弯起点，$M_u$ 图中的 $cd$ 段为①号钢筋弯起后渐变的抵抗弯矩，直至①号钢筋完全退出抗弯。

5.5.2.2　保证斜截面的抗弯承载力

①号钢筋弯起后，考虑支座附近可能出现斜裂缝，为保证斜截面的抗弯承载力，①号钢筋弯起后与弯起前的受弯承载力不应降低。如图 5.25 所示，斜裂缝在支座附近出现后，导致Ⅱ—Ⅱ截面处钢筋的拉应力与斜裂缝顶端Ⅰ—Ⅰ截面位置的钢筋拉应力相等，如钢筋全部伸入支座，斜截面的受弯承载力不会变化，但如果部分钢筋过早弯起，则可能会产生沿斜截面受弯承载力不足的问题。

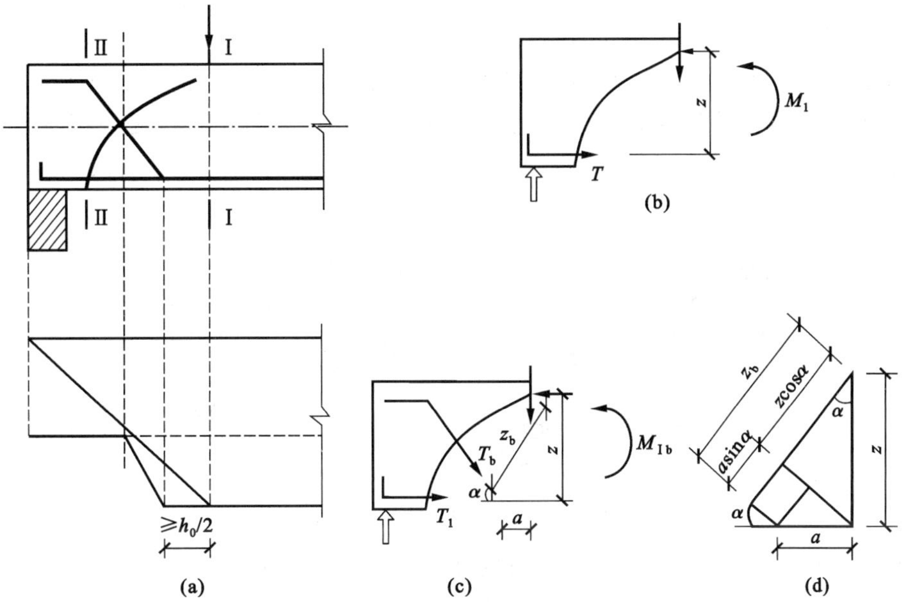


图 5.25　斜截面受弯承载力

如图 5.25(b)所示，①号钢筋弯起前Ⅰ—Ⅰ截面承受的弯矩 $M_{\text{I}}$ 为：

$$M_{\text{I}} = Tz = f_y A_s z \tag{5.24}$$

又如图 5.25(c)所示，①号钢筋弯起后Ⅱ—Ⅱ截面承受的弯矩 $M_{\text{II}}$ 为：

$$M_{\text{II}} = T_1 z + T_b z_b = f_y (A_s - A_{sb}) z + f_y A_{sb} z_b \tag{5.25}$$

式中　$A_s$——钢筋弯起前的总钢筋面积，即①号钢筋和②号钢筋面积之和；

$A_{sb}$——弯起钢筋的面积，即①号钢筋面积；

$T$——钢筋弯起前纵筋的总拉力；

$T_1$——钢筋弯起后伸入支座钢筋的拉力；

$T_b$——弯起钢筋的拉力；

$z$——钢筋弯起前 $T$ 至受压区混凝土压应力合力点的力臂；

$z_b$——钢筋弯起后 $T_b$ 至受压区混凝土压应力合力点的力臂。

钢筋弯起后，为保证斜截面受弯承载力，应满足 $M_{\text{II}} \geqslant M_{\text{I}}$，即：

$$z_b \geqslant z \tag{5.26}$$

设弯起点到Ⅰ—Ⅰ截面的距离为 $a$，钢筋弯起角度为 $\alpha$，由图 5.25(d)所示的几何关系可得弯起钢筋到Ⅰ—Ⅰ截面受压区合力点的垂直距离为：

$$z_b = a\sin\alpha + z\cos\alpha \tag{5.27}$$

由 $z_b \geqslant z$ 得：

$$a \geqslant \frac{z(1-\cos\alpha)}{\sin\alpha} \tag{5.28}$$

一般钢筋弯起角度为45°～60°，可近似取 $z=0.9h_0$，则 $a\geqslant(0.37～0.52)h_0$，《混凝土结构设计标准》(GB/T 50010—2010)取：

$$a \geqslant 0.5h_0 \tag{5.29}$$

式(5.29)表明，弯起钢筋时，为保证斜截面的受弯承载力，钢筋弯起点到该钢筋的充分利用点之间的距离应大于 $0.5h_0$。

5.5.2.3　保证斜截面受剪的构造要求

当弯起钢筋作为抗剪腹筋，$A_{sb}$ 按受剪承载力计算确定时，弯起钢筋的间距还应满足抗剪的构造要求，即防止弯起钢筋间距太大，出现斜裂缝与弯起钢筋不相交的情况，从支座起前一排弯起钢筋弯起点至后一排弯起钢筋弯终点的距离以及第一排弯起钢筋距支座边的间距均应小于表5.2中"$V>0.7f_tbh_0$"时的箍筋最大间距 $s_{max}$，如图5.17所示。

同时弯起钢筋的弯折终点应有一直线段锚固长度，如图5.26所示，当直线段位于受拉区时，直线段长度不小于 $20d$；当直线段位于受压区时，直线段长度不小于 $10d$。为防止弯折处混凝土挤压力过大，造成局部混凝土压碎，弯折半径不应小于 $10d$。梁底层钢筋中的角部钢筋不应弯起，顶层钢筋中的角部钢筋不应弯下。

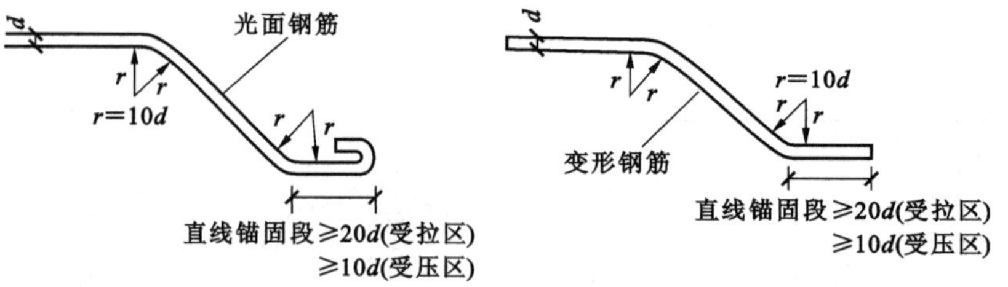


图5.26　弯起钢筋直线段的锚固

当弯起钢筋不能同时满足正截面和斜截面的承载力要求时，可在集中荷载或支座两侧单独设置受剪的弯起钢筋，称为"吊筋"或"鸭筋"，如图5.27(a)所示，但不能采用仅在受拉区设置水平段较小的"浮筋"，如图5.27(b)所示，以防止由于浮筋发生较大的滑移面使斜裂缝发展过大。

【扫码演示】

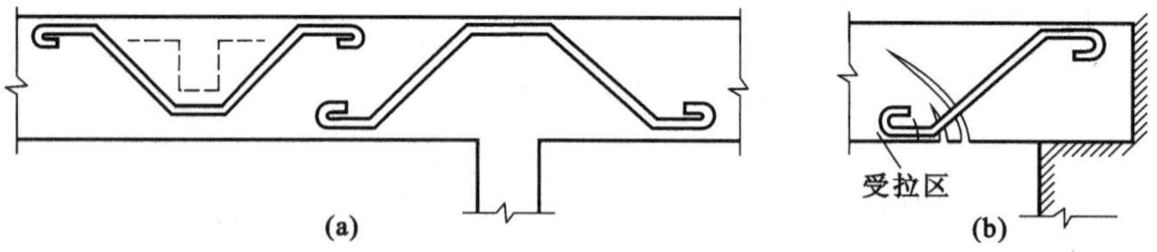


图5.27　单独设置的抗剪钢筋

(a) 吊筋和鸭筋；(b) 浮筋

### 5.5.3　纵向受力钢筋的截断

受弯构件纵向受力钢筋的配筋面积，一般按控制截面处最大正、负弯矩计算确定。理论上可以根据设计弯矩图的变化，在弯矩较小的区段或钢筋的不需要点将一部分纵筋截断。通常在正弯矩区段弯矩图变化比较平缓，一般不在跨中受拉区将钢筋截断。

对于连续梁、框架梁中间支座负弯矩区段的上部受拉钢筋，可根据弯矩图的变化，分批将钢筋截断。

为避免钢筋截断时钢筋的应力突增，导致纵筋应力超过屈服强度而发生斜截面弯曲破坏，规范规定纵筋的截断位置必须向外延伸足够的长度。

当$V\leqslant0.7f_tbh_0$时，钢筋的截断点从充分利用点向外延伸的长度不应小于$1.2l_a$，且从不需要点向外延伸的长度不应小于$20d$。$l_a$为受拉钢筋的锚固长度。

如图5.28所示，$a$点为全部钢筋(①号和②号钢筋)的强度充分利用点，$b$点为①号钢筋的不需要点(理论断点)，同时也是②号钢筋的强度充分利用点。①号钢筋的实际截断点在$d$点；②号钢筋的理论截断点在$c$点，实际截断点在$e$点。钢筋实际截断点到其强度充分利用点的延伸长度，①号钢筋为$ad$段，②号钢筋为$be$段，均满足不小于$1.2l_a$的要求。钢筋实际截断点到其理论断点的延伸长度，①号钢筋为$bd$段，②号钢筋为$ce$段，均满足不小于$20d$的要求。

当$V>0.7f_tbh_0$时，钢筋的截断点从充分利用点向外延伸的长度不应小于$1.2l_a+h_0$，从不需要点向外延伸的长度不应小于$h_0$且不小于$20d$，如图5.29中的②号和③号钢筋。

当按上述方法确定的钢筋截断点仍位于负弯矩对应的受拉区内，则截断点从充分利用点向外延伸的长度不应小于$1.2l_a+1.7h_0$，且从不需要点向外延伸的长度不应小于$1.3h_0$且不小于$20d$。

如图5.29中所示①号钢筋，应取钢筋的延伸长度为$1.2l_a+1.7h_0$，且实际截断点距理论断点的距离应取$1.3h_0$和$20d$两者中的较大值。

在钢筋混凝土悬臂梁中，应有不少于两根的上部钢筋伸至悬臂梁外端，并向下弯折不小于$12d$；其余钢筋不应在梁的上部截断，可根据弯矩的变化向下弯折，弯折点到按计算充分利用该钢筋的截面之间的距离不应小于$h_0/2$；在弯终点外应留有平行于梁轴线方向的锚固长度，在受拉区不应小于$20d$，在受压区不应小于$10d$($d$为弯起钢筋的直径)。

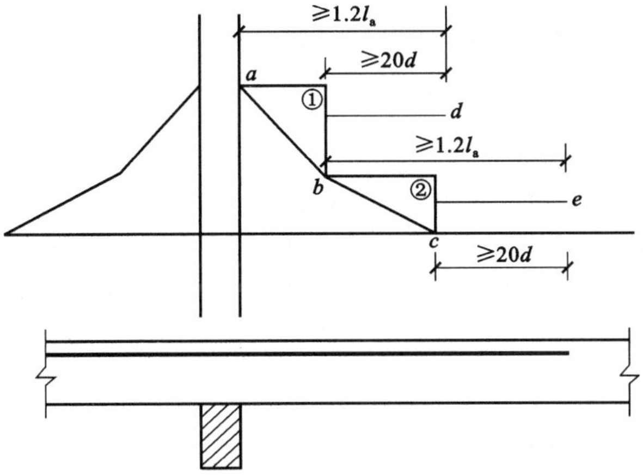


图5.28　$V\leqslant0.7f_tbh_0$时的钢筋截断

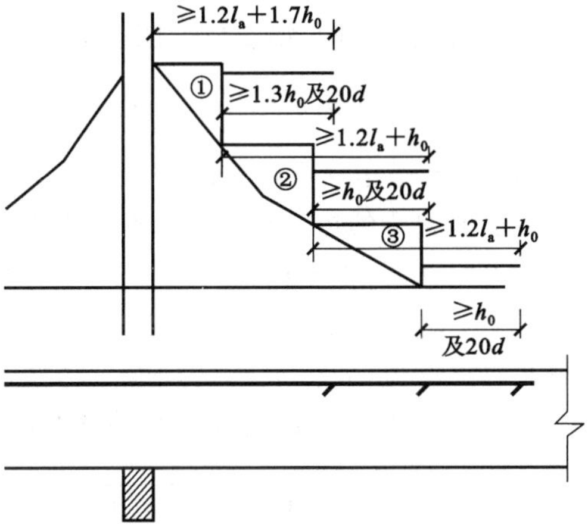


图5.29　$V>0.7f_tbh_0$时钢筋的截断

### 5.5.4　受力钢筋的锚固和搭接

5.5.4.1　纵向受力钢筋在支座的锚固

(1) 简支支座内锚固

钢筋混凝土简支梁和连续梁简支端的支座处由于存在支承压应力的有利影响，使黏结作用得到改善(图5.30)，此外简支支座边缘的弯矩较小，纵筋的拉力也较小，一般情况当$V\leqslant0.7f_tbh_0$时，简支支座处所需的锚固长度$l_{as}$比受拉钢筋的锚固长度$l_a$小很多。但当剪力较大($V>0.7f_tbh_0$)，支座附近可能出现斜裂缝时，斜裂缝处纵向受拉钢筋应力$\sigma_s$增大，如果没有足够的锚固，纵筋则可能发生黏结锚固破坏。为防止简支支座的锚固破坏，《混凝土结构设计标准》(GB/T 50010—2010)规定，简支支座下部纵向受力钢筋伸入支座的锚固长度$l_{as}$应符合下列要求：

① 对于板，一般剪力较小，通常能满足$V\leqslant0.7f_tbh_0$的条件，板的支座下部纵向受力钢筋的锚固长度均取：

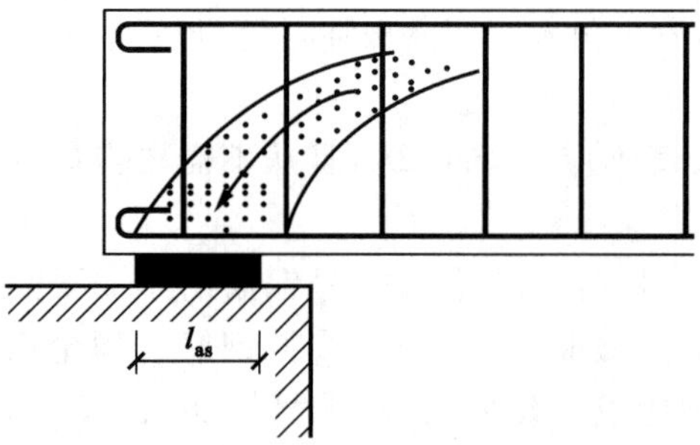


图 5.30　纵筋在简支支座内的锚固

$$l_{as} \geqslant 5d \tag{5.30a}$$

② 对于梁：

当 $V \leqslant 0.7 f_t b h_0$ 时

$$l_{as} \geqslant 5d \tag{5.30b}$$

当 $V > 0.7 f_t b h_0$ 时

$$l_{as} \geqslant \begin{cases} 12d（变形钢筋） \\ 15d（光圆钢筋） \end{cases} \tag{5.30c}$$

式中　$d$——纵筋直径。

③ 光圆钢筋锚固的末端应做 180°弯钩，弯后平直段长度不应小于 $3d$，如图 5.31 所示，但作受压钢筋时可不做弯钩。

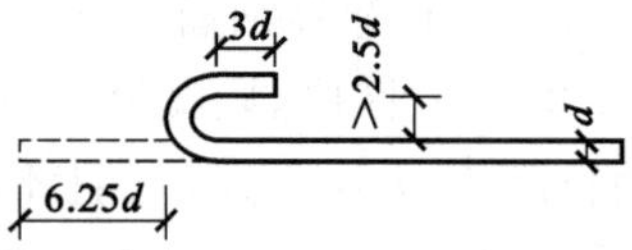


图 5.31　光圆钢筋端部标准弯钩

当纵向受力钢筋伸入支座的锚固长度不符合上述要求时，可在钢筋端部加焊锚固钢板，或将钢筋焊接在梁端预埋件上。

此外，支承在砌体结构上的钢筋混凝土独立梁在纵向钢筋锚固长度范围内，应配置至少两个箍筋，箍筋直径 $d_v$ 应满足 $d_v \geqslant \frac{1}{4}d$，箍筋间距 $s$ 应满足 $s \leqslant 5d$，其中 $d$ 为纵筋直径。

一般情况下，伸入梁支座范围内的钢筋不应少于两根，对于梁宽 $b<100$ mm 的小梁可为 1 根。伸入支座的纵筋面积应满足 $A_{s支} \geqslant \frac{1}{3}A_{s中}$，其中 $A_{s中}$ 为跨中截面的钢筋面积。

(2) 框架梁边支座内锚固

对于框架梁的边支座以及悬臂梁端支座等，当支座尺寸足够时，框架梁上部纵向受力钢筋可用直线方式伸入支座锚固，锚固长度应不小于 $l_a$，且伸过柱中心线长度不小于 $5d$，$d$ 为梁上部纵向钢筋的直径，如图 5.32(a)所示。对于框架梁边支座，当柱截面高度不足以布置直线钢筋时，应将梁上部纵筋伸至柱外侧内边并向下弯折，如图 5.32(b)所示，但弯折前的水平锚固长度应不小于 $0.4l_{ab}$，弯折后的垂直长度应不小于 $15d$，$l_{ab}$ 为规范规定的受拉钢筋的基本锚固长度（见第 2 章）。

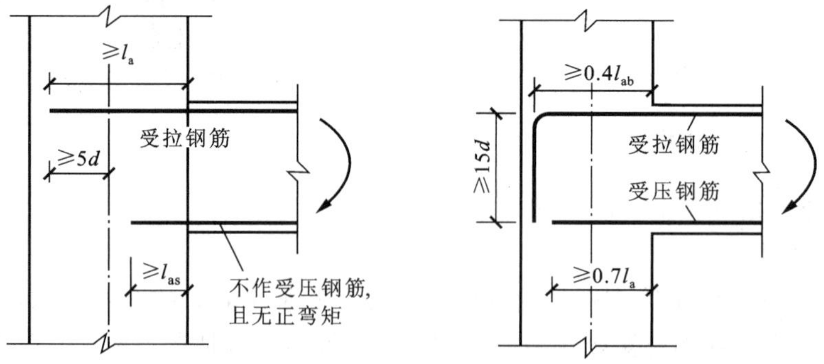


(a)　(b)

图 5.32　承受弯矩的框架边支座锚固

对于框架梁下部纵向钢筋，当计算中充分利用该钢筋的抗拉强度时，钢筋的锚固方式及长度应与上部钢筋的规定相同；当计算中不利用该钢筋的强度时，其伸入节点或支座的锚固长度按 $V>0.7f_t bh_0$ 时简支梁支座锚固长度 $l_{as}$ 取值（对带肋钢筋不小于 $12d$，对光面钢筋不小于 $15d$），如图 5.32(a)所示；当计算中充分利用钢筋的抗压强度时，应按受压钢筋的要求锚固在中间节点或中间支座内，其直线锚固长度不应小于

$0.7l_a$，如图 5.32(b)所示。

(3) 中间支座内锚固

连续梁、框架梁中间支座的上部纵向钢筋应贯穿节点或支座，下部纵向钢筋分别按以下要求锚固：

① 当计算中不利用钢筋抗拉强度时，其伸入节点或支座的锚固长度按 $V>0.7f_tbh_0$ 时简支梁支座锚固长度 $l_{as}$ 取值，如图 5.33(a)所示。

② 当计算中充分利用钢筋的抗压强度时，其伸入支座的直线锚固长度不应小于 $0.7l_a$。

③ 当计算中充分利用钢筋的抗拉强度时，应按受拉钢筋的要求锚固于支座。若柱截面尺寸足够，可采用直线锚固方式，如图 5.33(b)所示，锚固长度不小于钢筋的受拉锚固长度 $l_a$；若柱截面尺寸不够，可按图 5.32(b)所示上部纵筋向下弯折的要求，将下部纵筋向上弯折，如图 5.33(c)所示。

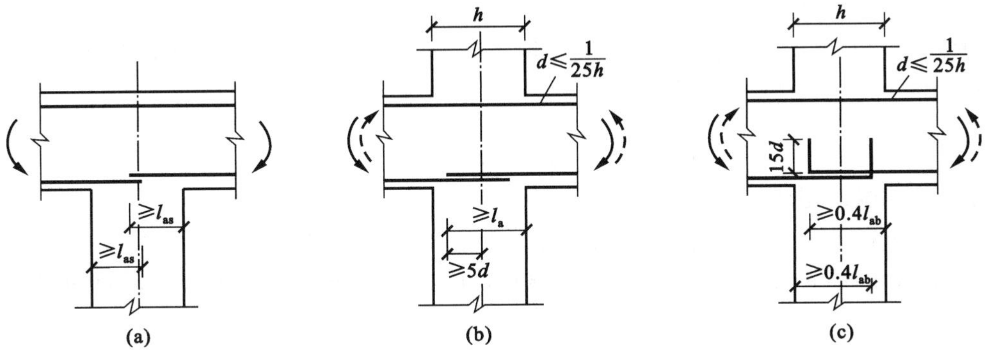


图 5.33 钢筋在中间支座内的锚固

5.5.4.2 纵筋的连接

当钢筋长度不够需要接头时，可采用绑扎搭接、机械连接或焊接进行连接。钢筋搭接位置应设置在受力较小处，且同一根钢筋上宜少设接头。在结构关键受力部位，纵向受力钢筋不宜设置连接接头。

绑扎搭接宜用于受拉钢筋直径不大于 25 mm 以及受压钢筋直径不大于 28 mm 的连接；机械连接宜用于直径不小于 16 mm 受力钢筋的连接；焊接宜用于直径不大于 28 mm 受力钢筋的连接。

在同一搭接范围内，受拉钢筋搭接接头面积百分率不超过 25%时，搭接长度为相应基本锚固长度的 1.2 倍。当同一搭接范围内受拉钢筋搭接接头面积百分率超过 25%时，搭接长度按下式计算，但不得小于 300 mm：

$$l_l = \zeta_l l_a \tag{5.31}$$

式中 $\zeta_l$——纵向受拉钢筋搭接长度修正系数，按表 5.4 取值。当纵向搭接钢筋接头百分率的表中的中间值时，修正系数可按内插法取值。

**表 5.4 受拉钢筋搭接长度修正系数 $\zeta_l$**

| 同一搭接范围内搭接钢筋面积百分率(%) | ≤25 | 50 | 100 |
|---|---|---|---|
| $\zeta_l$ | 1.2 | 1.4 | 1.6 |

纵向受压钢筋采用搭接连接时，其受压搭接长度不应小于纵向受拉钢筋搭接长度的 70%，且不应小于 200 mm。

同一构件中各根钢筋的搭接位置宜相互错开，两搭接接头的中心间距应大于 $1.3l_l$，如图 5.34(a)所示；否则，则认为两搭接接头属于同一搭接范围，如图 5.34(b)所示。

在受力钢筋搭接长度范围内应配置箍筋，箍筋直径不宜小于搭接钢筋直径的 1/4；对于受拉钢筋连接，箍筋间距应不大于搭接钢筋较小直径的 5 倍，且不大于 100 mm；对于受压钢筋搭接，箍筋间距应不大于搭接钢筋较小直径的 10 倍，且不大于 200 mm。当受压钢筋直径大于 25 mm 时，应在搭接接头两端外侧 50 mm 范围各设置两根箍筋。

以下几种情况不得采用搭接接头：

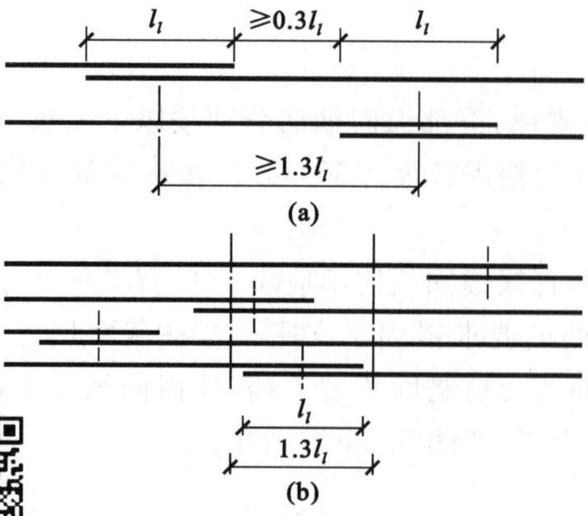


【扫码演示】

图 5.34 钢筋搭接接头间距

(a) 搭接接头间距；(b) 同一搭接范围

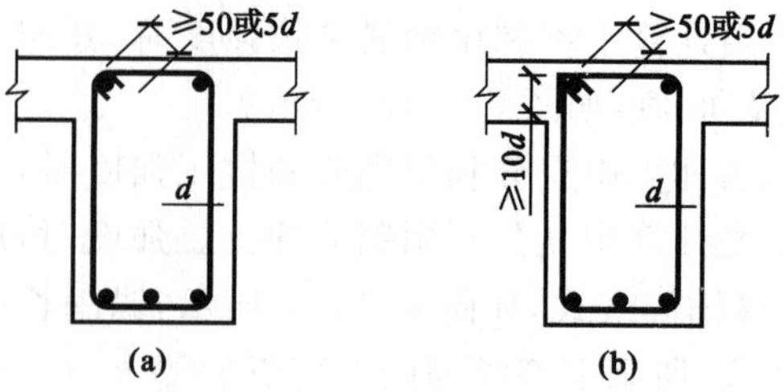


图 5.35 箍筋的锚固要求

(1) 轴心受拉构件和小偏心受拉构件的受力钢筋；

(2) 承受疲劳荷载作用构件中的受力钢筋；

(3) 受拉钢筋直径大于 28 mm 及受压钢筋直径大于 32 mm。

此外，余热处理钢筋(RRB)不宜焊接；细晶粒钢筋(HRBF)以及直径大于 28 mm 的钢筋，其焊接应经试验确定。

5.5.4.3 箍筋锚固

箍筋是受拉钢筋，必须有良好的锚固。通常箍筋都采用封闭式，箍筋末端常用 135°弯钩，弯钩端头直线端长度不小于 50 mm 或 5 倍箍筋直径，如图 5.35(a)所示。如果采用 90°弯钩，则箍筋受拉时弯钩会翘起，从而导致混凝土保护层崩裂。若梁两侧有楼板与梁整浇时，亦可采用 90°弯钩，但弯钩端头直线端长度应不小于 10 倍的箍筋直径，如图 5.35(b)所示。

### 5.5.5 钢筋细部尺寸

为钢筋加工成形及计算用钢量需要，构件施工图中还应给出钢筋细部尺寸，或编制钢筋表。

(1) 直钢筋

直钢筋按实际长度计算；光面钢筋两端有标准弯钩，该钢筋的总长度为设计长度加12.5$d$，如图 5.36(a)所示。

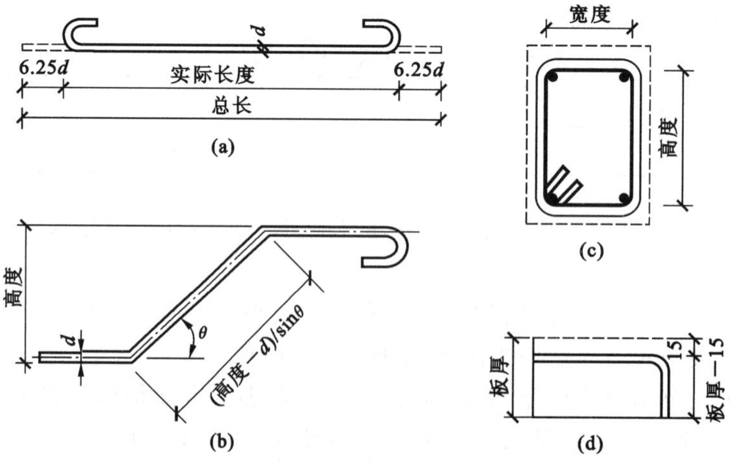


图 5.36 钢筋的尺寸

(a) 直钢筋；(b) 弯起钢筋；(c) 箍筋；(d) 板的上部钢筋

（2）弯起钢筋

弯起钢筋的高度以钢筋的外皮至外皮的距离作为控制尺寸；弯折段的斜长如图 5.36(b)所示。

（3）箍筋

箍筋的宽度和高度均按箍筋内皮至内皮距离计算，如图 5.36(c)所示，以保证纵筋保护层厚度的要求，故箍筋的高度和宽度分别为构件截面高度 $h$ 和宽度 $b$ 减去 2 倍纵筋保护层厚度。

（4）板的上部钢筋

为了保证截面的有效高度 $h_0$，板的上部钢筋（承受负弯矩钢筋）端部宜做成直钩，以便撑在模板上，如图 5.36(d)所示，直钩的高度为板厚减去保护层厚度。

## 5.6　钢筋混凝土伸臂梁设计例题

**【例 5.3】** 某钢筋混凝土伸臂梁，梁截面尺寸 $b \times h = 300\ \text{mm} \times 650\ \text{mm}$，如图 5.37 所示，承受均布荷载作用。简支跨跨度 $l_1 = 7000\ \text{mm}$，均布荷载设计值 $q_1 = 70\ \text{kN/m}$，伸臂跨跨度 $l_2 = 1800\ \text{mm}$，均布荷载设计值 $q_2 = 140\ \text{kN/m}$。混凝土强度等级为 C25，纵向受力钢筋采用 HRB400 级钢筋，箍筋采用 HPB300 级钢筋，混凝土保护层厚为 25 mm（二 a 类环境）。试设计此梁并布置钢筋。

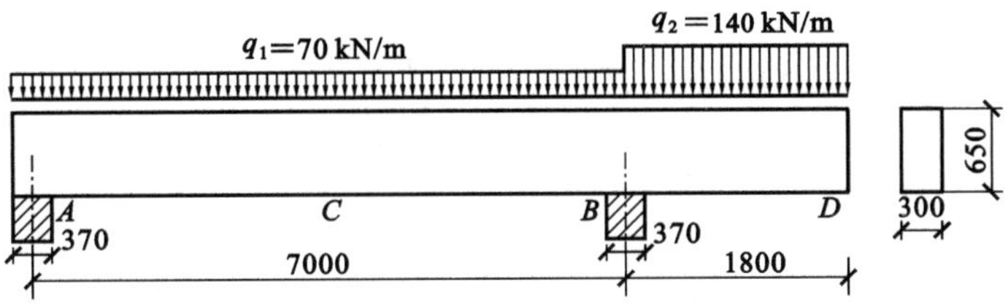


图 5.37　例 5.3 图

**【解】**（1）弯矩和剪力计算

根据荷载所得到的梁的设计弯矩图和剪力图分别如图 5.38(b)和图 5.38(c)所示。跨中最大弯矩距 $A$ 支座轴线为 3.037 m。

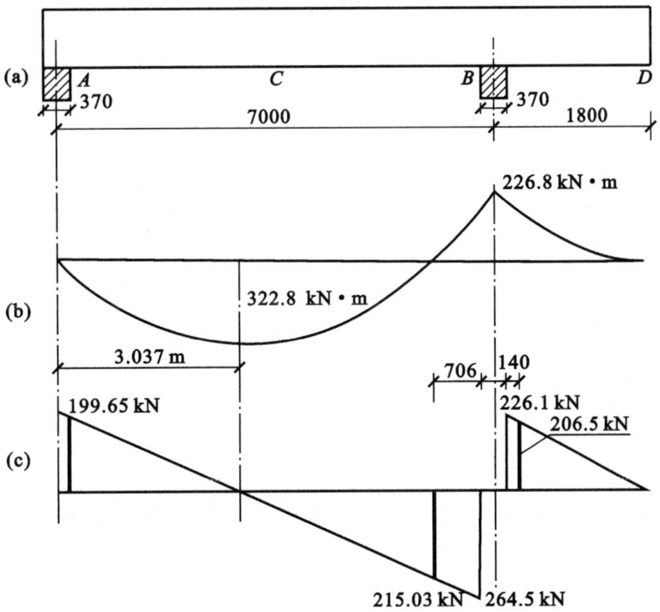


图 5.38　例 5.3 弯矩图和剪力图

（2）正截面受弯配筋计算

C25 级混凝土 $f_c = 11.9\ \text{N/mm}^2$，$f_t = 1.27\ \text{N/mm}^2$，HRB400 级钢筋 $f_y = 360\ \text{N/mm}^2$，HPB300 级箍

筋 $f_{yv}=270\ N/mm^2$，$h_0=605$ mm，$\xi_b=0.518$。跨中和 $B$ 支座截面配筋计算见表 5.5 所示。

**表 5.5　纵筋计算**

| 截　　面 | 跨中截面 $C$ | 支座截面 $B$ |
|---|---|---|
| 弯矩设计值 $M$(kN·m) | 322.8 | 226.8 |
| $\alpha_s=\dfrac{M}{\alpha_1 f_c b h_0^2}$ | 0.247 | 0.1736 |
| $\xi=1-\sqrt{1-2\alpha_s}$ | $0.289\leqslant\xi_b=0.518$ | 0.192 |
| $A_s=\xi b h_0\dfrac{\alpha_1 f_c}{f_y}$(mm²) | 1734 | 1152 |
| 实配 $A_s$(mm²) | 5 Φ 22<br>$A_s=1900$ | 2 Φ 20+2 Φ 22<br>$A_s=1388$ |

验算截面尺寸和是否需要按计算配置腹筋：

$0.25f_cbh_0=0.25\times11.9\times300\times605=540\ \text{kN}>V_{max}=264.5\ \text{kN}$，截面尺寸满足要求。

$0.7f_tbh_0=0.7\times1.27\times300\times605=161.4\ \text{kN}<V_{max}=264.5\ \text{kN}$，需按计算配置腹筋。

(3) 受剪配筋计算

各支座处受剪配筋计算见表 5.6 所示。

**表 5.6　腹筋计算**

| 截　　面 | $A$ 支座边 | $B$ 支座左 | $B$ 支座右 |
|---|---|---|---|
| 剪力设计值 $V$(kN) | 199.65 | 264.5 | 226.1 |
| 双肢Φ 6@200<br>$V_{cs}=0.7f_tbh_0+f_{yv}\dfrac{A_{sv}}{s}h_0$ | 207.6 | 207.6 | 207.6 |
| 第一排<br>$A_{sb}=\dfrac{V-V_{cs}}{0.8f_y\sin\alpha}$ | 不需要弯起钢筋<br>按构造弯一根 | 279 mm²<br>需弯 1 Φ 22(380 mm²) | 91 mm²<br>需弯 1 Φ 22(380 mm²) |
| 弯起点距支座边缘的距离(mm) | — | (325−185)+650−<br>(25+6)×2−22=706 | 325−185=140 |
| 第一排弯起钢筋弯起的剪力 $V_2$(kN) | — | 215.03>207.6<br>需弯第二排弯筋 | 206.5<207.6<br>不需要第二排弯筋 |

(4) 抵抗弯矩图及钢筋布置

配筋方案：在选配纵筋时，需考虑跨中、支座和弯起钢筋的协调。$AB$ 跨中 5 Φ 22 钢筋中，弯起 2 根伸入 $B$ 支座作负弯矩钢筋，同时在 $B$ 支座左侧作抗剪弯起钢筋；在 $A$ 支座和 $B$ 支座右侧分别弯起 1 根Φ 22 钢筋作抗剪弯起钢筋。$AB$ 跨中其余 3 Φ 22 钢筋(图 5.39 中①号钢筋)均伸入两边支座。此外，在 $B$ 支座另配置 2 Φ 20 负弯矩钢筋。弯起钢筋的弯起角度为 45°，弯起段的水平投影长度为 650−(25+6)×2−22=566 mm。

受拉钢筋的锚固长度 $l_a=\alpha\dfrac{f_y}{f_t}d=0.14\times\dfrac{360}{1.27}d=40d$。以下分段叙述抵抗弯矩图，如图 5.39所示。

$AC$ 段：

①号钢筋 3 Φ 22 伸入 $A$ 支座至构件边缘 25 mm 处，锚固长度 $370-25=345\ \text{mm}>l_{as}=12\text{d}=12\times22=264$ mm，满足要求。

②号钢筋 1 Φ 22 在 $E$ 点为理论断点，一般跨中钢筋不截断，故也伸入 $A$ 支座，锚固长度同①号钢筋，为 345 mm。

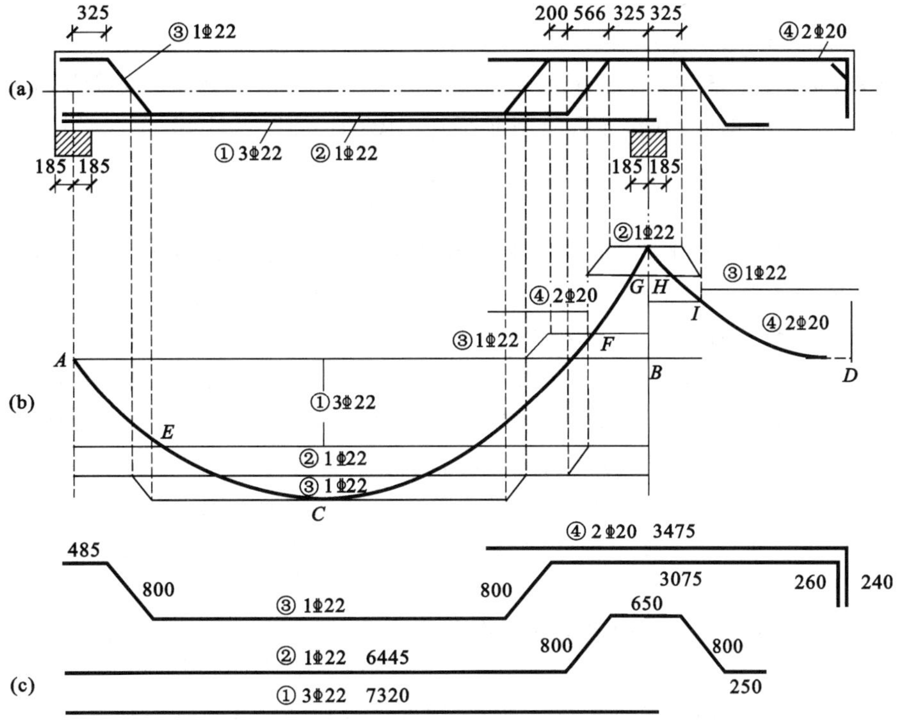


图 5.39　例 5.3 抵抗弯矩图

(a) 受力纵筋布置图；(b) 抵抗弯矩图；(c) 受力纵筋细部尺寸

③号钢筋 1 Φ 22，根据计算 $A$ 支座左侧不需要弯起钢筋抗剪，故可按构造弯起。

$CB$ 段正弯矩：

①号钢筋 3 Φ 22 伸入 $B$ 支座边缘，锚固长度取 345 mm。

②号钢筋和③号钢筋为弯起钢筋，显然弯起点至各自钢筋的充分利用点的距离均大于 $h_0/2$，符合要求。

$CB$ 段负弯矩：

首先②号和③号钢筋按构造要求（小于箍筋最大间距 $s_{max}=250$ mm）弯起，②号钢筋至 $B$ 支座中线距离为 325 mm$>h_0/2$，至 $B$ 支座左侧边缘的距离为 $325-185=140$ mm$<s_{max}$；③号钢筋的下弯点至②号钢筋的上弯点的距离取 200 mm$<s_{max}$，至 $B$ 支座中线的距离为 $200+566+325=1091$ mm。

$CB$ 段负弯矩先由③号钢筋弯起后承担，其充分利用点 $F$ 至 $B$ 支座中线的距离为608 mm，因此，③号钢筋下弯点至其充分利用点 $F$ 距离为 $1091-608=483$ mm$>h_0/2$，满足要求。

然后由 $B$ 支座另配置 2 Φ 20 的④号钢筋承担负弯矩（注意，此时不能接着由②号钢筋承担负弯矩，否则会不满足大于 $h_0/2$ 的要求），③号和④号钢筋的充分利用点 $G$ 至 $B$ 支座中线的距离为 245 mm。由图 5.39可知，④号钢筋的实际断点至其理论断点 $F$ 距离应取 $\max(h_0,20d)=605$ mm，加上 $FG$ 之间的距离（$608-245=363$ mm），得 968 mm，小于 $1.2h_0+l_a=1.2\times605+40\times20=1526$ mm，因此，④号钢筋的实际断点至支座中线的距离为 $1526+245=1771$ mm，取 1800 mm。

②号弯起钢筋下弯点至 $B$ 支座中线的距离为 325 mm$>h_0/2$，符合要求。

$BD$ 段负弯矩：

②号钢筋伸过 $B$ 支座后按构造要求下弯，下弯后水平段长度为 $10d=220$ mm，取250 mm。③号钢筋伸过 $B$ 支座后，其充分利用点 $H$ 至支座 $B$ 中线的距离为 275 mm，理论断点 $I$ 至支座 $B$ 中线的距离为 608 mm，根据图 5.39 可确定其实际断点至其充分利用点的距离应为

$$1.2h_0+l_a=1.2\times605+40\times22=1606\ \text{mm}$$

至支座 $B$ 中线的距离为 $1606+(608-275)=1939$ mm，取 2000 mm，应伸到悬臂端再下弯 $12d=264$ mm，取 260 mm。

④号钢筋伸到悬臂端下弯 $12d=240$ mm。

各受力纵筋的形状及细部尺寸如图 5.39(c)所示。根据上述抵抗弯矩图确定受力纵筋的钢筋布置后，尚应设置架立筋，$AB$ 段上部和 $BD$ 段下部均取 2$\phi$10 架立筋。因为截面高度大于 500 mm，梁腹中部还应设置通长的 2$\phi$10 纵向构造钢筋，最后绘制配筋施工图（略）。

## 本章小结

受弯构件在弯矩和剪力共同作用的区段常常产生斜裂缝，并可能沿斜截面发生破坏。斜截面破坏带有脆性破坏的性质，应当避免，在设计时必须进行斜截面承载力的计算。为了防止受弯构件发生斜截面破坏，应使构件有一个合理的截面尺寸，并配置必要的腹筋。

斜裂缝出现前后，梁的受力状态发生了明显的变化。斜裂缝出现以后，剪力主要由斜裂缝上端剪压区的混凝土截面来承受，剪压区成为受剪的薄弱区域；与斜裂缝相交处纵筋的拉应力也明显增大；无腹筋梁沿斜截面破坏的形态主要有斜压破坏、剪压破坏和斜拉破坏三种类型。

箍筋和弯起钢筋可以直接承担部分剪力，并限制斜裂缝的延伸和开展，提高剪压区的抗剪能力；还可以增强骨料咬合作用和摩阻作用，提高纵筋的销栓作用。因此，配置腹筋可使梁的受剪承载力有较大提高。

影响受弯构件斜截面受剪承载力的因素主要有剪跨比、混凝土强度、配箍率、箍筋强度、纵向钢筋的配筋率等。

钢筋混凝土受弯构件斜截面破坏的各种形态中，斜压破坏和斜拉破坏可以通过一定的构造措施来避免。对于常见的剪压破坏，因为梁的受剪承载力变化幅度较大，设计时必须进行计算。《混凝土结构设计标准》(GB/T 50010—2010)中规定的基本公式就是根据这种破坏形态的受力特征而建立的。受剪承载力计算公式有适用范围，其截面限制条件是为了防止斜压破坏，最小配箍率和箍筋的构造规定是为了防止斜拉破坏。

材料抵抗弯矩图是按照梁实配的纵向钢筋的数量计算画出的各截面所能抵抗的弯矩图，要掌握利用材料抵抗弯矩图并根据正截面和斜截面的受弯承载力来确定纵筋的弯起点和截断位置，要了解保证受力钢筋在支座处的有效锚固的构造措施。

## 思考题与习题

5.1 在钢筋混凝土无腹筋梁中，斜裂缝出现前后，梁中受力状态发生哪些变化？

5.2 无腹筋梁斜截面受剪破坏形态有哪些？影响无腹筋梁受剪破坏的主要因素是什么？

5.3 箍筋的作用有哪些？与无腹筋梁相比，配置箍筋梁出现斜裂缝后，其受力传递机构有什么不同？

5.4 影响有腹筋梁受剪破坏形态的因素主要有哪些？配置腹筋能否提高斜压破坏的受剪承载力？为什么？

5.5 受剪承载力计算公式的适用范围是什么？《混凝土结构设计标准》(GB/T 50010—2010)中采取什么措施来防止斜拉破坏和斜压破坏？防止这两种破坏的措施与受弯构件正截面承载力计算中防止少筋梁和超筋梁的措施相比，有何异同之处？

5.6 规定最大箍筋和弯起钢筋间距的意义是什么？当满足最大箍筋间距和最小箍筋直径要求时，是否满足最小配箍率的要求？

5.7 如何考虑斜截面受剪承载力的计算截面位置？

5.8 (1) 按正弯矩受弯承载力设计的纵向钢筋弯起仅作为抗剪腹筋时有哪些要求？

(2) 按正弯矩受弯承载力设计的纵向钢筋弯起伸入支座抵抗负弯矩，而不考虑其抗剪作用时（配箍抗剪已足够），有哪些要求？

(3) 当抵抗正弯矩的纵向钢筋弯起伸入支座抵抗负弯矩，且同时考虑其抗剪作用时，有哪些要求？

(4) 当按(3)设置弯起钢筋，不能同时满足所规定的要求时，应如何处理？

5.9 如何截断钢筋？延伸长度为多少？在 $V\leqslant 0.7f_tbh_0$ 和 $V>0.7f_tbh_0$ 两种情况下如何确定延伸长度？

5.10 试指出图 5.40 中悬臂梁在配筋构造和抵抗弯矩图中的错误。

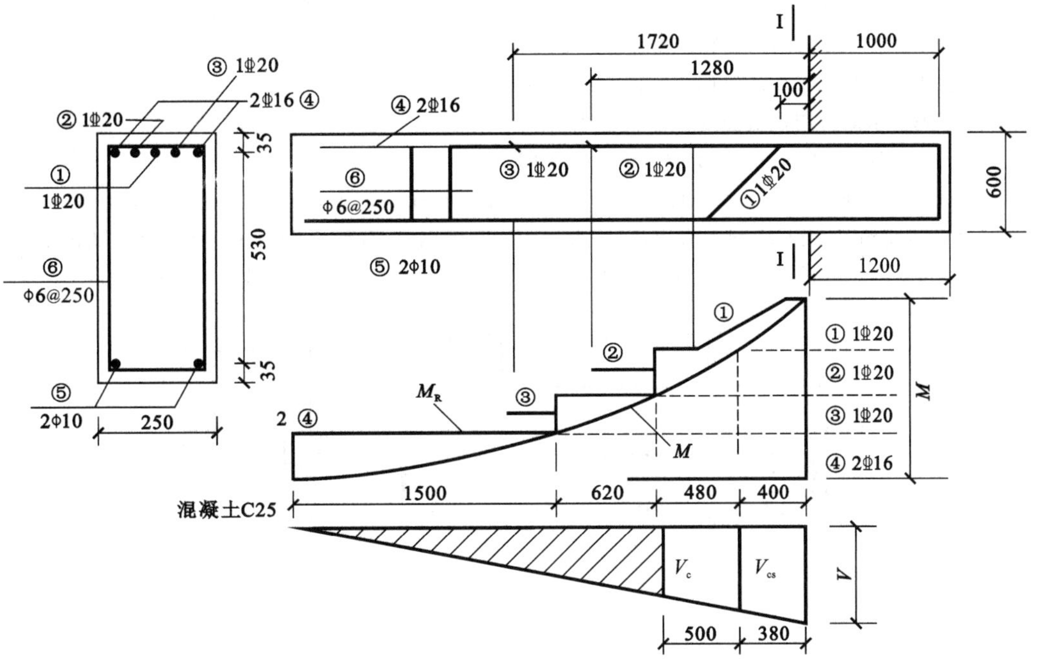

图 5.40　题 5.10 图

5.11　同第 4 章思考题与习题 4.28 简支梁，净跨度 $l_n=5.76$ m，箍筋为 HPB300 级钢筋，试确定该梁的配箍。

5.12　承受均布荷载的简支梁，净跨度 $l_n=5.76$ m，$b\times h=200$ mm×500 mm，采用 C30 级混凝土，箍筋为 HPB300 级钢筋，受均布恒载标准值为 $g_k=15$ kN/m（包括梁自重），已知沿梁全长配置了Φ 6@200 的箍筋，试根据该梁的受剪承载力推算该梁所能承受的均布活荷载的标准值 $q_k$。

5.13　承受均布荷载作用的 T 形截面简支梁如图 5.41 所示，均布荷载设计值 $q=80$ kN/m，采用 C25 级混凝土，箍筋为 HPB300 级钢筋，纵筋为 HRB400 级钢筋，试分别按下列两种情况设计梁的腹筋：

（1）仅配置箍筋；

（2）已配置Φ 6@200 箍筋，求所需要的弯起钢筋。

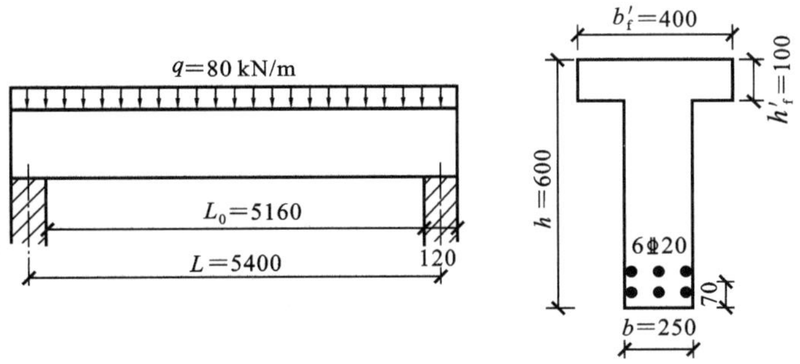

图 5.41　题 5.13 图

5.14　矩形截面梁如图 5.42 所示，已知混凝土为 C25，纵筋为 HRB400 级钢筋，当不配置箍筋时，试按斜截面受剪承载力验算该梁所能承受的最大荷载 $P$。

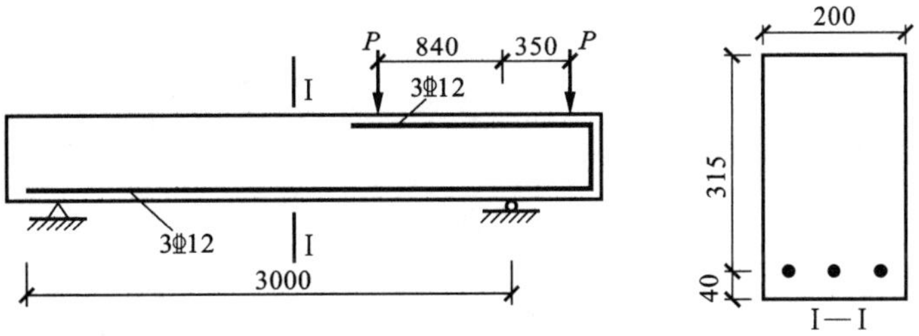

图 5.42　题 5.14 图

5.15　矩形截面简支梁如图 5.43 所示。集中荷载设计值 $P=130$ kN(包括梁自重等恒荷载)，混凝土为 C30 级，箍筋采用 HPB300 级钢筋，纵筋采用 HRB400 级钢筋，试求：

(1) 根据跨中最大弯矩计算该梁的纵向受拉钢筋；

(2) 按配箍筋和弯起钢筋进行斜截面受剪承载力计算；

(3) 进行配筋，绘制抵抗弯矩图、钢筋布置图和钢筋尺寸详图。

5.16　某车间工作平台梁如图 5.44 所示，截面尺寸 $b\times h=250$ mm×700 mm，梁上作用恒载标准值为 $g_k=30$ kN/m，活载标准值为 $q_k=40$ kN/m，采用 C25 级混凝土，纵筋为 HRB400 级钢筋，箍筋为 HPB300 级钢筋。试按正截面承载力和斜截面承载力设计配筋，进行钢筋布置，并绘制抵抗弯矩图和梁的施工图(包括钢筋材料表和尺寸详图)。

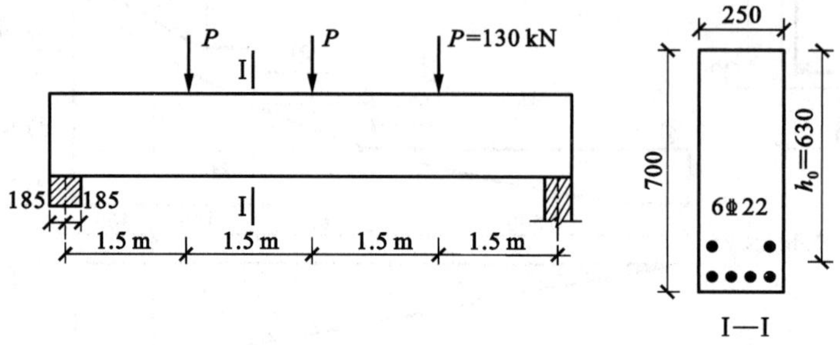


图 5.43　题 5.15 图

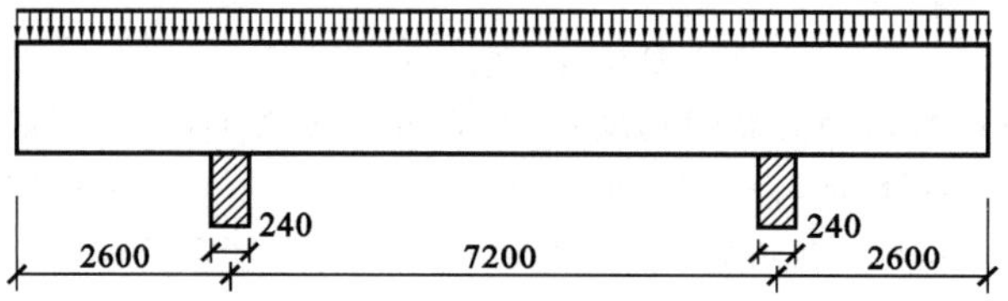


图 5.44　题 5.16 图

# 6 受扭构件承载力计算

**本 章 提 要**

本章叙述了混凝土构件平衡扭转和约束扭转的概念，纯扭构件开裂扭矩的计算方法。介绍了矩形、T形和箱形截面纯扭构件的受力性能和受扭承载力的计算方法；介绍了钢筋混凝土构件在弯矩、剪力和扭矩共同作用下的受力性能和承载力计算的原则，以及受扭构件配筋的构造要求。

## 6.1 概 述

受扭是构件受力的基本形式之一。工程中钢筋混凝土结构常见受扭构件有受横向刹车作用的吊车梁[图 6.1(a)]、雨篷梁[图 6.1(b)]、曲梁、框架的边梁[图 6.1(c)]以及螺旋楼梯等。

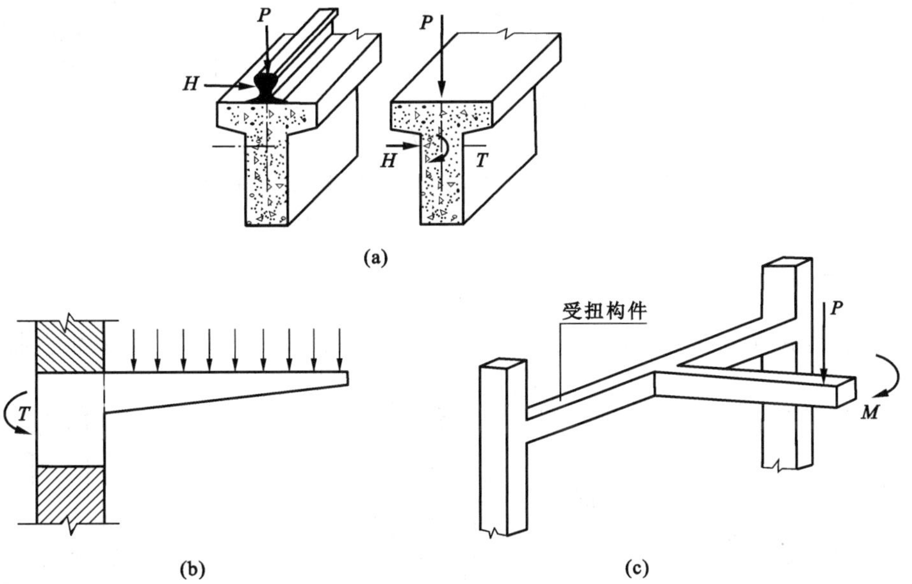


【扫码演示】

图 6.1 受扭构件

(a) 平衡扭转-吊车梁；(b) 平衡扭转-雨篷梁；(c) 约束扭转-框架边梁

钢筋混凝土构件的扭转可以分为两类，即平衡扭转和约束扭转（也称协调扭转）。若构件中的扭矩由荷载直接引起，其值可由平衡条件直接求出，则此类扭转称为平衡扭转，如图 6.1 中的吊车梁和雨篷梁；若扭矩是由相邻构件的位移受到该构件的约束而引起的，扭矩值需结合变形协调条件才能求得，则此类扭转称为约束扭转，如图 6.1 所示的框架边梁受到次梁负弯矩的作用而引起的扭转。对于平衡扭转，构件必须提供足够的受扭承载力，否则便不能与外荷载产生的扭矩平衡而引起破坏。对于约束扭转，由于在受力过程中因混凝土的开裂和钢筋的屈服引起内力重分布，因此，扭矩的大小与各受力阶段构件的刚度比有关。

工程结构中处于纯扭矩作用下的构件是极少的，绝大多数为弯矩、剪力、扭矩同时作用，为弯剪扭复合受力构件。本章主要介绍平衡扭转构件中纯扭构件和弯剪扭构件的受力性能，以及受扭构件配筋的构造要求。

## 6.2 构件的开裂扭矩

### 6.2.1 构件开裂前的应力状态

试验表明，构件开裂前，钢筋混凝土纯扭构件的受力状况与弹性扭转理论基本吻合。开裂前钢筋的应力很低，钢筋对开裂扭矩的影响很小，可忽略钢筋而按匀质弹性材料考虑。由材料力学可知，矩形截面受扭构件在扭矩 $T$ 作用下，截面上将产生剪应力，并在与剪应力成45°的方向产生主拉应力 $\sigma_{tp}$ 和主压应力 $\sigma_{cp}$，其数值与截面最大剪应力相等，如图 6.2(a)和图 6.2(b)所示。由于截面上的剪应力呈环状分布，构件主拉应力和主压应力轨迹线沿构件表面呈螺旋形，当主拉应力超过混凝土的抗拉强度时，混凝土将首先在截面一长边中点处且垂直于主拉应力的方向上出现裂缝，裂缝与构件的纵轴线呈45°夹角，并沿主压应力轨迹线迅速向相邻两边延伸，最后形成三面开裂的空间扭曲面，如图 6.2(c)所示。构件受扭破坏通常突然发生，属于脆性破坏。

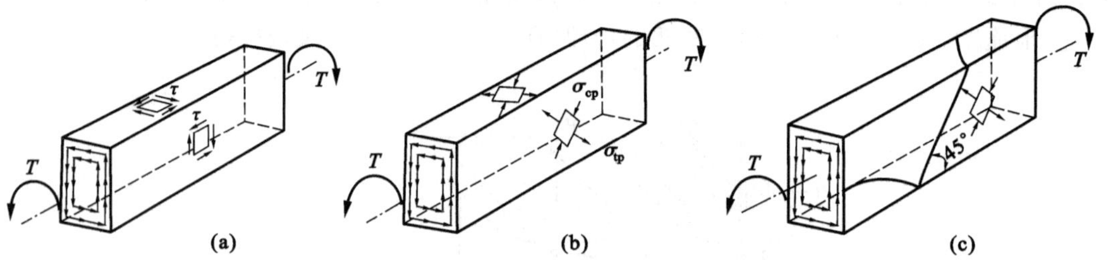


图 6.2 纯扭构件开裂前的应力状态及开裂后的裂缝

(a) 剪应力；(b) 主应力；(c) 裂缝状况

### 6.2.2 矩形截面开裂扭矩

矩形截面受扭构件弹性剪应力分布情况如图 6.3(a)所示，其最大剪应力 $\tau_{max}$ 发生在截面长边中点处。

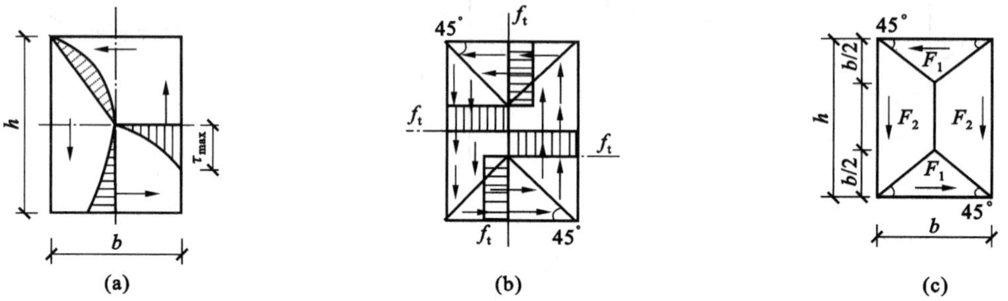


图 6.3 受扭截面的剪应力分布

(a) 弹性剪应力分布；(b) 塑性剪应力分布；(c)开裂扭矩计算图

按照弹性理论，当主拉应力 $\sigma_{tp}=\tau_{max}=f_t$ 时构件将出现裂缝，此时的扭矩为开裂扭矩 $T_{cr,e}$，按下式计算：

$$T_{cr,e} = f_t W_{te} \tag{6.1}$$

式中 $W_{te}$——截面受扭的弹性抵抗矩，$W_{te}=\alpha b^2 h$，其中 $\alpha$ 为形状系数，其取值范围为0.2～0.33，一般情况可取 $\alpha=0.25$。

对于理想塑性材料，截面上某一点的应力达到强度极限时，构件并不立即破坏，该点能保持极限应力不变而继续变形，整个截面仍能继续承担荷载，直至截面上各点应力均达到强度极限 $f_t$ 时，构件才达到极限抗扭承载力。此时截面上的剪应力分布如图 6.3(b)所示。

设矩形截面受扭构件的边长为 $b\times h$($b$、$h$ 分别为截面的短边和长边)，根据塑性力学理论，当截面上各点剪应力达到极限，即 $\tau_u=f_t$ 时，构件达到极限扭矩 $T_u$。为便于计算，将截面上的剪应力近似划分为四个区，如图 6.3(c)所示，分别计算各区剪应力的合力，并对截面形心（扭转中心）取矩，然后将四部分求和，即得开裂扭矩为：

$$T_{cr,p}=2F_1d_1+2F_2d_2$$

式中 $F_1$——三角形部分剪应力的合力，$F_1=\frac{b^2}{4}f_t$；

$d_1$——$F_1$ 到截面形心的距离，$d_1=\frac{h}{2}-\frac{b}{6}$；

$F_2$——梯形部分剪应力的合力，$F_2=\frac{b}{4}(2h-b)f_t$；

$d_2$——$F_2$ 到截面形心的距离，$d_2=\frac{3h-b}{2h-b}\cdot\frac{b}{6}$。

则塑性开裂扭矩为

$$T_{cr,p}=2F_1d_1+2F_2d_2=f_t\frac{b^2}{6}(3h-b)=f_tW_t \tag{6.2}$$

式中 $W_t$——矩形截面的受扭塑性抵抗矩，即：

$$W_t=\frac{b^2}{6}(3h-b) \tag{6.3}$$

混凝土是既非理想弹性也非理想塑性的弹塑性材料，达到开裂极限状态时截面的应力分布应介于理想弹性和理想塑性应力状态之间，因此，开裂扭矩 $T_{cr}$ 应介于 $T_{cr,e}$ 和 $T_{cr,p}$ 之间，即 $T_{cr,e}<T_{cr}<T_{cr,p}$。为使实际计算方便，混凝土的开裂扭矩先近似按理想塑性材料的应力分布图形计算，但考虑到混凝土的抗拉强度应适当降低，因此，在按理想塑性材料所得开裂扭矩的基础上，乘以一个折减系数以考虑非完全塑性剪应力分布的影响。

根据实验结果，《混凝土结构设计标准》(GB/T 50010—2010)偏安全地取修正系数为 0.7，则混凝土受扭构件开裂扭矩的计算公式为：

$$T_{cr}=0.7f_tW_t \tag{6.4}$$

## 6.3 纯扭构件受扭承载力计算

### 6.3.1 受扭构件配筋方式

如上所述，受扭构件中主拉应力与构件的轴线成 45°，由此可见，受扭构件最有效的配筋方式是将抗扭钢筋沿主拉应力轨迹线布置成螺旋形。但螺旋形配筋施工复杂，且螺旋形配筋的受力不能适应变号扭矩的作用。因此，在实际工程中，受扭构件配筋通常采用横向封闭箍筋与纵向抗扭钢筋组成的空间配筋方式来抵抗截面扭矩。

### 6.3.2 纯扭构件的破坏形式

在钢筋混凝土矩形截面纯扭构件中，当扭矩达到开裂扭矩 $T_{cr}$ 后，由于部分混凝土退出受拉工作，构件的抗扭刚度明显降低。受扭构件的试验表明，配筋对提高构件开裂扭矩 $T_{cr}$ 的作用不大，但配筋的数量对构件承担的极限扭矩有很大的影响，构件最终的破坏形态和极限抗扭承载力将随配筋数量的不同而变化。

对于配筋适量的受扭构件，构件开裂后并不立即破坏，开裂前混凝土承担扭矩所产生的拉应力大部分将转由受扭钢筋（箍筋和纵筋）承担。随着外扭矩继续增大，构件表面出现多条近乎连续、与构件轴线成 45°的螺旋形裂缝，并不断向构件内部和沿主压应力轨迹线发展延伸。当接近极限扭矩时，在构件长边上有一条裂缝发展成为临界裂缝，并向短边延伸，与这条裂缝相交的箍筋和纵筋达到屈服，此裂缝急速扩展，最后使另一面的混凝土压碎，形成一个空间扭曲破坏面，当达到极限扭矩 $T_u$ 时构件破坏，如图 6.4 所示。

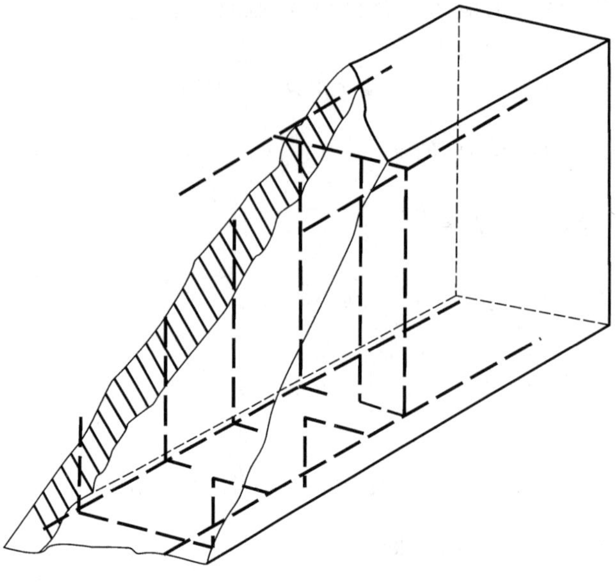

图 6.4 纯扭构件的破坏状况

6.3.2.1 破坏特征

根据箍筋和纵筋配筋数量的多少，受扭构件的破坏形态可分为适筋破坏、少筋破坏、部分超配筋破坏和完全超配筋破坏。

对于箍筋和纵筋配置都合适时，与裂缝相交的钢筋均能达到屈服，然后混凝土压坏，称为受扭构件的适筋破坏。其破坏特征类似于受弯构件适筋梁破坏，属于延性破坏，破坏时极限扭矩的大小取决于箍筋和纵筋的配筋数量。

当箍筋和纵筋配置数量过少时，钢筋不足以承担混凝土开裂后释放的拉应力，一旦开裂，受扭变形便迅速增大，称为受扭构件的少筋破坏。其破坏特征类似于受弯构件的少筋梁，表现出明显的受拉脆性，受扭承载力取决于混凝土的抗拉强度。此时，构件破坏时的扭矩与开裂扭矩接近，配筋对极限扭矩影响不大。

当箍筋和纵筋配置都过多时，受扭构件在破坏前出现较多密而细的螺旋形裂缝，在钢筋屈服之前混凝土先压坏，为受压脆性破坏，这种超筋破坏称为完全超配筋破坏。其破坏特征类似于受弯构件的超筋梁，属于脆性破坏，其受扭承载力取决于混凝土的抗压强度。

由于受扭钢筋由箍筋和受扭纵筋两部分钢筋组成，当箍筋和纵筋的配筋比例相差过大时，破坏时还会出现两者中配筋率较小的一种钢筋达到屈服，而另一种钢筋未达到屈服的情况，这种破坏称为部分超配筋破坏。这种破坏具有一定的延性，但小于适筋构件。

对于少筋破坏和完全超配筋破坏的受扭构件，由于破坏时脆性性质表现明显，在设计中应避免采用；部分超配筋破坏的受扭构件，设计中可以采用，但不经济，如果受扭构件中箍筋数量相对较少时，抗扭承载力由箍筋控制，此时，即使多配纵筋也不能提高抗扭承载力，反之亦然。

6.3.2.2 配筋强度比

由于受扭钢筋由封闭箍筋和受扭纵筋两部分钢筋组成，两者的配筋比例对受扭性能及极限受扭承载力有很大影响。为使箍筋和纵筋均能有效发挥作用，应将两部分钢筋在数量和强度上加以控制，即控制两部分钢筋的配筋强度比。配筋强度比可定义为受扭纵筋与箍筋的体积比和强度比的乘积(图 6.5)，用 $\zeta$ 表示，即：

$$\zeta = \frac{A_{stl}s}{A_{st1}u_{cor}} \cdot \frac{f_y}{f_{yv}} \tag{6.5}$$

式中 $\zeta$——受扭构件中纵筋与箍筋的配筋强度比；

$A_{stl}$——对称布置的全部受扭纵筋截面面积；

$A_{st1}$——受扭箍筋单肢截面面积；

$s$——抗扭箍筋的间距；

$f_y$——抗扭纵筋的抗拉强度设计值，当 $f_y>360\ N/mm^2$ 时应取 $360\ N/mm^2$；

$f_{yv}$——抗扭箍筋的抗拉强度设计值；

$u_{cor}$——截面核心部分的周长，$u_{cor}=2(b_{cor}+h_{cor})$，其中 $b_{cor}$ 和 $h_{cor}$ 分别为从箍筋内表面计算所得截面核心的短边和长边尺寸，如图 6.5(a)所示。

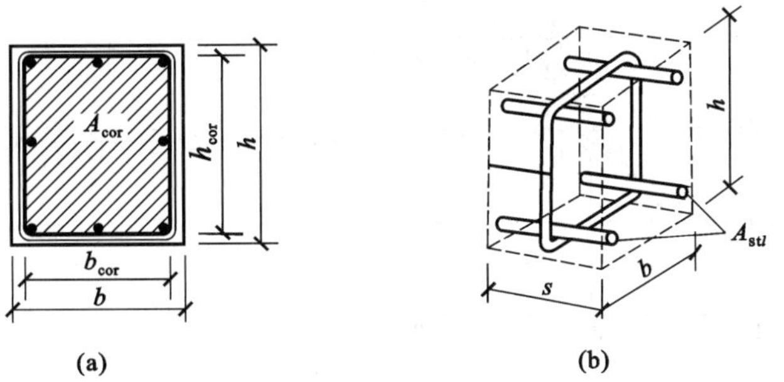


图 6.5　抗扭截面

(a) 截面核心；(b) 纵筋与箍筋体积比

根据试验结果，当 $0.5\leqslant\zeta\leqslant2.0$ 时，受扭构件破坏时纵筋和箍筋基本上都能达到屈服强度，但两种钢筋配筋量的差别不宜过大，《混凝土结构设计标准》(GB/T 50010—2010)建议 $\zeta$ 应满足：

$$0.6\leqslant\zeta\leqslant1.7 \tag{6.6}$$

当 $\zeta<0.6$ 时，应改变配筋来提高 $\zeta$ 值；当 $\zeta>1.7$ 时，取 $\zeta=1.7$。工程设计中配筋强度比的常用范围为 $\zeta=1.0\sim1.3$。

### 6.3.3　矩形截面纯扭构件受扭承载力计算

6.3.3.1　受扭计算公式

当抗扭箍筋和纵筋配置恰当，发生受扭破坏时，穿过裂缝的钢筋均能达到屈服强度。则受扭构件的极限承载力 $T_u$ 由两部分构成，即开裂后混凝土部分承担的抗扭作用 $T_c$，以及纵筋和箍筋承担的抗扭作用 $T_s$，即：

$$T\leqslant T_u=T_c+T_s \tag{6.7}$$

如图 6.6 所示，将开裂后的钢筋混凝土受扭构件的受力比拟为空间桁架模型。其中，纵筋相当于桁架的受拉弦杆，箍筋相当于桁架的受拉腹杆，而斜裂缝间的混凝土相当于桁架的斜压腹杆。抗扭钢筋承担的扭矩与箍筋的面积和强度成正比，与箍筋的间距成反比。此外，核心混凝土部分以及斜裂缝间混凝土的骨料咬合作用也可承担一定的扭矩。

《混凝土结构设计标准》(GB/T 50010—2010)基于空间桁架模型分析，结合图 6.7 所示的试验结果，规定纯扭构件的受扭承载力按下式计算：

$$T\leqslant T_u=0.35f_tW_t+1.2\sqrt{\zeta}\cdot\frac{f_{yv}A_{st1}}{s}A_{cor} \tag{6.8}$$

式中　$T$——扭矩设计值；

$W_t$——截面受扭塑性抵抗矩，按式(6.3)计算；

$f_t$——混凝土抗拉强度设计值；

$A_{cor}$——截面核心部分的面积，$A_{cor}=b_{cor}\times h_{cor}$。

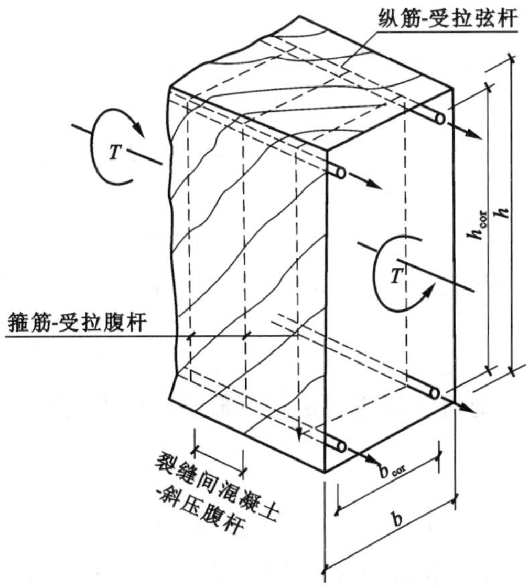


图 6.6　空间桁架模型

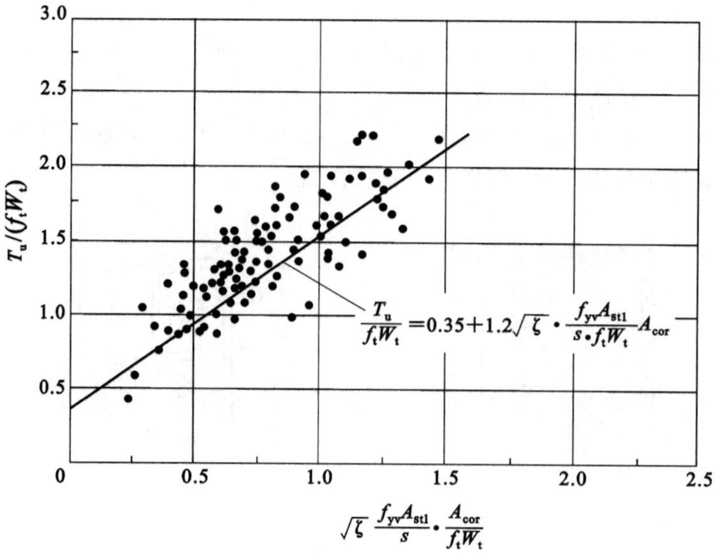


图 6.7 纯扭构件承载力试验结果

6.3.3.2 公式适用条件

(1) 避免超筋破坏

为防止配筋过多发生超配筋脆性破坏，受扭截面应满足以下限制条件：

当$\frac{h_w}{b}\leqslant 4$时

$$T \leqslant 0.25\beta_c f_c W_t \tag{6.9a}$$

当$\frac{h_w}{b}=6$时

$$T \leqslant 0.2\beta_c f_c W_t \tag{6.9b}$$

当$4<\frac{h_w}{b}<6$时，按线性内插法确定。

式中 $h_w$——截面的腹板高度，对矩形截面，取有效高度$h_0$；对T形截面，取有效高度减去翼缘高度；对工形和箱形截面，取腹板净高；

$b$——矩形截面的宽度，T形或工形截面取腹板宽度，箱形截面取两侧壁总厚度$2t_w$（$t_w$为箱形截面壁厚）；

$\beta_c$——混凝土强度影响系数，当混凝土强度等级不大于C50时，取$\beta_c=1.0$，当混凝土强度等级为C80时，取$\beta_c=0.8$，其间按线性内插法确定；

$f_c$——混凝土轴心抗压强度设计值。

(2) 避免少筋破坏

为防止少筋脆性破坏，《混凝土结构设计标准》(GB/T 50010—2010)采用限制最小配筋率的控制条件，即受扭箍筋应满足以下最小配箍率的要求：

$$\rho_{st}=\frac{2A_{st1}}{bs}\geqslant\rho_{st,min}=0.28\frac{f_t}{f_{yv}} \tag{6.10}$$

受扭纵筋应满足以下最小配筋率的要求：

$$\rho_{tl}=\frac{A_{stl}}{bh}\geqslant\rho_{tl,min}=0.85\frac{f_t}{f_y} \tag{6.11}$$

当扭矩小于开裂扭矩时，即满足下式要求时，可按受扭钢筋的最小配筋率，以及箍筋最大间距（表5.2）和箍筋最小直径（表5.3）的构造要求配置受扭箍筋：

$$T\leqslant T_{cr}=0.7f_tW_t \tag{6.12}$$

**【例 6.1】** 已知矩形截面受扭构件截面尺寸 $b\times h=250\ \text{mm}\times500\ \text{mm}$,混凝土采用 C30 级,纵筋和箍筋均采用 HRB400 级钢筋,扭矩设计值 $T=18\ \text{kN}\cdot\text{m}$,混凝土保护层厚为 25 mm(二 a 类环境)。试设计所需配置的箍筋和纵筋。

**【解】** (1) 设计参数

查附表 2 和附表 6 得,$f_c=14.3\ \text{N/mm}^2$,$f_t=1.43\ \text{N/mm}^2$,$f_y=360\ \text{N/mm}^2$,$f_{yv}=360\ \text{N/mm}^2$,混凝土保护层厚度 $c=25$ mm,混凝土强度影响系数 $\beta_c=1.0$。

设箍筋直径为 8mm,则截面核心的短边和长边尺寸分别为:

$$b_{cor}=250-25\times2-8\times2=184\ \text{mm}$$

$$h_{cor}=500-25\times2-8\times2=434\ \text{mm}$$

则截面核心部分的面积和周长分别为:

$$A_{cor}=b_{cor}h_{cor}=184\times434=79856\ \text{mm}^2$$

$$u_{cor}=2(b_{cor}+h_{cor})=2\times(184+434)=1236\ \text{mm}$$

(2) 验算截面尺寸以及验算是否需要计算配置抗扭钢筋

由式(6.3)有:

$$W_t=\frac{b^2}{6}(3h-b)=\frac{250^2}{6}\times(3\times500-250)=13\times10^6\ \text{mm}^3$$

取 $h_w=h_0=500-40=460$ mm,$\frac{h_w}{b}=1.84<4$,则由式(6.9a)及式(6.12)验算有:

$$\frac{T}{W_t}=\frac{18\times10^6}{13\times10^6}=1.385\ \text{N/mm}^2\begin{array}{l}<0.25\beta_c f_c=0.25\times1.0\times14.3=3.575\ \text{N/mm}^2\\>0.7f_t=0.7\times1.43=1.0\ \text{N/mm}^2\end{array}$$

满足截面限制条件,且需要按计算配筋。

(3) 计算箍筋

取 $\zeta=1.0$,由式(6.8)计算有:

$$\frac{A_{st1}}{s}=\frac{T-0.35f_tW_t}{1.2\sqrt{\zeta}\cdot f_{yv}A_{cor}}=\frac{18\times10^6-0.35\times1.43\times13\times10^6}{1.2\times1.0\times360\times79856}=0.333$$

选用Φ 8 箍筋 $A_{st1}=50.3\ \text{mm}^2$,则有

$$s=\frac{50.3}{0.333}=151.1\ \text{mm}$$

取间距 $s=150$ mm。

由式(6.10)验算配箍率:

$$\rho_{st}=\frac{2A_{st1}}{bs}=\frac{2\times50.3}{250\times150}=0.27\%>\rho_{st,\min}=0.28\frac{f_t}{f_{yv}}=0.28\times\frac{1.43}{360}=0.111\%$$

满足要求。

(4) 计算受扭纵筋

由式(6.5)计算有:

$$A_{stl}=\zeta\frac{A_{st1}}{s}\cdot\frac{f_{yv}}{f_y}u_{cor}=1.0\times\frac{50.3}{150}\times\frac{360}{360}\times1236=414.5\ \text{mm}^2$$

查附表 16,选 6Φ12,则实际纵筋面积 $A_{stl}=678\ \text{mm}^2$。

由式(6.11)验算配筋率:

$$\rho_{tl}=\frac{A_{stl}}{bh}=\frac{678}{250\times500}=0.54\%>\rho_{tl,\min}=0.85\frac{f_t}{f_y}$$

$$=0.85\times\frac{1.43}{360}=0.34\%$$

满足要求。该受扭构件截面配筋图如图 6.8 所示。

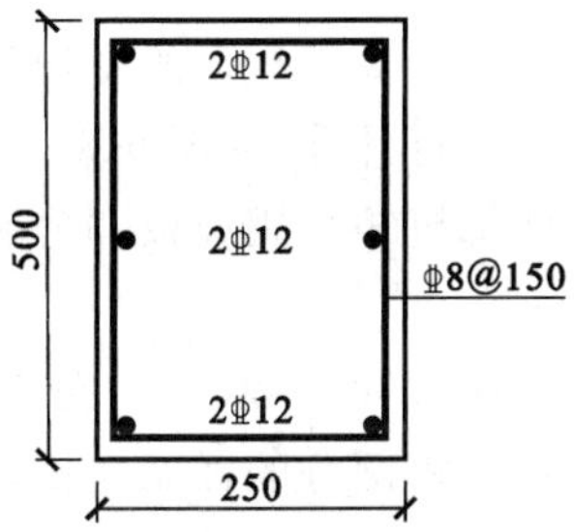

图 6.8 例 6.1 构件截面配筋图

### 6.3.4　箱形、T形和I形截面纯扭构件受扭承载力计算

在扭矩作用下，剪应力沿截面周边较大，而在截面中心部分较小。因此，对于封闭的箱形截面，其抵抗扭矩的能力与同样尺寸的实心截面基本相同。在实际工程中，当截面尺寸较大时，往往采用箱形截面以减轻结构自重，如桥梁结构中常采用的箱形截面梁，如图6.9(a)所示。

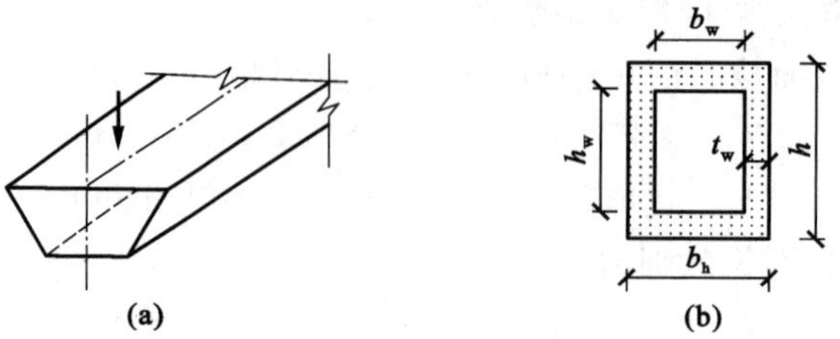


图6.9　箱形截面梁

(a) 桥梁结构中常用的箱形截面；(b) 一般箱形截面

6.3.4.1　箱形、T形和I形截面受扭塑性抵抗矩

对于常见箱形截面，如图6.9(b)所示，其塑性抵抗矩可取实心矩形截面与内部空心矩形截面塑性抵抗矩之差，即：

$$W_t = \frac{b_h^2}{6}(3h - b_h) - \frac{b_w^2}{6}(3h_w - b_w) \tag{6.13}$$

式中　$b_h$、$h$——箱形截面的宽度和高度；

$b_w$、$h_w$——内部空心部分的宽度和高度。

对T形、I形及L形截面等带翼缘的构件，试验表明参与腹板受力的单侧有效受扭翼缘宽度一般不超过翼缘厚度的3倍，故《混凝土结构设计标准》(GB/T 50010—2010)规定，计算受扭构件承载力时，有效翼缘宽度应符合 $b_f' \leqslant b + 6h_f'$ 及 $b_f \leqslant b + 6h_f$ 的条件，且应满足 $h_w/b \leqslant 6$，如图6.10所示。

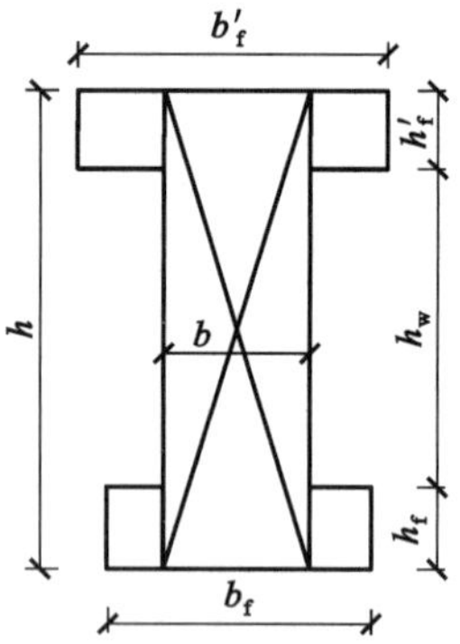


图6.10　工形截面分区

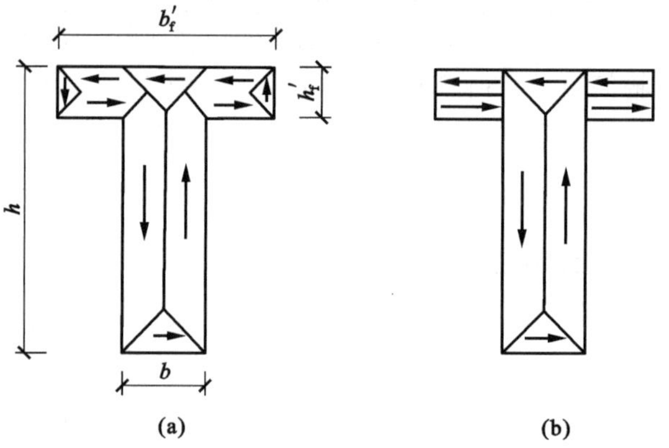


图6.11　T形截面分区

(a) 剪应力分布；(b) 简化剪应力分布

对于带翼缘截面的受扭塑性抵抗矩 $W_t$，同样可按处于全塑性状态时的截面剪应力分布情况，采用分块方法进行计算，如图6.11(a)所示。为简化计算，可按图6.11(b)所示划分为腹板部分和翼缘部分，总受扭塑性抵抗矩采用腹板部分和翼缘部分叠加得到，即：

$$W_t = W_{tw} + W_{tf}' + W_{tf} \tag{6.14}$$

式中　$W_{tw}$、$W_{tf}'$、$W_{tf}$——腹板、上翼缘、下翼缘部分的受扭塑性抵抗矩，分别按下式计算：

对腹板部分的截面受扭塑性抵抗矩 $W_{tw}$

$$W_{tw} = \frac{b^2}{6}(3h - b) \tag{6.15}$$

上、下翼缘部分的截面受扭塑性抵抗矩 $W'_{tf}$ 和 $W_{tf}$

$$W'_{tf} = \frac{h'^2_f}{2}(b'_f - b) \tag{6.16}$$

$$W_{tf} = \frac{h^2_f}{2}(b_f - b) \tag{6.17}$$

式中 $b_f$、$b'_f$——截面受拉区、受压区的翼缘宽度；

$h_f$、$h'_f$——截面受拉区、受压区的翼缘高度。

6.3.4.2 箱形、T 形和 I 形截面受扭承载力计算

(1) 箱形截面

由空间桁架分析模型可知，实心截面与箱形截面的受扭承载力基本一致，等效壁厚 $t_{ew}$ 为 $0.4b$。对于箱形截面，考虑到实际壁厚 $t_w$ 小于实心截面等效壁厚的情况，式(6.8)中的第一项乘以 $(2.5t_w/b_h)$ 的折减系数，即有：

$$T_u = 0.35f_t\left(\frac{2.5t_w}{b_h}\right)W_t + 1.2\sqrt{\zeta}\cdot\frac{f_{yv}A_{st1}}{s}A_{cor} \tag{6.18}$$

同样，式中的配筋强度比 $\zeta$ 值应符合 $0.6\leqslant\zeta\leqslant1.7$ 的要求；且当 $2.5t_w/b_h>1.0$ 时，应取 $2.5t_w/b_h=1.0$。此外，箱形截面的壁厚应满足 $t_w\geqslant b_h/7$，箱形截面的核心面积 $A_{cor}$ 与实心截面相同，取 $A_{cor}=b_{cor}h_{cor}$，如图 6.12 所示。

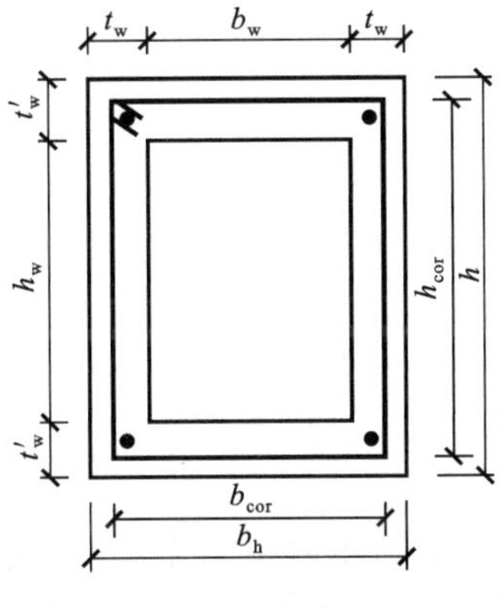


图 6.12 箱形截面($t_w\leqslant t'_w$)

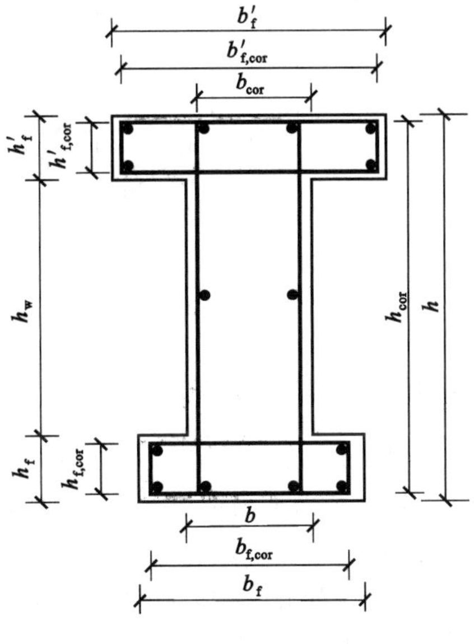


图 6.13 工形截面

(2) T 形和 I 形截面

对带翼缘的 T 形、I 形和 L 形截面纯扭构件，如图 6.13 所示，可将其截面划分为几个矩形截面，划分的原则是先按截面的总高度确定腹板截面，然后再划分受压翼缘或受拉翼缘，如图 6.10 所示。

为简化计算，规范采用按各矩形截面的受扭塑性抵抗矩的比例分配截面总扭矩的方法来确定各矩形截面部分所承受的扭矩，即：

腹板

$$T_w = \frac{W_{tw}}{W_t}T \tag{6.19}$$

受压翼缘

$$T'_f = \frac{W'_{tf}}{W_t}T \tag{6.20}$$

受拉翼缘

$$T_f = \frac{W_{tf}}{W_t} T \tag{6.21}$$

式中 $T$——带翼缘截面所承受的总扭矩设计值；

$T_w$、$T_f'$、$T_f$——腹板、受压翼缘、受拉翼缘所承受的扭矩设计值。

上式中 $W_t$ 按下式计算：

$$W_t = W_{tw} + W_{tf}' + W_{tf}$$

其中 $W_{tw}$、$W_{tf}'$、$W_{tf}$ 分别按式(6.15)至式(6.17)计算。根据上述分配原则得到扭矩设计值，各矩形部分的受扭承载力按式(6.8)计算。

## 6.4 弯剪扭构件受扭承载力计算

实际工程中，单纯的受扭构件很少，大多数构件同时承受弯矩、剪力和扭矩作用，处于 $M$、$V$、$T$ 共同作用的复合受力状态。扭矩使纵筋产生拉应力，与受弯时钢筋拉应力叠加，使钢筋拉应力增大，从而使受弯承载力降低，如图 6.14(a)所示；而扭矩和剪力产生的剪应力总会在构件的一个侧面上叠加，使构件受剪承载力总是小于剪力和扭矩单独作用时的承载力，如图 6.14(b)所示。

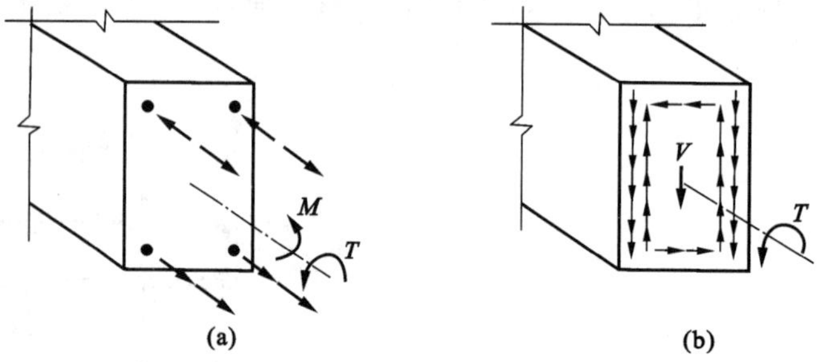


图 6.14 复合受力状态构件

(a) 弯扭应力叠加；(b) 剪扭应力叠加

### 6.4.1 弯剪扭构件的破坏形式

同时承受弯矩、剪力和扭矩共同作用的构件，受力性能比较复杂。其破坏形态与所受的弯矩、剪力和扭矩之间的比例及构件截面配筋情况有关，主要有以下三种破坏形式。

6.4.1.1 弯型破坏

试验表明，在配筋适当条件下，当弯矩 $M$ 较大，即 $T/M$ 较小，且剪力不起控制作用时，发生弯型破坏。此时，弯矩起主导作用，构件底部受拉，顶部受压。底部纵筋同时受弯矩和扭矩作用产生拉应力叠加，裂缝首先在构件弯曲受拉底面出现，然后向两侧面发展，最后三个面上螺旋裂缝形成一个扭曲破坏面。若底部纵筋配置不够，则破坏始于底部纵筋受拉屈服，止于顶部弯曲受压混凝土压碎，如图 6.15(a)所示，承载力受底部纵筋控制，且受弯承载力因扭矩的存在而降低，如图 6.16 所示。

6.4.1.2 扭型破坏

当扭矩 $T$ 较大，而 $T/M$ 和 $T/V$ 均较大，且构件顶部纵筋少于底部纵筋，即 $\gamma = \frac{f_y A_s}{f_y' A_s'} > 1$ 时，发生扭型破坏。扭矩引起顶部纵筋的拉应力很大，而弯矩较小，其在构件顶部引起的压应力也较小，所以导致顶部纵筋的拉应力大于底部纵筋，破坏始于构件顶面纵筋先受拉屈服，然后底部混凝土被压碎，如图 6.15(b)所示，承载力由顶部纵筋控制。

由于弯矩对顶部产生压应力，抵消了一部分扭矩产生的拉应力，因此，弯矩对受扭承载力有一定的提高(见图 6.16)。但对于顶部和底部纵筋对称布置的情况($\gamma = 1$)，则在弯矩、扭矩共同作用下总是底部纵筋先达到受拉屈服，因此，只会出现弯型破坏，而不可能出现扭型破坏。

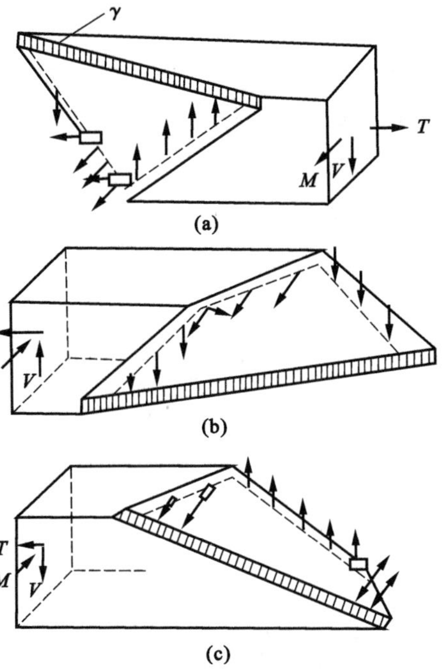


图 6.15　弯剪扭构件的破坏形态

(a) 弯型破坏；(b) 扭型破坏；(c) 剪扭型破坏

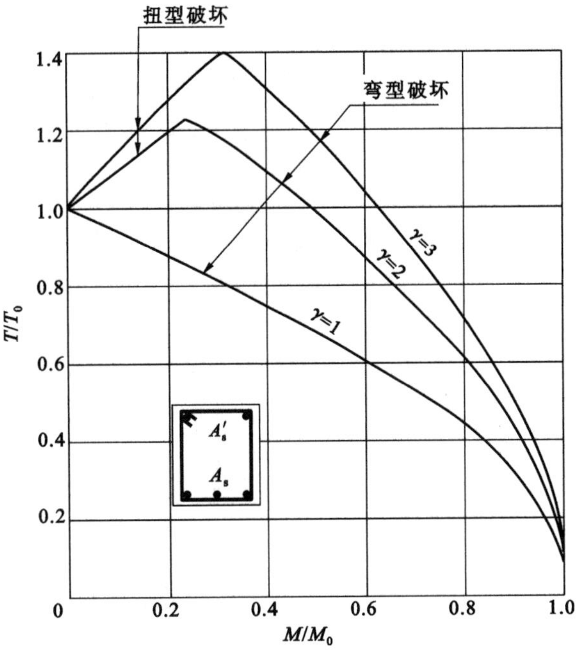


图 6.16　弯扭相关关系

6.4.1.3　剪扭型破坏

当剪力 $V$ 和扭矩 $T$ 均较大，弯矩 $M$ 较小，对构件的承载力不起控制作用时，构件在扭矩和剪力的共同作用下，截面均产生剪应力，结果是截面一侧剪应力增大，另一侧剪应力减小。裂缝首先在剪应力较大一侧长边中点出现，然后向顶面和底面扩展，最后另一侧长边的混凝土压碎而达到破坏，如图 6.15(c)所示。如果配筋合适，破坏时与螺旋裂缝相交的纵筋和箍筋均受拉并达到屈服。

当扭矩较大时，以受扭破坏为主；当剪力较大时，以受剪破坏为主。

### 6.4.2　剪扭相关性

如上所述，由于扭矩和剪力产生的剪应力在截面的一个侧面上叠加，因此，构件在剪扭作用下的承载力总是小于剪力和扭矩单独作用时的承载力。构件受扭承载力与受弯、受剪承载力的这种相互影响的性质，称为构件承载力的相关性。

在受剪和受扭承载力的计算中，都有一项反映混凝土所贡献的抗力，即受剪计算中的$0.7f_tbh_0$（或$\dfrac{1.75}{\lambda+1}f_tbh_0$）和受扭计算中的 $0.35f_tW_t$。在剪扭共同作用下，为避免重复利用混凝土的抗力，应考虑剪扭的相关性。

试验表明，剪力和扭矩共同作用下，受剪和受扭承载力的相关关系接近 1/4 圆曲线，如图 6.17所示。

上图中，$T_c$、$T_{c0}$分别为无腹筋剪扭构件、纯扭构件的受扭承载力；$V_c$、$V_{c0}$分别为无腹筋剪扭构件、扭矩为零的受剪构件的受剪承载力；$T$、$T_0$ 分别为有腹筋剪扭构件、纯扭构件的受扭承载力；$V$、$V_0$ 分别为有腹筋剪扭构件、扭矩为零的受剪构件的受剪承载力。

由于剪扭相关性近似为 1/4 圆曲线，则对于无腹筋剪扭构件有：

$$\left(\frac{T_c}{T_{c0}}\right)^2+\left(\frac{V_c}{V_{c0}}\right)^2=1 \tag{6.22}$$

式中　$T_c$、$V_c$——无腹筋剪扭构件的受扭和受剪承载力；

$T_{c0}$——纯扭构件混凝土部分的受扭承载力，$T_{c0}=0.35f_tW_t$；

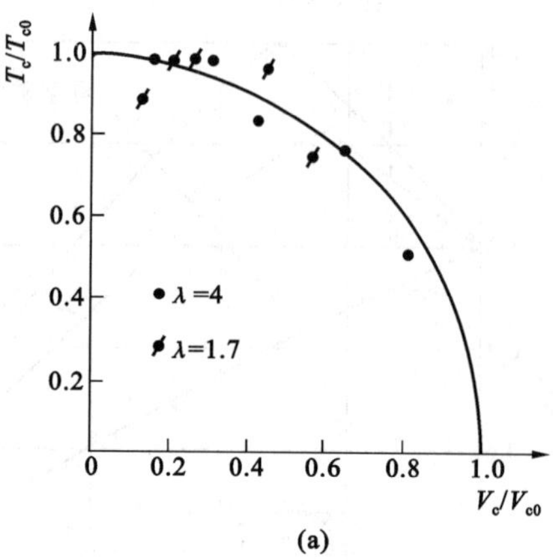


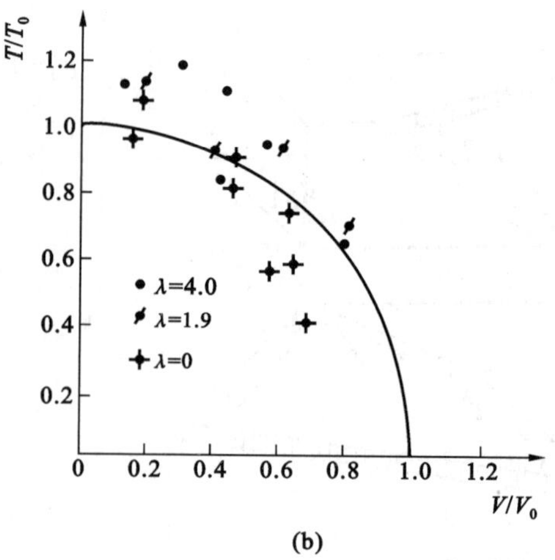


图 6.17　剪扭相关关系

(a) 无腹筋；(b) 有腹筋

$V_{c0}$——仅受剪时混凝土部分的受剪承载力，$V_{c0}=0.7f_tbh_0$ $\left(\text{或 } V_{c0}=\frac{1.75}{\lambda+1}f_tbh_0\right)$。

《混凝土结构设计标准》(GB/T 50010—2010)建议采用折减系数来反映剪力和扭矩共同作用下混凝土抗力的贡献，在1/4圆曲线中，取$\beta_t=T_c/T_{c0}$，$\beta_v=V_c/V_{c0}$，则式(6.22)可表示为

$$\beta_t^2+\beta_v^2=1 \tag{6.23}$$

为简化计算，采用图6.18所示的$AB$、$BC$、$CD$三折线关系来近似表示剪扭相关性中1/4圆关系。

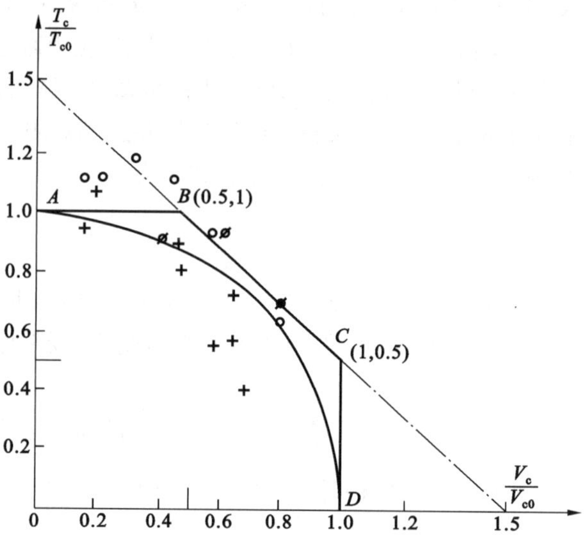


图 6.18　混凝土部分剪扭近似相关关系

$AB$段，$\beta_v=V_c/V_{c0}\leqslant 0.5$，剪力对受扭承载力的影响很小，取$\beta_t=T_c/T_{c0}=1.0$。

$CD$段，$\beta_t=T_c/T_{c0}\leqslant 0.5$，扭矩对受剪承载力的影响很小，取$\beta_v=V_c/V_{c0}=1.0$。

$BC$直线段，$\beta_t=T_c/T_{c0}>0.5$，$\beta_v=V_c/V_{c0}>0.5$，应考虑剪力和扭矩对承载力的影响，有：

$$\frac{T_c}{T_{c0}}+\frac{V_c}{V_{c0}}=1.5 \tag{6.24a}$$

或

$$\beta_t+\beta_v=1.5 \tag{6.24b}$$

由$\beta_t=T_c/T_{c0}$，则$V_c/V_{c0}=1.5-\beta_t$，得

$$\beta_t = \frac{1.5}{1+\frac{V_c}{V_{c0}}\cdot\frac{T_{c0}}{T_c}} \tag{6.25}$$

近似用剪扭比设计值$\frac{V}{T}$代替$\frac{V_c}{T_c}$，对一般受扭构件，将 $T_{c0}=0.35f_tW_t$、$V_{c0}=0.7f_tbh_0$ 代入式(6.25)，得：

$$\beta_t = \frac{1.5}{1+0.5\frac{V}{T}\cdot\frac{W_t}{bh_0}} \tag{6.26}$$

对集中荷载作用下的独立剪扭构件，将 $T_{c0}=0.35f_tW_t$、$V_{c0}=\frac{1.75}{\lambda+1}f_tbh_0$ 代入式(6.25)，得：

$$\beta_t = \frac{1.5}{1+0.2(\lambda+1)\frac{V}{T}\cdot\frac{W_t}{bh_0}} \tag{6.27}$$

相应的 $\beta_v$ 为：

$$\beta_v = 1.5-\beta_t \tag{6.28}$$

式中 $\beta_t$——剪力和扭矩共同作用下构件混凝土受扭承载力降低系数；

$\beta_v$——剪力和扭矩共同作用下构件混凝土受剪承载力降低系数。

### 6.4.3 弯剪扭构件受扭承载力计算

弯剪扭共同作用下，各项承载力之间的相互影响使计算复杂。为简化计算，《混凝土结构设计标准》(GB/T 50010—2010)基于试验研究结果，在弯剪扭构件承载力的计算中，对混凝土部分考虑剪扭相关性，避免混凝土贡献的抗力被重复利用。而对钢筋贡献的抗力采用简单叠加方法，即纵筋按受弯与受扭分别计算后叠加，箍筋按受扭和受剪分别计算后叠加。

6.4.3.1 剪扭构件承载力计算公式

引入折减系数 $\beta_t$ 和 $\beta_v$，一般对有腹筋剪扭构件，其受扭和受剪承载力可分别表示为两部分叠加，即：

$$\left.\begin{aligned} T_u &= T_c+T_s=\beta_tT_{c0}+T_s \\ V_u &= V_c+V_s=(1.5-\beta_t)V_{c0}+V_s \end{aligned}\right\} \tag{6.29}$$

式中 $T_c$、$V_c$——混凝土部分承担的扭矩和剪力，考虑剪扭相关性；

$T_s$、$V_s$——抗扭和抗剪钢筋承担的扭矩和剪力，按纯扭和受剪的情况分别计算钢筋后叠加。

(1) 矩形截面一般剪扭构件

$$\left.\begin{aligned} T &\leqslant T_u=0.35\beta_tf_tW_t+1.2\sqrt{\zeta}f_{yv}\frac{A_{st1}}{s}A_{cor} \\ V &\leqslant V_u=0.7(1.5-\beta_t)f_tbh_0+f_{yv}\frac{nA_{sv1}}{s}h_0 \end{aligned}\right\} \tag{6.30}$$

(2) 集中荷载作用下的矩形截面独立剪扭构件

$$\left.\begin{aligned} T &\leqslant T_u=0.35\beta_tf_tW_t+1.2\sqrt{\zeta}f_{yv}\frac{A_{st1}}{s}A_{cor} \\ V &\leqslant V_u=\frac{1.75}{\lambda+1}(1.5-\beta_t)f_tbh_0+f_{yv}\frac{nA_{sv1}}{s}h_0 \end{aligned}\right\} \tag{6.31}$$

$\lambda$ 为剪跨比，当 $\lambda<1.5$ 时，取 $\lambda=1.5$；当 $\lambda>3.0$ 时，取 $\lambda=3.0$。

$\beta_t$ 为混凝土受扭承载力降低系数，分别按式(6.26)和式(6.27)取用，当 $\beta_t<0.5$ 时，取 $\beta_t=0.5$；当 $\beta_t>1.0$ 时，取 $\beta_t=1.0$。

6.4.3.2 弯剪扭构件承载力计算

当构件同时承受弯矩设计值 $M$、剪力设计值 $V$ 和扭矩设计值 $T$ 作用时，承载力计算步骤如下：

(1) 按弯矩设计值 $M$ 进行受弯构件正截面承载力设计，确定受弯纵筋 $A_s$ 和 $A_s'$。

(2) 按剪扭构件计算受扭箍筋 $A_{st1}$、受剪箍筋 $A_{sv1}$ 以及受扭纵筋 $A_{stl}$：

受扭箍筋

$$\frac{A_{st1}}{s}=\frac{T-0.35\beta_t f_t W_t}{1.2\sqrt{\zeta}f_{yv}A_{cor}} \tag{6.32a}$$

受剪箍筋

$$\frac{nA_{sv1}}{s}=\frac{V-0.7(1.5-\beta_t)f_t bh_0}{f_{yv}h_0} \tag{6.32b}$$

或

$$\frac{nA_{sv1}}{s}=\frac{V-(1.5-\beta_t)\dfrac{1.75}{\lambda+1}f_t bh_0}{f_{yv}h_0} \tag{6.32c}$$

受扭纵筋

$$A_{stl}=\zeta\frac{A_{st1}}{s}\cdot\frac{f_{yv}}{f_y}u_{cor} \tag{6.32d}$$

(3) 将上述第(1)步和第(2)步计算所得的纵筋进行叠加：受弯纵筋 $A_s$ 和 $A_s'$分别布置在截面的受拉侧(底部)和受压侧(顶部)，如图 6.19(a)所示；受扭纵筋应沿截面四周均匀配置，如图 6.19(b)所示；叠加这两部分纵筋，配置结果如图 6.19(c)所示。

(4) 将上述第(1)步和第(2)步计算所得的箍筋进行叠加：受剪箍筋$\frac{nA_{sv1}}{s}$的配置($n=4$)如图 6.20(a)所示；受扭箍筋$\frac{A_{st1}}{s}$沿截面周边配置，如图 6.20(b)所示；叠加这两部分箍筋，配置结果如图 6.20(c)所示。

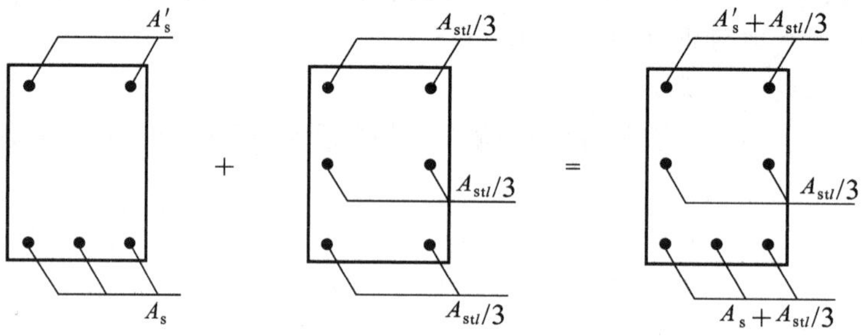


图 6.19 弯扭纵筋的叠加

(a) 受弯纵筋；(b) 受扭纵筋；(c) 纵筋叠加

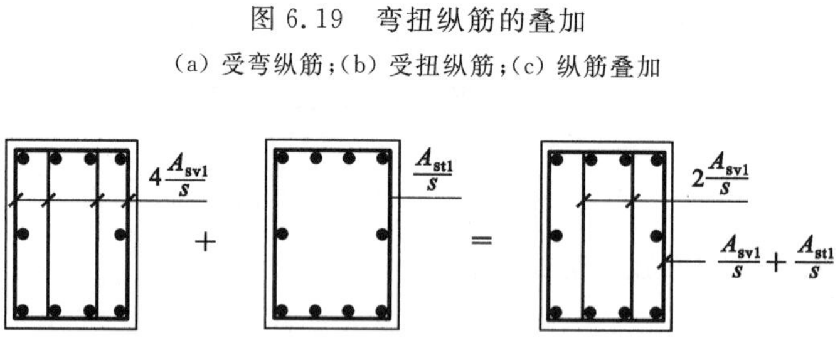


图 6.20 剪扭箍筋的叠加

(a) 受剪箍筋；(b) 受扭箍筋；(c) 箍筋叠加

为进一步简化计算，《混凝土结构设计标准》(GB/T 50010—2010)还规定：当剪力 $V$ 和扭矩 $T$ 中某项内力很小时，可以忽略该项内力的影响，即：

(1) 当剪力 $V\leqslant 0.35f_t bh_0$(或 $V\leqslant\frac{0.875}{\lambda+1}f_t bh_0$)时，可忽略剪力的影响，仅按受弯构件正截面承载力和

纯扭构件受扭承载力分别进行计算，然后将钢筋叠加配置；

(2) 当扭矩 $T \leqslant 0.175 f_t W_t$ 时，可忽略扭矩的影响，仅按受弯构件的正截面承载力和斜截面承载力分别进行计算，配置纵筋和箍筋。

### 6.4.4 受扭计算公式适用条件

6.4.4.1 截面限制条件

为避免发生完全超筋破坏，采用控制截面尺寸限制条件，即弯剪扭构件的截面应满足：

当$\frac{h_w}{b} \leqslant 4$时

$$\frac{V}{bh_0} + \frac{T}{0.8W_t} \leqslant 0.25\beta_c f_c \tag{6.33a}$$

当$\frac{h_w}{b} = 6$时

$$\frac{V}{bh_0} + \frac{T}{0.8W_t} \leqslant 0.2\beta_c f_c \tag{6.33b}$$

当 $4 < \frac{h_w}{b} < 6$ 时，按直线内插法取用；当$\frac{h_w}{b} > 6$ 时，受扭构件中的截面尺寸要求及承载力计算应符合专门规定。

如果不满足以上条件，则应增大截面尺寸或提高混凝土强度 $f_c$。

6.4.4.2 最小配筋率

为避免发生少筋破坏，采用控制最小配筋率限制条件，即：

(1) 剪扭箍筋的配箍率应满足：

$$\rho_{sv} = \frac{A_{sv}}{bs} \geqslant \rho_{sv,min} = 0.28\frac{f_t}{f_{yv}} \tag{6.34}$$

(2) 受扭纵筋的配筋率应满足：

$$\rho_{tl} = \frac{A_{stl}}{bh} \geqslant \rho_{tl,min} = 0.6\sqrt{\frac{T}{Vb}} \cdot \frac{f_t}{f_y} \tag{6.35}$$

其中，当$\frac{T}{Vb} > 2$ 时，取$\frac{T}{Vb} = 2$。如纯扭构件取$\frac{T}{Vb} = 2$，受扭纵筋的配筋率则应满足式(6.11)的要求。

(3) 弯曲受拉纵向钢筋的配筋率应满足其最小配筋率要求。

(4) 弯剪扭构件弯曲受拉边总纵筋不应小于按弯曲受拉钢筋最小配筋率计算出的钢筋截面面积与按受扭纵向受力钢筋最小配筋率计算并布置到弯曲受拉边的钢筋截面面积之和。

当满足条件

$$\frac{V}{bh_0} + \frac{T}{W_t} \leqslant 0.7 f_t \tag{6.36}$$

时不需要进行剪扭承载力计算，仅按构件最小配筋率、配箍率和构造要求配筋即可。

## 6.5 受扭构件配筋构造要求

由受扭构件的空间桁架模型可知，箍筋在整个周边上均受拉力，因此，箍筋应做成封闭型。为保证搭接处受力不产生相对滑动，当采用绑扎骨架时，箍筋末端应做成 135°弯钩，且弯钩端头平直段长度应不小于 $10d$($d$ 为箍筋直径)。箍筋间距应不大于表 5.2中所规定的最大箍筋间距要求，且不大于截面短边尺寸 $b$，箍筋直径应不小于表 5.3 中所规定的最小箍筋直径要求。

受扭纵筋应沿截面周边均匀、对称布置，截面四角必须布置受扭纵筋，纵筋间距不大于 200 mm。受扭纵筋的搭接和锚固均应按受拉钢筋的构造要求处理。受扭构件的配筋要求如图 6.21 所示。

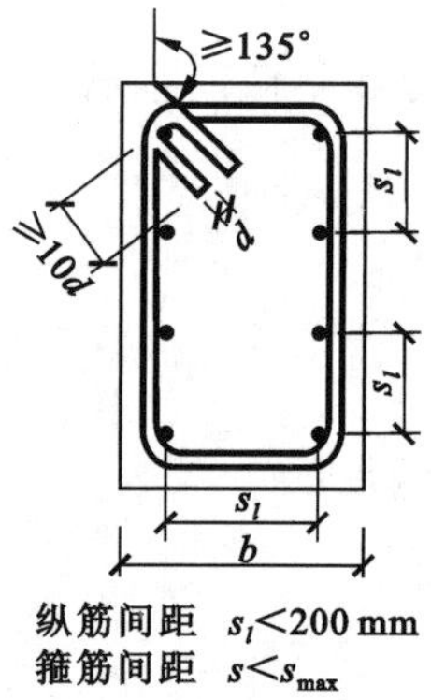


图 6.21 受扭构件配筋构造

【扫码演示】

【例 6.2】 已知某矩形截面梁的截面尺寸为 $b\times h=300\text{ mm}\times 500\text{ mm}$，梁净跨度 $l=6$ m。梁承受扭矩设计值 $T=25$ kN·m，弯矩设计值 $M=150$ kN·m，均布荷载的剪力设计值 $V=120$ kN，采用 C30 混凝土，纵筋采用 HRB400 级钢筋，箍筋采用 HPB300 级钢筋。混凝土保护层厚为 25 mm(二 a 类环境)，试设计所需配置的钢筋。

【解】 (1) 设计参数

查附表 2 和附表 6 得，$f_c=14.3\text{ N/mm}^2$，$f_t=1.43\text{ N/mm}^2$，$f_y=360\text{ N/mm}^2$，$f_{yv}=270\text{ N/mm}^2$，$\xi_b=0.518$，$\alpha_{s,max}=0.384$。

混凝土保护层厚度 $c=25$ mm，混凝土强度影响系数 $\beta_c=1.0$。

(2) 验算截面尺寸

设箍筋直径为 10mm，纵筋直径 $d=20$ mm，$a_s=25+10+\dfrac{d}{2}=45$ mm，取 $h_0=500-45=455$ mm。

截面核心部分的短边和长边尺寸分别为：

$$b_{cor}=300-25\times 2-10\times 2=230\text{ mm}$$

$$h_{cor}=500-25\times 2-10\times 2=430\text{ mm}$$

则截面核心部分的面积和周长分别为：

$$A_{cor}=b_{cor}h_{cor}=230\times 430=98900\text{ mm}^2$$

$$u_{cor}=2\times(b_{cor}+h_{cor})=2\times(230+430)=1320\text{ mm}$$

塑性抵抗矩为：

$$W_t=\frac{b^2}{6}(3h-b)=\frac{300^2}{6}\times(3\times 500-300)=18\times 10^6\text{ mm}^3$$

由式(6.33a)有：

$$\frac{V}{bh_0}+\frac{T}{0.8W_t}=\frac{120\times 10^3}{300\times 455}+\frac{25\times 10^6}{0.8\times 18\times 10^6}=2.615\text{ N/mm}^2$$

$$<0.25\beta_c f_c=0.25\times 1.0\times 14.3=3.575\text{ N/mm}^2$$

截面满足要求。

又由式(6.36)有：

$$\frac{V}{bh_0}+\frac{T}{W_t}=\frac{120\times 10^3}{300\times 455}+\frac{25\times 10^6}{18\times 10^6}=2.268\text{ N/mm}^2$$

$$>0.7f_t=0.7\times 1.43=1.001\text{ N/mm}^2$$

需按计算配置钢筋。

(3) 确定构件计算方法

$$V=120\text{ kN}>0.35f_tbh_0=0.35\times 1.43\times 300\times 455=68.3\text{ kN}$$

$$T=25\text{ kN}\cdot\text{m}>0.175f_tW_t=0.175\times 1.43\times 18\times 10^6=4.5\text{ kN}\cdot\text{m}$$

剪力和扭矩均不可忽略，需按弯剪扭共同作用计算钢筋。

(4) 确定受弯正截面承载力所需纵筋

$$\alpha_s=\frac{M}{\alpha_1 f_c bh_0^2}=\frac{150\times 10^6}{1.0\times 14.3\times 300\times 455^2}=0.169<\alpha_{s,max}=0.384$$

$$\xi=1-\sqrt{1-2\alpha_s}=1-\sqrt{1-2\times 0.169}=0.186<\xi_b=0.518$$

$$A_s=\xi bh_0\frac{\alpha_1 f_c}{f_y}=0.186\times 300\times 455\times\frac{1.0\times 14.3}{360}=1009\text{ mm}^2$$

$$\rho_{min}=\max\left(0.45\frac{f_t}{f_y},0.2\%\right)=0.002$$

$$A_s = 1009\ \text{mm}^2 > \rho_{\min} bh = 0.002 \times 300 \times 500 = 300\ \text{mm}^2$$

(5) 受剪计算

由式(6.26)有：

$$\beta_t = \frac{1.5}{1 + 0.5\dfrac{V}{T}\dfrac{W_t}{bh_0}} = \frac{1.5}{1 + 0.5 \times \dfrac{120 \times 10^3}{25 \times 10^6} \times \dfrac{18 \times 10^6}{300 \times 455}} = 1.14 > 1.0$$

取 $\beta_t = 1.0$。

确定受剪箍筋，设箍筋肢数 $n=2$，则由式(6.32b)有：

$$\begin{aligned}\frac{A_{sv1}}{s} &= \frac{V - 0.7(1.5 - \beta_t) f_t bh_0}{n \times f_{yv} h_0} \\ &= \frac{120 \times 10^3 - 0.7 \times (1.5 - 1.0) \times 1.43 \times 300 \times 455}{2 \times 270 \times 455} \\ &= 0.21\end{aligned}$$

(6) 受扭计算

确定受扭箍筋，设 $\zeta = 1.2$，则由式(6.32a)有：

$$\begin{aligned}\frac{A_{st1}}{s} &= \frac{T - 0.35\beta_t f_t W_t}{1.2\sqrt{\zeta} \cdot f_{yv} A_{cor}} \\ &= \frac{25 \times 10^6 - 0.35 \times 1 \times 1.43 \times 18 \times 10^6}{1.2 \times \sqrt{1.2} \times 270 \times 98900} \\ &= 0.46\end{aligned}$$

由式(6.32d)确定受扭纵筋：

$$A_{stl} = \zeta \frac{f_{yv}}{f_y} u_{cor} \frac{A_{st1}}{s} = 1.2 \times \frac{270}{360} \times 1320 \times 0.46 = 546.5\ \text{mm}^2$$

验算受扭纵筋最小配筋率，由式(6.35)有：

$$\frac{T}{Vb} = \frac{25 \times 10^6}{120 \times 10^3 \times 300} = 0.69 < 2$$

$$\rho_{tl,\min} = 0.6\sqrt{\frac{T}{Vb}} \cdot \frac{f_t}{f_y} = 0.6 \times \sqrt{0.69} \times \frac{1.43}{360} = 0.198\%$$

$$A_{stl} = 546.5\ \text{mm}^2 > \rho_{tl,\min} bh = 0.00198 \times 300 \times 500 = 297\ \text{mm}^2$$

(7) 选配钢筋

① 确定剪扭作用的箍筋

$$\frac{A_{sv1}}{s} + \frac{A_{st1}}{s} = 0.21 + 0.46 = 0.67$$

取箍筋直径为 10 mm，则有 $A_{sv1} = 78.5\ \text{mm}^2$，则：

$$s = \frac{78.5}{0.67} = 117\ \text{mm}$$

选双肢箍筋Φ10@110。

② 确定纵筋

受扭纵筋分三层，每层 2 根。梁顶部和中部各层配筋为：

$$\frac{A_{stl}}{3} = \frac{546.5}{3} = 182.2\ \text{mm}^2$$

各选 2Φ12，则有 $A_s = 226\ \text{mm}^2$，满足要求。

梁底部纵筋配置：

$$A_s + \frac{A_{stl}}{3} = 1009 + \frac{546.5}{3} = 1191.2\ \text{mm}^2$$

选 4 Φ 20，则有 $A_s=1256\ \mathrm{mm}^2$，满足要求。

(8) 验算最小配箍率

$$\rho_{sv,min}=0.28\frac{f_t}{f_{yv}}=0.28\times\frac{1.43}{270}=0.148\%$$

$$\rho_{sv}=\frac{2\left(\frac{A_{sv1}}{s}+\frac{A_{st1}}{s}\right)}{b}=\frac{2\times(0.21+0.46)}{300}$$

$$=0.45\%>\rho_{sv,min}$$

满足要求。截面配筋如图 6.22 所示。

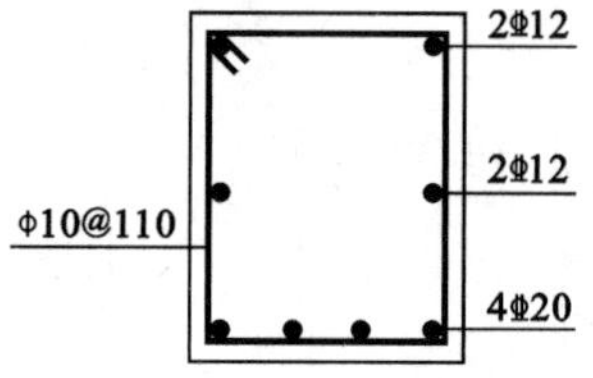


图 6.22　例 6.2 截面配筋图

## 6.6　压弯剪扭构件的承载力计算

### 6.6.1　压扭构件

当有轴向压力作用时，轴向压力 $N$ 的存在会限制受扭斜裂缝的发展，提高受扭承载力。根据试验结果，《混凝土结构设计标准》(GB/T 50010—2010)规定由下式计算矩形截面压扭构件的受扭承载力：

$$T\leqslant 0.35f_tW_t+1.2\sqrt{\zeta}f_{yv}\frac{A_{st1}}{s}A_{cor}+0.07\frac{N}{A}W_t \tag{6.37}$$

式中　$N$——与扭矩设计值 $T$ 相应的轴向压力设计值，当 $N\geqslant 0.3f_cA$ 时，取 $N=0.3f_cA$；

$A$——构件截面面积。

式(6.37)中 $0.07\frac{N}{A}W_t$ 是轴向压力对混凝土部分受扭承载力的贡献。因此，当扭矩 $T\leqslant 0.7f_tW_t+0.07\frac{N}{A}W_t$ 时，可按最小配筋率和构造要求配置受扭钢筋。

### 6.6.2　压弯剪扭构件

与弯剪扭构件计算方法类似，对于在轴向压力、弯矩、剪力和扭矩共同作用下的框架柱，按轴向压力和弯矩进行正截面承载力计算确定纵筋 $A_s$ 和 $A_s'$。剪扭承载力需按下式考虑剪扭相关作用并计算确定配筋，然后再将钢筋叠加：

$$T\leqslant\beta_t\left(0.35f_tW_t+0.07\frac{N}{A}W_t\right)+1.2\sqrt{\zeta}f_{yv}\frac{A_{st1}}{s}A_{cor} \tag{6.38a}$$

$$V\leqslant(1.5-\beta_t)\left(\frac{1.75}{\lambda+1}f_tbh_0+0.07N\right)+f_{yv}\frac{nA_{sv1}}{s}h_0 \tag{6.38b}$$

式中 $\beta_t$ 含义同前。当$\frac{V}{bh_0}+\frac{T}{W_t}\leqslant 0.7f_t+0.07\frac{N}{bh_0}$时，可按最小配筋率和构造要求配置钢筋。

当扭矩 $T\leqslant 0.175f_tW_t$ 时，可仅按偏心受压构件的正截面受弯承载力和框架柱的斜截面受剪承载力分别进行计算。

压弯剪扭构件的钢筋配置叠加方法与弯剪扭构件类似，纵向钢筋按偏心受压构件正截面承载力和式(6.38a)计算的受扭承载力分别计算所需要的纵筋截面面积，并将其在相应位置叠加配置；箍筋应按式(6.38a)的受扭承载力与式(6.38b)的受剪承载力计算所需要的箍筋截面面积，并在相应位置叠加配置。

## 6.7　拉弯剪扭构件的承载力计算

### 6.7.1　拉扭构件

当有轴向拉力作用时，轴向拉力 $N$ 使纵筋产生拉应力，因此，纵筋的受扭作用受到削弱，从而降低了构件的受扭承载力。《混凝土结构设计标准》(GB/T 50010—2010)根据变角空间桁架模型和斜弯理论，由下式计算矩形截面拉扭构件的受扭承载力：

$$T \leqslant 0.35 f_t W_t + 1.2\sqrt{\zeta} f_{yv} \frac{A_{st1}}{s} A_{cor} - 0.2 \frac{N}{A} W_t \tag{6.39}$$

式中 $N$——与扭矩设计值 $T$ 相应的轴向拉力设计值，当 $N \geqslant 1.75 f_t A$ 时，取 $N = 1.75 f_t A$；

$A$——构件截面面积。

其他符号含义同前。

### 6.7.2 拉弯剪扭构件

对于在轴向拉力、弯矩、剪力和扭矩共同作用下的钢筋混凝土矩形截面框架柱，其受剪扭承载力按下式计算：

$$T \leqslant \beta_t \left(0.35 f_t W_t - 0.2 \frac{N}{A} W_t\right) + 1.2\sqrt{\zeta} f_{yv} \frac{A_{st1}}{s} A_{cor} \tag{6.40a}$$

$$V \leqslant (1.5 - \beta_t)\left(\frac{1.75}{\lambda + 1} f_t b h_0 - 0.2N\right) + f_{yv} \frac{n A_{sv1}}{s} h_0 \tag{6.40b}$$

式中符号含义同前。

## 本章小结

扭转是构件的基本受力形式之一，构件处于纯扭矩作用的情况是极少的，绝大多数都是处于弯矩、剪力和扭矩共同作用的复合受扭情况。钢筋混凝土构件的扭转可以分为两类，即平衡扭转和协调扭转。

混凝土既不是理想的弹性材料，也不是理想的塑性材料，混凝土构件的开裂扭矩按理想的弹性应力分布计算的值偏低，而按理想的塑性应力分布计算的值又偏高，要想准确地确定截面真实的应力分布是十分困难的。计算开裂扭矩的办法是在按塑性应力分布计算的基础上，根据试验结果乘以一个降低系数。$W_t$ 称为截面受扭塑性抵抗矩，T 形、工形、L 形截面的受扭塑性抵抗矩 $W_t$ 为各矩形分块的受扭塑性抵抗矩之和。

在实际结构中常采用横向封闭箍筋与纵向受力钢筋组成的空间骨架来抵抗扭矩，钢筋混凝土纯扭构件的破坏形态有适筋破坏、少筋破坏、完全超筋破坏和部分超筋破坏四类，其中少筋破坏和完全超筋破坏带有明显的脆性，设计中应予以避免。纯扭构件的受力模型可以用空间桁架来比拟，构件的受扭承载力 $T_u$ 由混凝土承担的扭矩 $T_c$ 和抗扭钢筋承担的扭矩 $T_s$ 两部分组成，$\zeta$ 称为抗扭纵筋和抗扭箍筋的配筋强度比。受扭承载力计算公式的截面限制条件是为了防止超筋破坏，规定抗扭纵筋和箍筋的最小配筋率是为了防止少筋破坏。

构件受扭、受弯与受剪承载力之间的相互影响问题过于复杂，采用统一的相关方程来计算比较困难。为了简化计算，《混凝土结构设计标准》(GB/T 50010—2010)对弯剪扭构件的计算采用了对混凝土提供的抗力部分考虑剪扭相关性，而对钢筋提供的抗力部分采用叠加的方法，$\beta_t$ 称为剪扭构件混凝土受扭承载力降低系数。在弯矩、剪力和扭矩共同作用下的 T 形和工形截面构件的承载力计算方法，是先将截面划分为几个矩形分块，然后将扭矩 $T$ 按各矩形分块的截面受扭塑性抵抗矩分配给各个矩形分块，分别进行计算。抗弯纵筋应按整个 T 形或工形截面计算；腹板应承担全部的剪力和相应分配的扭矩；受压和受拉翼缘不考虑其承受剪力，按其所分配的扭矩按纯扭构件计算。

轴向压力可以抵消部分拉应力，延缓裂缝的出现，对提高构件的受扭和受剪承载力是有利的，在计算中应考虑这一有利影响。

## 思考题与习题

6.1 扭转斜裂缝与受剪斜裂缝有何异同？

6.2 纯扭构件有哪些破坏形态？破坏特征是什么？

6.3　配筋强度比 $\zeta$ 的含义是什么？有何作用？

6.4　纯扭构件计算中如何防止完全超筋破坏和少筋破坏？如何避免部分超筋破坏？

6.5　受扭构件与受弯构件的纵筋和箍筋配置要求有何异同？

6.6　剪扭构件计算中如何防止超筋破坏和少筋破坏？试比较正截面受弯、斜截面受剪、受纯扭和受剪扭设计中防止超筋破坏和少筋破坏的措施。

6.7　弯矩 $M$、剪力 $V$ 和扭矩 $T$ 之间的大小比值和配筋情况对弯剪扭构件的破坏形态有何影响？试说明剪扭承载力相关关系的特点。

6.8　剪扭承载力计算中为什么仅在第一项（混凝土部分）考虑剪扭相关影响？

6.9　试简述弯剪扭构件的承载力计算方法。

6.10　已知矩形截面受扭构件，截面尺寸 $b\times h=300$ mm×600 mm，承受设计扭矩 $T=60$ kN·m，混凝土采用C30，纵筋采用HRB400级钢筋，箍筋采用HPB300级钢筋。$a_s=45$ mm，试设计抗扭箍筋和纵筋，并绘制截面配筋图。

6.11　已知一均布荷载作用下的矩形截面构件，截面尺寸 $b\times h=250$ mm×500 mm，承受设计弯矩 $M=100$ kN·m，均布荷载的设计剪力 $V=80$ kN，设计扭矩 $T=10$ kN·m，混凝土采用C30，箍筋采用HPB300级钢筋，纵筋采用HRB400级钢筋，$a_s=45$ mm。试设计配筋，并绘制截面配筋图。

# 7 受压构件承载力计算

**本 章 提 要**

本章介绍了钢筋混凝土轴心受压及偏心受压构件的截面承载力设计计算方法及构造要求。轴心受压构件的设计计算，要求掌握配有普通箍筋柱和配螺旋式(或焊环式)箍筋柱的正截面承载力计算方法，充分理解长细比对构件承载力影响的物理意义。偏心受压构件主要要求掌握单向偏心受压构件的设计计算，包括：大小偏心受压构件的破坏形态、判别条件、正截面承载力计算简图和设计方法、适用条件及构造要求，并深入理解 $N$-$M$ 关系曲线及其应用。对矩形截面框架柱，应掌握斜截面受剪承载力计算。

## 7.1 受压构件的类型及一般构造要求

### 7.1.1 受压构件的类型

受压构件是工程中以承受压力作用为主的受力构件，如建筑结构中的柱和墙、桁架中的受压腹杆和弦杆、桥梁中的桥墩等。受压构件一般在结构中起着重要的作用，其破坏与否将直接影响整个结构是否破坏或倒塌。

通常在荷载作用下，受压构件其截面上作用有轴力、弯矩和剪力。在计算受压构件时，常将作用在截面上的弯矩化为等效的偏离截面重心的轴向力考虑。当轴向力作用线与构件截面重心轴重合时，称为轴心受压构件；当弯矩和轴力共同作用于构件上或当轴向力作用线与构件截面重心轴不重合时，称为偏心受压构件；当轴向力作用线与截面的重心轴平行且沿某一主轴偏离重心时，称为单向偏心受压构件；当轴向力作用线与截面的重心轴平行且偏离两个主轴时，称为双向偏心受压构件，如图 7.1 所示。

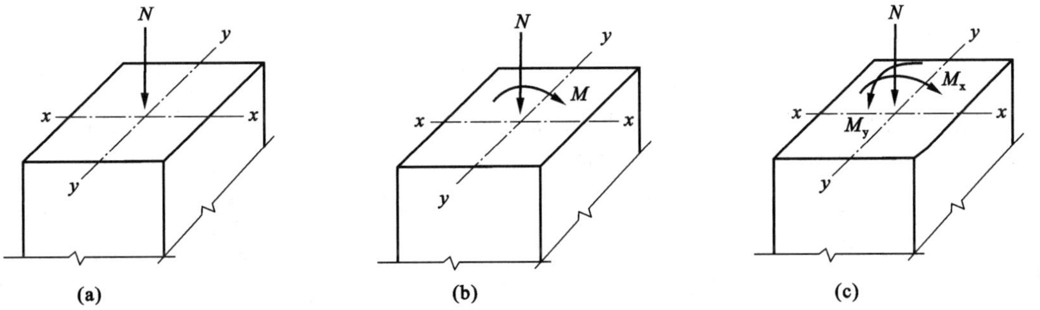


图 7.1 轴心受压与偏心受压

(a) 轴心受压；(b) 单向偏心受压；(c) 双向偏心受压

### 7.1.2 一般构造要求

受压构件除满足承载力计算要求外，还应满足相应的构造要求。为了配合本章讲授的设计计算内容，本节将结合《混凝土结构设计标准》(GB/T 50010—2010)的规定介绍钢筋混凝土受压构件的一般构造要求。

7.1.2.1 截面形式及尺寸

钢筋混凝土受压构件的截面形式要考虑到受力合理和模板制作方便。受压构件常用的截面形式为正方形和矩形两种截面;用于桥墩、桩和公共建筑的柱,可做成圆形或多边形;为了节省混凝土及减轻结构自重,预制偏心受压构件也常采用工形截面等形式。钢筋混凝土受压构件截面尺寸一般不宜小于250 mm×250 mm,以避免长细比过大,降低受压构件截面承载力,矩形截面框架柱的边长不应小于300 mm,圆形截面柱的直径不应小于350 mm。一般长细比宜控制在$\frac{l_0}{b}\leqslant 30$、$\frac{l_0}{h}\leqslant 25$、$\frac{l_0}{d}\leqslant 25$,此处$l_0$为柱的计算长度,$b$、$h$、$d$分别为柱的短边、长边尺寸和圆形柱的截面直径。为了施工制作方便,在800 mm以内时宜取50 mm为模数,800 mm以上时可取100 mm为模数。

7.1.2.2 纵向钢筋

钢筋混凝土受压构件中,纵向受力钢筋的作用是与混凝土共同承担由外荷载引起的内力,防止构件突然脆性破坏,减小混凝土非均质性引起的影响。同时,纵向钢筋还可以承担构件失稳破坏时凸出面出现的拉力以及由于荷载的初始偏心、混凝土收缩徐变、构件的温度变形等原因所引起的拉力等。

【扫码演示】

受压构件中,为了增加钢筋骨架的刚度,减小钢筋在施工时的纵向弯曲及减少箍筋用量,宜采用较粗直径的钢筋,以便形成刚性较好的骨架。因此,纵向受力钢筋直径不宜小于12 mm,其直径$d$一般在12~32 mm范围内选用。

矩形截面受压构件中纵向受力钢筋根数不得少于4根,以便与箍筋形成钢筋骨架。轴心受压构件中的纵向钢筋应沿构件截面周边均匀布置,偏心受压构件中的纵向钢筋应按计算要求布置在有偏心距方向作用平面的两侧。圆柱中纵向钢筋根数不宜少于8根,且不应少于6根,宜沿周边均匀布置。柱中纵向钢筋的净间距不应小于50 mm,且不宜大于300 mm;在偏心受压柱中,垂直于弯矩作用平面的侧面上的纵向受力钢筋以及轴心受压柱中各边的纵向受力钢筋,其间距不宜大于300 mm;水平浇筑的预制柱,纵向钢筋的最小净间距可按梁的有关规定取用。

当矩形截面偏心受压构件的截面高度$h\geqslant 600$ mm时,应在截面两个侧面设置直径$d$为10~16 mm的纵向构造钢筋,以防止构件因温度变化和混凝土收缩应力而产生裂缝,并相应地设置复合箍筋或拉筋。

为使纵向受力钢筋起到提高受压构件截面承载力的作用,纵向钢筋应满足最小配筋率的要求。全部纵向钢筋最小配筋百分率,对强度级别为300 N/mm$^2$的钢筋为0.6%,对强度级别为400 N/mm$^2$的钢筋为0.55%,对强度级别为500 N/mm$^2$的钢筋为0.5%,同时一侧钢筋的配筋率不应小于0.2%(详见附表15)。为了施工方便和考虑经济性要求,全部纵向钢筋的配筋率不宜超过5%。

7.1.2.3 箍筋

钢筋混凝土受压构件中箍筋的作用是为了防止纵向钢筋受压时压屈,同时保证纵向钢筋的正确位置,并与纵向钢筋组成整体骨架。柱中箍筋应做成封闭式箍筋,也可焊接成封闭环式。当柱截面短边尺寸大于400 mm且各边纵向钢筋多于3根,或当柱截面短边尺寸不大于400 mm但各边纵向钢筋多于4根时,应设置复合箍筋,如图7.2所示。采用热轧钢筋时,箍筋直径不应小于$d/4$,且不应小于6 mm,其中$d$为纵向钢筋的最大直径。箍筋间距不应大于400 mm及构件截面的短边尺寸,且不应大于15 $d$,此处$d$为纵向钢筋的最小直径。柱中全部纵向受力钢筋的配筋率大于3%时,箍筋直径不应小于8 mm;间距不应大于$10d$,且不应大于200 mm,$d$为纵向受力钢筋的最小直径;箍筋末端应做成135°弯钩,且弯钩末端平直长度不应小于箍筋直径的10倍。在配有螺旋式或焊接式间接钢筋的柱中,如计算中考虑间接钢筋的作用,则间接钢筋的间距不应大于80 mm及$d_{cor}/5$,且不宜小于40 mm,此处$d_{cor}$为按间接钢筋内表面确定的核心截面直径。

【扫码演示】

7.1.2.4 混凝土和钢筋强度

受压构件承载力受混凝土强度等级影响较大,为了充分利用混凝土承压,节约钢材,减小构件的截面尺寸,受压构件宜采用较高强度等级的混凝土。一般设计中常用的混凝土强度等级为C30~C50或更高。

试验表明,混凝土内配有纵向钢筋可使混凝土的变形能力有一定提高,随着纵筋配筋率的增大,混凝土的峰值应力变化不大,但峰值应变$\varepsilon_0$和极限应变$\varepsilon_{cu}$均有较明显增大(图2.22)。这是由于钢筋和混凝土之间存在很好的黏结，当混凝土应力接近或达到峰值时，其应力可向纵筋卸载，同时所配箍筋也对混凝土起到一定的约束作用，使受弯和偏心受压构件中受压钢筋（包括 HRB500 级、HRBF500 级钢筋）的抗压强度能够得到充分发挥。因此，《混凝土结构设计标准》（GB/T 50010—2010）规定，在受弯和偏心受压构件中热轧钢筋的抗压强度设计值均取 $f_y' = f_y$，这与国外规范是一致的；但对于轴心受压构件，当采用 HRB500 级、HRBF500 级钢筋时，抗压强度设计值 $f_y'$应取 400 N/mm$^2$（见附表 6）。

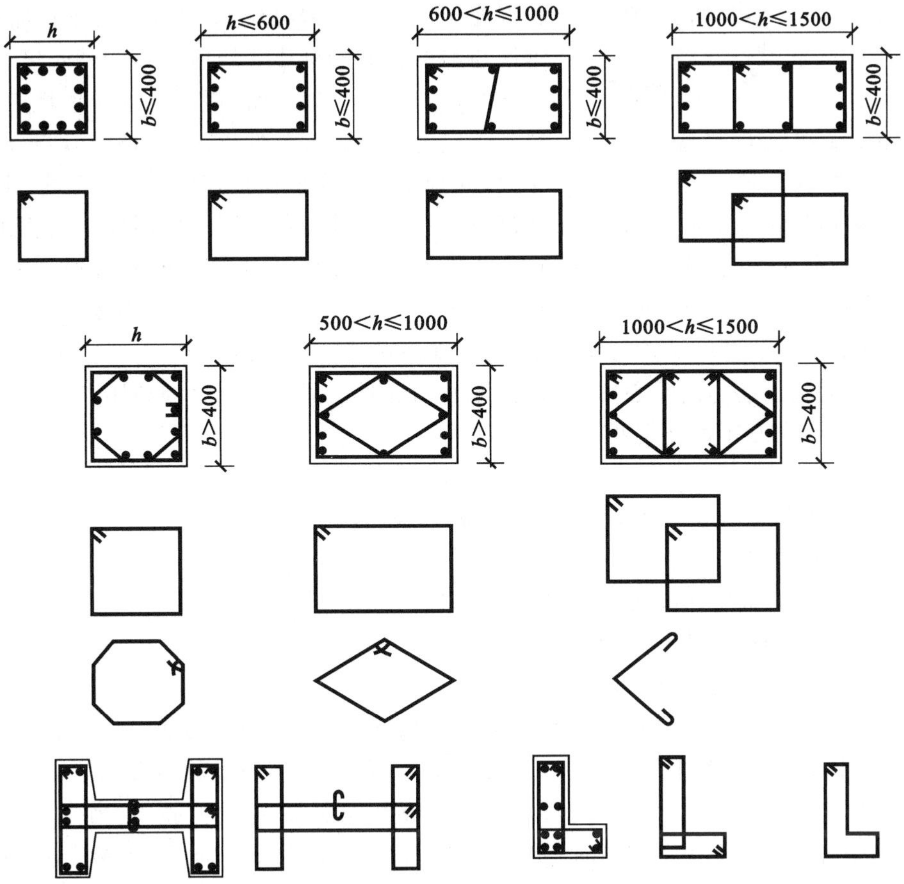


【扫码演示】

图 7.2　柱的箍筋形式

7.1.2.5　*保护层厚度*

受压构件混凝土保护层厚度与结构所处的环境类别和设计工作年限有关。设计工作年限为 50 年的钢筋混凝土受压构件最外层钢筋的保护层厚度应符合附表 14 的规定，设计工作年限为 100 年的混凝土结构保护层厚度不应小于附表 14 中数值的 1.4 倍，结构所处环境类别的规定见附表 10。

## 7.2　轴心受压构件承载力计算

在实际结构中，由于混凝土质量不均匀、配筋的不对称、制作和安装误差等原因，往往存在着或多或少的偏心，所以，在工程中理想的轴心受压构件是不存在的。因此，目前有些国家的设计规范中已经取消了轴心受压构件的计算。我国考虑到对以恒载为主的多层房屋的内柱、屋架的斜压腹杆和压杆等构件，往往因弯矩很小而略去不计，因此，仍近似简化为轴心受压构件进行计算。

依据钢筋混凝土柱中箍筋的配置方式和作用不同，轴心受压构件分为两种情况：普通箍筋轴心受压柱和螺旋箍筋轴心受压柱，如图 7.3 所示。普通箍筋的作用是防止纵筋压曲，改善构件的延性，并与纵筋形成钢筋骨架，便于施工。而螺旋箍筋柱中，箍筋外形为圆形（在纵筋外围连续缠绕或焊接），且较密，除了具

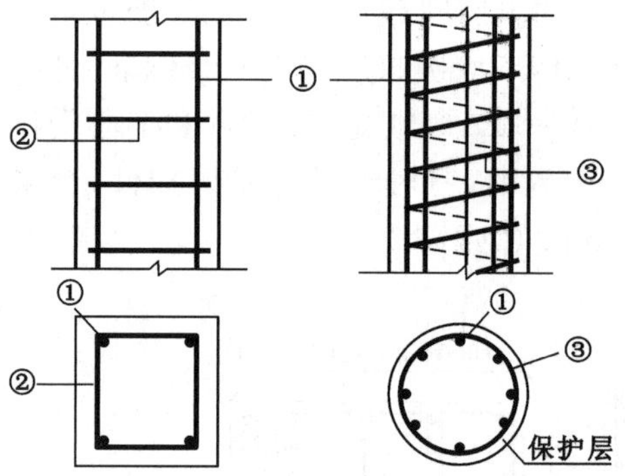


图 7.3　普通箍筋柱和螺旋箍筋柱

①—纵向受力钢筋；②、③—箍筋

有普通箍筋的作用外，还对核心混凝土起约束作用，提高了混凝土的抗压强度和延性。

### 7.2.1　配有普通箍筋轴心受压构件承载力计算

7.2.1.1　轴心受压短柱受力分析和破坏形态

钢筋混凝土轴心受压短柱在轴向压力作用下，由于钢筋和混凝土之间存在着黏结力，因此，从开始加载到破坏，纵向钢筋与混凝土共同受压。压应变沿构件长度上基本上是均匀分布的。当轴压力较小时，混凝土处于弹性工作状态，钢筋和混凝土应力按照二者弹性模量比值线性增长。随着轴压力的增大，混凝土塑性变形发展、变形模量降低，钢筋应力增长速度加快，混凝土应力增长逐渐变慢。当达到极限荷载时，在构件最薄弱区段的混凝土内将出现由微裂缝发展而成的肉眼可见的纵向裂缝，随着压应变的继续增长，这些裂缝将相互贯通，在外层混凝土剥落之后，核心部分的混凝土将在纵向裂缝之间被完全压碎。在这个过程中，混凝土的侧向膨胀将向外推挤钢筋，从而使纵向受压钢筋在箍筋之间呈灯笼状向外受压屈服，如图 7.4 所示。破坏时，一般中等强度的钢筋均能达到其抗压屈服强度，混凝土能达到轴心抗压强度，钢筋和混凝土都得到充分的利用。

轴心受压短柱的承载力计算公式可写成：

$$N_u = f_c A + f_y' A_s' \tag{7.1}$$

式中　$f_c$——混凝土的轴心抗压强度设计值，按附表 2 采用；

$A$——构件截面面积；

$f_y'$——纵向钢筋的抗压强度设计值(见附表 6)；

$A_s'$——全部纵向钢筋的截面面积。

7.2.1.2　轴心受压长柱受力特点

对长细比 $l_0/b$($l_0$ 为柱的计算长度，$b$ 为截面的短边尺寸)较大(细长)的柱，微小的初始偏心作用将使构件朝与初始偏心相反的方向产生侧向弯曲，如图 7.5(a)所示，这会使柱的承载力降低。试验结果表明，当长细比较大时，侧向挠度最初是以与轴向压力成正比例的方式缓慢增长的，但当压力达到破坏压力的 60%～70%时，挠度增长速度加快。破坏时，受压一侧往往产生较长的纵向裂缝，钢筋在箍筋之间向外压屈，构件中部的混凝土被压碎，而另一侧混凝土则被拉裂，在构件中部产生若干条以一定间距分布的水平裂缝，如图7.5(b)所示。

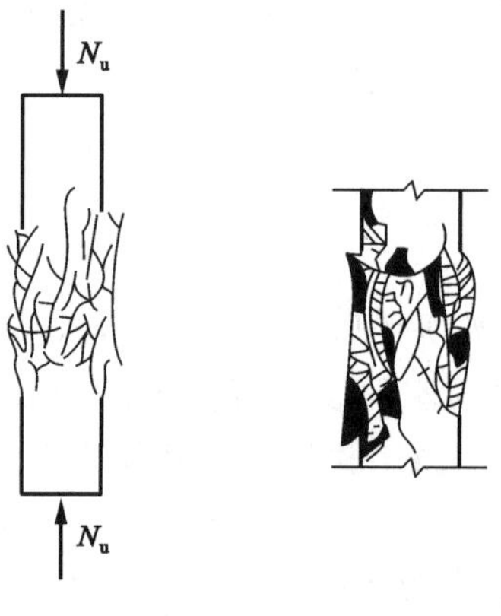


图 7.4　轴心受压短柱的破坏

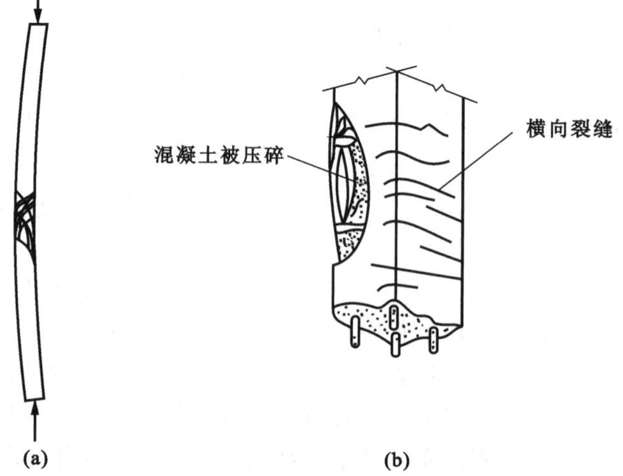


图 7.5　轴心受压长柱的破坏

(a) 长柱加载图；(b) 长柱破坏形态

当轴心受压构件的长细比更大，例如当 $l_0/b>35$ 时(指矩形截面，其中 $b$ 为产生侧向挠度方向的截面边长)，就可能发生失稳破坏。试验表明，长柱承载力低于其他条件相同的短柱承载力。《混凝土结构设计标准》(GB/T 50010—2010)采用构件的稳定系数 $\varphi$ 来表示长柱承载力降低的程度。

构件的稳定系数 $\varphi$ 主要和构件的长细比 $l_0/b$ 有关，随着 $l_0/b$ 的增大而减小，而混凝土强度等级及配筋率对其影响较小。根据国内外试验的实测结果，《混凝土结构设计标准》(GB/T 50010—2010)中规定了 $\varphi$ 的取值，如表 7.1 所示，可直接查用。

**表 7.1　钢筋混凝土轴心受压构件的稳定系数**

| $l_0/b$ | ≤8 | 10 | 12 | 14 | 16 | 18 | 20 | 22 | 24 | 26 | 28 |
|---|---|---|---|---|---|---|---|---|---|---|---|
| $l_0/d$ | ≤7 | 8.5 | 10.5 | 12 | 14 | 15.5 | 17 | 19 | 21 | 22.5 | 24 |
| $l_0/i$ | ≤28 | 35 | 42 | 48 | 55 | 62 | 69 | 76 | 83 | 90 | 97 |
| $\varphi$ | 1.00 | 0.98 | 0.95 | 0.92 | 0.87 | 0.81 | 0.75 | 0.70 | 0.65 | 0.60 | 0.56 |
| $l_0/b$ | 30 | 32 | 34 | 36 | 38 | 40 | 42 | 44 | 46 | 48 | 50 |
| $l_0/d$ | 26 | 28 | 29.5 | 31 | 33 | 34.5 | 36.5 | 38 | 40 | 41.5 | 43 |
| $l_0/i$ | 104 | 111 | 118 | 125 | 132 | 139 | 146 | 153 | 160 | 167 | 174 |
| $\varphi$ | 0.52 | 0.48 | 0.44 | 0.40 | 0.36 | 0.32 | 0.29 | 0.26 | 0.23 | 0.21 | 0.19 |

注：① $l_0$ 为构件的计算长度，对钢筋混凝土柱可按表 7.2 和表 7.3 规定采用；

② $b$ 为矩形截面的短边尺寸；$d$ 为圆形截面的直径；$i$ 为截面的最小回转半径。

**表 7.2　刚性屋盖单层房屋排架柱、露天吊车柱和栈桥柱的计算长度**

| 柱的类别 | | $l_0$ | | |
|---|---|---|---|---|
| | | 排架方向 | 垂直排架方向 | |
| | | | 有柱间支撑 | 无柱间支撑 |
| 无吊车房屋柱 | 单跨 | $1.5H$ | $1.0H$ | $1.2H$ |
| | 两跨及多跨 | $1.25H$ | $1.0H$ | $1.2H$ |
| 有吊车房屋柱 | 上柱 | $2.0H_u$ | $1.25H_u$ | $1.5H_u$ |
| | 下柱 | $1.0H_l$ | $0.8H_l$ | $1.0H_l$ |
| 露天吊车柱和栈桥柱 | | $2.0H_l$ | $1.0H_l$ | — |

注：① 表中 $H$ 为从基础顶面算起的柱子全高；$H_l$ 为从基础顶面至装配式吊车梁底面或现浇式吊车梁顶面的柱子下部高度；$H_u$ 为从装配式吊车梁底面或从现浇式吊车梁顶面算起的柱子上部高度；

② 表中有吊车房屋排架柱的计算长度，当计算中不考虑吊车荷载时，可按无吊车房屋柱的计算长度采用，但上柱的计算长度仍可按有吊车房屋采用；

③ 表中有吊车房屋排架柱的上柱在排架方向的计算长度仅适用于 $H_u/H_l\geqslant0.3$ 的情况；当 $H_u/H_l<0.3$ 时，计算长度宜采用 $2.5H_u$。

**表 7.3　框架结构各层柱的计算长度**

| 楼盖类型 | 柱的类别 | $l_0$ |
|---|---|---|
| 现浇楼盖 | 底层柱 | $1.0H$ |
| | 其余各层柱 | $1.25H$ |
| 装配式楼盖 | 底层柱 | $1.25H$ |
| | 其余各层柱 | $1.5H$ |

注：表中 $H$ 为底层柱从基础顶面到一层楼盖顶面的高度，对其余各层柱为上下两层楼盖顶面之间的高度。

7.2.1.3　受压承载力计算公式

(1)《混凝土结构设计标准》(GB/T 50010—2010)给出的轴心受压构件正截面承载力计算公式为：

$$N=0.9\varphi(f_cA+f_y'A_s') \tag{7.2}$$

式中 $N$——轴向压力设计值；

$\varphi$——钢筋混凝土构件的稳定系数，见表 7.1；

$f_c$——混凝土轴心抗压强度设计值；

$f'_y$——普通钢筋抗压强度设计值；

$A$——构件截面面积；

$A'_s$——全部纵向钢筋的截面面积。

当纵向钢筋配筋率大于 3%时，式中 $A$ 应改为 $A_n$，其中 $A_n = A - A'_s$。

(2) 配筋率

由于混凝土在长期荷载作用下具有徐变的特性，因此，钢筋混凝土轴心受压柱在长期荷载作用下，混凝土和钢筋将产生应力重分布，混凝土压应力将减小，而钢筋压应力将增大。配筋率越小，钢筋压应力增加越大，所以为了防止在正常使用荷载作用下，钢筋压应力由于徐变而增大到屈服强度，《混凝土结构设计标准》(GB/T 50010—2010)规定了受压构件的最小配筋率(见附表 15)。

但是，受压构件的配筋也不宜过多，因为考虑到实际工程中存在受压构件突然卸载的情况，如果配筋率太大，卸载后钢筋回弹，可能造成混凝土受拉甚至开裂。同时，为了施工方便和经济，轴心受压构件配筋率不宜超过 5%。

(3) 设计方法

在实际工程中遇到的轴心受压构件的设计问题可以分为截面设计和截面复核两大类。

① 截面设计

在设计截面时可以先依据构造要求选定材料强度等级，初选纵向钢筋配筋率 $\rho'$($\rho' = A'_s/A$)，并取稳定系数 $\varphi=1$，由式(7.2)求出所需的受压柱截面面积 $A$。轴心受压构件合理的截面形状是圆形或正方形，正方形截面可取边长为 $b=h=A^{\frac{1}{2}}$，也可采用矩形截面($b \times h = A$)。然后，由表 7.1确定实际的稳定系数 $\varphi$；再由式(7.2)求出所需的实际纵向钢筋面积。

② 截面复核

轴心受压构件的截面复核步骤比较简单，只需将有关数据代入式(7.2)即可求得构件所能承担的轴向力设计值。

**【例 7.1】** 某多层现浇框架结构房屋，底层中间柱按轴心受压构件计算。该柱以承受恒荷载为主，安全等级为二级。轴向力设计值 $N=3200$ kN，从基础顶面到一层楼盖顶面的高度 $H=5.6$ m，混凝土强度等级为 C30($f_c=14.3$ N/mm$^2$)，钢筋采用 HRB400 级钢筋($f'_y=360$ N/mm$^2$)。试求该柱截面尺寸及纵筋面积。

**【解】** (1) 确定截面形式和尺寸

由于是轴心受压构件，因此采用正方形截面形式，则截面尺寸为 $b=h=\sqrt{A}$。

设稳定性系数 $\varphi=1$，$\rho' = A'_s/A = 0.01$，则由计算式(7.2)变换有：

$$A = \frac{N}{0.9\varphi(f_c + \rho' f'_y)} = \frac{3200 \times 10^3}{0.9 \times (14.3 + 0.01 \times 360)} = 198634 \text{ mm}^2$$

则有 $b=h=\sqrt{A}=445.7$ mm，取 $b=h=450$ mm。

(2) 求稳定性系数

取计算长度 $l_0 = 1.0H = 1.0 \times 5600 = 5600$ mm(现浇楼盖底层柱)，则：

$$\frac{l_0}{b} = \frac{5600}{450} = 12.4$$

查表 7.1 并内插得 $\varphi=0.94$。

(3) 计算纵向钢筋截面面积 $A'_s$

由式(7.2)有：

$$A_s' = \frac{\dfrac{N}{0.9\varphi} - f_c A}{f_y'} = \frac{\dfrac{3200 \times 10^3}{0.9 \times 0.94} - 14.3 \times 450 \times 450}{360} = 2463.2\ \text{mm}^2$$

则纵向钢筋配筋率为：

$$\rho' = \frac{A_s'}{bh} = \frac{2463.2}{450 \times 450} = 1.22\%$$

可见，$0.55\% = \rho'_{min} < \rho' < \rho'_{max} = 5\%$，满足要求。选筋 8 Φ 20，实配 $A_s' = 2513\ \text{mm}^2$。

### 7.2.2 配有螺旋式箍筋轴心受压构件承载力计算

7.2.2.1 箍筋的约束作用及受力特点

混凝土的抗压强度与其横向变形的条件有关。当横向变形受到约束时，混凝土的抗压强度将得到提高，轴心受压柱的承载力也得到提高，配有螺旋式箍筋轴心受压柱就是这一原理的具体应用。对配置沿柱高连续缠绕、间距很密的螺旋式或焊接环式箍筋的柱，箍筋所包围的核心混凝土相当于受到一个套箍作用，有效地限制了核心混凝土的横向变形，使核心混凝土在三向压应力作用下工作，从而提高了轴心受压构件正截面承载力。因为这种柱是通过配置横向钢筋来间接增加柱的受压承载力，所以亦可称为间接配筋柱。图 7.6 所示为螺旋式和焊接环式箍筋柱的构造形式，柱的截面形状一般为圆形或正多边形。

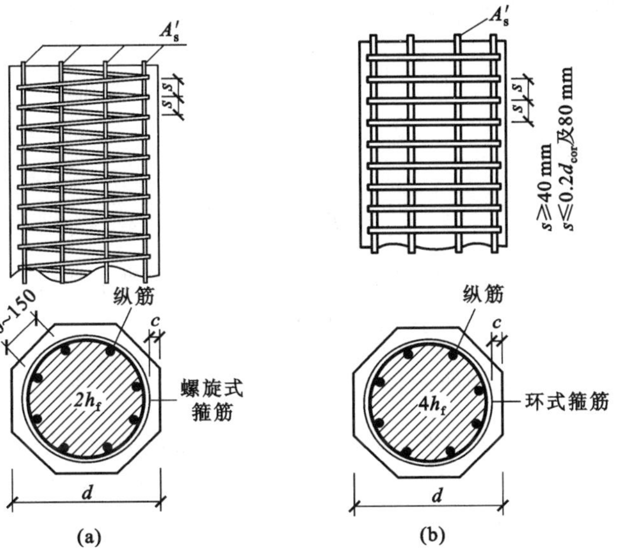


【扫码演示】

图 7.6 螺旋式和焊接环式箍筋柱

(a) 螺旋式箍筋柱；(b) 焊接环式箍筋柱

当竖向荷载较小时，混凝土横向变形小，螺旋箍筋对核心混凝土基本不形成约束，随着荷载的增大，混凝土逐渐发生越来越大的横向变形，相应的螺旋箍筋亦产生愈来愈大的环向拉力，同时对核心混凝土形成较大的横向约束。当荷载达到普通箍筋柱的极限荷载时，螺旋箍筋外的混凝土保护层开裂剥落，而核心混凝土可以继续受压，其抗压强度超过了混凝土单向抗压强度。当螺旋箍筋达到受拉屈服时，不能再约束核心混凝土的横向变形，核心混凝土将被压碎，柱随即破坏。

7.2.2.2 承载力计算公式

由于螺旋式(或焊接环式)箍筋的套箍作用，使核心混凝土的抗压强度由 $f_c$ 提高到 $f_{cc}$，可采用混凝土圆柱体侧向均匀压应力的三轴受压试验所得的近似公式计算，即：

$$f_{cc} \approx f_c + 4\sigma_r \tag{7.3}$$

式中 $\sigma_r$——螺旋式(或焊接环式)箍筋屈服时，柱的核心混凝土受到的径向压应力。

由图 7.7 可知，当螺旋式(或焊接环式)箍筋屈服时，由力的平衡条件有：

$$2f_{yv}A_{ss1} = \sigma_r d_{cor} s \tag{7.4}$$

式中 $f_{yv}$——螺旋箍筋(间接钢筋)的抗拉强度设计值；

$d_{cor}$——构件的核心截面直径或间接钢筋内表面之间的距离；

$A_{ss1}$——螺旋式或焊接环式单根间接钢筋的截面面积；

$s$——间接钢筋沿构件轴线方向的间距。

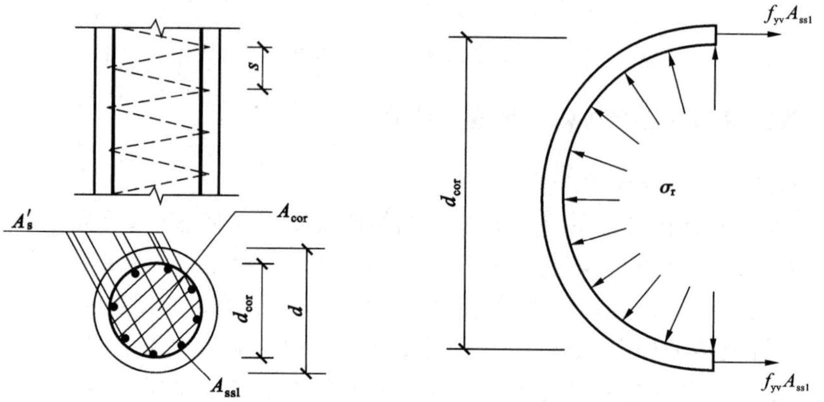


图 7.7 螺旋箍筋力的平衡图

试验研究表明，当混凝土强度等级提高时，箍筋的约束作用有所减弱，根据试验结果，可得表达式为：

$$\sigma_r = \frac{2\alpha f_{yv}A_{ss1}}{sd_{cor}} = \frac{2\alpha f_{yv}A_{ss1}d_{cor}\pi}{4\dfrac{\pi d_{cor}^2}{4}s} = \frac{2\alpha f_{yv}A_{ss0}}{4A_{cor}} \tag{7.5}$$

代入式(7.3)则有：

$$f_{cc} = f_c + \frac{2\alpha f_{yv}A_{ss0}}{A_{cor}} \tag{7.6}$$

式中 $\alpha$——间接钢筋对混凝土约束的折减系数：当混凝土强度等级不超过 C50 时，取 1.0；当混凝土强度等级为 C80 时，取 0.85，其间按线性内插法确定；

$A_{ss0}$——螺旋式或焊接式间接钢筋换算截面面积，$A_{ss0}=\dfrac{\pi d_{cor}A_{ss1}}{s}$；

$A_{cor}$——构件的核心混凝土截面面积，即间接钢筋内表面范围内的混凝土面积。

根据轴心受压柱达到最大承载力的平衡条件，当受压纵筋达到其屈服强度、螺旋式(或焊接环式)箍筋所约束的核心混凝土强度达 $f_{cc}$时，得承载力设计公式：

$$N \leqslant 0.9(f_{cc}A_{cor} + f_y'A_s') = 0.9(f_cA_{cor} + f_y'A_s' + 2\alpha f_{yv}A_{ss0}) \tag{7.7}$$

7.2.2.3 适用条件

当利用式(7.7)计算配有纵筋和螺旋式(或焊接环式)箍筋柱的承载力时，应满足一定的适用条件：

(1) 为了保证在使用荷载作用下，箍筋外层混凝土不致过早剥落，《混凝土结构设计标准》(GB/T 50010—2010)规定配螺旋式(或焊接环式)箍筋的轴心受压承载力设计值(按式(7.7)计算)不应大于按普通箍筋的轴心受压承载力设计值[按式(7.2)式计算]的 1.5 倍。

(2) 当遇有下列任意一种情况时，不考虑间接钢筋的影响，而按式(7.2)计算构件的承载力：

① 当 $l_0/d>12$ 时，因构件长细比较大，可能由于初始偏心引起的侧向弯曲和附加弯矩的影响使构件的承载力降低，螺旋式(或焊接环式)箍筋不能发挥其作用。

② 当按式(7.7)算得的构件承载力小于按式(7.2)算得的承载力时。因为式(7.5)中只考虑混凝土的核心截面面积 $A_{cor}$，当外围混凝土较厚时，核心面积相对较小，就会出现上述情况。

③ 当间接钢筋的换算截面面积 $A_{ss0}$小于纵向钢筋全部截面面积的 25%时，可以认为间接钢筋配置得太少，不能起到套箍的约束作用。

**【例 7.2】** 某建筑门厅现浇的圆形钢筋混凝土柱直径为 400 mm，承受轴向压力设计值 $N$=3500 kN，从基础顶面到一层楼盖顶面的距离 $H=4.2$ m,混凝土强度等级为 C30,柱中纵向钢筋及箍筋均采用 HRB400 级钢筋,采用螺旋箍筋配筋形式,试设计该柱配筋。

**【解】** (1) 计算参数

C30 混凝土,$f_c=14.3\ \text{N/mm}^2$;HRB400 级钢筋,$f_y=f_y'=f_{yv}=360\text{N/mm}^2$,$\alpha=1.0$;

柱计算长度:$l_0=1.0H=1.0\times4200=4200$ mm,$\dfrac{l_0}{d}=10.5<12$,说明适合采用螺旋箍筋柱。

(2) 按配有螺旋式箍筋柱计算

查附表 14 可知,室内正常环境(一类环境)时,柱保护层最小厚度 20 mm。初选螺旋箍筋直径为 10 mm,则有 $A_{ss1}=78.5\ \text{mm}^2$。又:

$$d_{cor}=400-2\times20-2\times10=340\ \text{mm}$$

则有:

$$A_{cor}=\frac{\pi d_{cor}^2}{4}=\frac{\pi\times340^2}{4}=90792\ \text{mm}^2$$

设 $\rho'=3\%$,则:

$$A_s'=0.03\times A=0.03\times\frac{\pi\times400^2}{4}=3769.9\ \text{mm}^2$$

选 10$\Phi$22 钢筋,实配 $A_s'=3801\ \text{mm}^2$,则由式(7.7)有:

$$A_{ss0}=\frac{\dfrac{N}{0.9}-(f_cA_{cor}+f_y'A_s')}{2\alpha f_{yv}}=\frac{\dfrac{3500\times10^3}{0.9}-(14.3\times90792+360\times3801)}{2\times1.0\times360}$$
$$=1697.5\ \text{mm}^2>0.25A_s'=950.3\ \text{mm}^2$$

满足要求。又:

$$s=\frac{\pi d_{cor}A_{ss1}}{A_{ss0}}=\frac{\pi\times340\times78.5}{1697.5}=49\ \text{mm}$$

取 $s=45$ mm,符合 $40\leqslant s\leqslant80$ 及 $s\leqslant0.2d_{cor}=68$ mm 的规定。

(3) 复核承载力,验算保护层是否过早脱落

$$A_{ss0}=\frac{\pi d_{cor}A_{ss1}}{s}=\frac{\pi\times340\times78.5}{45}=1863.3\ \text{mm}^2$$

代入式(7.7)有:

$$N=0.9(f_cA_{cor}+f_y'A_s'+2\alpha f_{yv}A_{ss0})$$
$$=0.9\times(14.3\times90792+360\times3801+2\times1.0\times360\times1863.3)$$
$$=3607\ \text{kN}>N=3500\ \text{kN}$$

按配普通箍筋柱计算:由 $l_0/d=10.5$ 查表 7.1,有 $\varphi=0.95$,则由式(7.2)有:

$$N'=0.9\varphi(f_cA+f_y'A_s')=0.9\times0.95\times(14.3\times125663.7+360\times3801)$$
$$=2706.4\ \text{kN}<N=3607\ \text{kN}$$

由于 $1.5N'=1.5\times2706.4=4059.6\ \text{kN}>N=3607$ kN,说明柱保护层不会过早脱落,所设计的螺旋箍筋柱符合要求。

## 7.3 偏心受压构件的受力性能分析

同时承受轴向压力和弯矩的构件,称为偏心受压构件。在实际工程中,偏心受压构件应用得非常广泛,如常用的多层框架柱、单层排架柱、大量的实体剪力墙等都属于偏心受压构件。在这类构件的截面中,一般在轴力、弯矩作用的同时还作用有横向剪力,因此,偏心受力构件也应和受弯构件一样,除进行正截面承载力计算外,还要进行斜截面承载力计算。

工程中的偏心受压构件大部分都是按单向偏心受压来进行截面设计的，即如图 7.1(b)所示只考虑轴向压力 $N$ 沿截面一个主轴方向的偏心作用。通常在沿着偏心轴方向的两边配置纵向钢筋。离偏心压力较近一侧的纵向钢筋为受压钢筋，其截面面积用 $A_s'$ 表示；另一侧的纵向钢筋则根据轴向力偏心距的大小，可能受拉也可能受压，其截面面积都用 $A_s$ 表示。

### 7.3.1 偏心受压短柱的受力特点和破坏形态

从正截面受力性能来看，我们可以把偏心受压状态看做是轴心受压与受弯之间的过渡状态，即可以把轴心受压看做是偏心受压状态在 $M=0$ 时的一种极端情况，而把受弯看做是偏心受压状态 $N=0$ 时的另一种极端情况。因此可以断定，偏心受压截面中的应变和应力分布特征将随着 $M/N$ 逐步降低而从接近于受弯构件的状态过渡到接近于轴心受压的状态。

试验表明，从加载开始到接近破坏为止，用较大的测量标距量测得到的偏心受压构件的截面平均应变值都较好地符合平截面假定，受弯构件正截面承载力计算的基本假定均适用于偏心受压承载力计算。

根据偏心距和纵向钢筋的配筋率不同，偏心受压构件将发生不同的破坏形态，可分为两类：

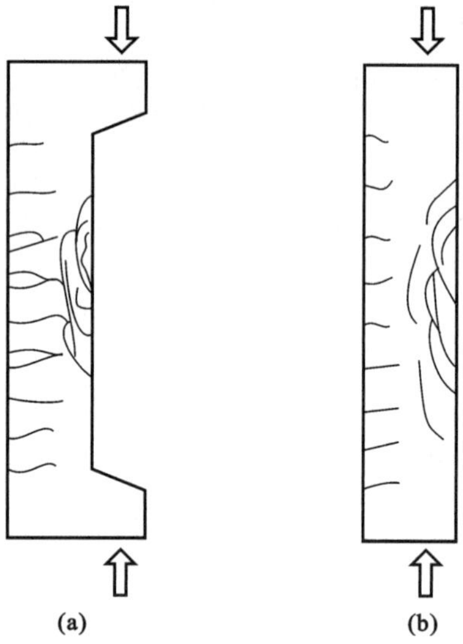

图 7.8 偏心受压柱的破坏形态

(a) 大偏心受压破坏；

(b) 小偏心受压破坏

7.3.1.1 大偏心受压破坏——受拉破坏

当构件截面的相对偏心距 $e_0/h_0$ 较大，即弯矩 $M$ 的影响较为显著，而且配置的受拉侧钢筋 $A_s$ 合适时，在偏心距较大的轴向压力 $N$ 作用下，远离纵向偏心力一侧截面受拉。当 $N$ 增大到一定程度时，受拉边缘混凝土将达到其极限拉应变，首先出现垂直于构件轴线的裂缝。这些裂缝将随着荷载的增大而不断加宽并向受压一侧发展，受拉钢筋拉力迅速增加，并首先达到屈服。随着钢筋屈服后的塑性伸长，裂缝将明显加宽并进一步向受压一侧延伸，使受压区面积减小，受压边缘的压应变增大。最后当受压边混凝土达到其极限压应变 $\varepsilon_{cu}$ 时，受压区混凝土被压碎而导致构件的最终破坏，如图 7.8(a)所示。只要受压区相对高度不致过小，而且受压钢筋的强度也不是太高，则在混凝土开始压碎前，受压钢筋一般都能达到屈服强度。

在上述破坏过程中，关键的破坏特征是受拉钢筋首先达到屈服，然后受压钢筋也能达到屈服，最后受压区混凝土压碎而导致构件破坏。这种破坏形态在破坏前有较明显的预兆，属于塑性破坏，所以这类破坏也称为受拉破坏。破坏阶段截面中的应变及应力分布图形如图 7.9(a)所示。

7.3.1.2 小偏心受压破坏——受压破坏

当构件截面的相对偏心距 $e_0/h_0$ 较小，或相对偏心距虽然较大，但配置的受拉侧钢筋 $A_s$ 较多时，截面受压混凝土和钢筋的应力较大，而受拉钢筋应力较小。受压构件破坏时，受压区混凝土的压应变达到极限压应变，混凝土被压碎，受压钢筋达到屈服强度，而受拉钢筋未达到受拉屈服，这种破坏具有脆性性质，称之为小偏心受压破坏或受压破坏。产生小偏心受压破坏的条件和破坏形式有三种：

(1) 相对偏心距 $e_0/h_0$ 较小或很小，截面大部分处于受压状态，甚至全截面处于受压状态，无论受拉侧如何配筋，截面均发生受压破坏，破坏阶段截面中的应变及应力分布图形则如图 7.9(b)、7.9(c)所示。

(2) 相对偏心距 $e_0/h_0$ 较大，但受拉侧钢筋 $A_s$ 配置较多时，这种情况类似于双筋截面超筋梁，属于受拉一侧配筋过多引起的，一般可能出现在对称配筋的情况。

(3) 当相对偏心距 $e_0/h_0$ 很小($e_0/h_0<0.15$)，轴向压力较大，而距轴压力 $N$ 较远一侧的钢筋 $A_s$ 配置得过少时，还可能出现远离纵向偏心压力一侧边缘混凝土的应变首先达到极限压应变，混凝土被压碎，最终构件破坏的现象。在这种特殊情况下，破坏阶段截面中的应变及应力分布图形如图 7.9(d)所示。

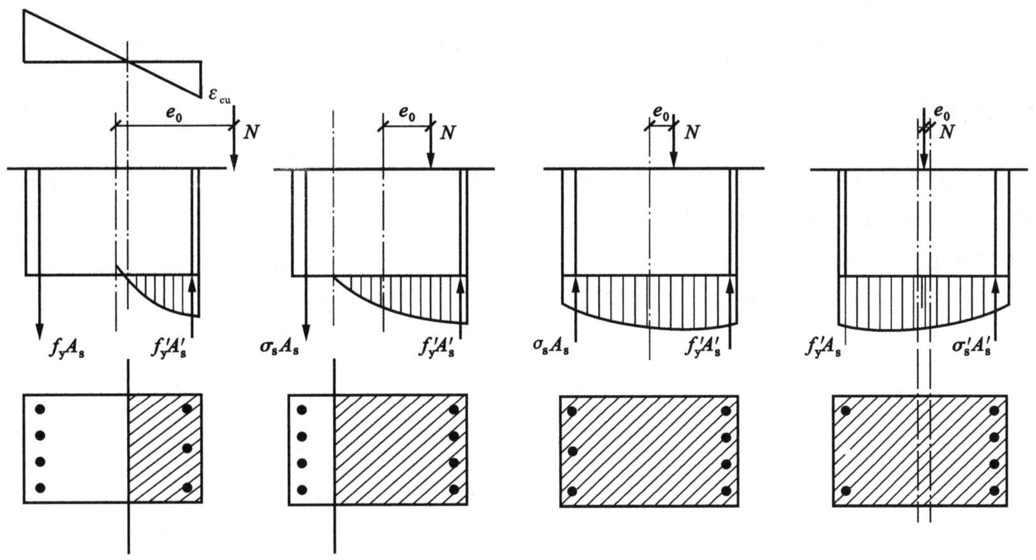


图 7.9　偏心受压构件截面受力的几种情况

(a) 大偏心受压；(b) 小偏心部分截面受压；(c) 小偏心全截面受压；(d) 离 $N$ 较远一侧混凝土破坏

### 7.3.2　截面承载力 $N_u$-$M_u$ 关系

对于给定截面、材料强度和配筋的偏心受压构件，当达到正截面受压承载力极限状态时，其压力 $N_u$ 和弯矩 $M_u$ 是相互关联的。随着偏心距的增大，抗压承载力降低，但当偏心距增大到一定值时，抗压承载力 $N_u$ 和抗弯承载力 $M_u$ 的关系将发生变化，因此，可用 $N_u$-$M_u$ 相关曲线来表示。该曲线可由偏心受压构件试验和理论计算得到，如图 7.10 所示。

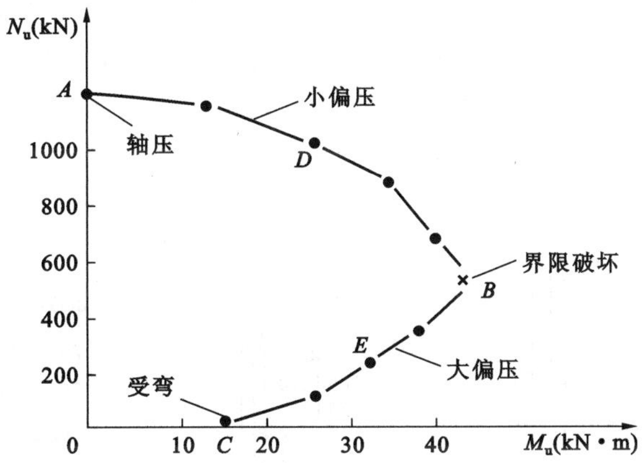


图 7.10　$N_u$-$M_u$ 相关曲线

$N_u$-$M_u$ 相关曲线反映了钢筋混凝土截面压力和弯矩共同作用下正截面承载力的变化规律，具有以下特点：

(1) $N_u$-$M_u$ 相关曲线上 $A$ 点表示弯矩 $M$ 为 0 时，轴向承载力 $N_u$ 达到最大，即代表了轴心受压构件；$C$ 点表示轴向力 $N$ 为 0 时，抗弯承载力 $M_u$ 的值，即代表受弯构件；$AB$ 段表示小偏心受压构件；$BC$ 段表示大偏心受压构件；$B$ 点即代表了大、小偏心受压的界限构件，该点抗弯承载力 $M_u$ 最大。

(2) 在大偏心受压构件的范围内，$M_u$ 随着 $N$ 的增加而增加，如图 7.10 中所示的 $CEB$ 段；在小偏心受压构件范围内，$M_u$ 随着 $N$ 的增加而减小，如图 7.10 中所示的 $ADB$ 段。

(3) $N_u$-$M_u$ 相关曲线上任一点代表截面处于正截面承载力极限状态的一种内力组合。若一组内力在曲线内侧，说明截面未达到极限承载力；若一组内力在曲线外侧，则说明截面承载力不足。

掌握 $N_u$-$M_u$ 相关曲线的上述规律，对偏心受压构件的设计计算十分有用。尤其是当有多种内力组合时，可以根据 $N_u$-$M_u$ 相关曲线的规律确定出最不利的内力组合。

### 7.3.3 附加偏心距

由于工程中实际存在着荷载作用位置的不定性、混凝土质量的不均匀性及施工的偏差等因素，都可能产生附加偏心距。《混凝土结构设计标准》(GB/T 50010—2010)规定，在偏心受压构件的正截面承载力计算中，应考虑轴向压力在偏心方向的附加偏心距 $e_a$，其值应不小于20 mm和偏心方向截面最大尺寸的1/30两者中的较大值。正截面计算时所取的偏心距 $e_i$ 由 $e_0$ 和 $e_a$ 两者相加而成，即：

$$e_0 = \frac{M}{N} \tag{7.8}$$

$$e_a = \frac{h}{30} \geqslant 20\ \text{mm} \tag{7.9}$$

$$e_i = e_0 + e_a \tag{7.10}$$

式中 $e_0$——由截面上作用的设计弯矩 $M$ 和轴力 $N$ 计算所得的轴向力对截面重心的偏心距；

$e_a$——附加偏心距；

$e_i$——初始偏心距。

《混凝土结构设计标准》(GB/T 50010—2010)规定的附加偏心距也考虑了对偏心受压构件正截面计算结果的修正作用，以补偿基本假定和实际情况不完全相符带来的计算误差。

### 7.3.4 偏心受压长柱的受力特点及设计弯矩计算方法

#### 7.3.4.1 偏心受压长柱的附加弯矩或二阶弯矩

钢筋混凝土受压构件在承受偏心轴力后，将产生纵向弯曲变形，即侧向挠度。对长细比小的短柱，侧向挠度小，计算时一般可忽略其影响。而对长细比较大的长柱，由于侧向挠度的影响，各个截面所受的弯矩不再是 $Ne_0$，而变为 $N(e_0+y)$，其中 $y$ 为构件任意点的水平侧向挠度，则在柱高中点处，侧向挠度最大的截面中的弯矩为 $N(e_0+f)$。$f$ 随着荷载的增大而不断加大，因而弯矩的增长也就越来越明显，如图7.11所示。偏心受压构件计算中把截面弯矩中的 $Ne_0$ 称为初始弯矩或一阶弯矩(不考虑纵向弯曲效应构件截面中的弯矩)，将 $Ny$ 或 $Nf$ 称为附加弯矩或二阶弯矩。

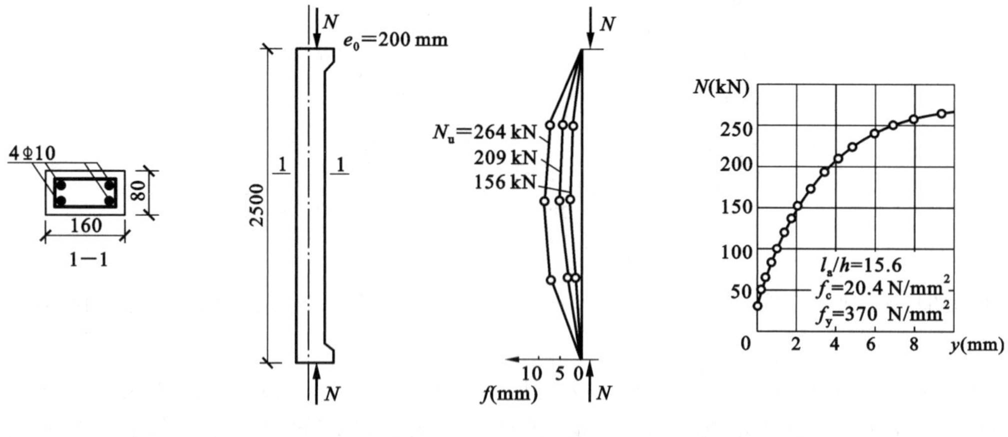


图 7.11 钢筋混凝土长柱在荷载作用下的横向变形

当长细比较小时，偏心受压构件的纵向弯曲变形很小，附加弯矩的影响可忽略。因此，《混凝土结构设计标准》(GB/T 50010—2010)规定：弯矩作用平面内截面对称的偏心受压构件，当同一主轴方向的杆端弯矩比 $M_1/M_2$ 不大于 0.9 且设计轴压比不大于 0.9 时，若构件的长细比满足式(7.11)的要求，可不考虑该方向构件自身挠曲产生的附加弯矩影响；当不满足式(7.11)时，附加弯矩的影响不可忽略，需按截面的两个主轴方向分别考虑构件自身挠曲产生的附加弯矩影响。

$$\frac{l_c}{i} \leqslant 34 - 12\left(\frac{M_1}{M_2}\right) \tag{7.11}$$

式中　$M_1$、$M_2$——偏心受压构件两端截面按结构分析确定的对同一主轴的弯矩设计值，绝对值较大端为 $M_2$，绝对值较小端为 $M_1$，当构件按单曲率弯曲时，$M_1/M_2$ 为正，如图 7.12(a)所示，否则为负，如图 7.12(b)所示；

$l_c$——构件的计算长度，可近似取偏心受压构件相应主轴方向两支撑点间的距离；

$i$——偏心方向的截面回转半径。

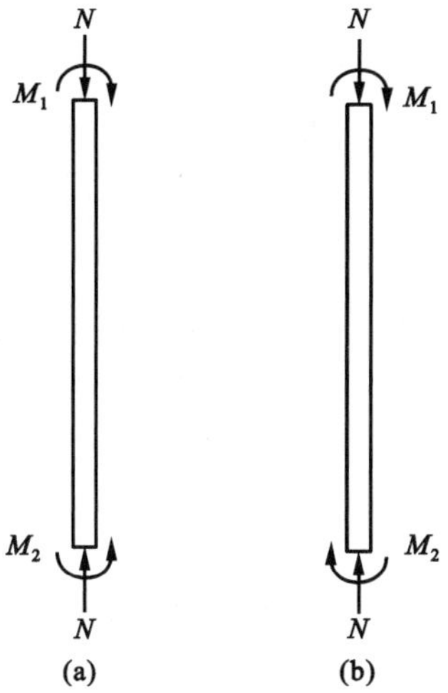

图 7.12　偏心受压构件的弯曲

7.3.4.2　柱端截面附加弯矩——偏心距调节系数和弯矩增大系数

实际工程中最常遇到的是长柱，即不满足上述条件，在确定偏心受压构件的内力设计值时，需考虑构件的侧向挠度引起的附加弯矩（二阶弯矩）的影响，工程设计中，通常采用增大系数法。

《混凝土结构设计标准》(GB/T 50010—2010)中，将柱端的附加弯矩计算用偏心距调节系数和弯矩增大系数来表示，即偏心受压柱的设计弯矩（考虑了附加弯矩影响后）为原柱端最大弯矩 $M_2$ 乘以偏心距调节系数 $C_m$ 和弯矩增大系数 $\eta_{ns}$ 而得。

(1) 偏心距调节系数 $C_m$

对于弯矩作用平面内截面对称的偏心受压构件，同一主轴方向两端的杆端弯矩大多不相同，但也存在单曲率弯曲（$M_1/M_2$ 为正）时二者大小接近的情况，即比值 $M_1/M_2$ 大于 0.9，此时，该柱在柱两端相同方向、几乎相同大小的弯矩作用下将产生最大的偏心距，使该柱处于最不利的受力状态。因此，在这种情况下，需考虑偏心距调节系数，《混凝土结构设计标准》(GB/T 50010—2010)规定偏心距调节系数采用下式进行计算：

$$C_m = 0.7 + 0.3\frac{M_1}{M_2} \geqslant 0.7 \tag{7.12}$$

(2) 弯矩增大系数 $\eta_{ns}$

如图 7.13 所示，考虑柱侧向挠度 $f$ 后，柱中截面弯矩可表示为：

$$M = N(e_0 + f) = N\frac{e_0 + f}{e_0}e_0 = N\eta_{ns}e_0$$

式中　$\eta_{ns}$——弯矩增大系数，$\eta_{ns} = \frac{e_0 + f}{e_0} = 1 + \frac{f}{e_0}$。

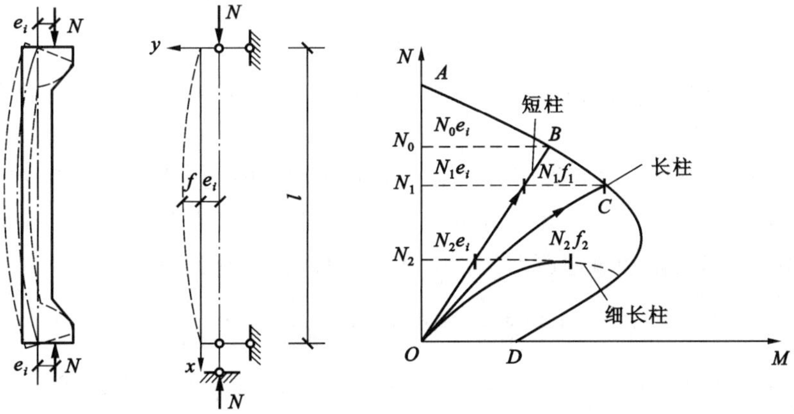

图 7.13　钢筋混凝土柱弯矩增大系数计算图

以两端铰接柱为例，试验表明，两端铰接柱的挠曲线很接近正弦曲线 $y=f\sin\frac{\pi x}{l_c}$；柱截面的曲率为 $\varphi\approx|y''|=f\frac{\pi^2}{l_c^2}\sin\frac{\pi x}{l_c}$，在柱中部控制截面处（$x=\frac{l_0}{2}$），$\varphi=f\frac{\pi^2}{l_c^2}\approx10\frac{f}{l_c^2}$，则可得：

$$f=\varphi\frac{l_c^2}{10}$$

式中　$f$——柱中截面的侧向挠度；

$l_c$——柱的计算长度，取两支撑点之间的距离。

将 $f$ 的表达式代入 $\eta_{ns}$ 的表达式，则有：

$$\eta_{ns}=1+\frac{\varphi l_c^2}{10e_0}$$

由平截面假定可知：

$$\varphi=\frac{\varepsilon_c+\varepsilon_s}{h_0}$$

在界限破坏时有：

$$\varepsilon_c=\varepsilon_{cu},\quad \varepsilon_s=\frac{f_y}{E_s}$$

则界限破坏时的曲率为：

$$\varphi_b=\frac{\varepsilon_{cu}+\frac{f_y}{E_s}}{h_0}$$

由于偏心受压构件实际破坏形态和界限破坏有一定的差别，应对 $\varphi_b$ 进行修正，令

$$\varphi=\varphi_b\zeta_c=\frac{\varepsilon_{cu}+f_y/E_s}{h_0}\zeta_c$$

式中　$\zeta_c$——偏心受压构件截面曲率 $\varphi$ 的修正系数。

试验表明，在大偏心受压破坏时，实测曲率 $\varphi$ 与 $\varphi_b$ 相差不大；在小偏心受压破坏时，曲率 $\varphi$ 随偏心距的减小而降低。《混凝土结构设计标准》(GB/T 50010—2010)规定，对大偏心受压构件，取 $\zeta_c=1$；对小偏心受压构件，用 $N$ 的大小来反映偏心距的影响。

在界限破坏时，对常用的 HPB300、HRB400、HRB500 钢筋和 C50 及以下等级的混凝土，界限受压区高度为 $x_b=\varepsilon_b h_0=(0.482\sim0.576)h_0$，若取 $h_0\approx0.9h$，则 $x_b=0.442h\sim0.518h$，近似取 $x_b=0.5h$，则界限破坏时的轴力可近似取为 $N_b=f_c b x_b=0.5f_c bh=0.5f_c A$（即截面纵筋的拉力和压力基本平衡，其中 $A$ 为构件截面面积）。由此可得到 $\zeta_c$ 的表达式为：

$$\zeta_c=\frac{N_b}{N}=\frac{0.5f_cA}{N}\tag{7.13}$$

当 $N<N_b$ 截面发生破坏时，为大偏心受压破坏，取 $\zeta_c=1$；当 $N>N_b$ 截面发生破坏时，为小偏心受压破坏，$\zeta_c<1$。

在荷载长期作用下，混凝土的徐变将使构件的截面曲率和侧向挠度增大，考虑徐变的影响，取 $1.25\varepsilon_{cu}=1.25\times0.0033=0.004125$，$f_y/E_s=0.00225$，$h/h_0=1.1$，即钢筋强度采用400 N/mm² 和 500 N/mm² 的平均值 $f_y=450$ N/mm²，考虑附加偏心距后以 $M_2/N+e_a$ 代替 $e_0$，代入下式：

$$\eta_{ns}=1+\frac{\varphi l_c^2}{10e_0}=1+\frac{\varepsilon_{cu}+f_y/E_s}{h_0}\zeta_c\frac{l_c^2}{10e_0}$$

可得《混凝土结构设计标准》(GB/T 50010—2010)中弯矩增大系数 $\eta_{ns}$ 的计算公式：

$$\eta_{ns}=1+\frac{1}{1300(M_2/N+e_a)/h_0}\left(\frac{l_c}{h}\right)^2\zeta_c\tag{7.14}$$

式中　$\zeta_c$——截面曲率修正系数，当计算值大于 1.0 时取 1.0；

$M_2$——偏心受压构件两端截面按结构分析确定的弯矩设计值中绝对值较大的弯矩设计值；

$N$——与弯矩设计值 $M_2$ 相应的轴向压力设计值。

7.3.4.3 控制截面设计弯矩计算方法

除排架结构柱以外的偏心受压构件，在其偏心方向上考虑杆件自身挠曲影响（即附加弯矩或二阶弯矩）的控制截面弯矩设计值可按下式计算：

$$M = C_m \eta_{ns} M_2 \tag{7.15}$$

其中，当 $C_m \eta_{ns}$ 小于 1.0 时取 1.0；对剪力墙肢及核心筒墙肢类构件，可取 $C_m \eta_{ns}$ 等于 1.0。

### 7.3.5 两种破坏形态的界限

从大、小偏心受压破坏特征可以看出，两者之间根本区别在于破坏时受拉钢筋能否达到屈服，这和受弯构件的适筋与超筋破坏两种情况完全一致。因此，两种偏心受压破坏形态的界限条件是，在破坏时纵向钢筋 $A_s$ 的应力达到抗拉屈服强度，同时受压区混凝土也达到极限压应变 $\varepsilon_{cu}$ 值，此时其相对受压区高度称为界限相对受压区高度 $\xi_b$。

当 $\xi \leqslant \xi_b$ 时，属于大偏心受压破坏；当 $\xi > \xi_b$ 时，属于小偏心受压破坏。

## 7.4 矩形截面偏心受压构件承载力计算的基本公式

### 7.4.1 矩形截面大偏心受压构件承载力计算公式

7.4.1.1 计算公式

试验分析表明，大偏心受压构件与适筋梁类似，破坏时截面平均应变和裂缝截面处的应力分布如图 7.9(a)所示，即其受拉及受压纵向钢筋均能达到屈服强度，受压区混凝土应力为抛物线形分布。为了简化计算，同样可以采用等效矩形应力图形，其受压区高度 $x$ 可取按截面应变保持平面的假定所确定的中和轴高度乘以系数 $\beta_1$，当 $f_{cu,k} \leqslant 50\ \text{N/mm}^2$ 时，$\beta_1$ 取0.8；当 $f_{cu,k} = 80\ \text{N/mm}^2$ 时，$\beta_1$ 取 0.74，其间按直线内插法取用。矩形应力图的应力取为混凝土抗压强度设计值 $f_c$ 乘以系数 $\alpha_1$[图 7.14(a)]，当 $f_{cu,k} \leqslant 50\ \text{N/mm}^2$ 时，$\alpha_1$ 取为 1.0；当 $f_{cu,k} = 80\ \text{N/mm}^2$，$\alpha_1$ 取为 0.94，其间按直线内插法取用。

由沿构件纵轴方向的内、外力平衡可得：

$$N \leqslant \alpha_1 f_c bx + f'_y A'_s - f_y A_s \tag{7.16}$$

由截面上内、外力对受拉钢筋合力点的力矩平衡可得：

$$Ne \leqslant \alpha_1 f_c bx \left( h_0 - \frac{x}{2} \right) + f'_y A'_s (h_0 - a'_s) \tag{7.17}$$

其中

$$e = e_i + \frac{h}{2} - a_s \tag{7.18}$$

式中 $N$——轴向压力设计值；

$x$——混凝土受压区高度；

$e$——轴向压力作用点至纵向受拉钢筋合力点之间的距离。

7.4.1.2 适用条件

为了保证构件在破坏时，受拉钢筋应力能达到抗拉强度设计值 $f_y$，必须满足适用条件：

$$\xi = \frac{x}{h_0} \leqslant \xi_b \tag{7.19}$$

为了保证构件在破坏时，受压钢筋应力能达到抗拉强度设计值 $f'_y$，必须满足适用条件：

$$x \geqslant 2a'_s \tag{7.20}$$

当 $x < 2a'_s$ 时，受压钢筋应力可能达不到 $f'_y$，与双筋受弯构件类似，可取 $x = 2a'_s$。其应力图形如

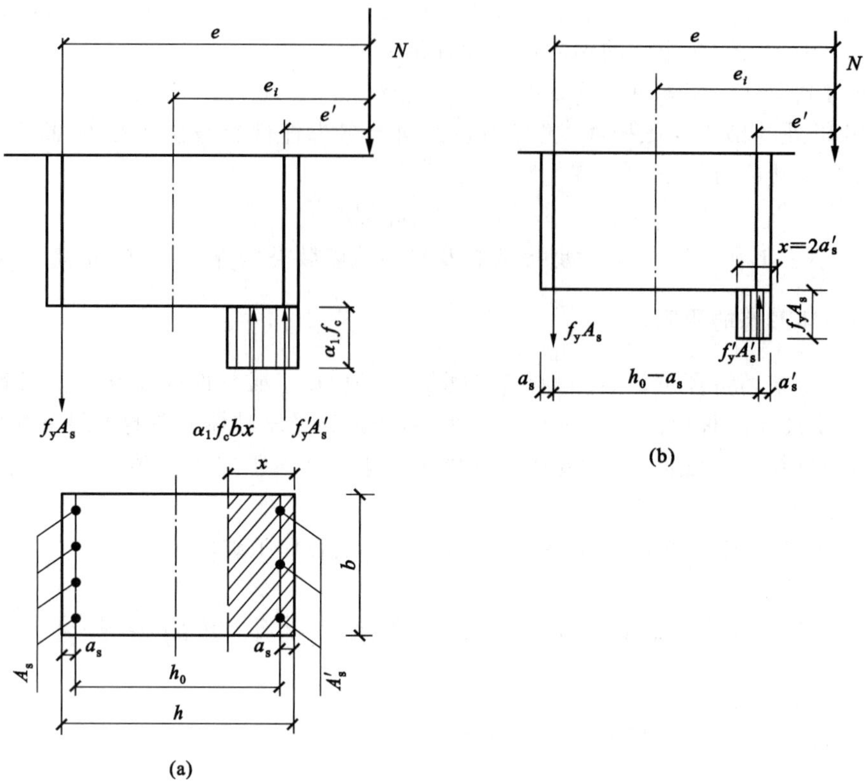


图 7.14　大偏心受压极限状态应力图

图 7.14(b)所示，近似认为受压区混凝土所承担的压力的作用位置与受压钢筋承担压力 $f_y'A_s'$位置相重合。根据平衡条件可写出：

$$Ne' = f_y A_s (h_0 - a_s') \tag{7.21}$$

则有：

$$A_s = \frac{Ne'}{f_y(h_0 - a_s')} \tag{7.22}$$

式中　$e'$——轴向压力作用点至纵向受压钢筋合力点之间的距离，$e' = e_i - h/2 + a_s'$，其中 $e_i$ 按式(7.10)计算。

### 7.4.2　矩形截面小偏心受压构件承载力计算公式

7.4.2.1　计算公式

小偏心受压构件在通常情况下，如图 7.15(a)、图 7.15(b)所示，受拉一侧钢筋达不到屈服，由截面上纵轴方向的内、外力之和为零和截面上内、外力对受拉钢筋合力点的力矩之和等于零的条件，可以得出：

$$N \leqslant \alpha_1 f_c bx + f_y'A_s' - \sigma_s A_s = \alpha_1 f_c bh_0 \xi + f_y'A_s' - \sigma_s A_s \tag{7.23}$$

$$Ne \leqslant \alpha_1 f_c bx\left(h_0 - \frac{x}{2}\right) + f_y'A_s'(h_0 - a_s') = \alpha_1 f_c bh_0^2 \xi(1 - 0.5\xi) + f_y'A_s'(h_0 - a_s') \tag{7.24}$$

其中

$$\sigma_s = \frac{f_y}{\xi_b - \beta_1}\left(\frac{x}{h_0} - \beta_1\right) = \frac{f_y}{\xi_b - \beta_1}(\xi - \beta_1) \tag{7.25}$$

式中　$\xi_b$——界限相对受压区高度。

此时计算的钢筋应力应符合 $f_y' \leqslant \sigma_s \leqslant f_y$。

当纵向偏心压力的偏心距很小且纵向偏心压力又比较大($N > f_c bh$)的全截面受压情况下，如果接近纵向偏心压力一侧的纵向钢筋 $A_s'$配置较多，而远离偏心压力一侧的钢筋 $A_s$ 配置相对较少时，可能出现特殊情况，此时 $A_s$ 应力有可能达到受压屈服强度，远离纵向偏心压力一侧的混凝土也有可能先被压坏，这时的截面应力图形如图 7.15(c)所示。因而矩形截面非对称配筋的小偏心受压构件，当 $N>f_c bh$ 时，为使 $A_s$ 配置不致过小，应按图 7.15(c)所示对 $A_s'$ 合力点取力矩平衡求得 $A_s$。这时取 $x=h$ 可得：

$$Ne' \leqslant \alpha_1 f_c bh\left(h_0' - \frac{h}{2}\right) + f_y' A_s (h_0' - a_s) \tag{7.26}$$

式中　$h_0'$——纵向钢筋 $A_s'$ 合力点离偏心压力较远一侧边缘的距离，即 $h_0'=h-a_s'$。

$$e' = \frac{h}{2} - a_s' - (e_0 - e_a) \tag{7.27}$$

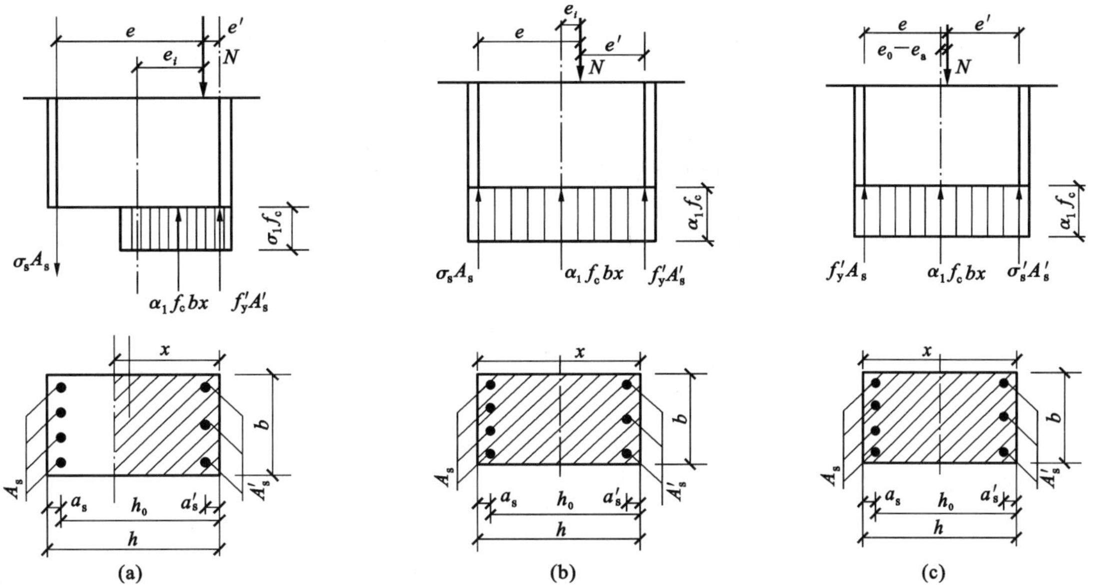


图 7.15　小偏心受压应力图

图 7.15(c)所示的应力图形是认为受压破坏发生在 $A_s$ 一侧，此时，轴向力作用点接近截面重心，初始偏心距取 $e_i=e_0-e_a$，因此式(7.26)可改写为：

$$N\left[\frac{h}{2} - a_s' - (e_0 - e_a)\right] = \alpha_1 f_c bh\left(h_0' - \frac{h}{2}\right) + f_y' A_s (h_0' - a_s)$$

则有：

$$A_s = \frac{N\left[\frac{h}{2} - a_s' - (e_0 - e_a)\right] - \alpha_1 f_c bh\left(h_0' - \frac{h}{2}\right)}{f_y'(h_0' - a_s)} \tag{7.28}$$

为避免远离纵向力一侧混凝土先压坏，当 $N>f_c bh$ 时，应先按式(7.28)计算 $A_s$，然后与 $A_s$ 取最小配筋率 $A_s=\rho_{\min} bh$ 相比较，取两者的较大值作为 $A_s$ 的取值。

7.4.2.2　适用条件

小偏心受压应满足 $\xi>\xi_b$、$-f_y\leqslant\sigma_s\leqslant f_y$ 及 $x\leqslant h$ 的条件，当纵向受力钢筋 $A_s$ 的应力 $\sigma_s$ 达到受压屈服强度($-f_y$)且 $f_y'=f_y$ 时，根据式(7.25)可计算出此状态相对受压区高度 $\xi=2\beta_1-\xi_b$。

## 7.5　不对称配筋矩形截面偏心受压构件承载力计算方法

### 7.5.1　大、小偏心受压破坏的判别

无论是截面设计还是截面复核，都需要首先判别截面是属于大偏心还是小偏心，然后才能采用相应的公式进行计算，常用的判别大、小偏心方法有以下两种。

（1）直接计算 $\xi$ 以判别大、小偏心

如果根据已知条件可以直接用基本公式计算出 $\xi$，那么可以将计算所得的 $\xi$ 值与 $\xi_b$ 相比较以判别大、小偏心，此方法适用于截面复核及对称配筋矩形截面的截面设计。

（2）界限偏心距判别大、小偏心

对于不对称配筋截面设计问题，无法直接计算出 $\xi$，可采用计算偏心距并与界限偏心距相比较的方法来判断大、小偏心。如图 7.16 所示为处于大、小偏心受压界限状态下的矩形截面应力分布情况。此时混凝土在界限状态下受压区相对高度为 $\xi_b$，受拉钢筋刚达到屈服强度，即 $\sigma_s = f_y$，则由平衡条件可得：

$$N_b = \alpha_1 f_c b h_0 \xi_b + f_y' A_s' - f_y A_s \tag{7.29}$$

$$M_b = N_b e_{0b} = \alpha_1 f_c b h_0 \xi_b \left(\frac{h}{2} - \frac{\xi_b h_0}{2}\right) + f_y' A_s' \left(\frac{h}{2} - a_s'\right) + f_y A_s \left(\frac{h}{2} - a_s\right) \tag{7.30}$$

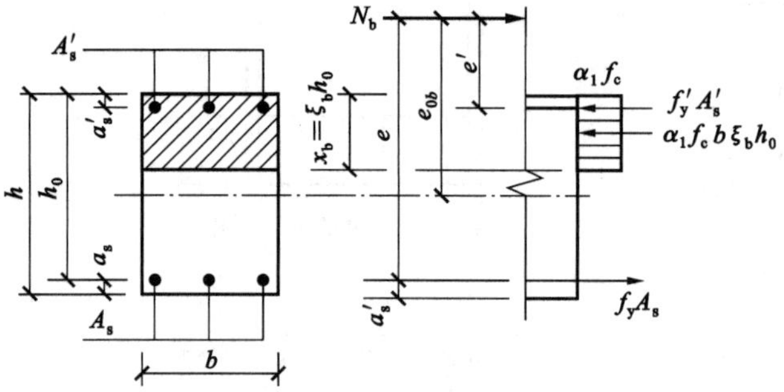


图 7.16　界限破坏的应力图

将 $A_s = \rho b h_0$ 和 $A_s' = \rho' b h_0$ 代入式(7.30)可得：

$$\frac{e_{0b}}{h_0} = \frac{\alpha_1 f_c \xi_b \left(\frac{h}{h_0} - \xi_b\right) + (\rho' f_y' + \rho f_y)\left(\frac{h}{h_0} - \frac{2a_s}{h_0}\right)}{2(\alpha_1 f_c \xi_b + \rho' f_y' - \rho f_y)} \tag{7.31}$$

$e_{0b}$ 称为界限偏心距，但因为影响因素很多，需要根据经验进行简化。取工程中常遇到的材料性质和截面尺寸间的关系（如 $h = 1.05h_0$，$a_s = a_s' = 0.05h_0$，$f_y = f_y'$，混凝土强度等级 C25～C50，钢筋级别 HRB400～HRB500 等），以及配筋率 $\rho$ 和 $\rho'$ 的下限代入式(7.31)，可得出 $e_{0b}$ 为 $0.3h_0$ 左右，且变化幅度不大，因此，可以用于判别截面的大、小偏心。

当初始偏心距 $e_i \leqslant 0.3h_0$ 时，截面属于小偏心受压破坏；当 $e_i > 0.3h_0$ 时，可先按大偏心受压破坏进行计算，计算过程中得到 $\xi$ 后，再根据 $\xi$ 的值确定截面属于哪一种受力情况。

### 7.5.2　截面设计

已知截面尺寸 $b \times h$，构件计算长度 $l_c$，混凝土强度等级 $f_c$，钢筋种类及强度 $f_y$、$f_y'$，柱端弯矩设计值 $M_1$、$M_2$ 及相应轴向力设计值 $N$，求钢筋截面面积 $A_s$ 及 $A_s'$ 的步骤为：

7.5.2.1　判别大小偏心受压

由式(7.11)确定是否需要考虑附加弯矩的影响。若需考虑附加弯矩的影响，则由式(7.15)确定柱控制截面弯矩设计值 $M$，然后计算偏心距 $e_0 = M/N$、附加偏心距和初始偏心距 $e_i = e_0 + e_a$。当 $e_i > 0.3h_0$ 时，先按大偏心受压构件进行计算；当 $e_i \leqslant 0.3h_0$ 时，按小偏心受压构件计算。

7.5.2.2　大偏心受压

（1）$A_s$ 和 $A_s'$ 均未知

此时仅有基本计算公式(7.16)和式(7.17)两个方程，而未知数有三个，即 $A_s$、$A_s'$ 和 $x$，不能求得唯一解，须补充一个条件才能求解。为了使总用钢量（$A_s + A_s'$）最少，应充分利用受压区混凝土承受压力，即应使受压区高度尽可能大，因此取 $x = x_b = \xi_b h_0$ 代入式(7.17)可得：

$$A_s' = \frac{Ne - \alpha_1 f_c b x (h_0 - 0.5x)}{f_y'(h_0 - a_s')} = \frac{Ne - \alpha_1 f_c b h_0^2 \xi_b (1 - 0.5\xi_b)}{f_y'(h_0 - a_s')} \tag{7.32}$$

① 若求得的 $A_s' \geqslant 0.002bh$，将 $A_s'$ 代入式(7.16)求得：

$$A_s = \frac{\alpha_1 f_c b h_0 \xi_b + f_y' A_s' - N}{f_y} \tag{7.33}$$

当按上式计算的 $A_s > \rho_{min} bh$ 时，按计算的 $A_s$ 配筋；当计算的 $A_s < \rho_{min} bh$ 或为负值时，应取 $A_s = \rho_{min} bh$ 进行配筋。

② 若求得的 $A_s' < \rho_{min} bh$ 或为负值，取 $A_s' = 0.002bh$，按 $A_s'$ 已知情况计算 $A_s$。

(2) $A_s'$ 已知，求 $A_s$

此时有两个方程，两个未知数，即 $A_s$ 和 $x$，因此，可代入基本公式(7.16)和式(7.17)直接求解，具体求解方法和受弯构件双筋截面计算方法完全一样。由式(7.17)求得 $x$ 后可能有以下几种情况：

① 若 $2a_s' \leqslant x \leqslant \xi_b h_0$ 时，继续求 $A_s$。

② 当 $x < 2a_s'$ 时，应按式(7.22)计算 $A_s$。$A_s$ 应满足最小配筋率的要求，否则取 $A_s = \rho_{min} bh$。

③ 若 $x > \xi_b h_0$，说明 $A_s'$ 过小，按 $A_s$ 和 $A_s'$ 均未知的情况计算。

7.5.2.3　小偏心受压

(1) 正常情况下，小偏心受压破坏时，远离偏心压力一侧的纵向受力钢筋不论受拉还是受压，其应力均不能达到屈服强度，因此，可取 $A_s$ 等于最小配筋量为 $A_s = \rho_{min} bh$，这样得出的 $(A_s' + A_s)$ 一般为最经济。当 $A_s$ 确定以后，小偏心受压基本公式中就只有三个未知数，即 $A_s'$、$x$(或 $\xi$)和 $\sigma_s$，故可求得唯一解。

将确定的 $A_s$ 及式(7.25)代入基本计算式(7.23)，可首先求得 $x$(或 $\xi$)；若 $\xi \leqslant 2\beta_1 - \xi_b$，说明 $-f_y \leqslant \sigma_s \leqslant f_y$，将 $\xi$ 代入式(7.24)得：

$$A_s' = \frac{Ne - \xi(1 - 0.5\xi)\alpha_1 f_c b h_0^2}{f_y'(h_0 - a_s')}$$

若 $2\beta_1 - \xi_b < \xi \leqslant h/h_0$，令 $\sigma_s = -f_y$，由式(7.23)重新计算 $x$(或 $\xi$)，再由式(7.24)求得 $A_s'$，且使 $A_s' \geqslant 0.002bh$，否则取 $A_s' = 0.002bh$。

若 $\xi > h/h_0$，取 $\xi = h/h_0$，并令 $\sigma_s = -f_y$，再由基本公式(7.24)可求得 $A_s'$，且使 $A_s' \geqslant 0.002bh$，否则取 $A_s' = 0.002bh$。

(2) 当纵向偏心压力 $N > f_c bh$ 时，$A_s$ 应取按式(7.28)计算的值和 $A_s = \rho_{min} bh$ 的较大者，然后按步骤(1)进行设计计算。

(3) 垂直于弯矩作用平面承载力的验算。小偏心受压柱还应按轴心受压构件验算垂直于弯矩作用平面的承载力[式(7.2)]，此时不考虑弯矩的影响，但应考虑稳定系数 $\varphi$，并取短边尺寸 $b$ 作为截面高度，$A_s'$ 取全部纵向钢筋的截面面积(即偏压计算的 $A_s + A_s'$)。

### 7.5.3　截面校核

在截面尺寸 $b$、$h$，配筋量 $A_s$ 及 $A_s'$，材料强度等级和构件计算长度等已知的情况下，截面承载力校核分为：① 给定轴力设计值 $N$，求弯矩作用平面的弯矩设计值或偏心距；② 给定弯矩作用平面的弯矩设计值 $M$，求轴力设计值 $N$。

7.5.3.1　给定轴力设计值 $N$，求弯矩作用平面的弯矩设计值或偏心距

根据已知条件，未知数只有 $x$ 和 $M$ 两个。首先按式(7.29)求出界限轴力 $N_b$。

若给定的设计轴力 $N \leqslant N_b$，则为大偏心受压，可按式(7.16)计算截面的受压高度 $x$。如果 $2a_s' \leqslant x \leqslant \xi_b h_0$，代入式(7.17)、式(7.18)及式(7.19)，求 $e$、$e_0$ 及 $M = Ne_0$；如果 $x < 2a_s'$，可通过式(7.21)求出 $e'$、$e_0$ 及 $M = Ne_0$。

若给定的设计轴力 $N > N_b$，则为小偏心受压，可按式(7.23)和式(7.25)计算截面的受压高度 $x$。

(1) 如果 $\xi_b \leqslant \xi \leqslant 2\beta_t - \xi_b$ 且 $\xi \leqslant h/h_0$，可通过式(7.24)、式(7.18)及式(7.10)求出 $e_0$ 和 $M$。

(2) 如果 $2\beta_t - \xi_b < \xi \leqslant h/h_0$，取 $\sigma_s = -f_y'$ 代入式(7.23)重新计算 $x$，然后通过式(7.24)、式(7.18)及式(7.10)求出 $e_0$。

(3) 如果 $\xi > 2\beta_t - \xi_b$ 且 $\xi > h/h_0$，取 $x = h$，再通过式(7.24)、式(7.18)及式(7.10)求出 $e_0$。

7.5.3.2　给定偏心距 $e_0$，求轴力设计值 $N$

可先利用图 7.14 中大偏心受压极限状态应力图对纵向压力 $N$ 作用点取矩的平衡条件得：

$$A_s f_y e = A_s' f_y' e' + \alpha_1 f_c bx(e' - a_s' + x/2) \tag{7.34}$$

式中　$e'$——轴向压力作用点至纵向受压钢筋合力点之间的距离，$e' = e_i - h/2 + a_s'$，当 $N$ 作用于 $A_s$ 及 $A_s'$ 以外时，$e'$ 为正值；当 $N$ 作用于 $A_s$ 及 $A_s'$ 之间时，$e'$ 为负值。

由式(7.34)求得 $x(\xi)$ 值后可能有以下几种情况：

① 如果 $\xi \leqslant \xi_b$，则为大偏心受压构件，将 $\xi$ 代入到大偏心受压构件基本计算公式(7.16)即可求出轴力设计值 $N$。

② 如果 $\xi > \xi_b$，则为小偏心受压构件，此时式(7.34)中的 $f_y$ 应用 $\sigma_s$[按式(7.25)计算]代替，由小偏心受压基本公式重新联立求解 $x(\xi)$，并应类似于第一种情况判断 $\xi$ 的范围，根据 $x(\xi)$ 值范围由小偏心受压基本公式求出轴力设计值 $N$。

对小偏心受压构件还应按轴心受压构件验算垂直于弯矩平面的受压承载力。

**【例 7.3】** 某柱截面尺寸 $b \times h = 400\ \text{mm} \times 450\ \text{mm}$，柱计算高度 $l_c = 5\ \text{m}$，混凝土强度等级为 C30，钢筋采用 HRB400，$a_s = a_s' = 40\ \text{mm}$。承受轴向力设计值 $N = 560\ \text{kN}$，柱端较大弯矩设计值 $M_2 = 310\ \text{kN}\cdot\text{m}$，试求钢筋截面面积 $A_s$ 和 $A_s'$ 值(按两端弯矩相等 $M_1/M_2 = 1$ 的框架柱考虑)。

**【解】** (1) 确定钢筋和混凝土的材料强度及几何参数

C30 混凝土，$f_c = 14.3\ \text{N/mm}^2$；HRB400 级钢筋，$f_y = f_y' = 360\ \text{N/mm}^2$；

$b = 400\ \text{mm}$，$a_s = a_s' = 40\ \text{mm}$，$h = 450\ \text{mm}$，$h_0 = 450 - 40 = 410\ \text{mm}$；

HRB400 级钢筋，C30 混凝土，$\beta_1 = 0.8$，$\xi_b = 0.518$。

(2) 求框架柱设计弯矩 $M$

由于 $M_1/M_2 = 1$，$i = \sqrt{\dfrac{I}{A}} = 129.9\ \text{mm}$，则 $l_c/i = 38.5 > 34 - 12(M_1/M_2) = 22$，因此，需要考虑附加弯矩影响。根据式(7.12)～式(7.14)有：

$$\zeta_c = \frac{0.5 f_c A}{N} = 2.30 > 1，取\ 1$$

$$C_m = 0.7 + 0.3\frac{M_1}{M_2} = 1$$

$$e_a = \frac{h}{30} = \frac{450}{30} = 15\ \text{mm} < 20\ \text{mm}，取\ e_a = 20\ \text{mm}$$

$$\eta_{ns} = 1 + \frac{1}{1300(M_2/N + e_a)/h_0}\left(\frac{l_c}{h}\right)^2 \zeta_c = 1.068$$

代入式(7.15)计算框架柱设计弯矩有：

$$M = C_m \eta_{ns} M_2 = 1 \times 1.068 \times 310 = 331.1\ \text{kN}\cdot\text{m}$$

(3) 求 $e_i$，判别大、小偏心受压

根据式(7.8)、式(7.9)有：

$$e_0 = \frac{M}{N} = \frac{331.1}{560} = 0.591\ \text{m} = 591\ \text{mm}$$

代入式(7.10)有：

$$e_i = e_0 + e_a = 591 + 20 = 611\ \text{mm}$$

由于 $e_i = 611\ \text{mm} > 0.3h_0 = 123\ \text{mm}$，可先按大偏心受压计算。

(4) 求 $A_s$ 及 $A_s'$

由式(7.18)有：

$$e = e_i + \frac{h}{2} - a_s = 611 + 225 - 40 = 796\ \text{mm}$$

代入式(7.32)有：

$$A_s' = \frac{Ne - \alpha_1 f_c b h_0^2 \xi_b (1 - 0.5\xi_b)}{f_y'(h_0 - a_s')}$$

$$= \frac{560 \times 10^3 \times 796 - 1.0 \times 14.3 \times 400 \times 410^2 \times 0.518 \times (1 - 0.5 \times 0.518)}{360 \times (410 - 40)}$$

$$= 575.7\ \text{mm}^2 > 0.002bh = 0.002 \times 400 \times 450 = 360\ \text{mm}^2$$

再由式(7.33)有：

$$A_s = \frac{\alpha_1 f_c b h_0 \xi_b + f_y' A_s' - N}{f_y}$$

$$= \frac{1.0 \times 14.3 \times 400 \times 410 \times 0.518 + 360 \times 575.7 - 560 \times 10^3}{360}$$

$$= 2394.6\ \text{mm}^2 > 0.002bh = 360\ \text{mm}^2$$

(5) 选筋验算配筋率

受压钢筋选 3 ⌽16($A_s'$=603 $\text{mm}^2$，HRB400 级)，受拉钢筋选 5 ⌽25($A_s$=2454 $\text{mm}^2$)，则 $A_s + A_s' =$ 3057 $\text{mm}^2$，全部纵向钢筋的配筋率：

$$\rho = \frac{3057}{400 \times 450} = 1.70\% > 0.55\%$$

满足要求。

纵向钢筋净间距(二 a 类环境，混凝土保护层厚度 $c$=25 mm，箍筋直径 8 mm)

受压一侧钢筋 $\frac{400-25\times2-8\times2-16\times3}{2}=143\ \text{mm}<300\ \text{mm}$

受拉一侧钢筋 $\frac{400-25\times2-8\times2-25\times5}{4}=52.25\ \text{mm}>50\ \text{mm}$

满足要求。

**【例 7.4】** 已知矩形截面偏心受压柱截面尺寸 $b\times h$=350 mm×450 mm，柱计算长度 $l_c$=5 m，承受纵向压力设计值 $N$=360 kN，柱两端弯矩设计值分别为 $M_1$=240 kN·m，$M_2$=260 kN·m，混凝土强度等级 C30，$a_s = a_s'$=40 mm，钢筋 HRB400，试求截面所需纵向钢筋 $A_s$ 及 $A_s'$。

**【解】** (1) 确定钢筋和混凝土的材料强度及几何参数

C30 混凝土，$f_c$=14.3 N/mm²；HRB400 级钢筋，$f_y = f_y'$=360 N/mm²；

$b$=350 mm，$h$=450 mm，$a_s = a_s'$=40 mm，$h_0$=450−40=410 mm；

HRB400 级钢筋，C30 混凝土，$\beta_1$=0.8，$\xi_b$=0.518。

(2) 求框架柱设计弯矩 $M$

由于 $M_1/M_2$=0.923，$i=\sqrt{\frac{I}{A}}$=129.9 mm，则 $l_c/i$=38.5>34−12($M_1/M_2$)=23，因此，需要考虑附加弯矩影响。根据式(7.12)～式(7.14)有：

$$\zeta_c = \frac{0.5 f_c A}{N} = 3.13 > 1, \quad 取\ 1$$

$$C_m = 0.7 + 0.3\frac{M_1}{M_2} = 0.977;$$

$$e_a = \left(20, \frac{h}{30}\right)_{max} = \left(20, \frac{450}{30}\right)_{max} = 20\ \text{mm}$$

$$\eta_{ns} = 1 + \frac{1}{1300(M_2/N + e_a)/h_0}\left(\frac{l_c}{h}\right)^2 \zeta_c = 1.052$$

$C_m \eta_{ns}$=0.977×1.052=1.028>1，代入式(7.15)计算框架柱设计弯矩有：

$$M = C_m \eta_{ns} M_2 = 267.3\ \text{kN}\cdot\text{m}$$

(3) 求 $e_i$，判别大、小偏心受压

根据式(7.8)、式(7.9)有：

$$e_0 = \frac{M}{N} = \frac{267.3}{360} = 0.743\ \text{m} = 743\ \text{mm}$$

代入式(7.10)有：

$$e_i = e_0 + e_a = 743 + 20 = 763\ \text{mm} > 0.3h_0 = 123\ \text{mm}$$

故先按大偏心受压情况计算。

(4) 求 $A_s$ 及 $A_s'$

由式(7.18)有：

$$e = e_i + \frac{h}{2} - a_s = 948\ \text{mm}$$

另取 $\xi=\xi_b=0.518$，则由式(7.32)有：

$$A_s' = \frac{Ne - \xi_b(1-0.5\xi_b)\alpha_1 f_c b h_0^2}{f_y'(h_0 - a_s')}$$

$$= \frac{360\times10^3\times948 - 0.518\times(1-0.5\times0.518)\times1.0\times14.3\times350\times410^2}{360\times(410-40)}$$

$$= 137.7\ \text{mm}^2 < A_s' = \rho_{\min}' bh = 0.002\times350\times450 = 315\ \text{mm}^2$$

取 $A_s'=\rho_{\min}'bh=0.002\times350\times450=315\ \text{mm}^2$，选 2 Φ 16($A_s'=402\ \text{mm}^2$)。

这样该题转变成已知受压钢筋 $A_s'=402\ \text{mm}^2$，求受拉钢筋 $A_s$ 的问题。由式(7.17)有：

$$\alpha_s = \frac{Ne - f_y'A_s'(h_0 - a_s')}{\alpha_1 f_c b h_0^2} = \frac{360\times10^3\times948 - 360\times402\times(410-40)}{1.0\times14.3\times350\times410^2} = 0.342$$

则

$$\xi = 1 - \sqrt{1-2\alpha_s} = 1 - \sqrt{1-2\times0.342} = 0.438 < \xi_b = 0.518$$

$$x = \xi h_0 = 0.438\times410 = 179.6\ \text{mm} > 2a_s' = 80\ \text{mm}$$

代入式(7.33)有：

$$A_s = \frac{\alpha_1 f_c b x + f_y'A_s' - N}{f_y}$$

$$= \frac{1.0\times14.3\times350\times179.6 + 360\times402 - 360\times10^3}{360} = 1899\ \text{mm}^2$$

选 4 Φ 25($A_s=1964\ \text{mm}^2$)，则全部纵向钢筋的配筋率为：

$$\rho = \frac{402+1964}{350\times450} = 1.5\% > 0.55\%$$

满足要求。

纵向钢筋净间距(二 a 类环境，混凝土保护层厚度 $c=25$ mm，箍筋直径 6 mm)

受压一侧钢筋 $\dfrac{350-25\times2-6\times2-16\times2}{1}=256\ \text{mm}<300\ \text{mm}$

受拉一侧钢筋 $\dfrac{350-25\times2-6\times2-25\times4}{3}=62.7\ \text{mm}>50\ \text{mm}$

满足要求。

**【例 7.5】** 已知一偏心受压柱 $b\times h=450\ \text{mm}\times500\ \text{mm}$，$a_s=a_s'=40$ mm，柱计算长度 $l_c=4$ m，作用在柱上的荷载设计值所产生的内力 $N=2200$ kN，两端弯矩相等为 $M_1=M_2=200$ kN·m，钢筋采用 HRB400，混凝土采用 C35，求 $A_s$、$A_s'$。

**【解】** (1) 确定钢筋和混凝土的材料强度及几何参数

C35 混凝土，$f_c=16.7\ \text{N/mm}^2$；HRB400 级钢筋，$f_y=f_y'=360\ \text{N/mm}^2$；

$b=450$ mm，$h=500$ mm，$a_s=a_s'=40$ mm，$h_0=h-40=460$ mm；

HRB400 级钢筋，C35 混凝土，$\beta_1=0.8$，$\xi_b=0.518$。

（2）求框架柱设计弯矩 $M$

由于 $M_1/M_2=1$，$i=\sqrt{\frac{I}{A}}=144.3$ mm，则 $l_c/i=27.7>34-12(M_1/M_2)=22$，因此，需要考虑附加弯矩影响。根据式(7.12)～式(7.14)有：

$$\zeta_c=\frac{0.5f_cA}{N}=0.85$$

$$C_m=0.7+0.3\frac{M_1}{M_2}=1$$

$$e_a=\left(20,\frac{h}{30}\right)_{max}=20\ \text{mm}$$

$$\eta_{ns}=1+\frac{1}{1300(M_2/N+e_a)/h_0}\left(\frac{l_c}{h}\right)^2\zeta_c=1.174$$

代入式(7.15)计算框架柱设计弯矩有：

$$M=C_m\eta_{ns}M_2=234.8\ \text{kN}\cdot\text{m}$$

（3）求 $e_i$，判别大、小偏心受压

根据式(7.8)、式(7.9)有：

$$e_0=\frac{M}{N}=\frac{234800}{2200}=106.7\ \text{mm}>0.15h_0=69\ \text{mm}$$

代入式(7.10)有：

$$e_i=e_0+e_a=126.7\ \text{mm}<0.3h_0=138\ \text{mm}$$

故按小偏心受压构件计算。

（4）求 $A_s$ 及 $A_s'$

由式(7.18)有：

$$e=e_i+\frac{h}{2}-a_s=126.7+250-40=336.7\ \text{mm}$$

因 $N=2200$ kN$<f_cbh=16.7\times450\times500=3757.5$ kN，故取 $A_s=0.002bh=0.002\times450\times500=450\ \text{mm}^2$，选 3$\Phi$14（$A_s=461\ \text{mm}^2$）。

又由式(7.25)有：

$$\sigma_s=\frac{\xi-\beta_1}{\xi_b-\beta_1}f_y=\frac{\frac{x}{460}-0.8}{0.518-0.8}\times360=1021.3-2.7752x$$

代入式(7.23)和式(7.24)联立求解得：

$$\xi_bh_0=0.518\times460=238.3\ \text{mm}<x=288.5\ \text{mm}<(2\beta_1-\xi_b)h_0=497.7\ \text{mm}$$

代入式(7.24)求 $A_s'$：

$$\begin{aligned}A_s'&=\frac{Ne-\alpha_1f_cbx(h_0-0.5x)}{f_y'(h_0-a_s')}\\&=\frac{2200000\times336.7-1.0\times16.7\times450\times288.5\times(460-0.5\times288.5)}{360\times(460-40)}\\&=371.5\ \text{mm}^2<A_s'=\rho_{min}'bh=0.002\times450\times500=450\ \text{mm}^2\end{aligned}$$

应按最小配筋率配筋。

因采用 HRB400 级钢筋，全部纵向钢筋的最小配筋率为 0.55%，即 $A_s+A_s'\geqslant0.0055bh=0.0055\times450\times500=1237.5\ \text{mm}^2$，受拉钢筋已配 3$\Phi$14（$A_s=461\ \text{mm}^2$），则：

$$A_s'\geqslant1237.5-461=776.5\ \text{mm}^2$$

选 4$\Phi$16（$A_s'=804\ \text{mm}^2$），则全部纵向钢筋的配筋率为：

$$\rho = \frac{461 + 804}{450 \times 500} = 0.56\% > 0.55\%$$

纵向钢筋配筋率及净间距均符合要求。

(5) 验算垂直于弯矩作用平面承载力——轴心受压

取 $l_0 = l_c = 4000\ \text{mm}$，$\frac{l_0}{b} = \frac{4000}{450} = 8.9$ 查表 7.1 得 $\varphi = 0.99$，则由式(7.2)有：

$$\begin{aligned} 0.9\varphi[f_c A + f_y'(A_s + A_s')] &= 0.9 \times 0.99 \times [16.7 \times 450 \times 500 + 360 \times (461 + 804)] \\ &= 3753.7\ \text{kN} > N = 2200\ \text{kN} \end{aligned}$$

满足要求。

**【例 7.6】** 已知一偏心受压柱 $b \times h = 400\ \text{mm} \times 500\ \text{mm}$，$a_s = a_s' = 40\ \text{mm}$，柱计算长度 $l_c = 5.5\ \text{m}$，作用在柱上的荷载设计值所产生的内力 $N = 800\ \text{kN}$，已配钢筋 $A_s'$：2$\Phi$16，$A_s$：2$\Phi$20，两端弯矩相等，钢筋采用 HRB400，混凝土采用 C30。试求柱端能承担的柱端设计弯矩 $M_2$(按两端弯矩相等考虑)。

**【解】** (1) 确定钢筋和混凝土的材料强度及几何参数

C30 混凝土，$f_c = 14.3\ \text{N/mm}^2$；HRB400 级钢筋，$f_y = f_y' = 360\ \text{N/mm}^2$；

$b = 400\ \text{mm}$，$h = 500\ \text{mm}$，$a_s = a_s' = 40\ \text{mm}$，$h_0 = h - 40 = 460\ \text{mm}$；

HRB400 级钢筋，C30 混凝土，$\beta_1 = 0.8$，$\xi_b = 0.518$；

2$\Phi$16，$A_s' = 402\ \text{mm}^2$；2$\Phi$20，$A_s = 628\ \text{mm}^2$。

(2) 判别大、小偏心受压

按式(7.29)求界限轴力 $N_b$：

$$\begin{aligned} N_b &= \alpha_1 f_c b h_0 \xi_b + f_y' A_s' - f_y A_s \\ &= 1.0 \times 14.3 \times 400 \times 460 \times 0.518 + 360 \times 402 - 360 \times 628 \\ &= 1281.6\ \text{kN} > N = 800\ \text{kN} \end{aligned}$$

故为大偏心受压柱。

(3) 求 $x(\xi)$

由式(7.16)计算得：

$$x = \frac{N - f_y' A_s' + f_y A_s}{\alpha_1 f_c b} = \frac{800 \times 10^3 - 360 \times 402 + 360 \times 628}{1.0 \times 14.3 \times 400} = 154\ \text{mm}$$

且 $2a_s' = 80\ \text{mm} \leqslant x \leqslant \xi_b h_0 = 0.518 \times 460 = 238\ \text{mm}$。

(4) 求 $e_0$

由式(7.17)计算得：

$$\begin{aligned} e &= \frac{\alpha_1 f_c b x (h_0 - 0.5x) + f_y' A_s' (h_0 - a_s')}{N} \\ &= \frac{1.0 \times 14.3 \times 400 \times 154 \times (460 - 0.5 \times 154) + 360 \times 402 \times (460 - 40)}{800000} \\ &= 497.7\ \text{mm} \end{aligned}$$

$$e_a = \left(20, \frac{h}{30}\right)_{\max} = 20\ \text{mm}$$

由式(7.9)、式(7.10)、式(7.18)联立计算得：

$$e_0 = 497.7 + 40 - 250 - 20 = 267.7\ \text{mm} = 0.2677\ \text{m}$$

(5) 求 $M_2$

截面弯矩设计值为：

$$M = N e_0 = 800 \times 0.2677 = 214.16\ \text{kN} \cdot \text{m}$$

由式(7.12)有：

$$C_m = 0.7 + 0.3\frac{M_1}{M_2} = 1$$

代入式(7.15)，再联立式(7.14)得：

$$\frac{M}{M_2}=C_m\eta_{ns}=1+\frac{1}{1300(M_2/N+e_a)/h_0}\left(\frac{l_c}{h}\right)^2\zeta_c$$

大偏心受压构件取 $\zeta_c=1$，并将有关数据代入上式，得到 $M_2$ 的二次方程，可解出：

$$M_2=182.66\ \text{kN}\cdot\text{m}$$

**【例 7.7】** 已知一偏心受压柱 $b\times h=400\ \text{mm}\times 450\ \text{mm}$，$a_s=a_s'=40\ \text{mm}$，柱计算长度 $l_c=4.5\ \text{m}$，已配钢筋 $A_s'(2\Phi16)$，$A_s(2\Phi20)$。柱两端弯矩相等，钢筋采用 HRB400，混凝土采用 C30，设轴力在截面长边方向产生的偏心距 $e_0=100\ \text{mm}$(已考虑弯矩增大系数和偏心距调节系数)。试求柱能承担的设计轴力 $N$。

**【解】** (1) 确定钢筋和混凝土的材料强度及几何参数

C30 混凝土，$f_c=14.3\ \text{N/mm}^2$；HRB400 级钢筋，$f_y=f_y'=360\ \text{N/mm}^2$；

$b=400\ \text{mm}$，$h=450\ \text{mm}$，$a_s=a_s'=40\ \text{mm}$，$h_0=h-40=410\ \text{mm}$；

HRB400 级钢筋，C30 混凝土，$\beta_1=0.8$，$\xi_b=0.518$；

$2\Phi16$，$A_s'=402\ \text{mm}^2$；$2\Phi20$，$A_s=628\ \text{mm}^2$。

(2) 判别大、小偏心受压

由式(7.10)有

$$e_i=e_0+e_a=100+20=120\ \text{mm}<0.3h_0=123\ \text{mm}$$

为小偏心受压。

(3) 求 $N$

在图 7.15(a)中对 $N$ 的作用点建立力矩平衡方程可得：

$$A_s\sigma_s e+A_s'f_y'e'=\alpha_1 f_c bx\left(\frac{x}{2}-\frac{h}{2}+e_i\right)$$

$$e=e_i+\frac{h}{2}-a_s=305\ \text{mm},\quad e'=\frac{h}{2}-e_i-a_s'=65\ \text{mm}$$

与式(7.25)联立得：$x^2-1.47x-71686=0$，求得：$x=268.5\ \text{mm}$，且 $\xi_b=0.518<\xi=0.655<2\beta_1-\xi_b=1.08$

$$N=\frac{\alpha_1 f_c bx(h_0-0.5x)+f_y'A_s'(h_0-a_s')}{e}=1564\ \text{kN}$$

## 7.6 对称配筋矩形截面偏心受压构件承载力计算方法

实际工程中，偏心受压构件在各种不同荷载(风荷载、地震作用、竖向荷载)组合作用下，在同一截面内常承受变号弯矩，即截面在一种荷载组合作用下为受拉的部位，在另一种荷载组合作用下变为受压，而截面中原来受拉的钢筋则会变为受压；同时，为了在施工过程中不产生差错，以及在预制构件中，为保证吊装时不出现差错，一般都采用对称配筋。所谓对称配筋，是指 $A_s=A_s'$、$f_y=f_y'$、$a_s=a_s'$。由于对称配筋是非对称配筋的特殊情形，因此，基本计算公式仍可应用，只是相当于增加了一个已知条件。

### 7.6.1 截面设计

#### 7.6.1.1 大、小偏心受压破坏的判别

将 $A_s=A_s'$，$f_y=f_y'$ 代入大偏心受压构件基本公式(7.16)、式(7.17)中，就得到对称配筋大偏心受压基本计算公式：

$$N=\alpha_1 f_c bx=\alpha_1 f_c bh_0\xi \tag{7.35}$$

$$Ne=\alpha_1 f_c bx\left(h_0-\frac{x}{2}\right)+f_y'A_s'(h_0-a_s') \tag{7.36}$$

由式(7.35)可得

$$\xi = \frac{N}{\alpha_1 f_c b h_0} \tag{7.37}$$

当 $\xi \leqslant \xi_b$ 时，为大偏心受压构件；当 $\xi > \xi_b$ 时，为小偏心受压构件。

按式(7.37)计算结果判别大、小偏心受压构件时应注意两点：一是按上式计算的 $\xi$ 值对于小偏心受压构件来说仅为判断依据，不能作为小偏心受压构件的实际相对受压区高度；二是对于轴力较小的对称配筋偏心受压构件，当按照式(7.37)计算时可能会得出大偏心受压的结论，但又存在 $e_i < 0.3h_0$ 的情况，这种情况实际上属于小偏心受压，但此时无论按大偏心受压计算还是按小偏心受压计算的配筋量都很小，接近按构造配筋。因此，对称配筋偏心受压构件就可以用 $\xi$ 与 $\xi_b$ 的关系作为判别大、小偏心受压构件的唯一依据，这样可使计算得到简化。

7.6.1.2　大偏心受压

由式(7.37)得出 $\xi$ 值及 $x = \xi h_0$。

若 $2a_s' \leqslant x < \xi_b h_0$，利用式(7.36)可直接求得 $A_s'$，并使 $A_s = A_s'$。

若 $x < 2a_s'$，则表示受压钢筋不能达到屈服强度，这时可利用式(7.21)求得 $A_s$，并使 $A_s' = A_s$。

无论哪种情况，所选的钢筋面积均应满足最小配筋量要求。

7.6.1.3　小偏心受压

将 $A_s = A_s'$、$f_y = f_y'$ 及 $\sigma_s$ 代入小偏心受压构件基本计算公式(7.23)和式(7.24)中，可以得到对称配筋小偏心受压基本计算公式：

$$N = \alpha_1 f_c b x + f_y' A_s' - f_y A_s \frac{\xi - \beta_1}{\xi_b - \beta_1} \tag{7.38}$$

$$Ne = \alpha_1 f_c b x \left(h_0 - \frac{x}{2}\right) + f_y' A_s' (h_0 - a_s') \tag{7.39}$$

由此两式可解得一个关于 $\xi$ 的三次方程，但 $\xi$ 值很难求解。分析表明，在小偏心受压构件中，对于常用材料的强度，可采用近似计算公式：

$$\xi = \frac{N - \xi_b \alpha_1 f_c b h_0}{\dfrac{Ne - 0.43\alpha_1 f_c b h_0^2}{(\beta_1 - \xi_b)(h_0 - a_s')} + \alpha_1 f_c b h_0} + \xi_b \tag{7.40}$$

显然，$\xi > \xi_b$，肯定为小偏心受压情况。将 $\xi$ 代入式(7.39)可求得

$$A_s = A_s' = \frac{Ne - \alpha_1 f_c b h_0^2 \xi (1 - 0.5\xi)}{f_y' (h_0 - a_s')} \tag{7.41}$$

当求得 $A_s + A_s' > 0.05bh$ 时，说明截面尺寸过小，宜加大柱截面尺寸。

当求得 $A_s' < 0$ 时，表明柱的截面尺寸较大，这时，应按受压钢筋最小配筋率配置钢筋，可取 $A_s = A_s' = 0.002bh_0$，并使 $A_s + A_s'$ 不小于全部纵筋的最小配筋量。

### 7.6.2　截面校核

对称配筋偏心受压构件的截面承载力复核，可按不对称配筋偏心受压构件的方法和步骤进行计算，只是此时应取 $f_y A_s = f_y' A_s'$。

**【例 7.8】** 已知条件同例 7.3，但取 $N = 500$ kN，$M_2 = 380$ kN，并采用对称配筋，求 $A_s = A_s'$。

**【解】**（1）确定钢筋和混凝土的材料强度及几何参数

C30 混凝土，$f_c = 14.3\ \text{N/mm}^2$；HRB400 级钢筋，$f_y = f_y' = 360\ \text{N/mm}^2$；

$b = 400$ mm，$a_s = a_s' = 40$ mm，$h = 450$ mm，$h_0 = 450 - 40 = 410$ mm；

HRB400 级钢筋，C30 混凝土，$\beta_1 = 0.8$，$\xi_b = 0.518$。

（2）求框架柱设计弯矩 $M$

由于 $M_1/M_2 = 1$，$i = \sqrt{\dfrac{I}{A}} = 129.9$ mm，则 $l_c/i = 38.5 > 34 - 12(M_1/M_2) = 22$，因此，需要考虑附加弯矩影响。根据式(7.12)至式(7.14)有：

$$\zeta_c=\frac{0.5f_cA}{N}=2.57>1,\quad 取 1$$

$$C_m=0.7+0.3\frac{M_1}{M_2}=1$$

$$e_a=\frac{h}{30}=\frac{450}{30}=15\ \text{mm}<20\ \text{mm},\quad 取 e_a=20\ \text{mm}$$

$$\eta_{ns}=1+\frac{1}{1300(M_2/N+e_a)/h_0}\left(\frac{l_c}{h}\right)^2\zeta_c=1.05$$

代入式(7.15)计算框架柱设计弯矩有：

$$M=C_m\eta_{ns}M_2=1\times1.05\times380=399\ \text{kN}\cdot\text{m}$$

(3) 判别大、小偏心受压

由式(7.37)得：

$$\xi=\frac{N}{\alpha_1f_cbh_0}=\frac{500\times10^3}{1.0\times14.3\times400\times410}=0.213<\xi_b=0.518$$

为大偏心受压，则：

$$x=\xi h_0=0.213\times410=87.4\ \text{mm}>2a_s'=80\ \text{mm}$$

(4) 求 $A_s$ 及 $A_s'$

根据式(7.8)、式(7.9)有：

$$e_0=\frac{M}{N}=\frac{399}{500}=0.798\ \text{m}=798\ \text{mm}$$

代入式(7.10)有：

$$e_i=e_0+e_a=798+20=818\ \text{mm}$$

再由式(7.18)有：

$$e=e_i+\frac{h}{2}-a_s=818+225-40=1003\ \text{mm}$$

与其他数据一同代入式(7.32)有：

$$\begin{aligned}A_s=A_s'&=\frac{Ne-\alpha_1f_cbx\left(h_0-\frac{x}{2}\right)}{f_y'(h_0-a_s')}\\&=\frac{500\times10^3\times1003-1.0\times14.3\times400\times87.4\times\left(410-\frac{87.4}{2}\right)}{360\times(410-40)}\\&=2390.2\ \text{mm}^2\end{aligned}$$

(5) 选筋验算配筋率

每边选 5 ⌀25($A_s=A_s'=2454\ \text{mm}^2$，HRB400 级)，则全部纵向钢筋的配筋率为：

$$\rho=\frac{4908}{400\times450}=2.72\%>0.55\%$$

纵向钢筋配筋率及净间距均满足要求。

**【例 7.9】** 已知条件同例 7.5，但采用对称配筋，求 $A_s=A_s'$。

**【解】** (1) 确定钢筋和混凝土的材料强度及几何参数

C35 混凝土，$f_c=16.7\ \text{N/mm}^2$；HRB400 级钢筋，$f_y=f_y'=360\ \text{N/mm}^2$；

$b=450\ \text{mm}$，$h=500\ \text{mm}$，$a_s=a_s'=40\ \text{mm}$，$h_0=h-40=460\ \text{mm}$；

HRB400 级钢筋，C35 混凝土，$\beta_1=0.8$，$\xi_b=0.518$。

(2) 求框架柱设计弯矩 $M$

由于 $M_1/M_2=1$，$i=\sqrt{\frac{I}{A}}=144.3\ \text{mm}$，则 $l_c/i=27.7>34-12(M_1/M_2)=22$，因此，需要考虑附加弯

矩影响。根据式(7.12)～式(7.14)有：

$$\zeta_c=\frac{0.5f_cA}{N}=0.85$$

$$C_m=0.7+0.3\frac{M_1}{M_2}=1$$

$$e_a=\left(20,\frac{h}{30}\right)_{max}=20\ \text{mm}$$

$$\eta_{ns}=1+\frac{1}{1300(M_2/N+e_a)/h_0}\left(\frac{l_c}{h}\right)^2\zeta_c=1.174$$

代入式(7.15)计算框架柱设计弯矩有：

$$M=C_m\eta_{ns}M_2=1\times1.174\times200=234.8\ \text{kN}\cdot\text{m}$$

(3) 判别大、小偏心受压

由式(7.37)得：

$$\xi=\frac{N}{\alpha_1f_cbh_0}=\frac{2200\times10^3}{1.0\times16.7\times450\times460}=0.636>\xi_b=0.518$$

为小偏心受压。

(4) 求 $A_s=A_s'$

同例题 7.5，$e=e_i+\frac{h}{2}-a_s=336.7$ mm，则由公式(7.40)有：

$$\xi=\frac{N-\xi_b\alpha_1f_cbh_0}{\frac{Ne-0.43\alpha_1f_cbh_0^2}{(\beta_1-\xi_b)(h_0-a_s')}+\alpha_1f_cbh_0}+\xi_b$$

$$=\frac{2200\times10^3-0.518\times1.0\times16.7\times450\times460}{\frac{2200\times10^3\times336.7-0.43\times1.0\times16.7\times450\times460^2}{(0.8-0.518)\times(460-40)}+1.0\times16.7\times450\times460}+0.518$$

$$=\frac{409325.8}{480962.3+3456900}+0.518=0.622$$

与其他数据一同代入式(7.32)有：

$$A_s=A_s'=\frac{Ne-\alpha_1f_cbh_0^2\xi(1-0.5\xi)}{f_y'(h_0-a_s')}$$

$$=\frac{2200\times10^3\times336.7-1.0\times16.7\times450\times460^2\times0.622\times(1-0.5\times0.622)}{360\times(460-40)}$$

$$=392\ \text{mm}^2<0.002bh=450\ \text{mm}^2$$

需按最小配筋率配筋。

(5) 选筋验算配筋率

每边选 3⏀18($A_s=A_s'=763$ mm$^2$，HRB400 级)，则全部纵向钢筋的配筋率为：

$$\rho=\frac{763\times2}{450\times500}=0.68\%>0.55\%$$

每边配筋率为 0.34%>0.2%，满足要求。

(6) 垂直弯矩作用平面承载力校核(略)。

**【例 7.10】** 某偏心受压柱，$b\times h=400$ mm×600 mm，$a_s=a_s'=40$ mm，柱计算长度 $l_c=5$ m，采用 C30 混凝土，承受纵向压力设计值 $N=2200$ kN，柱两端弯矩设计值 $M_1=M_2=300$ kN·m，对称配筋。若 $A_s=A_s'$试分别采用 HRB400、HRB500 钢筋配置纵向受力钢筋，并进行钢筋用量比较分析。

**【解】** (1)确定钢筋和混凝土的材料强度及几何参数

C30 混凝土 $f_c=14.3$ N/mm$^2$，$\beta_1=0.8$，$\alpha_1=1.0$；$b=400$ mm，$h=600$ mm，$a_s=a_s'=40$ mm，$h_0=600-40=560$ mm；HRB400 钢筋 $f_y=f_y'=360$ N/mm$^2$，$\xi_b=0.518$；HRB500 钢筋 $f_y=f_y'=435$ N/mm$^2$(轴心受

压构件取 $f'_y=400\ N/mm^2$），$\xi_b=0.482$。

(2)求柱设计弯矩 $M$

由于 $M_1/M_2=1$，$i=\sqrt{\frac{I}{A}}=173.2\ mm$，$l_c/i=28.87>34-12(M_1/M_2)=22$，需要考虑附加弯矩的影响，由式(7.12)至式(7.14)有：

$$C_m=0.7+0.3\frac{M_1}{M_2}=1.0$$

$$\zeta_c=\frac{0.5f_cA}{N}=\frac{0.5\times14.3\times400\times600}{2200\times10^3}=0.78$$

$$e_a=\frac{h}{30}=\frac{600}{30}=20\ mm$$

$$\eta_{ns}=1+\frac{1}{1300(M_2/N+e_a)/h_0}\left(\frac{l_c}{h}\right)^2\zeta_c=1.149$$

$$M=C_m\eta_{ns}M_2=1.0\times1.149\times300=344.7\ kN\cdot m$$

(3)判别大、小偏心受压

$$\xi=\frac{N}{\alpha_1f_cbh_0}=\frac{2200\times10^3}{1.0\times14.3\times400\times560}=0.687>0.518\text{ 及 }0.482$$

即采用 HRB400、HRB500 钢筋均为小偏心受压。

(4)采用 HRB400 钢筋配置纵向受力钢筋

$$e_0=\frac{M}{N}=\frac{344.7}{2200}=0.157\ m=157\ mm$$

$$e_i=e_0+e_a=157+20=177\ mm$$

$$e=e_i+\frac{h}{2}-a_s=177+300-40=437\ mm$$

$$\xi=\frac{N-\xi_b\alpha_1f_cbh_0}{\frac{Ne-0.43\alpha_1f_cbh_0^2}{(\beta_1-\xi_b)(h_0-a'_s)}+\alpha_1f_cbh_0}+\xi_b$$

$$=\frac{2200\times10^3-0.518\times1.0\times14.3\times400\times560}{\frac{2200\times10^3\times437-0.43\times1.0\times14.3\times400\times560^2}{(0.8-0.518)\times(560-40)}+1.0\times14.3\times400\times560}+0.518$$

$$=\frac{540742.4}{1296163.7+3203200}+0.518=0.638$$

$$A_s=A'_s=\frac{Ne-\alpha_1f_cbh_0^2\xi(1-0.5\xi)}{f'_y(h_0-a'_s)}$$

$$=\frac{2200\times10^3\times437-1.0\times14.3\times400\times560^2\times0.638\times(1-0.5\times0.638)}{360\times(560-40)}$$

$$=972.4\ mm^2>0.002bh=480\ mm^2$$

每边选 4$\Phi$18，实配 $A_s=A'_s=1017\ mm^2$，全部纵向钢筋的配筋率为：

$\rho=\frac{1017\times2}{400\times600}=0.85\%>0.55\%$，满足要求。

垂直弯矩作用平面承载力校核：

取 $l_0=l_c=5000\ mm$，$l_0/b=5000/400=12.5$，查表 7.1 并内插得 $\varphi=0.9425$

$$0.9\varphi[f_cA+f'_y(A_s+A'_s)]=0.9\times0.9425\times(14.3\times400\times600+360\times1017\times2)$$
$$=3532.3\times10^3\ N=3532.3\ kN>N=2200\ kN$$

满足要求。

(5)采用 HRB500 钢筋配置纵向受力钢筋

$$\xi=\frac{N-\xi_b\alpha_1 f_c bh_0}{\frac{Ne-0.43\alpha_1 f_c bh_0^2}{(\beta_1-\xi_b)(h_0-a_s')}+\alpha_1 f_c bh_0}+\xi_b$$

$$=\frac{2200\times10^3-0.482\times1.0\times14.3\times400\times560}{\frac{2200\times10^3\times437-0.43\times1.0\times14.3\times400\times560^2}{(0.8-0.482)\times(560-40)}+1.0\times14.3\times400\times560}+0.482$$

$$=\frac{656057.6}{1149428.2+3203200}+0.482=0.633$$

$$A_s=A_s'=\frac{Ne-\alpha_1 f_c bh_0^2\xi(1-0.5\xi)}{f_y'(h_0-a_s')}$$

$$=\frac{2200\times10^3\times437-1.0\times14.3\times400\times560^2\times0.633\times(1-0.5\times0.633)}{435\times(560-40)}$$

$$=819.2\ \text{mm}^2>0.0026h=480\ \text{mm}^2$$

每边选 2 Φ 18+2 Φ 16，实配 $A_s=A_s'=911\ \text{mm}^2$，全部纵向钢筋的配筋率为：

$\rho=\frac{911\times2}{400\times600}=0.76\%>0.50\%$（HRB500 钢筋全部纵向钢筋的最小配筋率为 0.50%，见附表 15），满足要求。

垂直弯矩作用平面承载力校核（对轴心受压构件，HRB500 钢筋的抗压强度设计值取 $f_y'=400\ \text{N/mm}^2$）：

取 $l_0=l_c=5000\ \text{mm}$，$l_0/b=5000/400=12.5$，$\varphi=0.9425$

$$0.9\varphi[f_c A+f_y'(A_s+A_s')]=0.9\times0.9425\times(14.3\times400\times600+400\times911\times2)$$

$$=3529398\ \text{N}=3529.4\ \text{kN}>N=2200\ \text{kN}$$

满足要求。

(6)钢筋用量比较分析

通过分别采用 HRB400、HRB500 钢筋计算偏心受压柱纵向受力钢筋的计算截面面积及表 7.4，可以看出在柱截面尺寸、混凝土强度等级以及承受轴力和弯矩设计值相同的情况下，采用 HRB500 钢筋比 HRB400 钢筋截面面积减少（节材率）15.8%，说明在受压构件中采用 500MPa 钢筋的节材效果也是很显著的。还可看出，采用 HRB500 钢筋的全部纵向钢筋最小配筋率也小于 HRB400 钢筋，当纵向受力钢筋由最小配筋率控制时也可节省钢筋。

**表 7.4　钢筋用量比较表**

| 采用钢筋牌号 | 计算纵向受力钢筋截面面积（$\text{mm}^2$） | HRB500 钢筋与 HRB400 钢筋比较节材百分率（%） | 全部纵向钢筋最小配筋百分率（%） |
|---|---|---|---|
| HRB400 | 972.4×2 | — | 0.55 |
| HRB500 | 819.2×2 | 15.8 | 0.50 |

## 7.7　对称配筋工形截面偏心受压构件承载力计算

为了节省混凝土和减轻构件自重，对于截面尺寸较大的装配式柱，一般将其做成工形截面。工形截面柱的翼缘厚度一般不小于 100 mm，腹板厚度一般不小于 80 mm。工形截面偏心受压构件的受力性能、破坏特征以及计算原则和矩形截面偏心受压构件基本相同，仅由于截面形状不同而使公式略有差别。

### 7.7.1　大偏心受压构件计算公式

由于轴向压力和弯矩的组成情况不同，中和轴可能在受压翼缘上，即 $x\leqslant h_f'$；亦可能在腹板上，即 $x>h_f'$。

#### 7.7.1.1　中和轴位于受压翼缘

当 $x\leqslant h_f'$、$x\geqslant 2a_s'$ 时，其受力情况和宽度为 $b_f'$、高度为 $h$ 的矩形截面构件相同，即将式(7.16)和

式(7.17)中的矩形截面宽度 $b$，替换为受压区翼缘宽度 $b_f'$，如图 7.17(a)所示。则基本公式为：

$$N = \alpha_1 f_c b_f' x + f_y' A_s' - f_y A_s \tag{7.42}$$

$$Ne = \alpha_1 f_c b_f' x (h_0 - 0.5x) + f_y' A_s' (h_0 - a_s') \tag{7.43}$$

7.7.1.2 中和轴位于腹板

当 $x > h_f'$ 时，此时混凝土的受压区为 T 形，如图 7.17(b)所示，则应考虑受压区翼缘与腹板的共同受力作用，其基本计算公式为

$$N = \alpha_1 f_c [bx + (b_f' - b)h_f'] + f_y' A_s' - f_y A_s \tag{7.44}$$

$$Ne = \alpha_1 f_c [bx(h_0 - 0.5x) + (b_f' - b)h_f'(h_0 - 0.5h_f')] + f_y' A_s' (h_0 - a_s') \tag{7.45}$$

基本公式的适用条件为：

$$x \leqslant \xi_b h_0$$

工形截面偏心受压构件的受压钢筋 $A_s'$ 及受拉钢筋 $A_s$ 的最小配筋率，也应按构件的全截面面积 $A$ 计算，即：

$$A = bh + (b_f' - b)h_f' + (b_f - b)h_f$$

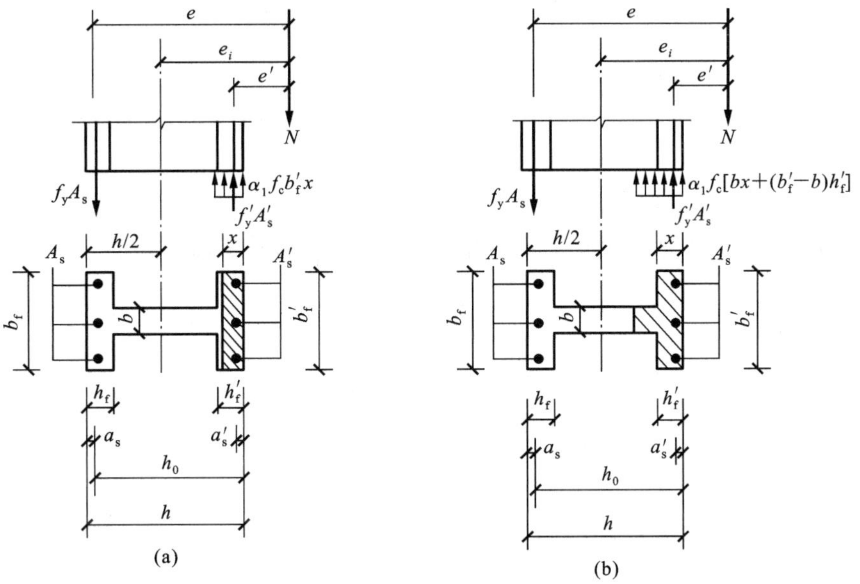

图 7.17 工形截面大偏心受压应力图

(a) $x \leqslant h_f'$；(b) $x > h_f'$

## 7.7.2 小偏心受压构件计算公式

在小偏心受压构件中，由于偏心距大小不同以及截面配筋数量的多少不同，中和轴可能在腹板上，即 $h_f' < x \leqslant h - h_f$；也可能位于受压应力较小一侧的翼缘上，即 $h - h_f < x \leqslant h$，如图 7.18 所示。

7.7.2.1 中和轴位于腹板

此时 $h_f' < x \leqslant h - h_f$，其基本计算公式为：

$$N \leqslant \alpha_1 f_c [bx + (b_f' - b)h_f'] + f_y' A_s' - \sigma_s A_s \tag{7.46}$$

$$Ne \leqslant \alpha_1 f_c \left[bx\left(h_0 - \frac{x}{2}\right) + (b_f' - b)h_f'\left(h_0 - \frac{h_f'}{2}\right)\right] + f_y' A_s' (h_0 - a_s') \tag{7.47}$$

7.7.2.2 中和轴位于受压应力较小一侧的翼缘

此时 $h - h_f < x \leqslant h$，其基本计算公式为：

$$N \leqslant \alpha_1 f_c [bx + (b_f' - b)h_f' + (b_f - b)(h_f - h + x)] + f_y' A_s' - \sigma_s A_s \tag{7.48}$$

$$Ne \leqslant \alpha_1 f_c \left[bx\left(h_0 - \frac{x}{2}\right) + (b_f' - b)h_f'\left(h_0 - \frac{h_f'}{2}\right) + (b_f - b)(h_f - h + x)\left(h_f - \frac{h_f - h + x}{2} - a_s\right)\right]$$

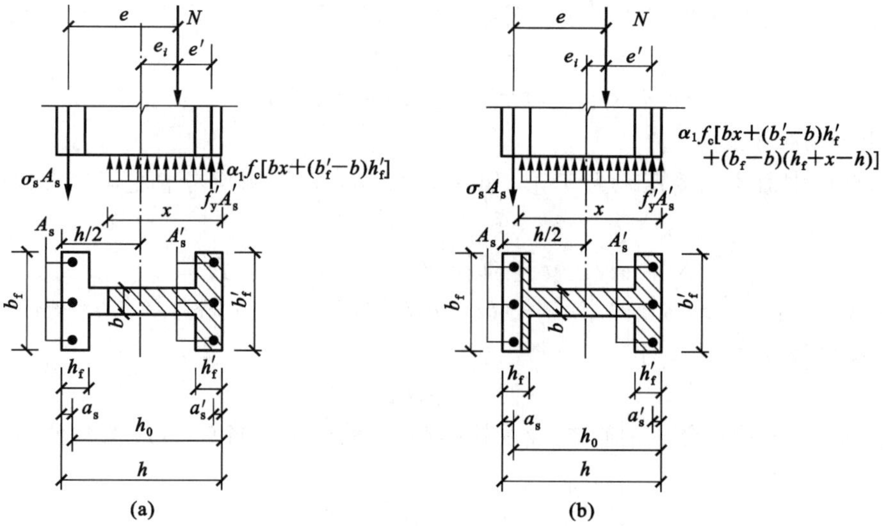


图 7.18　工形截面小偏心受压应力图

(a) $h_f'<x\leqslant h-h_f$；(b) $h-h_f<x\leqslant h$

$$+f_y'A_s'(h_0-a_s') \tag{7.49}$$

### 7.7.3　截面设计

工形截面受压构件一般为对称截面（$b_f'=b_f$、$h_f'=h_f$），对称配筋（$A_s=A_s'$、$f_y=f_y'$、$a_s=a_s'$），设计时首先选择材料强度等级，然后计算出柱所承担的设计轴力和弯矩，最后求所需的配筋。

7.7.3.1　判别类型

按式(7.44)计算出 $x$ 或 $\xi$（$A_s=A_s'$、$f_y=f_y'$），即：

$$x=\frac{N-\alpha_1 f_c(b_f'-b)h_f'}{\alpha_1 f_c b} \tag{7.50}$$

若 $\xi\leqslant\xi_b$，可确定为大偏心受压；若 $\xi>\xi_b$，则为小偏心受压。

7.7.3.2　大偏心受压

(1) 若由式(7.50)计算的 $x\leqslant h_f'$（或 $\xi$），则需用式(7.42)重新计算 $x$（或 $\xi$），即：

$$x=\frac{N}{\alpha_1 f_c b_f'} \tag{7.51}$$

当 $2a_s'\leqslant x\leqslant h_f'$ 时，利用式(7.43)可求得钢筋截面面积 $A_s'$，并使 $A_s=A_s'$。

当 $x<2a_s'$ 时，取 $x=2a_s'$，对压力合力点取矩，直接求得钢筋截面面积 $A_s$，并使 $A_s'=A_s$。

(2) 若 $x>h_f'$，则代入式(7.45)可求得钢筋截面面积 $A_s'$，并使 $A_s=A_s'$。

7.7.3.3　小偏心受压

类似于对称配筋矩形截面小偏心受压构件的计算，可推导出通过腹板的相对受压区高度 $\xi$ 的简化计算公式：

$$\xi=\frac{N-\alpha_1 f_c[\xi_b bh_0+(b_f'-b)h_f']}{\dfrac{Ne-\alpha_1 f_c[0.43bh_0^2+(b_f'-b)h_f'(h_0-0.5h_f')]}{(\beta_1-\xi_b)(h_0-a_s')}+\alpha_1 f_c bh_0}+\xi_b \tag{7.52}$$

进而用公式(7.47)即可求得钢筋截面面积 $A_s$。

工形截面小偏心受压构件除进行弯矩作用平面内的计算外，在垂直于弯矩作用平面也应按轴心受压构件进行验算，此时应按 $l_0/i$ 查出 $\varphi$ 值，其中 $i$ 为截面垂直于弯矩作用平面方向的回转半径。

对于截面复核，可参照矩形截面大、小偏心受压构件的步骤进行计算。

**【例 7.11】** 已知某钢筋混凝土工形截面柱，其截面尺寸为 $h_f=h_f'=120$ mm，$b_f'=b_f=400$ mm，$h=$

800 mm，$b=120$ mm。采用C30混凝土，HRB400钢筋，$a_s=a_s'=40$ mm，$\eta_{ns}=1$，对称配筋，承受轴向力设计值 $N=780$ kN，柱两端弯矩设计值均为 $M_1=M_2=550$ kN·m，试求钢筋截面面积。

**【解】** (1) 计算设计弯矩 $M$

根据题意可知：$C_m=0.7+0.3\dfrac{M_1}{M_2}=1$，$\eta_{ns}=1$，则由式(7.15)有：

$$M=C_m\eta_{ns}M_2=1\times1\times550=550\ \text{kN}\cdot\text{m}$$

(2) 判别大、小偏心受压构件

由公式(7.50)得：

$$x=\frac{N-\alpha_1 f_c(b_f'-b)h_f'}{\alpha_1 f_c b}=\frac{780000-1.0\times14.3\times(400-120)\times120}{1.0\times14.3\times120}=174.5\ \text{mm}$$

可见 $h_f'=120\ \text{mm}<x<\xi_b h_0=0.518\times760=393.68$ mm，属于大偏心受压构件。

(3) 求配筋 $A_s(A_s')$

根据式(7.8)至式(7.10)有：

$$e_0=\frac{M}{N}=\frac{550}{780}=0.70513\ \text{m}=705.13\ \text{mm}$$

$$e_i=705.13+\left(20,\frac{800}{30}\right)_{\max}=705.13+26.67=731.8\ \text{mm}$$

代入式(7.18)有：

$$e=e_i+\frac{h}{2}-a_s=731.8+400-40=1091.8\ \text{mm}$$

再根据式(7.45)有：

$$A_s=A_s'=\frac{Ne-\alpha_1 f_c[bx(h_0-0.5x)+(b_f'-b)h_f'(h_0-0.5h_f')]}{f_y'(h_0-a_s')}$$

$$=\frac{780000\times1091.8-1.0\times14.3\times[120\times174.5\times(760-0.5\times174.5)+(400-120)\times120\times(760-0.5\times120)]}{360\times(760-40)}$$

$$=1210.7\ \text{mm}^2$$

(4) 选筋验算配筋率

每边选4$\Phi$20($A_s=A_s'=1256\ \text{mm}^2$，HRB400级)，构件的全截面面积 $A$ 为：

$$A=bh+(b_f'-b)h_f'+(b_f-b)h_f$$

$$=120\times800+(400-120)\times120+(400-120)\times120=163200\ \text{mm}^2$$

则全部纵向钢筋的配筋率为：

$$\rho=\frac{1256\times2}{163200}=1.54\%>0.55\%$$

满足要求。

## 7.8 双向偏心受压构件承载力计算

### 7.8.1 双向偏心受压构件受力特点

在实际工程中也有一部分偏心受压构件，例如多层框架房屋的角柱，其中的轴向压力同时沿截面的两个主轴方向有偏心作用，如图7.1(c)所示，应按双向偏心受压构件来进行设计。双向偏心受压构件是指轴力 $N$ 在截面的两个主轴方向都有偏心距，或构件同时承受轴心压力及两个方向的弯矩作用。

根据实验结果表明，双向偏心受压构件正截面的破坏形态与单向偏心受压构件正截面的破坏形态相似，也可分为大偏心受压(受拉破坏)和小偏心受压(受压破坏)。因此，计算单向偏心受压构件正截面承载力计算时所采用的基本假定也可应用于双向偏心受压构件承载力的计算。双向偏心受压构件正截面承载力计算时，其中和轴一般不与截面主轴相垂直，而是倾斜的，与主轴有一个夹角。双向偏心受压截面的混凝土受压区形状较为复杂，可能是三角形、梯形和多边形(图 7.19)，同时，钢筋的应力也不均匀，有的应力可达到其屈服强度，有的应力则较小，距中和轴愈近，其应力愈小。双向偏心受压柱的承载力可由其 $N$-$M$ 相关曲面来表示。由图7.20的向偏心受压柱的 $N$-$M$ 承载力相关试验曲线，通过改变中和轴的倾角，可以得到一系列与截面主轴倾角不同的相关曲线族。

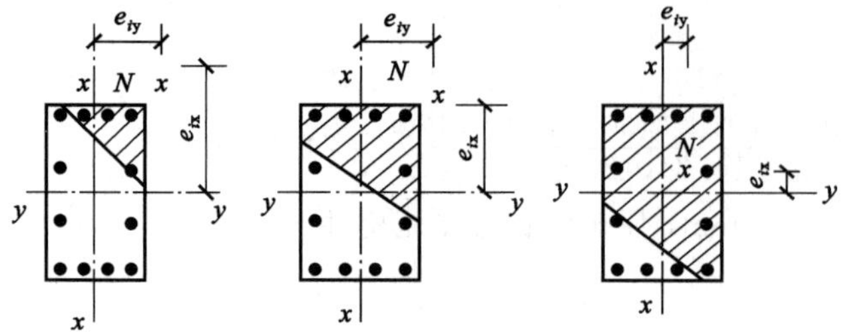


图 7.19 双向偏心受压截面应力图

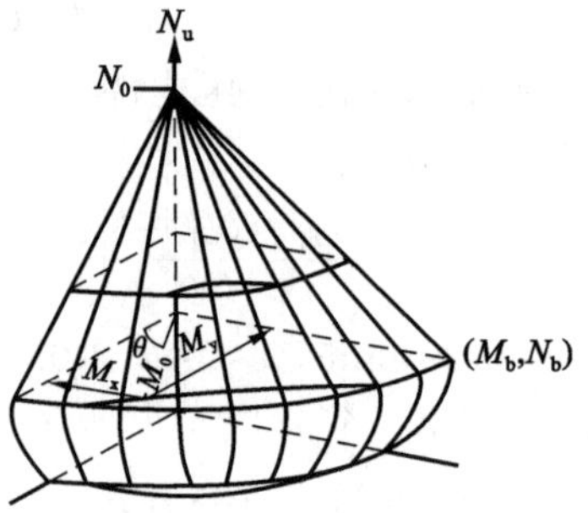


图 7.20 双向偏心受压 $N$-$M$ 关系曲线

在设计时，可假定截面应变符合平截面假定。受压区边缘的极限应变值 $\varepsilon_{cu}=0.0033$(对于斜向偏压情况，采用此值相对偏小)。受压区应力分布图仍近似简化成等效矩形应力图。

双向偏心受压精确计算的过程是繁琐的，必须借助于计算机才能求解。

目前各国规范都采用近似的简化方法来计算双向偏心受压构件的正截面承载力，既能达到一般设计要求的精度，又便于手算。

### 7.8.2 近似计算方法(倪克勤公式)

现采用的近似简化方法是应用弹性阶段应力叠加的方法推导求得的。设计时，先拟定构件的截面尺寸和钢筋布置方案，并假定材料处于弹性阶段。根据材料力学原理，倪克勤推导出双向偏心受压构件正截面承载力计算公式为：

$$N \leqslant \frac{1}{\dfrac{1}{N_{ux}}+\dfrac{1}{N_{uy}}-\dfrac{1}{N_{u0}}} \tag{7.53}$$

式中 $N_{u0}$——构件的截面轴心受压承载力设计值，按式(7.2)计算，但不考虑稳定系数 $\varphi$ 及系数 0.9；

$N_{ux}$——轴向压力作用于 $x$ 轴并考虑相应的计算偏心距 $e_{ix}$ 后，按全部纵向钢筋计算的构件偏心受压承载力设计值；

$N_{uy}$——轴向压力作用于 $y$ 轴并考虑相应的计算偏心距 $e_{iy}$ 后，按全部纵向钢筋计算的构件偏心受压承载力设计值。

## 7.9 偏心受压构件斜截面受剪承载力计算

当偏心受压构件仅考虑竖向荷载作用时，剪力值相对较小，但对于承受较大水平力作用下的框架柱，可能作用有较大的剪力值，必须考虑其斜截面受剪承载力。

### 7.9.1 轴向压力对构件斜截面受剪承载力的影响

试验表明，轴向压力对构件抗剪起有利作用，主要是由于轴力的存在不仅能阻滞斜裂缝的出现和开展，且能使构件各点的主拉应力方向与构件轴线的夹角与无轴向力构件相比均有增大，因而临界斜裂缝与构件轴线的夹角较小，增加了混凝土剪压区的高度，从而提高了剪压区混凝土的抗剪能力。

轴向压力对构件抗剪承载力的有利作用是有限的，图 7.21 列出了一组构件的试验结果，在轴压比

$\frac{N}{f_c bh}$较小时，构件的抗剪承载力随轴压比的增大而提高，当轴压比$\frac{N}{f_c bh}=0.3\sim0.5$时，抗剪承载力达到最大值，再增大轴压比，则构件抗剪承载力反而会随着轴压比的增大而降低，并转变为带有斜裂缝的小偏心受压正截面破坏。

### 7.9.2 偏心受压构件斜截面受剪承载力计算公式

根据图 7.21 的试验结果，并考虑到一般偏心受压框架柱两端在节点处是有约束的，因而在计算轴向压力作用下的偏心受压构件受剪承载力时，《混凝土结构设计标准》(GB/T 50010—2010)采用在受弯构件斜截面受剪承载力计算公式的基础上增加一项轴向压力对构件受剪承载力的有利影响。其中，对矩形截面偏心受压构件的受剪承载力计算公式为：

$$V\leqslant\frac{1.75}{\lambda+1.0}f_t bh_0+f_{yv}\frac{A_{sv}}{s}h_0+0.07N \quad (7.54)$$

式中 $\lambda$——偏心受压构件计算截面的剪跨比，取为$M/(Vh_0)$；

$N$——与剪力设计值$V$相应的轴向压力设计值，当$N>0.3f_cA$时，取$0.3f_cA$，其中$A$为构件的截面面积。

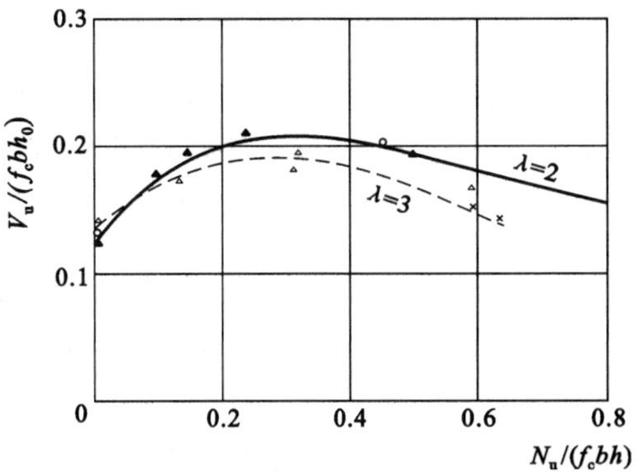


图 7.21 轴压力 N 和抗剪强度关系曲线

计算截面的剪跨比$\lambda$应按下列规定采用：

① 对框架结构中的框架柱，当其反弯点在层高范围内时，可取为$H_n/(2h_0)$，当$\lambda<1$时取$\lambda=1$，当$\lambda>3$时取$\lambda=3$，$H_n$为柱净高；

② 其他偏心受压构件，当承受均布荷载时取$\lambda=1.5$；当承受集中荷载(包括作用有多种荷载，其中集中荷载对支座截面或节点边缘所产生的剪力值占总剪力75%以上的情况)时，$\lambda=a/h_0$，当$\lambda<1.5$时取$\lambda=1.5$，当$\lambda>3$时取$\lambda=3$。

## 本 章 小 结

钢筋混凝土轴心受压构件承载力的计算中，需要考虑长细比较大引起的受压承载力降低问题，用稳定系数表示，混凝土和钢筋均达到各自设计强度，考虑混凝土徐变和受压构件可能的卸荷等情况，确定最大和最小配筋率。

配有螺旋式(或焊接环式)箍筋的轴压柱，通过螺旋式箍筋对核心混凝土的约束，可间接地提高混凝土及构件的承载力，同时应满足相应的适用条件，以保证正常使用要求。该种方法以横向约束提高构件承载力，也可用于受压构件的工程加固。

钢筋混凝土偏心受压构件分为大偏心受压和小偏心受压破坏，其判别条件是以受拉钢筋首先屈服还是受压混凝土首先压碎(或受拉钢筋是否屈服)来确定的，这类似于受弯构件以$\xi\leqslant\xi_b$或$\xi>\xi_b$来判别构件的破坏类型。

钢筋混凝土偏心受压长柱承载力计算要考虑外荷载作用下因构件弹塑性变形引起的附加弯矩的影响，与构件的长细比$\frac{l_0}{h}\left(或\frac{l_0}{b},\frac{l_0}{i}\right)$有关，通过偏心距调整系数和弯矩增大系数来考虑。

对于一个给定截面和材料的偏心受压构件，可以画出一条确定的$N_u$-$M_u$关系曲线，由该曲线可知：当为大偏心受压情况时，截面所受轴压力$N$越大，则同时可承受的$M_u$也会越大；当为小偏心受压情况时，截面所受$N$力越大，则同时可承受的$M_u$会越小。

偏心受压构件计算的基本公式均由其计算简图写出，计算简图中受压区混凝土简化为等效矩形应力图。大偏心受压通常按受拉钢筋和受压钢筋均达到屈服考虑，小偏心受压通常按受压钢筋达到屈服、受拉钢筋未达到屈服考虑。

偏心受压构件有对称配筋和非对称配筋两种，其大、小偏心受压的判别条件略有不同。在实际工程中，考虑到偏心受压构件可能承受变号弯矩及施工方便，更多地采用对称配筋的形式。

对于承受较大水平荷载的钢筋混凝土框架柱，还需进行斜截面抗剪承载力的计算。

## 思考题与习题

7.1 试解释轴心受压、偏心受压、双向偏心受压的特征，其作用的内力有什么不同？

7.2 在轴心受压柱中，配置纵向钢筋的作用是什么？为什么要控制配筋率？

7.3 试分析在普通箍筋和螺旋式箍筋柱中，箍筋各有什么作用？布置原则有哪些？

7.4 试描述长柱和短柱的破坏特征。

7.5 试解释轴心受压计算中 $\varphi$ 的含义。

7.6 试描述配有螺旋式箍筋轴心受压柱的破坏特征。

7.7 偏心受压柱正截面破坏形态有几种？破坏特征怎样？与哪些因素有关？

7.8 对于非对称配筋柱和对称配筋柱，应怎样分别判断属于大偏心还是小偏心？

7.9 试解释弯矩增大系数和偏心距调节系数的概念，分别怎样计算？

7.10 偏心受压承载力计算中，柱端设计弯矩怎样确定？

7.11 试布置图 7.22 所示截面的箍筋形式。

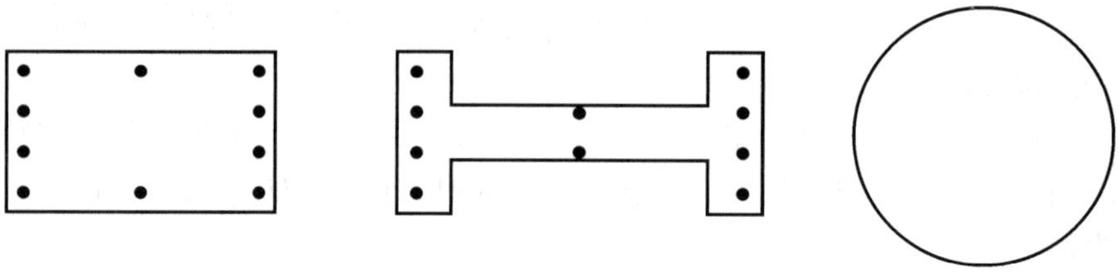

图 7.22 题 7.11 图

7.12 试分析混凝土强度、钢筋强度、配筋率、截面尺寸对偏心受压构件承载力的影响。

7.13 已知两组内力($N_1$，$M_1$)和($N_2$，$M_2$)，采用对称配筋，试判别以下情况哪组内力的配筋大：

(1) $N_1=N_2$，$M_2>M_1$；

(2) $N_1<N_2<N_b$，$M_2=M_1$；

(3) $N_b<N_1<N_2$，$M_2=M_1$。

7.14 轴压力 $N$ 对偏心受压构件抗剪承载力的作用是怎样的？

7.15 某框架结构多层房屋，门厅为现浇的轴心受压柱，柱计算长度为 $l_c=4.5$ m，承受轴向力 $N=3200$ kN，混凝土采用 C30 级，钢筋采用 HRB400 级，试求柱的截面尺寸和纵向钢筋。

7.16 题 7.15 中柱的截面由于建筑和使用要求，限定为直径不大于 400 mm 的圆形截面柱，其他条件不变，采用螺旋式箍筋，试计算柱的配筋。

7.17 某矩形截面柱 $b\times h=400$ mm×550 mm，$a_s=a_s'=40$ mm，柱计算长度为 $l_c=6.3$ m，采用 C30 级混凝土，HRB400 级钢筋，已知该柱承受的轴力 $N=2000$ kN，柱端弯矩 $M_1=M_2=500$ kN·m。试求柱所需的纵向钢筋 $A_s$ 和 $A_s'$。

7.18 条件同题 7.17，但承受的内力设计值为 $N=800$ kN，柱端弯矩 $M_1=380$ kN·m、$M_2=420$ kN·m。试求柱所需的纵向钢筋 $A_s$ 和 $A_s'$。

7.19 某框架柱，截面尺寸 $b\times h=450$ mm×500 mm，$a_s=a_s'=40$ mm，柱计算长度为 $l_c=6$ m，采用 C30 级混凝土，HRB400 级钢筋，已知该柱承受的轴力设计值 $N=3600$ kN，柱端弯矩 $M_1=400$ kN·m；$M_2=420$ kN·m。试求柱所需的纵向钢筋 $A_s$ 和 $A_s'$。

7.20 已知条件同题 7.17，采用对称配筋，试求 $A_s=A_s'$。

7.21 已知条件同题 7.19，采用对称配筋，试求 $A_s=A_s'$。

7.22 某框架柱，截面尺寸 $b\times h=500$ mm×600 mm，$a_s=a_s'=40$ mm，柱计算长度为 $l_c=7$ m，采用 C30 级混凝土，HRB400 级钢筋，已知该柱承受的轴力设计值 $N=4000$ kN，柱端弯矩 $M_1=M_2=450$ kN·m。采用对称配筋，试求柱所需的纵向钢筋 $A_s=A_s'$。

7.23 已知矩形截面柱 $b\times h=400$ mm×500 mm，$a_s=a_s'=40$ mm，柱计算长度为 $l_c=5$ m，采用 C30 级混凝土，

HRB400 级钢筋，纵向钢筋为对称配筋 3⌀20（$A_s = A_s' = 941\ mm^2$）。设轴向力的偏心距 $e_0 = 300$ mm，试求柱的承载力 $N$。

7.24　已知条件同题 7.23，设轴向力 $N = 280$ kN，试求柱能承担的最大弯矩设计值。

7.25　某单层工业厂房工形截面柱，截面尺寸如图 7.23 所示，腹板厚度为 120 mm，$a_s = a_s' = 40$ mm，柱计算长度为 $l_c = 8$ m，采用 C40 级混凝土，HRB400 级钢筋，承受内力值为 $N = 2000$ kN，$M_1 = M_2 = 800$ kN·m。试求柱所需的纵向钢筋 $A_s = A_s'$。

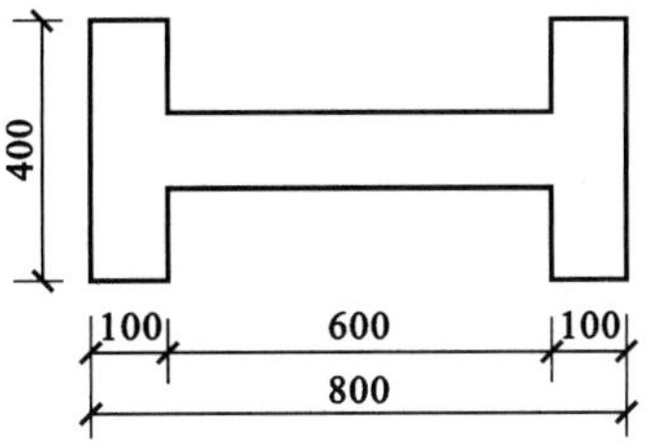

图 7.23　题 7.25 图

# 8　受拉构件承载力计算

**本 章 提 要**

本章介绍了钢筋混凝土轴心受拉构件、偏心受拉构件正截面承载力的计算，以及偏心受拉构件斜截面受剪承载力的计算。

构件上作用有轴向拉力或同时有轴向拉力与弯矩作用，称为受拉构件。与受压构件相同，钢筋混凝土受拉构件根据轴向拉力作用的位置，分为轴心受拉构件和偏心受拉构件。

当拉力沿构件截面形心作用时，为轴心受拉构件，如钢筋混凝土桁架中的拉杆、有内压力的环形截面管壁、圆形贮液池的池壁等，通常均按轴心受拉构件计算。当拉力偏离构件截面形心作用，或构件上有轴向拉力和弯矩同时作用时，则为偏心受拉构件，如矩形水池的池壁、双肢柱的受拉肢，以及受地震作用的框架边柱等，均属于偏心受拉构件。

同样，受拉构件除轴向拉力或轴向拉力与弯矩作用外，还同时受剪力作用。本章主要讨论矩形截面受拉构件正截面承载力的计算，同时介绍受拉构件斜截面承载力计算。

## 8.1　轴心受拉构件

在对称配筋的钢筋混凝土轴心受拉构件中，钢筋与混凝土共同承受拉力 $N$ 作用，如图 8.1(a)所示。

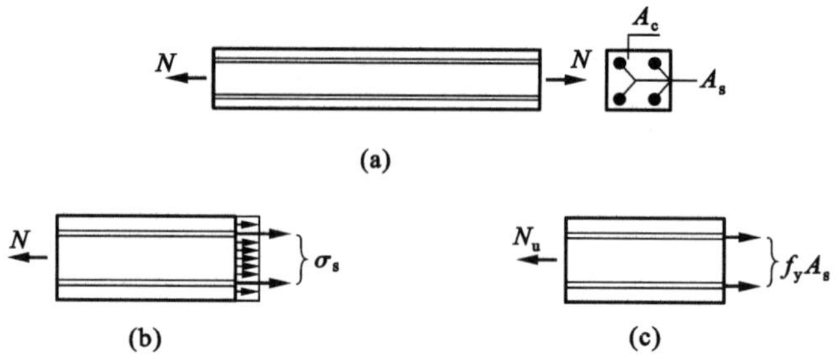


图 8.1　轴心受拉构件受力状况

(a) 轴心受拉构件；(b) 开裂前截面应力；(c) 截面极限状态

混凝土开裂前，如图 8.1(b)所示，钢筋和混凝土的应变相等，即：

$$\varepsilon_s = \varepsilon_c = \varepsilon \tag{8.1}$$

此时，钢筋和混凝土的应力分别为：

$$\sigma_s = E_s\varepsilon_s = E_s\varepsilon \tag{8.2}$$

$$\sigma_c = E_c'\varepsilon_c = \nu E_c\varepsilon_c = \nu E_c\varepsilon \tag{8.3}$$

截面受力平衡条件：

$$N = \sigma_c A_c + \sigma_s A_s \tag{8.4}$$

式中　$N$——轴心受拉构件所受轴向拉力；

$A_s$、$A_c$——构件中钢筋和混凝土的截面面积；

$\varepsilon_s$、$\varepsilon_c$——构件截面钢筋和混凝土的拉应变；

$\sigma_s$、$\sigma_c$——构件截面钢筋和混凝土的拉应力；

$E_c$、$E_c'$——混凝土弹性模量和变形模量；

$E_s$——钢筋弹性模量；

$\varepsilon$——受拉构件截面应变；

$\nu$——混凝土的弹性系数。

混凝土开裂后，开裂截面混凝土退出工作，全部拉力由钢筋承受。当钢筋应力达到屈服强度时，构件达到其极限承载力，如图 8.1(c)所示。

则轴心受拉构件承载力计算公式为：

$$N \leqslant N_u = f_y A_s \tag{8.5}$$

式中 $N$——轴向拉力设计值；

$f_y$——钢筋抗拉强度设计值；

$A_s$——全部受拉钢筋截面面积。

轴心受拉构件一侧的受拉钢筋的最小配筋百分率 $\rho_{min}$ 不应小于 0.002 和 $0.45f_t/f_y$ 中的较大值(见附表 15)。

## 8.2 偏心受拉构件正截面承载力

### 8.2.1 偏心受拉构件的破坏形态

根据轴向拉力 $N$ 在截面上作用位置的不同，偏心受拉构件有两种破坏形态：

(1) 轴向拉力 $N$ 作用在 $A_s$ 与 $A_s'$ 合力点之外为大偏心受拉破坏，如图 8.2(a)所示；

(2) 轴向拉力 $N$ 作用在 $A_s$ 与 $A_s'$ 合力点之间为小偏心受拉破坏，如图 8.2(b)所示。

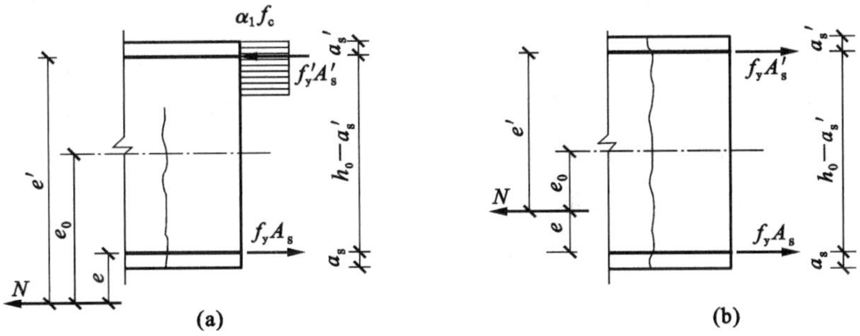


图 8.2 偏心受拉构件

(a) 大偏心受拉；(b) 小偏心受拉

对于矩形截面，近轴向拉力 $N$ 一侧纵筋截面面积为 $A_s$，远离轴向拉力 $N$ 一侧纵筋截面面积为 $A_s'$。

### 8.2.2 偏心受拉构件承载力计算

#### 8.2.2.1 大偏心受拉构件

大偏心受拉构件轴向拉力 $N$ 的偏心距 $e_0$ 较大，$e_0 > \frac{h}{2} - a_s$，受荷载作用时，截面为部分受拉部分受压，即离 $N$ 近的一侧 $A_s$ 受拉，离 $N$ 远的一侧 $A_s'$ 受压。受拉区混凝土开裂后，裂缝不会贯通整个截面。随荷载继续增加，受拉侧 $A_s$ 达到受拉屈服，受压侧混凝土压碎破坏，$A_s'$ 受压屈服，构件达到极限承载力而破坏。其破坏形态与大偏心受压破坏情况类似。

由图 8.2(a)截面平衡条件可得大偏心受拉构件承载力计算基本公式为：

$$N \leqslant N_u = f_y A_s - f_y' A_s' - \alpha_1 f_c bx \tag{8.6a}$$

$$Ne \leqslant \alpha_1 f_c bx \left(h_0 - \frac{x}{2}\right) + f_y' A_s' (h_0 - a_s') \tag{8.6b}$$

式中　$e$——轴向力 $N$ 至受拉钢筋 $A_s$ 合力点的距离，$e=e_0-\frac{h}{2}+a_s$。

式(8.6)的适用条件为：

(1) 为保证受拉钢筋 $A_s$ 达到屈服强度 $f_y$，应满足 $\xi\leqslant\xi_b$；

(2) 为保证受压钢筋 $A_s'$达到屈服强度 $f_y'$，应满足 $x\geqslant 2a_s'$；

(3) $A_s$ 应不小于 $\rho_{min}bh$，其中 $\rho_{min}=\max(0.45f_t/f_y, 0.002)$。

当 $\xi>\xi_b$ 时，受拉钢筋不屈服，这是由于受拉钢筋 $A_s$ 的配筋率过大引起的，类似于受弯构件超筋梁，应避免采用。

当 $x<2a_s'$时，可取 $x=2a_s'$，对受压钢筋形心取矩有：

$$Ne'\leqslant f_yA_s(h_0-a_s') \tag{8.7a}$$

则

$$A_s=\frac{Ne'}{f_y(h_0-a_s')} \tag{8.7b}$$

式中　$e'=e_0+\frac{h}{2}-a_s'$。

当为对称配筋时，由式(8.6)可知，当 $x<0$ 时，则按 $x<2a_s'$的情况及式(8.7)计算配筋。

大偏心受拉构件的配筋计算方法与大偏心受压情况类似。在截面设计时，若 $A_s$ 与 $A_s'$均未知，需补充条件来求解。为使总钢筋用量($A_s+A_s'$)最小，可取 $\xi=\xi_b$ 为补充条件，然后由式(8.6a)和式(8.6b)即可求解。

8.2.2.2　小偏心受拉构件

小偏心受拉构件轴向拉力 $N$ 的偏心距 $e_0$ 较小，即 $0<e_0<\frac{h}{2}-a_s$，轴向拉力的位置在 $A_s$ 与 $A_s'$之间。在轴向拉力作用下，全截面均受拉应力，近 $N$ 侧钢筋 $A_s$ 拉应力较大，远 $N$ 侧钢筋 $A_s'$拉应力较小。随着荷载继续增加，近 $N$ 侧混凝土首先开裂，裂缝很快贯通整个截面，最后因钢筋 $A_s$ 和 $A_s'$均达到屈服，构件达到极限承载力而破坏。当偏心距 $e_0=0$ 时，为轴心受拉构件。

由图 8.2(b)，分别对 $A_s$ 和 $A_s'$合力点取矩的平衡条件，得：

$$A_s'=\frac{Ne}{f_y(h_0-a_s')} \tag{8.8a}$$

$$A_s=\frac{Ne'}{f_y(h_0-a_s')} \tag{8.8b}$$

式中　$e$、$e'$——分别为 $N$ 至 $A_s$ 和 $A_s'$合力点的距离，按下式计算：

$$e=\frac{h}{2}-e_0-a_s \tag{8.9a}$$

$$e'=\frac{h}{2}+e_0-a_s' \tag{8.9b}$$

将 $e$ 和 $e'$代入式(8.8a)和式(8.8b)，取 $M=Ne_0$，且取 $a_s=a_s'$，则可得：

$$A_s=\frac{N(h-2a_s')}{2f_y(h_0-a_s')}+\frac{M}{f_y(h_0-a_s')}=\frac{N}{2f_y}+\frac{M}{f_y(h_0-a_s')} \tag{8.10a}$$

$$A_s'=\frac{N(h-2a_s)}{2f_y(h_0-a_s')}-\frac{M}{f_y(h_0-a_s')}=\frac{N}{2f_y}-\frac{M}{f_y(h_0-a_s')} \tag{8.10b}$$

由上式可见，右边第一项代表轴心受拉所需要的配筋，第二项反映了弯矩 $M$ 对配筋的影响。显然，$M$ 的存在使 $A_s$ 增大，使 $A_s'$减小。因此，在设计中如果有不同的内力组合($N$,$M$)时，应按($N_{max}$,$M_{max}$)的内力组合计算 $A_s$，而按($N_{max}$,$M_{min}$)的内力组合计算 $A_s'$。

当为对称配筋时，为保持截面内外力的平衡，远离轴向力 $N$ 一侧的钢筋 $A_s'$达不到屈服，故设计时可按式(8.8b)计算配筋，即取：

$$A_s' = A_s = \frac{Ne'}{f_y(h_0 - a_s')} \tag{8.11}$$

以上计算的配筋均应满足受拉钢筋最小配筋率的要求，即：

$$\left.\begin{aligned} A_s &\geq \rho_{\min} bh \\ A_s' &\geq \rho_{\min} bh \end{aligned}\right\} \tag{8.12}$$

其中，$\rho_{\min} = \max(0.45 f_t / f_y, 0.002)$。

在轴心受拉和小偏心受拉构件中，钢筋的接头应采用可靠焊接。

**【例 8.1】** 某矩形水池，壁板厚为 200 mm，每米板宽上承受轴向拉力设计值 $N=200$ kN，承受弯矩设计值 $M=80$ kN·m，混凝土采用 C25 级，钢筋 HRB400 级，设 $a_s = a_s' = 30$ mm，试设计水池壁板配筋。

**【解】** (1) 设计参数

查附表 2 和附表 6 有：$f_c = 11.9\ \text{N/mm}^2$，$f_t = 1.27\ \text{N/mm}^2$，$f_y = f_y' = 360\ \text{N/mm}^2$，$h_0 = 200 - 30 = 170$ mm，$\xi_b = 0.518$，$\alpha_{s,\max} = 0.384$，$\alpha_1 = 1.0$，$b = 1000$ mm。

(2) 判别偏心受拉构件

$$e_0 = \frac{M}{N} = \frac{80 \times 10^6}{200 \times 10^3} = 400\ \text{mm} > \frac{h}{2} - a_s = 100 - 30 = 70\ \text{mm}$$

为大偏心受拉构件。

$$e = e_0 - \frac{h}{2} + a_s = 400 - 100 + 30 = 330\ \text{mm}$$

(3) 计算钢筋

取 $x = \xi_b h_0$ 可使总配筋最小，即 $\alpha_{s,\max} = 0.384$ 代入式(8.6)有：

$$A_s' = \frac{Ne - \alpha_1 f_c bx\left(h_0 - \frac{x}{2}\right)}{f_y'(h_0 - a_s')} = \frac{Ne - \alpha_{s,\max}\alpha_1 f_c bh_0^2}{f_y'(h_0 - a_s')}$$

$$= \frac{200 \times 10^3 \times 330 - 0.384 \times 1.0 \times 11.9 \times 1000 \times 170^2}{360 \times (170 - 30)} < 0$$

按最小配筋率配置受压钢筋，有：

$$\rho_{\min} = \max(0.45 f_t / f_y, 0.002) = 0.002$$

则由式(8.12)有：

$$A_s' = \rho_{\min} bh = 0.002 \times 1000 \times 200 = 400\ \text{mm}^2$$

选配Φ10@180，$A_s' = 436\ \text{mm}^2$，满足要求。

再按 $A_s'$ 已知情况计算：

$$\alpha_s = \frac{Ne - f_y' A_s'(h_0 - a_s')}{\alpha_1 f_c bh_0^2} = \frac{200 \times 10^3 \times 330 - 360 \times 436 \times (170 - 30)}{1.0 \times 11.9 \times 1000 \times 170^2} = 0.128$$

$$\xi = 1 - \sqrt{1 - 2\alpha_s} = 0.138$$

$$x = \xi h_0 = 23.4\ \text{mm} < 2a_s' = 60\ \text{mm}$$

取 $x = 2a_s' = 60$ mm，故按式(8.7)计算受拉钢筋有：

$$e' = e_0 + \frac{h}{2} - a_s' = 400 + 100 - 30 = 470\ \text{mm}$$

$$A_s = \frac{Ne'}{f_y(h_0 - a_s')} = \frac{200 \times 10^3 \times 470}{360 \times (170 - 30)} = 1865\ \text{mm}^2$$

查附表 16，选配Φ16@100，$A_s = 2011\ \text{mm}^2$。

**【例 8.2】** 矩形截面偏心受拉构件截面尺寸为 $b \times h = 250\ \text{mm} \times 400\ \text{mm}$，承受轴向拉力设计值 $N=500$ kN，弯矩设计值 $M=40$ kN·m，混凝土采用 C30 级，钢筋采用 HRB400 级，$a_s = a_s' = 45$ mm，试设计构件的配筋。

**【解】** (1) 设计参数

查附表 2 和附表 6 有：$f_c=14.3\ \text{N/mm}^2$，$f_t=1.43\ \text{N/mm}^2$，$f_y=f_y'=360\ \text{N/mm}^2$，$h_0=400-45=355\ \text{mm}$。

(2) 判别偏心受拉构件

$$e_0=\frac{M}{N}=\frac{40\times10^6}{500\times10^3}=80\ \text{mm}<\frac{h}{2}-a_s=200-45=155\ \text{mm}$$

为小偏心受拉构件。

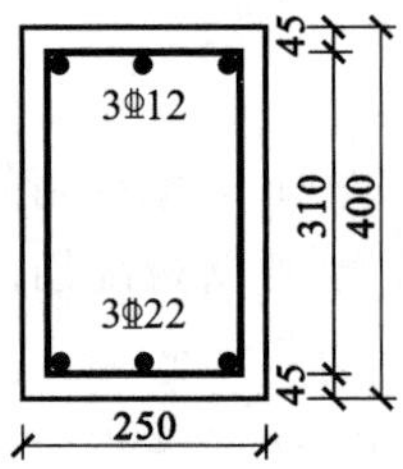


图 8.3　例 8.2 配筋图

(3) 计算钢筋

$$e=\frac{h}{2}-e_0-a_s=200-80-45=75\ \text{mm}$$

$$e'=\frac{h}{2}+e_0-a_s'=200+80-45=235\ \text{mm}$$

代入式(8.8)有：

$$A_s'=\frac{Ne}{f_y(h_0-a_s')}=\frac{500\times10^3\times75}{360\times(355-45)}=336\ \text{mm}^2$$

$$A_s=\frac{Ne'}{f_y(h_0-a_s')}=\frac{500\times10^3\times235}{360\times(355-45)}=1053\ \text{mm}^2$$

查附表 16，受拉侧选配 3 Φ 22 钢筋，$A_s=1140\ \text{mm}^2$；受压侧选配 3 Φ 12 钢筋，$A_s'=339\ \text{mm}^2$。

$$\rho_{\min}=\max(0.45f_t/f_y,0.002)=0.002$$

$\left.\begin{matrix}A_s\\A_s'\end{matrix}\right.>\rho_{\min}bh=200\ \text{mm}^2$，满足最小配筋率要求，截面配筋如图 8.3 所示。

## 8.3　偏心受拉构件斜截面受剪承载力

当偏心受拉构件同时作用剪力 $V$ 和轴向拉力 $N$ 时，由于轴向拉力的存在，增加了构件的主拉应力，使斜裂缝更易出现。小偏心受拉情况下甚至形成贯通全截面的斜裂缝，致使斜截面受剪承载力降低。受剪承载力的降低与轴向拉力 $N$ 的数值有关，《混凝土结构设计标准》(GB/T 50010—2010)根据试验结果分析，提出对矩形截面偏心受拉构件的受剪承载力，采用下列公式计算：

$$V\leqslant V_u=\frac{1.75}{\lambda+1.0}f_tbh_0+f_{yv}\frac{A_{sv}}{s}h_0-0.2N \tag{8.13}$$

式中　$N$——与剪力设计值 $V$ 相对应的轴向拉力设计值；

　　$\lambda$——剪跨比，其取值与偏心受压构件相同。

当式(8.13)右边的计算值，即

$$\frac{1.75}{\lambda+1.0}f_tbh_0+f_{yv}\frac{A_{sv}}{s}h_0-0.2N<f_{yv}\frac{A_{sv}}{s}h_0$$

时，考虑剪压区完全消失，斜裂缝将贯通全截面，剪力全部由箍筋承担，此时受剪承载力应取：

$$V_u=f_{yv}\frac{A_{sv}}{s}h_0 \tag{8.14}$$

为防止斜拉破坏，并提高箍筋的最小配箍率，取 $\rho_{sv,\min}=0.36\dfrac{f_t}{f_{yv}}$，即：

$$f_{yv}\frac{A_{sv}}{s}h_0\geqslant0.36f_tbh_0 \tag{8.15}$$

### 本 章 小 结

偏心受拉构件与偏心受压构件相反，靠近拉力 $N$ 侧的钢筋为 $A_s$，远离拉力 $N$ 侧的钢筋为 $A_s'$。当 $e_0<h/2-a_s$ 时为小偏心受拉，当 $e_0>h/2-a_s$ 时为大偏心受拉。

小偏心受拉构件全截面受拉，而大偏心受拉构件则存在受压区，为保证大偏心受拉构件的受拉钢筋 $A_s$ 和受压钢筋 $A_s'$ 均能达到相应的屈服强度，受压区高度应满足 $2a_s' \leqslant x \leqslant \xi_b h_0$，当不满足该条件时应加以处理。

偏心受拉构件同时作用剪力 $V$ 和轴向拉力 $N$ 时，由于轴向拉力使斜裂缝更易出现，导致斜截面受剪承载力降低。受剪承载力降低的程度与轴向拉力 $N$ 的数值有关。

## 思考题与习题

8.1 大小偏心受拉的破坏形态如何划分？

8.2 试从破坏形态、截面应力、计算公式及计算步骤来分析大偏心受拉构件与大偏心受压构件有何异同？

8.3 轴向拉力对受剪承载力有何影响？当斜裂缝贯通全截面时，如何计算受剪承载力？

8.4 矩形截面偏心受拉构件，截面尺寸为 $b \times h = 300\ \text{mm} \times 400\ \text{mm}$，承受轴向拉力设计值 $N = 550\ \text{kN}$，弯矩设计值 $M = 55\ \text{kN} \cdot \text{m}$，采用 C30 级混凝土，HRB400 级钢筋，$a_s = a_s' = 40\ \text{mm}$。试计算截面配筋。

8.5 已知某矩形构件，截面尺寸为 $b \times h = 300\ \text{mm} \times 400\ \text{mm}$，采用 C30 级混凝土；对称配筋（$A_s = A_s'$），且上下各配置 3$\Phi$20 HRB400 级钢筋，$a_s = a_s' = 45\ \text{mm}$，承受弯矩 $M = 80\ \text{kN} \cdot \text{m}$。试确定该截面所能承受的最大轴向拉力。

# 9　钢筋混凝土构件的裂缝、变形和耐久性

**本章提要**

混凝土结构或构件除应按承载能力极限状态进行设计外，尚应进行正常使用极限状态的验算，以满足正常使用功能和耐久性要求。本章介绍了钢筋混凝土结构构件在正常使用情况下的裂缝宽度和变形验算的方法，介绍了混凝土结构耐久性设计的环境分类，以及保证结构耐久性的基本要求。

## 9.1　概　　述

混凝土结构和构件除应按承载能力极限状态进行设计外，尚应进行正常使用极限状态的验算，以满足结构的正常使用功能和耐久性要求。对于一般常见的工程结构，正常使用极限状态验算主要包括裂缝控制验算和变形验算，以及保证结构耐久性的设计和构造措施等方面。

混凝土结构的使用功能不同，对裂缝和变形控制的要求也有不同。有的结构如储液池、核反应堆等，要求在使用中不能出现裂缝，但由于混凝土的抗拉强度很低，普通钢筋混凝土结构或构件在正常使用情况下完全不出现裂缝是较难实现的，因此对有严格抗裂、抗渗要求的结构，宜优先选用预应力混凝土构件。钢筋混凝土构件在正常使用情况下通常是带着裂缝工作的，对在使用上允许出现裂缝的构件，应对裂缝宽度进行限制，因为过大的裂缝宽度不仅会影响结构的外观，使用户在心理上产生不安全感，而且还有可能导致钢筋锈蚀，降低结构的安全性和耐久性。混凝土结构或构件还应控制其在正常使用情况下的变形，因为过大的变形会造成房屋内粉刷层剥落、填充墙开裂及屋面积水等；在精密仪器车间中，过大的楼面变形还可能影响产品的质量。

混凝土结构是由多种材料组成的人工复合材料制成的，混凝土结构在使用过程中，要受到周围环境中的水、空气以及侵蚀介质的作用。随着时间的推移，混凝土将出现裂缝、破碎、酥裂、磨损、溶蚀，钢筋会出现锈蚀、脆化、疲劳、应力腐蚀，以及钢筋与混凝土之间会出现黏结锚固作用逐渐减弱等现象，使混凝土结构工程达不到设计规定的工作年限，甚至影响结构的安全，而不得不提前进行大修或加固。因此，混凝土结构还应具有足够的耐久性，使建筑物在规定的设计工作年限内不需进行大修或加固就能够安全、正常使用。为保证混凝土结构的耐久性，应对混凝土结构的使用环境进行分类，根据环境类别提出材料的耐久性质量要求，确定构件中钢筋的混凝土保护层厚度，并采取相应的技术措施和防护措施。

与承载能力极限状态不同，结构或构件超过正常使用极限状态时，对生命财产的危害程度相对要低一些，其相应的目标可靠指标[$\beta$]值也可小一些。因此，进行正常使用极限状态验算时，荷载效应可采用标准组合或准永久组合，材料强度可取标准值，并应考虑荷载长期作用的影响。

正常使用极限状态又可分为可逆正常使用极限状态和不可逆正常使用极限状态两种情况。可逆正常使用极限状态是指当产生超越正常使用极限状态的作用卸除后，该作用产生的超越状态可以恢复的正常使用极限状态；不可逆正常使用极限状态是指当产生超越正常使用极限状态的作用卸除后，该作用产生的超越状态不可恢复的正常使用极限状态。比如，当楼面梁在短暂的较大荷载作用下产生了超过限值的裂缝宽度或变形，但短暂的较大荷载卸除后裂缝能够闭合或变形能够恢复，则属于可逆正常使用极限状态；如短暂的较大荷载卸除后裂缝不能闭合或变形不能恢复，则属于不可逆正常使用极限状态。显然，对于可逆正常使用极限状态，验算时的荷载效应取值可以低一些，通常采用准永久组合；对于不可逆正常使用极限状态，验算时的荷载效应取值应高一些，通常采用标准组合。

## 9.2 裂缝宽度验算

由于混凝土的抗拉强度很低，当由于某种原因致使混凝土内的拉应力超过混凝土的抗拉强度时，就会引起混凝土开裂，使构件出现裂缝。引起混凝土构件出现裂缝的原因是多方面的，其中，由荷载的直接作用引起的裂缝称为受力裂缝，如受弯构件在弯矩或剪力作用下的垂直裂缝或斜裂缝。结构的外加变形或约束变形也会引起裂缝，如地基不均匀沉降、构件的收缩或温度变形受到约束时导致构件的开裂。此外，还有因钢筋锈蚀、体积膨胀而形成的沿钢筋长度方向的纵向裂缝等。

本节主要介绍钢筋混凝土构件因轴力或弯矩等荷载效应而引起的垂直裂缝的验算。对于因其他原因造成的影响适用性和耐久性的裂缝，应从构造、施工、材料等方面采取措施加以控制。

对于裂缝的计算问题，尽管国内外学者进行了大量的试验和研究，但至今对影响裂缝的主要因素以及裂缝宽度的计算理论尚未取得一致的看法。目前裂缝的计算模式主要有三类：第一类是黏结滑移理论；第二类是无滑移理论；第三类是基于试验的统计公式。我国规范对裂缝宽度的计算公式，是综合了黏结滑移理论和无滑移理论的模式，并通过试验确定有关系数得到的。

### 9.2.1 黏结滑移理论

#### 9.2.1.1 裂缝的出现和开展过程

图 9.1 表示的是一轴心受拉构件裂缝的出现和开展过程。在混凝土未开裂前，钢筋和混凝土变形相同，其应力沿构件轴线方向是均匀分布的。当轴心拉力增加到开裂轴力时，混凝土应力达到其抗拉强度，由于混凝土材料的非均匀性，在抗拉能力最薄弱的截面 $A$ 处首先出现第一条裂缝(也可能是若干条)，此时出现裂缝的截面混凝土退出工作，原来由混凝土承担的拉力转由钢筋承担，因此裂缝截面处钢筋的应变和应力突然增大，裂缝处的混凝土将向裂缝两边回缩，混凝土和钢筋之间产生相对滑移和黏结应力，使裂缝一出现即有一定的宽度。通过黏结应力的作用，钢筋的应力将部分地传给混凝土，从而使钢筋的应力随着离裂缝截面距离的增大而减小，而混凝土的应力在裂缝处为零，随着离裂缝截面距离的增大而增大，当达到距裂缝截面 $A$ 某一距离 $l_{cr}$ 处的截面 $B$ 时，混凝土的应力又达到其抗拉强度 $f_t$。当荷载稍有增加，在截面 $B$ 处将出现新的裂缝，在新的裂缝处，混凝土又退出工作向两边回缩，钢筋应力也突然增大，混凝土和钢筋之间又产生相对滑移和黏结应力。可以看出，在两个裂缝截面 $A$、$B$ 之间，混凝土应力不会再达到其抗拉强度，因而一般也不会出现新的裂缝。

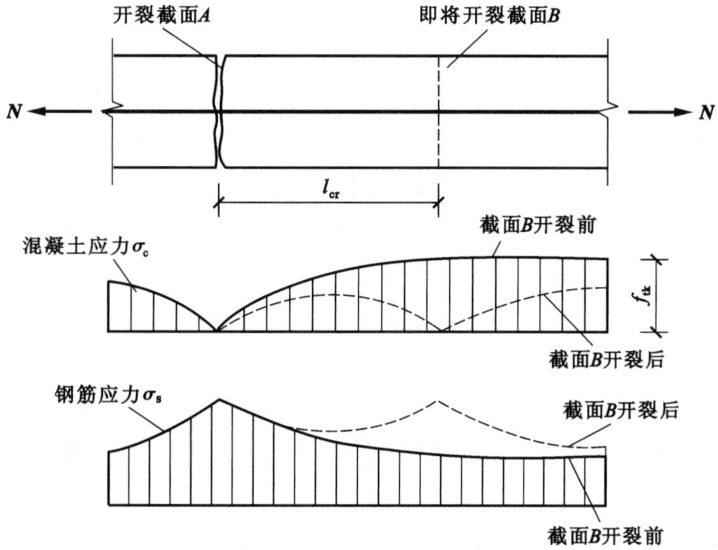


图 9.1 裂缝的出现和开展

9.2.1.2　平均裂缝间距

为了确定裂缝间距，取图 9.1 中截面 $A$ 和截面 $B$ 之间的 $l_{cr}$ 段为隔离体，其中截面 $A$ 已经开裂，混凝土应力为零，而截面 $B$ 处于混凝土应力达到其抗拉强度 $f_{tk}$ 即将开裂的状态。如图 9.2所示，设钢筋的截面面积为 $A_s$，开裂截面 $A$ 处钢筋的应力为 $\sigma_{scr}$，即将开裂截面 $B$ 处钢筋的应力为 $\sigma_s$，混凝土的应力达到其抗拉强度标准值 $f_{tk}$，轴心受拉构件混凝土的截面面积为 $A_c$，钢筋与混凝土之间的平均黏结应力为 $\bar{\tau}_m$，则由平衡条件可得：

$$\sigma_{scr}A_s = \sigma_s A_s + \bar{\tau}_m \pi d l_{cr} = \sigma_s A_s + f_{tk}A_c \tag{9.1}$$

$$l_{cr} = \frac{f_{tk}}{\bar{\tau}_m} \cdot \frac{A_c}{\pi d} = \frac{f_{tk}}{\bar{\tau}_m} \cdot \frac{d}{4} \cdot \frac{A_c}{\pi d^2/4} = \frac{f_{tk}}{4\bar{\tau}_m} \cdot d \cdot \frac{A_c}{A_s} \tag{9.2}$$

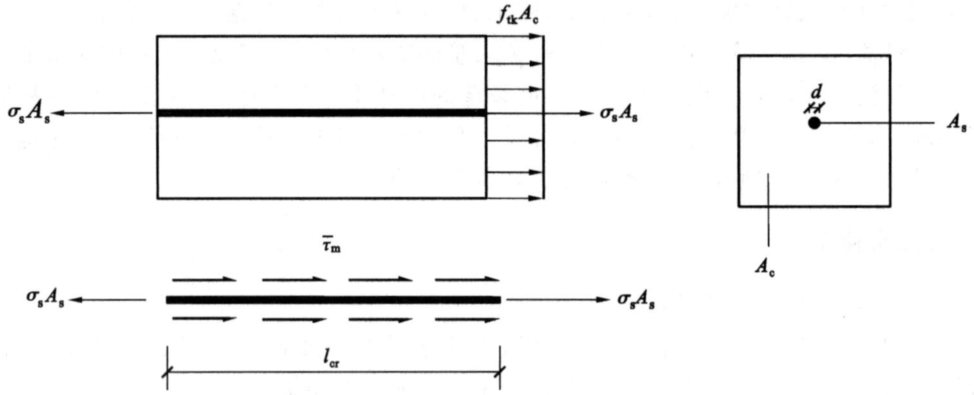


图 9.2　轴心受拉构件裂缝间距计算简图

由于平均黏结应力 $\bar{\tau}_m$ 与混凝土的抗拉强度 $f_{tk}$ 成正比，$f_{tk}/(4\bar{\tau}_m)$ 可用常数 $k$ 表示，另取 $\rho_{te} = A_s/A_c = A_s/A_{te}$，则式(9.2)可表示为：

$$l_{cr} = k \cdot \frac{d}{\rho_{te}} \tag{9.3}$$

式中　$\rho_{te}$——按有效受拉混凝土截面面积计算的纵向受拉钢筋配筋率；

　　$A_{te}$——有效受拉混凝土的截面面积。

式(9.3)表明：当按有效受拉混凝土截面面积计算的纵向受拉钢筋配筋率 $\rho_{te}$ 相同时，采用直径较细的钢筋，裂缝间距会小一些。而由试验结果表明，当 $d/\rho_{te}$ 趋于零时，裂缝间距 $l_{cr}$ 不会趋于零，而是保持一定间距。因此，在试验结果的基础上对式(9.3)进行修正得到：

$$l_{cr} = \left(k_1 + k_2 \frac{d}{\rho_{te}}\right)\nu \tag{9.4}$$

式中　$k_1$、$k_2$——由试验结果确定的常数；

　　$\nu$——钢筋表面形状的系数，反映了钢筋与混凝土之间黏结力的影响。

对于受弯构件，式(9.4)仍可适用，但因黏结应力传递的影响有一定范围，所以在计算 $\rho_{te}$ 时，有效受拉混凝土截面面积 $A_{te}$ 可取 1/2 梁高范围内的受拉区混凝土的面积来计算，如图9.3所示。

对于矩形、T 形截面：

$$A_{te} = \frac{1}{2}bh,\quad \rho_{te} = \frac{2A_s}{bh} \tag{9.5}$$

对于工形截面：

$$A_{te} = \frac{1}{2}bh + (b_f - b)h_f,\quad \rho_{te} = \frac{A_s}{bh/2 + (b_f - b)h_f} \tag{9.6}$$

9.2.1.3　平均裂缝宽度

根据黏结滑移理论，裂缝宽度等于在裂缝间距范围内钢筋和混凝土的变形差。如图 9.4 所示，平均裂缝宽度 $w_m$ 可表示为：

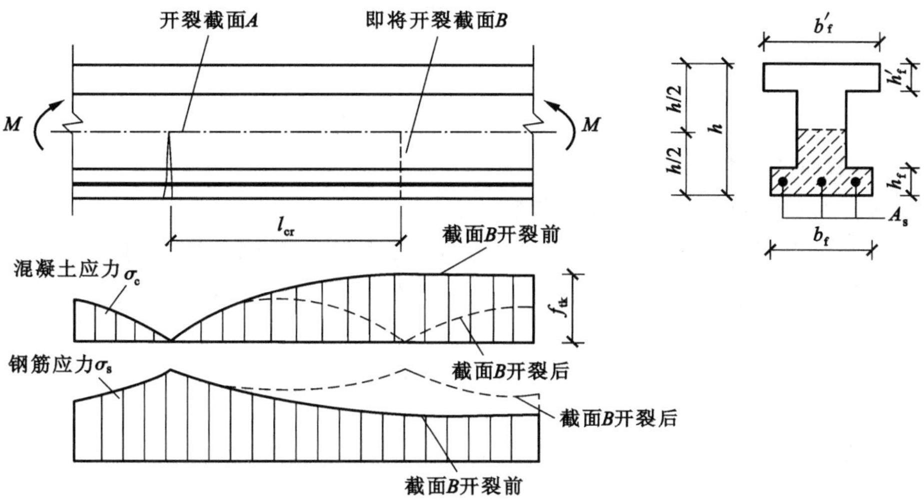


图 9.3　受弯构件裂缝间距计算简图

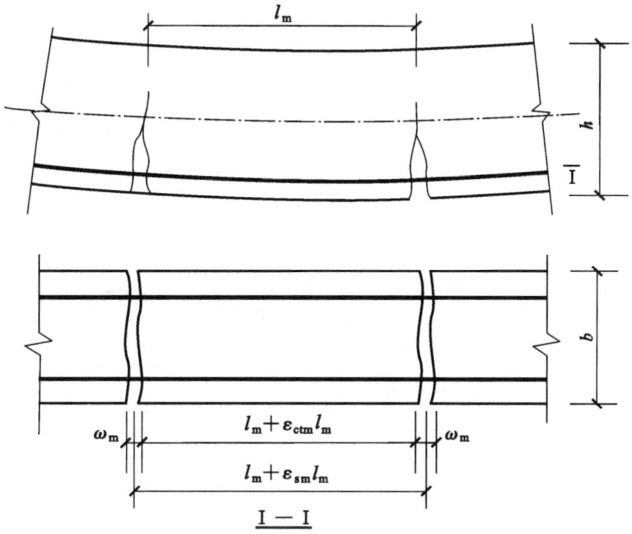


图 9.4　平均裂缝宽度计算图式

$$w_m = l_{cr}(\varepsilon_{sm} - \varepsilon_{ctm}) \tag{9.7}$$

式中　$\varepsilon_{sm}$、$\varepsilon_{ctm}$——在裂缝间距范围内钢筋和混凝土的平均应变。

由于 $\varepsilon_{ctm}$ 一般很小，可忽略不计，则平均裂缝宽度 $w_m$ 又可表示为：

$$w_m = l_{cr}\varepsilon_{sm} \tag{9.8}$$

裂缝间距内钢筋的平均应变可表示为：

$$\varepsilon_{sm} = \psi\varepsilon_s = \psi\frac{\sigma_s}{E_s} \tag{9.9}$$

式中　$\varepsilon_s$、$\sigma_s$——裂缝截面钢筋的应变和应力；

$E_s$——钢筋弹性模量；

$\psi$——裂缝间钢筋应变不均匀系数。

裂缝间钢筋应变不均匀系数 $\psi=\varepsilon_{sm}/\varepsilon_s$，反映了裂缝间混凝土参与承受拉力的程度。$\psi$ 的值越小，表示混凝土参与承受拉力的程度越大；$\psi$ 的值越大，表示混凝土参与承受拉力的程度越小。随着荷载的增大，钢筋应力 $\sigma_s$ 增加，钢筋与混凝土之间的滑移增大，黏结应力逐渐遭到破坏，受拉区混凝土逐渐退出工作，$\psi$ 的值也逐渐趋近于 1。

$\psi$ 值与诸多因素有关，如混凝土强度、配筋率、黏结强度以及裂缝截面纵筋的应力等。我国《混凝土结构设计标准》(GB/T 50010—2010)根据对矩形、T 形、倒 T 形和环形截面梁以及偏心受压构件试验结果的综合分析，得到 $\psi$ 的计算公式为：

$$\psi = 1.1 \times \left(1 - 0.8\frac{M_{cr}}{M}\right) \tag{9.10}$$

式中 $M_{cr}$——构件截面的开裂弯矩；

$M$——裂缝计算时作用于构件截面的弯矩。

开裂弯矩和截面作用弯矩可分别表示为 $M_{cr}=0.5f_{tk}\eta_{cr}bh^2$ 和 $M=\sigma_s A_s \eta h_0$，其中 $\eta_{cr}h$ 和 $\eta h_0$ 分别表示截面开裂前和开裂后的内力臂。取 $\rho_{te}=A_s/0.5bh$，并近似取 $h/h_0=1.1$、$\eta_{cr}/\eta=0.67$，则式(9.10)可表示为：

$$\psi = 1.1 - \frac{0.65f_{tk}}{\rho_{te}\sigma_s} \tag{9.11}$$

则平均裂缝宽度 $w_m$ 可表示为：

$$w_m = \psi\frac{\sigma_s}{E_s}l_{cr} \tag{9.12}$$

### 9.2.2 无滑移理论

试验表明，构件表面处的裂缝宽度与钢筋表面处的裂缝宽度有很大差别，在钢筋表面附近的裂缝宽度仅为构件表面处裂缝宽度的 1/5～1/3(图 9.5)，且与钢筋直径的关系不大，根据这一现象，有的学者提出了无滑移理论。

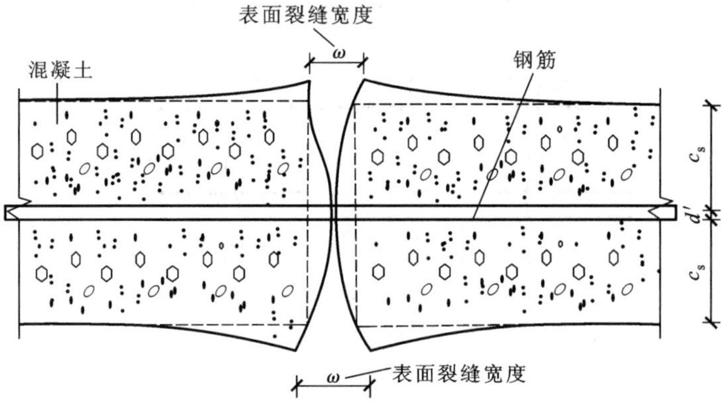


图 9.5 构件表面裂缝宽度

无滑移理论的要点是：构件表面处的裂缝宽度主要是由钢筋周围的混凝土回缩形成的，其主要影响因素是混凝土保护层的厚度，在钢筋和混凝土之间有可靠黏结就不会产生相对滑移。根据这一理论的试验结果，构件表面处的裂缝宽度与测点到钢筋表面的距离，即净保护层厚度 $c_s$ 成正比，与测点表面的平均应变 $\varepsilon_m$ 成正比，则其平均裂缝宽度计算公式为：

$$w_m = kc_s\varepsilon_m \tag{9.13}$$

式中 $k$——由试验结果确定的常数；

$\varepsilon_m$——测点表面的平均应变。

由该理论的计算结果与试验结果比较可知，当 15 mm$<c_s<$80 mm 时，计算值与试验值符合较好，若超出此范围时，则误差较大。

### 9.2.3 我国规范中裂缝宽度的计算方法

黏结滑移理论和无滑移理论均在不同程度上反映了混凝土结构构件裂缝的规律，但也都存在一定的不足。《混凝土结构设计标准》(GB/T 50010—2010)综合了黏结滑移理论和无滑移理论的计算模式，在对以往的试验研究资料进行分析，并结合近年来国内多家单位进行的配置 400 N/mm$^2$、500 N/mm$^2$ 级带肋钢筋的钢筋混凝土、预应力混凝土构件的裂缝宽度试验结果进行综合统计分析的基础上，提出钢筋混凝土构件受力裂缝宽度的计算方法如下。

9.2.3.1 平均裂缝间距

平均裂缝间距 $l_{cr}$ 按下式计算：

$$l_{cr} = \beta\left(1.9c_s + 0.08\frac{d_{eq}}{\rho_{te}}\right) \tag{9.14}$$

$$\rho_{te} = \frac{A_s}{A_{te}} \tag{9.15}$$

式中 $c_s$——最外层纵向受拉钢筋外边缘至受拉区底边的距离(mm)，当 $c_s<20$ mm 时，取 $c_s=20$ mm；当 $c_s>65$ mm 时，取 $c_s=65$ mm；

$\beta$——系数，对轴心受拉构件取 $\beta=1.1$；对其他受力构件均取 $\beta=1.0$；

$\rho_{te}$——按有效受拉混凝土截面面积计算的纵向受拉钢筋的配筋率，在最大裂缝宽度计算中，当 $\rho_{te}<0.01$ 时，取 $\rho_{te}=0.01$；

$A_s$——受拉区纵向钢筋的截面面积；

$A_{te}$——有效受拉混凝土截面面积，对轴心受拉构件，取构件截面面积；对受弯、偏心受压和偏心受拉构件，取 $A_{te}=0.5bh+(b_f-b)h_f$($b$ 为矩形截面的宽度或 T 形、工形截面的腹板宽度，$h$ 为截面高度，$b_f$ 和 $h_f$ 分别为受拉翼缘的宽度和高度)；

$d_{eq}$——纵向受拉钢筋的等效直径(mm)，按下式计算：

$$d_{eq} = \frac{\sum n_i d_i^2}{\sum n_i \nu_i d_i} \tag{9.16}$$

式中 $d_i$——受拉区第 $i$ 种纵向钢筋的公称直径；

$n_i$——受拉区第 $i$ 种纵向钢筋的根数；

$\nu_i$——受拉区第 $i$ 种纵向钢筋的相对黏结特征系数，按表 9.1 取用。

**表 9.1 钢筋的相对黏结特征系数**

| 钢筋类别 | 钢筋 | | 先张法预应力筋 | | | 后张法预应力筋 | | |
|---|---|---|---|---|---|---|---|---|
| | 光面钢筋 | 带肋钢筋 | 带肋钢筋 | 螺旋肋钢丝 | 钢绞线 | 带肋钢筋 | 钢绞线 | 光面钢丝 |
| $\nu_i$ | 0.7 | 1.0 | 1.0 | 0.8 | 0.6 | 0.8 | 0.5 | 0.4 |

9.2.3.2 平均裂缝宽度

平均裂缝宽度 $w_m$ 按下式计算：

$$w_m = \alpha_c \psi \frac{\sigma_{sq}}{E_s} l_{cr} \tag{9.17}$$

式中 $\alpha_c$——反映裂缝间混凝土伸长对裂缝宽度影响的系数，对受弯、偏心受压构件取 $\alpha_c=0.77$，对其他构件取 $\alpha_c=0.85$；

$E_s$——钢筋弹性模量；

$\psi$——裂缝间纵向受拉钢筋应变不均匀系数，当 $\psi<0.2$ 时，取 $\psi=0.2$；当 $\psi>1$ 时，取 $\psi=1$；对直接承受重复荷载的构件，取 $\psi=1$；对钢筋混凝土构件，$\psi$ 可按下式计算：

$$\psi = 1.1 - \frac{0.65 f_{tk}}{\rho_{te}\sigma_{sq}} \tag{9.18}$$

式中 $f_{tk}$——混凝土轴心抗拉强度标准值；

$\sigma_{sq}$——按荷载效应的准永久组合计算的纵向受拉钢筋的应力，按下列公式计算：

(1) 对轴心受拉构件

$$\sigma_{sq} = \frac{N_q}{A_s} \tag{9.19}$$

(2) 对受弯构件

$$\sigma_{sq} = \frac{M_q}{0.87h_0 A_s} \tag{9.20}$$

(3) 对偏心受拉构件

$$\sigma_{sq} = \frac{N_q e'}{A_s(h_0 - a_s')} \tag{9.21}$$

(4) 对偏心受压构件

$$\sigma_{sq} = \frac{N_q(e - z)}{A_s z} \tag{9.22}$$

其中

$$z = \left[0.87 - 0.12(1 - \gamma_f')\left(\frac{h_0}{e}\right)^2\right]h_0 \tag{9.23}$$

式(9.23)中 $e$ 和 $\gamma_f'$ 按下式计算：

$$e = \eta_s e_0 + y_s \tag{9.24}$$

$$\gamma_f' = \frac{(b_f' - b)h_f'}{bh_0} \tag{9.25}$$

$$\eta_s = 1 + \frac{1}{4000e_0/h_0}\left(\frac{l_0}{h}\right)^2 \tag{9.26}$$

式中 $A_s$——受拉区纵向钢筋截面面积，对轴心受拉构件，取全部纵向钢筋截面面积；对偏心受拉构件，取受拉较大边的纵向钢筋截面面积；对受弯、偏心受压构件，取受拉区纵向钢筋截面面积；

$N_q$、$M_q$——按荷载效应的准永久组合计算的轴向力值、弯矩值，对偏心受压构件不考虑二阶效应的影响；

$e'$——轴向拉力作用点至受压区或受拉较小边纵向钢筋合力点的距离；

$e$——轴向压力作用点至纵向受拉钢筋合力点的距离；

$z$——纵向受拉钢筋合力点至截面受压区合力点的距离，且不大于 $0.87h_0$；

$\eta_s$——使用阶段的轴向压力偏心距增大系数，当 $l_0/h \leqslant 14$ 时，取 $\eta_s = 1.0$；

$e_0$——荷载准永久组合下的初始偏心距，取 $e_0 = M_q/N_q$；

$y_s$——截面重心至纵向受拉钢筋合力点的距离；

$\gamma_f'$——受压翼缘截面面积与腹板有效截面面积的比值；

$b_f'$、$h_f'$——受压区翼缘的宽度和高度，当 $h_f' > 0.2h_0$ 时，取 $h_f' = 0.2h_0$。

9.2.3.3 最大裂缝宽度

由于混凝土材料的不均匀性，在荷载作用下裂缝的出现是随机的，裂缝宽度也具有较大的离散性，因此最大裂缝宽度应等于平均裂缝宽度乘以短期裂缝宽度的扩大系数 $\tau_s$。根据可靠概率为95%的要求，由实测裂缝宽度的统计分析可求得，对受弯构件和偏心受压构件取 $\tau_s = 1.66$，对偏心受拉和轴心受拉构件取 $\tau_s = 1.9$。此外，在荷载长期作用下，由于受拉区混凝土应力松弛和黏结滑移徐变，裂缝间受拉钢筋的平均应变还将继续增大，同时混凝土的收缩也将使裂缝宽度有所增大，考虑荷载长期作用的影响，最大裂缝宽度还需乘以荷载长期作用影响的扩大系数 $\tau_l$。根据试验结果，对各种受力构件，《混凝土结构设计标准》(GB/T 50010—2010)均取 $\tau_l = 1.5$。因此最大裂缝宽度 $w_{max}$ 可表示为：

$$w_{max} = \tau_l \tau_s w_m \tag{9.27}$$

将式(9.17)和式(9.14)代入式(9.27)可得：

$$w_{max} = \tau_l \tau_s \alpha_c \psi \frac{\sigma_{sq}}{E_s}\beta\left(1.9c_s + 0.08\frac{d_{eq}}{\rho_{te}}\right) \tag{9.28}$$

令 $\alpha_{cr} = \tau_l \tau_s \alpha_c \beta$，综合表示各种构件的受力特征，则可得到《混凝土结构设计标准》(GB/T 50010—2010)用于各种钢筋混凝土受力构件最大裂缝宽度的统一计算公式：

$$w_{max} = \alpha_{cr}\psi\frac{\sigma_{sq}}{E_s}\left(1.9c_s + 0.08\frac{d_{eq}}{\rho_{te}}\right) \tag{9.29}$$

式中　$\alpha_{cr}$——构件受力特征系数，对受弯、偏心受压构件，取 $\alpha_{cr}=1.9$；对偏心受拉构件，取 $\alpha_{cr}=2.4$；对轴心受拉构件，取 $\alpha_{cr}=2.7$。

其余均按前面公式计算。

按式(9.27)计算的最大裂缝宽度不应超过规范规定的最大裂缝宽度限值 $w_{lim}$(见附表 12)。试验表明，对于偏心受压构件，当 $e_0/h_0 \leqslant 0.55$ 时，裂缝宽度较小，均能符合要求，可不验算裂缝宽度。

**【例 9.1】** 某屋架下弦按轴心受拉构件设计，截面尺寸 $b\times h=200\ \text{mm}\times 160\ \text{mm}$，环境类别为一类，混凝土设计强度等级为 C40，纵筋保护层厚度 $c_s=25$ mm，配 4$\Phi$18 HRB400 级钢筋，承受荷载效应的准永久组合轴力 $N_q=180$ kN，最大裂缝宽度限值 $w_{lim}=0.2$ mm，试验算最大裂缝宽度是否满足要求。

**【解】** 对轴心受拉构件，$\alpha_{cr}=2.7$。查附表 16，受拉区纵向钢筋(4$\Phi$18)截面面积为 $A_s=1017\ \text{mm}^2$。

钢筋弹性模量 $E_s=2\times10^5\ \text{N/mm}^2$；C40 混凝土，$f_{tk}=2.39\ \text{N/mm}^2$；HRB400 级热轧带肋钢筋，相对黏结特征系数 $\nu_i=1.0$；纵向受拉钢筋的等效直径 $d_{eq}=18$ mm。

由式(9.15)计算有效受拉混凝土截面面积的纵向受拉钢筋的配筋率为：

$$\rho_{te} = \frac{A_s}{bh} = \frac{1017}{200\times160} = 0.0318 > 0.01$$

由式(9.19)计算纵向受拉钢筋的应力为：

$$\sigma_{sq} = \frac{N_q}{A_s} = \frac{180\times10^3}{1017} = 176.99\text{N/mm}^2$$

由式(9.18)计算裂缝间纵向受拉钢筋应变不均匀系数：

$$\psi = 1.1 - \frac{0.65f_{tk}}{\rho_{te}\sigma_{sq}} = 1.1 - \frac{0.65\times2.39}{0.0318\times176.99} = 0.824 \quad (0.2<\psi<1)$$

则由式(9.29)计算得：

$$\begin{aligned}
w_{max} &= \alpha_{cr}\psi\frac{\sigma_{sq}}{E_s}\left(1.9c_s + 0.08\frac{d_{eq}}{\rho_{te}}\right)\\
&= 2.7\times0.824\times\frac{176.99}{2\times10^5}\times\left(1.9\times25 + 0.08\times\frac{18}{0.0318}\right)\\
&= 0.183(\text{mm}) < w_{lim} = 0.2\ \text{mm}
\end{aligned}$$

满足要求。

**【例 9.2】** 某矩形截面钢筋混凝土梁如图 9.6 所示，截面尺寸为 $200\ \text{mm}\times 500\ \text{mm}$，环境类别为一类，混凝土设计强度等级为 C30，梁底配 2$\Phi$16＋2$\Phi$20 HRB500 级纵向受力钢筋，保护层厚度 $c_s=25$ mm，承受荷载效应的准永久组合弯矩 $M_q=100\ \text{kN}\cdot\text{m}$，最大裂缝宽度限值 $w_{lim}=0.3$ mm，试验算最大裂缝宽度是否满足要求。

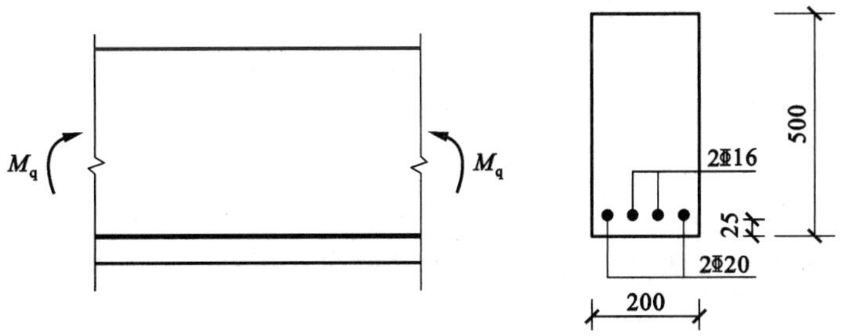


图 9.6　例 9.2 图

**【解】** 对受弯构件，$\alpha_{cr}=1.9$；查附表 16，受拉区纵向钢筋(2$\Phi$16＋2$\Phi$20)截面面积为 $A_s=1030\ \text{mm}^2$。

钢筋弹性模量 $E_s=2\times10^5\ \text{N/mm}^2$；C30 混凝土，$f_{tk}=2.01\ \text{N/mm}^2$；HRB500 级热轧带肋钢筋，相对黏结特征系数 $\nu_i=1.0$，$h_0=465$ mm。

由式(9.15)计算有效受拉混凝土截面面积的纵向受拉钢筋的配筋率：

$$\rho_{te}=\frac{A_s}{0.5bh}=\frac{1030}{0.5\times200\times500}=0.0206>0.01$$

由式(9.16)计算纵向受拉钢筋的等效直径：

$$d_{eq}=\frac{\sum n_i d_i^2}{\sum n_i \nu_i d_i}=\frac{2\times16^2+2\times20^2}{2\times1.0\times16+2\times1.0\times20}=18.22\text{mm}$$

由式(9.20)计算纵向受拉钢筋的应力：

$$\sigma_{sq}=\frac{M_q}{0.87A_s h_0}=\frac{100\times10^6}{0.87\times1030\times465}=239.99\text{N/mm}^2$$

由式(9.18)计算裂缝间纵向受拉钢筋应变不均匀系数：

$$\psi=1.1-\frac{0.65f_{tk}}{\rho_{te}\sigma_{sq}}=1.1-\frac{0.65\times2.01}{0.0206\times239.99}=0.836\quad(0.2<\psi<1)$$

则由式(9.29)计算得：

$$\begin{aligned}w_{max}&=\alpha_{cr}\psi\frac{\sigma_{sq}}{E_s}\left(1.9c_s+0.08\frac{d_{eq}}{\rho_{te}}\right)\\&=1.9\times0.836\times\frac{239.99}{2\times10^5}\times\left(1.9\times25+0.08\times\frac{18.22}{0.0206}\right)\\&=0.225\text{mm}<w_{lim}=0.3\text{ mm}\end{aligned}$$

满足要求。

## 9.3 受弯构件的挠度验算

### 9.3.1 钢筋混凝土受弯构件挠度与刚度的特点

匀质弹性材料受弯构件的挠度可由材料力学的公式求出，如计算跨度为 $l$、承受均布荷载为 $q$ 的简支梁的跨中挠度，可由下式求得：

$$f=\frac{5ql^4}{384EI}\tag{9.30}$$

式中 $E$——材料的弹性模量；

$I$——截面的惯性矩；

$EI$——截面的抗弯刚度。

由于混凝土并非匀质弹性材料，其弹性模量随着荷载的增大而减小，在受拉区混凝土开裂后，开裂截面的惯性矩也将发生变化。因此，钢筋混凝土受弯构件的截面抗弯刚度不是一个常数，而是随着弯矩的增大而逐渐减小的，其挠度随弯矩增大变化的规律也与匀质弹性材料梁不同。图 9.7 所示为匀质弹性材料梁和钢筋混凝土适筋梁的挠度和截面抗弯刚度随弯矩增大变化的曲线，可以看出，钢筋混凝土梁在受拉区混凝土开裂后，由于截面抗弯刚度减小，挠度随弯矩增大的速率要大于匀质弹性材料梁。

因此，钢筋混凝土受弯构件挠度计算的要点是确定其在正常使用条件下截面的抗弯刚度，当求出截面的抗弯刚度后，即可按结构力学方法求出其挠度。由材料力学可知，截面的曲率与截面弯矩和抗弯刚度的关系可表示为：

$$\frac{1}{r}=\frac{M}{EI}\quad\text{或}\quad EI=\frac{M}{\frac{1}{r}}\tag{9.31}$$

式中 $1/r$——截面曲率；

$r$——曲率半径；

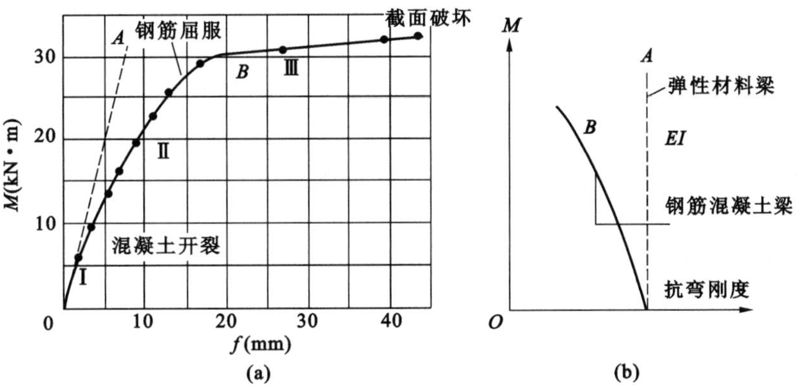


图 9.7　匀质弹性材料梁和钢筋混凝土梁的挠度和抗弯刚度

(a) 挠度曲线；(b) 刚度曲线

$M$——作用于截面的弯矩；

$EI$——截面的抗弯刚度。

由于钢筋混凝土受弯构件的截面抗弯刚度随弯矩变化而变化(可用 $B$ 来表示其抗弯刚度)，则通过弯矩与曲率的关系可求出：

$$B = \frac{M}{\frac{1}{r}} \tag{9.32}$$

### 9.3.2　钢筋混凝土受弯构件的短期刚度

在正常使用条件下，钢筋混凝土梁通常是处于带裂缝工作的第Ⅱ阶段，图 9.8 所示为钢筋混凝土梁在弯矩作用下出现裂缝后截面应变和曲率分布的情况。可以看出，在开裂截面混凝土受压区的高度较小，而在未开裂截面混凝土受压区的高度较大，中和轴呈波浪形；受压区混凝土、受拉钢筋的应变以及截面的曲率均沿构件长度变化，开裂截面的曲率较大，而未开裂截面的曲率较小。

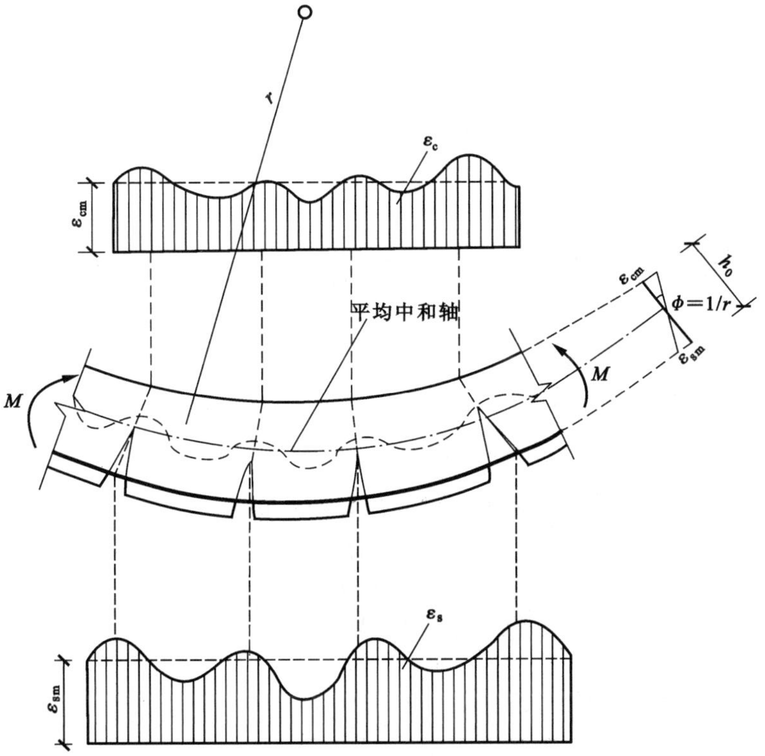


图 9.8　受弯构件开裂后的应变和曲率分布

试验表明，钢筋混凝土梁出现裂缝后平均应变符合平截面假定，平均曲率可表示为：

$$\phi = \frac{1}{r} = \frac{\varepsilon_{sm} + \varepsilon_{cm}}{h_0} \tag{9.33}$$

式中 $r$——与平均中和轴相应的平均曲率半径；

$\varepsilon_{sm}$、$\varepsilon_{cm}$——纵向受拉钢筋的平均拉应变和受压区边缘混凝土的平均压应变；

$h_0$——截面的有效高度。

因此截面的短期抗弯刚度为：

$$B_s = \frac{M}{\phi} = \frac{M}{\frac{1}{r}} = \frac{Mh_0}{\varepsilon_{sm} + \varepsilon_{cm}} \tag{9.34}$$

式中 $M$——计算挠度时的弯矩代表值，可取荷载效应的标准组合或准永久组合弯矩，预应力混凝土受弯构件挠度计算时，取 $M=M_k$；钢筋混凝土受弯构件挠度计算时，取 $M=M_q$。

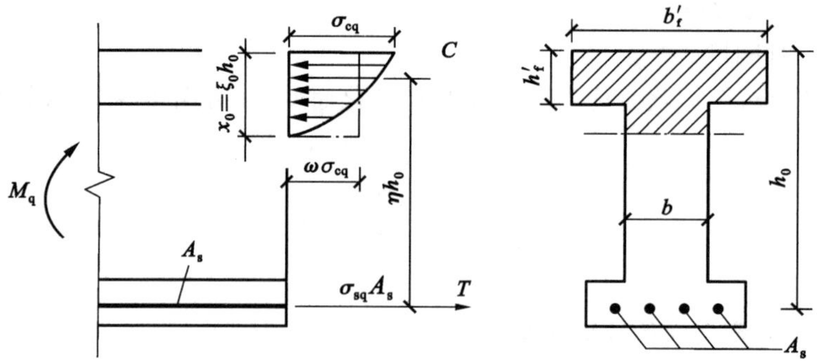


图 9.9 裂缝截面钢筋和混凝土的应力图

在荷载效应准永久组合弯矩 $M_q$ 作用下，钢筋混凝土受弯构件裂缝截面的应力如图 9.9 所示，受压区混凝土压应力的合力 $C$ 和受拉钢筋的合力 $T$ 可表示为：

$$C = T = \frac{M_q}{\eta h_0} \tag{9.35}$$

式中 $\eta h_0$——裂缝截面的内力臂；

$\eta$——裂缝截面处的内力臂系数。

将受压区曲线分布的压应力换算为平均应力 $\omega\sigma_{cq}$，受压区高度为 $\xi_0 h_0$，受拉钢筋的应力和截面面积为别为 $\sigma_{sq}$ 和 $A_s$，则 $C$、$T$ 又可表示为：

$$C = \omega\sigma_{cq}[(b_f' - b)h_f' + b\xi_0 h_0] = \omega\sigma_{cq}\left[\frac{(b_f' - b)h_f'}{bh_0} + \xi_0\right]bh_0 = \omega\sigma_{cq}(\gamma_f' + \xi_0)bh_0 \tag{9.36}$$

$$T = \sigma_{sq}A_s \tag{9.37}$$

式中 $\omega$——压应力图形丰满程度系数；

$\xi_0$——裂缝截面处受压区高度系数，$\xi_0 = x_0/h_0$（$x_0$ 为受压区高度）；

$\gamma_f'$——受压翼缘的加强系数，$\gamma_f' = \dfrac{(b_f' - b)h_f'}{bh_0}$。

由式(9.36)、式(9.37)和式(9.35)可求得裂缝截面处钢筋和混凝土的应力分别为：

$$\sigma_{sq} = \frac{M_q}{A_s \eta h_0} \tag{9.38}$$

$$\sigma_{cq} = \frac{M_q}{\omega(\gamma_f' + \xi_0)\eta bh_0^2} \tag{9.39}$$

裂缝截面处钢筋和混凝土的应变分为：

$$\varepsilon_{sq} = \frac{M_q}{A_s \eta h_0 E_s} \tag{9.40}$$

$$\varepsilon_{cq}=\frac{M_q}{\omega(\gamma_f'+\xi_0)\eta bh_0^2\nu E_c} \tag{9.41}$$

设裂缝间纵向受拉钢筋应变不均匀系数为 $\psi$，受压区边缘混凝土压应变不均匀系数为 $\psi_c$，则钢筋和混凝土的平均应变 $\varepsilon_{sm}$ 和 $\varepsilon_{cm}$ 可表示为：

$$\varepsilon_{sm}=\psi\varepsilon_{sq}=\psi\frac{M_q}{A_s\eta h_0E_s} \tag{9.42}$$

$$\varepsilon_{cm}=\psi_c\varepsilon_{cq}=\psi_c\frac{M_q}{\omega(\gamma_f'+\xi_0)\eta bh_0^2\nu E_c} \tag{9.43}$$

式中 $E_s$、$E_c$——钢筋和混凝土的弹性模量；

$\nu$——混凝土受压时的弹性系数。

令 $\zeta=\omega\nu(\gamma_f'+\xi_0)\eta/\psi_c$，其中 $\zeta$ 称为混凝土受压区边缘平均应变综合系数，则式(9.43)可简化为：

$$\varepsilon_{cm}=\frac{M_q}{\zeta bh_0^2E_c} \tag{9.44}$$

在式(9.34)中取 $M=M_q$，将式(9.42)和式(9.44)代入，则截面的短期抗弯刚度可表示为：

$$B_s=\frac{Mh_0}{\varepsilon_{sm}+\varepsilon_{cm}}=\frac{1}{\dfrac{\psi}{A_sE_s\eta h_0^2}+\dfrac{1}{\zeta E_cbh_0^3}} \tag{9.45}$$

将分子、分母同乘以 $E_sA_sh_0^2$，并取 $\alpha_E=E_s/E_c$，$\rho=A_s/bh_0$ 可得：

$$B_s=\frac{E_sA_sh_0^2}{\dfrac{\psi}{\eta}+\dfrac{E_sA_sh_0^2}{\zeta E_cbh_0^3}}=\frac{E_sA_sh_0^2}{\dfrac{\psi}{\eta}+\dfrac{\alpha_E\rho}{\zeta}} \tag{9.46}$$

近似取 $\eta=0.87$，并通过对各种常见截面形状受弯构件的实测结果分析，可取：

$$\frac{\alpha_E\rho}{\zeta}=0.2+\frac{6\alpha_E\rho}{1+3.5\gamma_f'} \tag{9.47}$$

将式(9.47)代入式(9.46)，即得到钢筋混凝土受弯构件短期刚度 $B_s$ 的表达式：

$$B_s=\frac{E_sA_sh_0^2}{1.15\psi+0.2+\dfrac{6\alpha_E\rho}{1+3.5\gamma_f'}} \tag{9.48}$$

式中 $\gamma_f'$——受压翼缘面积与腹板有效面积的比值，按式(9.25)计算；

$\psi$——裂缝间纵向受拉钢筋应变不均匀系数，按式(9.18)计算；

$\rho$——纵向受拉钢筋配筋率，对钢筋混凝土受弯构件，取 $\rho=A_s/bh_0$。

### 9.3.3 钢筋混凝土受弯构件的长期刚度

钢筋混凝土受弯构件在荷载长期作用下，受压区混凝土将发生徐变，即荷载不增加而混凝土的应变将随时间增长。裂缝间受拉混凝土的应力松弛以及混凝土和钢筋之间的徐变滑移，使受拉混凝土不断退出工作，导致受拉钢筋的平均应变也随时间增长，因而在荷载长期作用下，构件的曲率增大，刚度降低，挠度增加。

《混凝土结构设计标准》(GB/T 50010—2010)规定，钢筋混凝土受弯构件的挠度应按荷载效应的准永久组合并考虑荷载长期作用影响的长期刚度 $B$ 计算。图 9.10 所示为考虑荷载长期作用影响的曲率计算模式，在荷载效应准永久组合弯矩 $M_q$ 的作用下，构件先产生一短期曲率 $1/r$，在 $M_q$ 的长期作用下曲率将逐渐增大，设达到终极时曲率增大到短期曲率的 $\theta$ 倍，即达到 $\theta/r$，则长期刚度 $B$ 可表示为：

$$B=\frac{M}{\dfrac{\theta}{r}}=\frac{M}{\dfrac{1}{r}}\cdot\frac{1}{\theta}=\frac{B_s}{\theta} \tag{9.49}$$

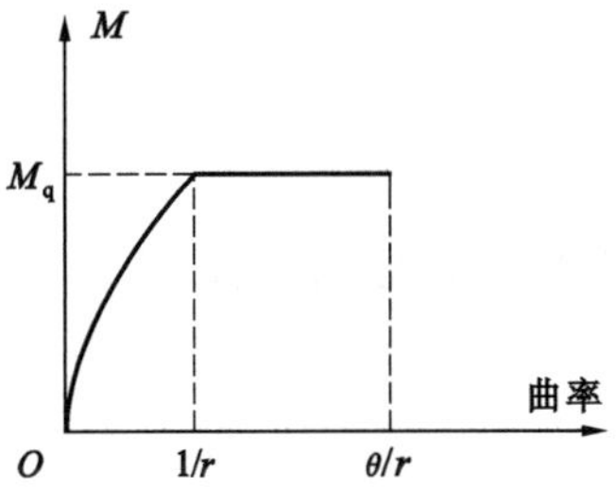

图 9.10 荷载长期作用影响的曲率计算模式

式中　$\theta$——考虑荷载长期作用对挠度增大的影响系数。对钢筋混凝土受弯构件，当 $\rho'=0$ 时，取 $\theta=2.0$；当 $\rho'=\rho$ 时，取 $\theta=1.6$；当 $\rho'$ 为中间值时，$\theta$ 按线性内插法取用，$\theta=1.6+0.4(1-\rho'/\rho)$，此处 $\rho'=A_s'/(bh_0)$，$\rho=A_s/(bh_0)$。对于翼缘位于受拉区的倒 T 形截面，$\theta$ 应增加 20%。

### 9.3.4　钢筋混凝土受弯构件挠度的计算

钢筋混凝土受弯构件截面的抗弯刚度随弯矩的增大而减小，因此截面的抗弯刚度通常是沿梁长变化的。如图 9.11 所示简支梁，当梁开裂后，弯矩较大的跨中截面的抗弯刚度较小，而靠近支座弯矩较小截面的抗弯刚度较大。显然，按照沿梁长变化的刚度来计算挠度是十分繁琐的。为简化计算，规范规定对于等截面受弯构件，可假定各同号弯矩区段内的刚度相等，并取用该区段内最大弯矩处的刚度即该区段内的最小刚度来计算挠度；对于有正负弯矩作用的连续梁或伸臂梁，当计算跨度内的支座截面刚度不大于跨中截面刚度的 2 倍或不小于跨中截面刚度的 1/2 时，该跨也可按等刚度构件进行计算，其构件刚度可取跨中最大弯矩截面的刚度。这就是钢筋混凝土受弯构件挠度计算中通称的“最小刚度原则”。试验结果表明，按此方法计算的挠度误差不大，可满足工程要求。

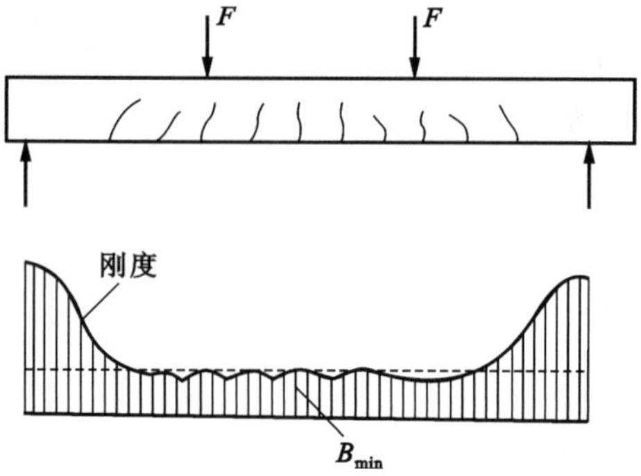


图 9.11　简支梁截面抗弯刚度的分布

构件的刚度确定后，即可按结构力学方法计算钢筋混凝土受弯构件的挠度，按荷载效应的准永久组合并考虑荷载长期作用影响计算的挠度值，不应超过挠度限值[f]（见附表 11）。

受弯构件的挠度除因弯矩作用产生外，还受剪切变形的影响。一般情况下剪切变形的影响很小，可忽略不计。但对于受荷较大的工形、T 形截面等薄腹构件，以及跨高比较小的构件，则应酌情考虑剪切变形的影响。

**【例 9.3】**　某矩形截面钢筋混凝土简支梁如图 9.12 所示，计算跨度 $l_0=6$ m，截面尺寸为 200 mm×500 mm，环境类别为一类，混凝土设计强度等级为 C30，梁底配 2Φ16＋2Φ20 HRB500 级纵向受拉钢筋，梁顶配 2Φ14 HRB500 级纵向受压钢筋，保护层厚度 $c_s=25$ mm，承受荷载效应的准永久组合弯矩 $M_q=100$ kN·m，挠度限值 $[f]=l_0/200$，试验算挠度是否满足要求。

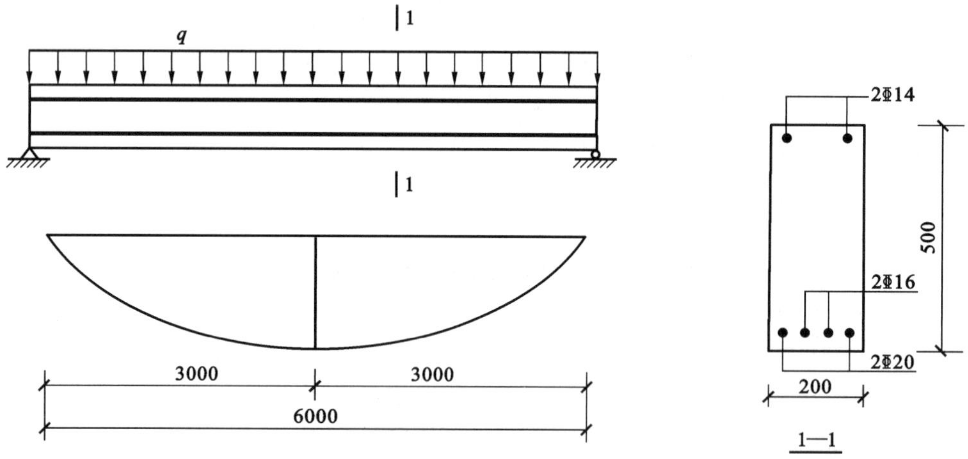


图 9.12　例 9.3 图

**【解】**　由题目已知条件可知：$A_s=1030$ mm²，$A_s'=308$ mm²，$E_s=2.00\times10^5$ N/mm²；C30 混凝土，$f_{tk}=2.01$ N/mm²；$E_c=3.00\times10^4$ N/mm²；$b=200$ mm，$h=500$ mm，$h_0=465$ mm，则各参数计算如下：

$$\alpha_E=\frac{E_s}{E_c}=\frac{2\times10^5}{3\times10^4}=6.67$$

$$\rho=\frac{A_s}{bh_0}=\frac{1030}{200\times465}=0.0111$$

$$\rho' = \frac{A_s'}{bh_0} = \frac{308}{200 \times 465} = 0.0033$$

$$\rho_{te} = \frac{A_s}{0.5bh} = \frac{1030}{0.5 \times 200 \times 500} = 0.0206$$

$$\sigma_{sq} = \frac{M_q}{0.87A_s h_0} = \frac{100 \times 10^6}{0.87 \times 1030 \times 465} = 239.99\text{N/mm}^2$$

$$\psi = 1.1 - \frac{0.65 f_{tk}}{\rho_{te}\sigma_{sq}} = 1.1 - \frac{0.65 \times 2.01}{0.0206 \times 239.99} = 0.836 \quad (0.2 < \psi < 1)$$

矩形截面 $\gamma_f' = 0$，则短期刚度为：

$$B_s = \frac{E_s A_s h_0^2}{1.15\psi + 0.2 + \dfrac{6\alpha_E \rho}{1 + 3.5\gamma_f'}}$$

$$= \frac{2.0 \times 10^5 \times 1030 \times 465^2}{1.15 \times 0.836 + 0.2 + \dfrac{6 \times 6.67 \times 0.0111}{1 + 3.5 \times 0}} = 2.774 \times 10^{13}\text{N} \cdot \text{mm}^2$$

$$\theta = 1.6 + 0.4\left(1 - \frac{\rho'}{\rho}\right) = 1.6 + 0.4 \times \left(1 - \frac{0.0033}{0.0111}\right) = 1.881$$

长期刚度为：

$$B = \frac{B_s}{\theta} = \frac{2.774 \times 10^{13}}{1.881} = 1.475 \times 10^{13}\text{N} \cdot \text{mm}^2$$

则其挠度为：

$$f_{max} = \frac{5}{48}\frac{M_q l_0^2}{B} = \frac{5}{48} \times \frac{100 \times 10^6 \times 6000^2}{1.475 \times 10^{13}} = 25.42\text{mm}$$

$$< [f] = \frac{l_0}{200} = 30\text{mm}$$

满足要求。

## 9.4 混凝土结构的耐久性

### 9.4.1 耐久性的概念与主要影响因素

#### 9.4.1.1 混凝土结构的耐久性

混凝土结构应满足安全性、适用性和耐久性这三方面的要求。混凝土结构的耐久性是指在正常维护的条件下，在预定的设计工作年限内，在指定的工作环境中保证结构满足既定的功能要求。正常维护是指不因耐久性问题而需花费过高的维修费用；预定的设计工作年限是指结构或结构构件不需进行大修即可按预定目的工作的年限，我国《工程结构通用规范》(GB 55001—2021)和《建筑结构可靠度设计统一标准》(GB 50068—2018)规定普通房屋和构筑物的设计工作年限为 50 年，标志性建筑和特别重要建筑结构的设计工作年限为 100 年；指定的工作环境是指建筑物所在地区的环境及工业生产所形成的环境等。

混凝土结构广泛应用于各类工程结构中，如果因耐久性不足而失效，或为了使之继续正常使用而进行相当规模的维修、加固或改造，则将要付出高昂的代价。保证混凝土结构能在自然和人为环境的化学和物理作用下满足耐久性的要求，是一个十分迫切和重要的问题。在混凝土结构设计时，除了进行承载力计算以及变形和裂缝验算外，还必须进行耐久性设计。

#### 9.4.1.2 影响混凝土结构耐久性的主要因素

影响混凝土结构耐久性的因素很多，主要有内部和外部因素两个方面。内部因素主要有混凝土的强度，密实性和渗透性，保护层厚度，水泥品种、强度和用量，水胶比及外加剂，混凝土中的氯离子及碱含量等；外部因素则主要有环境温度、湿度，二氧化碳（$CO_2$）含量以及侵蚀性介质等。混凝土结构的耐久性问题往往是由于内部存在不完善、外部存在不利因素综合作用的结果。造成结构内部不完善或有缺陷往往是由设计不周、施工不良引起的，也有因使用或维修不当等引起的。混凝土结构常见引起耐久性问题的原因和应采取的措施有：

（1）混凝土的碳化

混凝土的碳化是指大气中的二氧化碳（$CO_2$）与混凝土中碱性物质氢氧化钙发生反应，使混凝土的 pH 值下降。其他酸性物质如二氧化硫（$SO_2$）、硫化氢（$H_2S$）等也能与混凝土中碱性物质发生类似反应，使混凝土 pH 值下降。混凝土碳化对混凝土本身并无破坏作用，其主要危害是使混凝土中的保护膜受到破坏，引起钢筋锈蚀。混凝土的碳化是影响混凝土耐久性的重要因素之一。减小混凝土碳化的措施主要有合理设计混凝土的配合比，尽量提高混凝土的密实性、抗渗性，合理选用掺合料，采用覆盖层隔离混凝土表面与大气环境的直接接触等；另外，在钢筋外留有足够的混凝土保护层厚度也是常用的有效方法。

（2）钢筋的锈蚀

钢筋的锈蚀会发生锈胀，使混凝土保护层脱落，严重的会产生纵向裂缝，影响正常使用。钢筋锈蚀还会导致钢筋有效截面减小，强度和延性降低，破坏钢筋与混凝土的黏结，使结构承载力下降，甚至导致结构破坏。钢筋的锈蚀是影响混凝土结构耐久性最重要的因素之一。防止钢筋锈蚀的措施主要有严格控制集料中的含盐量，降低水胶比，提高混凝土的密实度，保证足够的混凝土保护层厚度，采用涂面层、钢筋阻锈剂等。另外，还可使用防腐蚀钢筋或对钢筋采用阴极防护等。

（3）混凝土的冻融破坏

混凝土水化结硬后内部有很多毛细孔。在浇筑混凝土时为了得到必要的和易性，用水量往往会比水泥水化反应所需的水要多一些，这些多余的水分以游离水的形式滞留于混凝土毛细孔中，遇到低温就会结冰膨胀，引起混凝土内部结构的破坏。防止混凝土冻融破坏的主要措施有降低水胶比，减少混凝土中的游离水，浇筑时加入引气剂使混凝土中形成微细气孔等。混凝土早期受冻可采用加强养护、保温、掺入防冻剂等措施预防。

（4）混凝土的碱集料反应

混凝土集料中某些活性矿物与混凝土微孔中的碱性溶液产生化学反应称为碱集料反应。碱集料反应产生碱-硅酸盐凝胶，吸水膨胀后体积可增大 3～4 倍，从而引起混凝土开裂、剥落、强度降低，甚至导致破坏。防止碱集料反应的主要措施是采用低碱水泥，或掺用粉煤灰等掺合料以降低混凝土中的碱性，以及对含活性成分的骨料加以控制等。

（5）侵蚀性介质的腐蚀

化学介质对混凝土的侵蚀在石化、化工、轻工、冶金及港湾建筑中很普遍，有的化工厂房和海港建筑仅使用几年就遭到不同程度的破坏。化学介质的侵入造成混凝土中一些成分溶解或流失，引起裂缝、孔隙或松散破碎，有的化学介质与混凝土中一些成分发生反应，其生成物造成体积膨胀，引起混凝土结构的破坏。常见的一些侵蚀性介质的腐蚀有硫酸盐腐蚀、酸腐蚀、海水腐蚀和盐类结晶腐蚀等。要防止侵蚀性介质的腐蚀，应根据实际情况采取相应的防护措施，如从生产流程上防止有害物质的散溢，采用耐酸混凝土或铸石贴面等。

### 9.4.2 混凝土结构耐久性设计的主要内容

混凝土结构耐久性设计涉及面广，影响因素多，一般来说应包括以下几个方面：

#### 9.4.2.1 确定结构所处的环境类别

混凝土结构的耐久性与结构所处的环境有密切关系，同一结构在强腐蚀环境中要比在一般大气环境中的工作年限短，对混凝土结构使用环境进行分类，可以在设计时针对不同的环境类别，采取相应的措施，满足达到设计工作年限的要求。《混凝土结构设计标准》（GB/T 50010—2010）规定，混凝土结构的耐久性应根据环境类别和设计工作年限进行设计。环境类别的划分见附表 10。

9.4.2.2 提出材料的耐久性质量要求

合理设计混凝土的配合比，严格控制集料中的含盐量、含碱量，保证混凝土必要的强度，提高混凝土的密实性和抗渗性是保证混凝土耐久性的重要措施。《混凝土结构设计标准》(GB/T 50010—2010)对处于一、二、三类环境中，设计工作年限为50年的结构混凝土材料耐久性的基本要求，如最大水胶比、最低强度等级、最大氯离子含量和最大碱含量等，均作了明确规定，见附表13。

对在一类环境中设计工作年限为100年的混凝土结构，钢筋混凝土结构的最低强度等级为C30，预应力混凝土结构的最低强度等级为C40；混凝土中的最大氯离子含量为0.06%；宜使用非碱活性骨料，当使用碱活性骨料时，混凝土中的最大碱含量为3.0 kg/$m^3$。

9.4.2.3 确定构件中钢筋的保护层厚度

混凝土保护层对减小混凝土的碳化.，防止钢筋锈蚀，提高混凝土结构的耐久性有重要作用，各国规范都有关于混凝土最小保护层厚度的规定。《混凝土结构设计标准》(GB/T 50010—2010)规定：构件中受力钢筋的保护层厚度不应小于钢筋的直径；对设计工作年限为50年的混凝土结构，最外层钢筋(包括箍筋和构造钢筋)的保护层厚度应符合附表14的规定；对设计工作年限为100年的混凝土结构，保护层厚度不应小于附表14中数值的1.4倍。当有充分依据并采用有效措施时，可适当减小混凝土保护层的厚度，这些措施包括：构件表面有可靠的防护层；采用工厂化生产预制构件，并能保证预制构件混凝土的质量；在混凝土中掺加阻锈剂或采用阴极保护处理等防锈措施；另外，当对地下室墙体采取可靠的建筑防水做法时，与土壤接触侧钢筋的保护层厚度可适当减少，但不应小于25 mm。

9.4.2.4 提出满足耐久性要求相应的技术措施

对处在不利的环境条件下的结构，以及在二类和三类环境中设计工作年限为100年的混凝土结构，应采取专门的有效防护措施。这些措施包括：

(1) 预应力混凝土结构中的预应力筋应根据具体情况采取表面防护、管道灌浆、加大混凝土保护层厚度等措施，外露的锚固端应采取封锚和混凝土表面处理等有效措施；

(2) 有抗渗要求的混凝土结构，混凝土的抗渗等级应符合有关标准的要求；

(3) 严寒及寒冷地区的潮湿环境中，结构混凝土应满足抗冻要求，混凝土抗冻等级应符合有关标准的要求；

(4) 处在三类环境中的混凝土结构，钢筋可采用环氧涂层钢筋或其他具有耐腐蚀性能的钢筋，也可采取阴极保护处理等防锈措施；

(5) 处于二、三类环境中的悬臂构件宜采用悬臂梁-板的结构形式，或在其上表面增设防护层；

(6) 处于二、三类环境中的结构，其表面的预埋件、吊钩、连接件等金属部件应采取可靠的防锈措施。

9.4.2.5 提出结构使用阶段的维护与检测要求

要保证混凝土结构的耐久性，还需要在使用阶段对结构进行正常的检查维护，不得随意改变建筑物所处的环境类别，这些检查维护的措施包括：

(1) 结构应按设计规定的环境类别使用，并定期进行检查维护；

(2) 设计中的可更换混凝土构件应定期按规定更换；

(3) 构件表面的防护层应按规定进行维护或更换；

(4) 结构出现可见的耐久性缺陷时，应及时进行检测处理。

《混凝土结构设计标准》(GB/T 50010—2010)主要对处于一、二、三类环境中的混凝土结构的耐久性要求作了明确规定；对处于四、五类环境中的混凝土结构，其耐久性要求应符合有关标准的规定。

对临时性(设计工作年限为5年)的混凝土结构，可不考虑混凝土的耐久性要求。

## 本章小结

(1) 混凝土结构和构件除应按承载能力极限状态进行设计外，尚应进行正常使用极限状态的验算，以满足结构的正常使用功能和耐久性要求。正常使用极限状态验算主要包括裂缝控制验算、变形验算，以及保证结构耐久性的措施等方面。

(2) 结构或构件超过正常使用极限状态时，对生命财产的危害性要低一些，其相应的目标可靠指标$[\beta]$值可小一些，因此在进行正常使用极限状态验算时，荷载效应可采用标准组合或准永久组合，材料强度可取标准值，并应考虑荷载长期作用的影响。正常使用极限状态又可分为可逆正常使用极限状态和不可逆正常使用极限状态两种情况。对于可逆正常使用极限状态，验算时的荷载效应取值可以低一些，通常采用准永久组合；对于不可逆正常使用极限状态，验算时的荷载效应取值应高一些，通常采用标准组合。

(3) 引起混凝土构件出现裂缝的原因有很多，由荷载的直接作用引起的裂缝称为受力裂缝，另外，构件的收缩或温度变形受到约束以及钢筋锈蚀等也会产生裂缝。我国规范中受力裂缝宽度的计算公式是综合了黏结滑移理论和无滑移理论的模式，并通过试验确定有关系数得到的。对钢筋混凝土构件，按照荷载效应的准永久组合并考虑荷载长期作用影响计算的最大裂缝宽度不应超过规范规定的最大裂缝宽度限值 $w_{\lim}$。

(4) 钢筋混凝土受弯构件的截面抗弯刚度随弯矩变化而变化，其短期抗弯刚度可通过与平均中和轴相应的平均曲率求得，在荷载长期作用下构件的曲率将增大，刚度将降低。钢筋混凝土受弯构件的挠度应按荷载效应的准永久组合并考虑荷载长期作用影响的长期刚度 $B$ 计算，挠度的计算值不应超过规范规定的挠度限值。

(5) 混凝土结构的耐久性是指在正常维护的条件下，在预定的设计工作年限内，在指定的工作环境中保证结构满足既定的功能要求。影响混凝土结构耐久性的因素主要有内部因素和外部因素两个方面。混凝土结构的耐久性设计包括确定结构所处的环境类别，提出材料的耐久性质量要求，确定构件中钢筋的保护层厚度，提出满足耐久性要求相应的技术措施以及使用阶段的维护与检测要求等。

## 思考题与习题

9.1 混凝土结构为什么要进行正常使用极限状态的验算？包括哪些内容？

9.2 什么是可逆正常使用极限状态和不可逆正常使用极限状态？

9.3 引起混凝土结构出现裂缝的原因有哪些？

9.4 试简述裂缝的出现、分布和展开的过程。

9.5 试说明 $\rho_{te}$、$\psi$ 和 $d_{eq}$ 的含义，如何计算？

9.6 我国规范中混凝土构件受力裂缝宽度计算公式有什么特点？影响裂缝宽度的因素有哪些？

9.7 钢筋混凝土受弯构件的截面抗弯刚度有什么特点？

9.8 试说明 $B_s$ 和 $B$ 的含义，如何计算？

9.9 什么是混凝土结构的耐久性？影响混凝土结构耐久性的因素主要有哪些？

9.10 混凝土结构的耐久性设计包括哪些内容？

9.11 怎样确定混凝土保护层最小厚度？

9.12 某钢筋混凝土屋架下弦按轴心受拉构件设计，截面尺寸 $b\times h=200\ \text{mm}\times 200\ \text{mm}$，环境类别为一类，混凝土设计强度等级为 C30，纵筋保护层厚度 $c_s=25$ mm，配 4⌀16 HRB400 级纵向受拉钢筋，承受荷载效应的准永久组合轴力 $N_q=130$ kN，最大裂缝宽度限值 $w_{\lim}=0.2$ mm，试验算最大裂缝宽度是否满足要求。当不满足要求时，可采取哪些措施？

9.13 某矩形截面钢筋混凝土梁截面尺寸 $b\times h=200\ \text{mm}\times 500\ \text{mm}$，混凝土设计强度等级为 C30，梁底配 2⌀22＋1⌀18 HRB500 级纵向受力钢筋，保护层厚度 $c_s=25$ mm，承受荷载效应的准永久组合弯矩 $M_q=100\ \text{kN}\cdot\text{m}$，最大裂缝宽度限值 $w_{\lim}=0.3$ mm，试验算最大裂缝宽度是否满足要求。

9.14 某承受均布荷载的钢筋混凝土简支梁，截面尺寸 $b\times h=200\ \text{mm}\times 500\ \text{mm}$，计算跨度 $l_0=6$ m，环境类别为一类，混凝土设计强度等级为 C30，梁底配 3⌀22 HRB500 级纵向受拉钢筋，梁顶配 2⌀14 HRB500 级纵向受压钢筋，保护层厚度 $c_s=25$ mm，承受荷载效应的准永久组合弯矩 $M_q=100\ \text{kN}\cdot\text{m}$，挠度限值$[f]=l_0/200$，试验算挠度是否满足要求。

9.15 某钢筋混凝土简支梁截面尺寸 $b\times h=200\ \text{mm}\times 500\ \text{mm}$，计算跨度 $l_0=6$ m，承受均布永久荷载标准值 $g_k=8$ kN/m，均布可变荷载标准值 $q_k=15$ kN/m，可变荷载的准永久系数 $\psi_q=0.5$，混凝土强度等级为 C25，梁底配 2⌀22＋1⌀20 HRB400 级纵向受拉钢筋，梁顶配 2⌀14 HRB400 级纵向受压钢筋，混凝土保护层厚度 $c_s=25$ mm，试验算挠度是否满足要求。

# 10　预应力混凝土构件

**本 章 提 要**

本章介绍了预应力混凝土结构的基本概念及分类，要求熟悉预应力的各项损失、计算方法以及减少损失的措施，掌握预应力轴心受拉、受弯构件各阶段的应力状态和设计计算方法，以及预应力混凝土构件的主要构造要求等。另外，本章还介绍了部分预应力混凝土构件和无黏结预应力混凝土构件的概念。本章的重点和难点是预应力构件各阶段的受力特点及其计算方法。

## 10.1　概　　述

### 10.1.1　预应力混凝土的基本概念

普通钢筋混凝土结构由于有效利用了钢筋和混凝土两种材料的不同受力性能，因此广泛应用于土木工程当中，但普通钢筋混凝土结构或构件在使用中仍面临两个主要问题：① 由于混凝土的极限拉应变很小，在正常使用条件下，构件受拉区裂缝的存在不仅导致了受拉区混凝土的浪费，还使得构件刚度降低，变形较大；② 考虑到结构的耐久性与适用性，必须控制构件的裂缝宽度和变形。如果采用增加截面尺寸和用钢量的方法，一般来讲不经济，特别是荷载或跨度较大时；如果提高混凝土的强度等级，由于其抗拉强度提高得很少，对提高构件抗裂性和刚度的效果也不明显；若利用钢筋来抵抗裂缝，则当混凝土达到极限拉应变时，受拉钢筋的应力只有30 $N/mm^2$左右。因此，在普通钢筋混凝土结构中，高强混凝土和高强度钢筋的强度是不能被充分利用的。

为了充分发挥高强度混凝土及高强度钢筋的力学性能，可以在混凝土构件正常受力前，在使用时的受拉区内预先施加压力，使之产生预压应力。当构件在荷载作用下产生拉应力时，首先要抵消混凝土构件内的预压应力，然后随着荷载的增加，混凝土构件才会受拉、出现裂缝，因此，可推迟裂缝的出现，减小裂缝的宽度，满足使用要求。这种在正常受荷前预先对混凝土受拉区施加一定的压应力以改善其在使用荷载作用下混凝土抗拉性能的结构称为“预应力混凝土结构”。

美国混凝土协会（ACI）对预应力混凝土的定义是“预应力混凝土是根据需要人为施加某一数值与分布的压应力用以部分或全部抵消荷载应力的一种加筋混凝土。”这种预压应力可以部分或全部抵消外荷载产生的拉应力，从而推迟或避免裂缝的产生，因此，预应力混凝土是改善混凝土抗裂性能的一种有效手段。

如图 10.1 所示的简支梁，在均布荷载 $q$ 作用以前，预先在梁的受拉区施加一对大小相等、方向相反的偏心压力 $N_y$，使梁截面下边缘混凝土产生预压应力 $\sigma_{pc}$，按下式计算：

$$\sigma_{pc} = \frac{N_y}{A_c} \pm \frac{N_y e y}{I_c} \tag{10.1}$$

当偏心压力 $N_y$ 的偏心距 $e = h/6$ 时，梁截面上边缘的应力为零，如图 10.1(d)所示。

当外荷载作用时，截面下边缘将产生拉应力，上边缘产生压应力[图 10.1(c)]，按下式计算：

$$\sigma_{yc} = \pm \frac{My}{I_c} \tag{10.2}$$

跨中截面混凝土最后的应力分布为上述两种情况的叠加[图 10.1(e)]，即：

$$\sigma_c = \frac{N_y}{A_c} \pm \frac{N_y e y}{I_c} \pm \frac{My}{I_c} \tag{10.3}$$

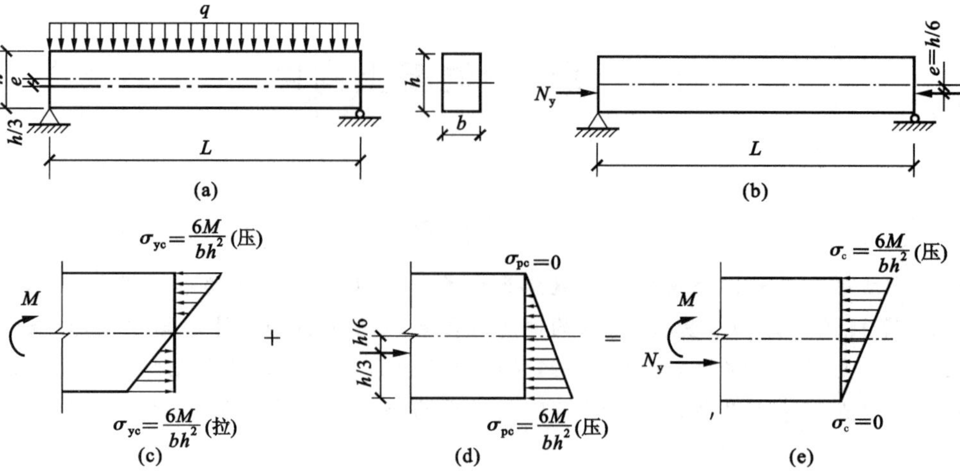


图 10.1 预应力混凝土构件原理

(a) 荷载;(b) 施加预应力;(c) 荷载单独作用下的截面应力;

(d) 预应力单独作用下的截面内力;(e) 荷载和预应力共同作用下的截面应力

式中 $e$——预压力的偏心距;

$y$——截面上任一点到形心轴的距离;

$A_c$、$I_c$——构件截面面积和惯性矩。

叠加后,梁的下边缘应力可能是数值很小的拉应力,也可能是压应力。也就是说,由于预加偏心荷载 $N_y$ 的作用,可部分抵消或全部抵消外荷载所引起的拉应力,因而延缓甚至避免了混凝土构件的开裂。

预应力钢筋混凝土结构与普通钢筋混凝土结构相比,其主要优点是:

(1) 改善结构的使用性能

通过对结构受拉区施加预压应力,可以使结构在使用荷载下延缓裂缝的开展,减小裂缝宽度,甚至避免开裂;同时预应力产生的反拱可以降低结构的变形,从而改善结构的使用性能,提高结构的耐久性。

(2) 减小构件截面尺寸,减轻自重

对于大跨度并承受重荷载的结构,预应力钢筋混凝土结构能有效地提高结构的跨高比限值,从而扩大了混凝土结构的应用范围。

(3) 充分利用高强度钢筋

在普通钢筋混凝土结构中,由于裂缝宽度和挠度的限制,高强度钢筋的强度不可能被充分利用。而在预应力混凝土结构中,对高强度钢筋预先施加较高的应力,使得高强度钢筋在结构破坏前能够达到屈服强度。

(4) 具有良好的裂缝闭合性能

当结构部分或全部卸载时,预应力混凝土结构的裂缝具有良好的闭合性能,从而提高了截面刚度,减小了结构变形,进一步改善了结构的耐久性。

(5) 提高抗疲劳强度

预压应力可以有效降低钢筋中疲劳应力幅值,增加疲劳寿命,尤其对于以承受动力荷载为主的桥梁结构,这一点是很有利的。

(6) 具有良好的经济性

对适合采用预应力混凝土的结构来说,预应力混凝土结构可比普通钢筋混凝土结构节省 20%～40% 的混凝土和 30%～60%的主筋钢材,而与钢结构相比,则可明显节省造价。

预应力混凝土结构的缺点是:对材料质量要求高,设计计算较复杂,施工技术要求高,并且需要专门的张拉及锚具设备等。

预应力混凝土主要用于以下一些结构当中：

(1) 大跨度结构，如大跨度桥梁、体育馆和车间、机库等，大跨度建筑的楼(屋)盖体系、高层建筑结构的转换层等；

(2) 对抗裂性有特殊要求的结构，如压力容器、压力管道、水工或海洋建筑，以及冶金、化工厂的车间、构筑物等；

(3) 某些高耸结构，如水塔、烟囱、电视塔等；

(4) 大量制造的预制构件，如常见的预应力空心楼板、预应力管桩等；

(5) 有特殊要求的一般建筑，如建筑设计限定了层高、楼(屋)盖梁等的高度，或者限定了某些其他构件的尺寸，使得普通混凝土构件难以满足要求时，可使用预应力混凝土结构。在既有建筑结构的加固工程中，采用预应力技术往往会带来很好的效果。

### 10.1.2 预应力混凝土构件的分类

根据设计、施工以及施加预应力方式的不同，预应力构件可以从不同角度进行分类：

(1) 按预应力的施加方式分类

施加预应力的方式有很多种，但基本上可以分为先张法与后张法两种。在浇筑混凝土以前张拉预应力钢筋的方法称为先张法，在混凝土达到一定强度以后再张拉预应力钢筋的方法称为后张法。

(2) 按预应力施加的程度分类

在使用荷载作用下，横截面不允许出现拉应力，即预加应力必须抵消全部荷载产生的拉应力，则这类构件称为全预应力混凝土构件。若外加预应力只抵消部分外加荷载产生的拉应力，这类构件称为部分预应力构件。部分预应力构件又分为 A、B 两类：A 类是指在使用荷载作用下，预压区正截面混凝土拉应力不超过规定的容许值；B 类则指在使用荷载作用下，预压区正截面混凝土拉应力超过规定的容许值，但当裂缝产生时，裂缝宽度不超过规定的容许值。

(3) 按预应力钢筋与混凝土之间是否存在黏结作用分类

根据预应力钢筋与混凝土之间是否存在黏结作用可分为有黏结与无黏结预应力混凝土构件两类。先张法预应力构件以及进行孔道灌浆处理的后张法预应力构件，预应力钢材与混凝土之间存在黏结作用，这类构件称为有黏结预应力混凝土构件。与之相对应，无黏结预应力混凝土构件是指预应力钢筋与混凝土之间不存在黏结作用的预应力混凝土构件，这类构件的预应力钢筋一般由钢绞线、高强钢丝或粗钢筋外涂防腐油脂并设防老化的外包层组成，与混凝土不直接接触。该类构件一般采用后张法施工。

### 10.1.3 预加应力的方法

#### 10.1.3.1 先张法

在浇筑混凝土前先张拉预应力钢筋的方法称为先张法，其主要工序如图 10.2 所示。先在台座上张拉钢筋，并作临时固定，然后浇筑混凝土，等混凝土达到一定强度后(设计强度的 75%以上)，放松钢筋，钢筋在回缩时挤压混凝土，使混凝土获得预加应力。因此，先张法是靠钢筋与混凝土之间的黏结力来传递预加应力的，不需要专门的锚具。

先张法制作预应力构件，一般需要台座、千斤顶、传力架和锚具等设备，台座承受张拉力的反力，长度较大，要求具有足够的强度和刚度，不滑移，不倾覆。当构件尺寸不大时，也可用钢模代替台座在其上直接张拉。千斤顶和传力架因构件的形式、尺寸及张拉力大小的不同而有多种类型。先张法中应用的锚具又称工具锚具或夹具，其作用是在张拉端夹住钢筋进行张拉或在两端临时固定钢筋，可以重复使用。先张法主要适用于大批量生产以钢丝或直径 $d<16$ mm钢筋为预应力筋的中小型构件，如常见的预应力空心楼板、轨枕、水管以及电杆等。

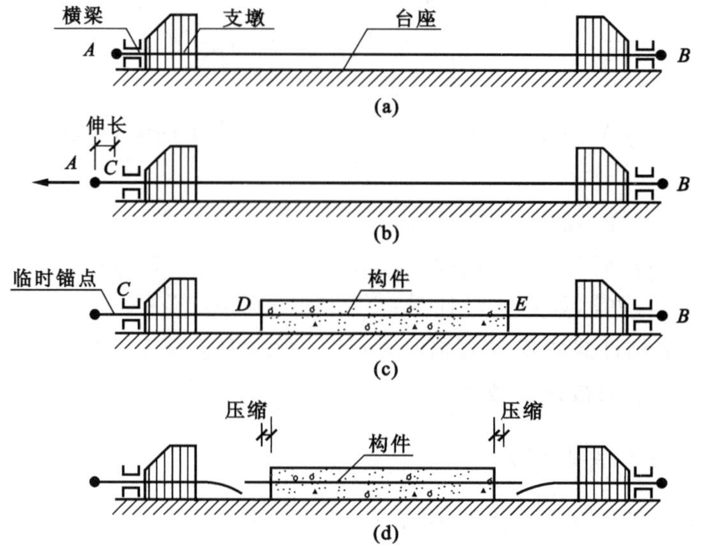


图 10.2　先张法施工工序

(a) 钢筋就位;(b) 张拉钢筋;(c) 浇筑混凝土;(d) 切断钢筋

10.1.3.2　后张法

在混凝土达到规定强度后的构件上直接张拉预应力钢筋的方法称为后张法,其主要工序如图 10.3 所示。先制作混凝土构件,在构件中预留孔道,待混凝土达到规定的强度后,在孔道中穿钢筋或钢筋束,利用构件本身作为台座,张拉钢筋,混凝土同时受到挤压。张拉完毕,在张拉端用锚具锚住钢筋或钢筋束,并在孔道内压力灌浆。由此可看出,后张法是依靠钢筋端部的锚具来传递预加应力的。

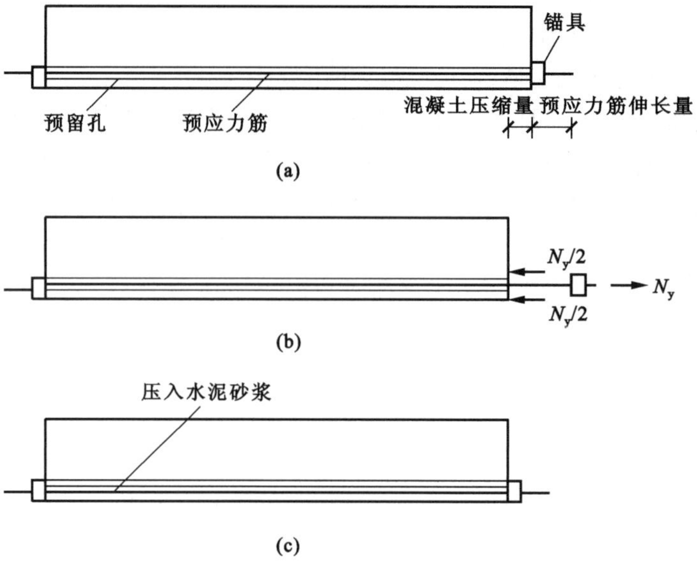


图 10.3　后张法施工工序

(a) 浇筑混凝土,并预留孔道;(b) 张拉钢筋或钢筋束;(c) 锚固钢筋或钢筋束,在孔道内压入水泥砂浆

制作后张法预应力结构及构件不需要台座,张拉钢筋常用千斤顶。后张法的锚具永远安置在构件上,起着传递预应力的作用,故又称工作锚具。后张法主要用于以粗钢筋或钢绞线为配筋的大型预应力构件,如桥梁、屋架、屋面梁以及吊车梁等。

10.1.3.3　两种张拉方法的区别

先张法工艺比较简单,但需要台座(或钢模)设施;后张法工艺较复杂,需要对构件安装永久性的工作锚具,但不需要台座。前者适用于在预制构件厂批量制造的、方便运输的中小型构件;后者适用于在现场成型的大型构件，在现场分阶段张拉的大型构件，以至整个结构。先张法一般只适用于直线或折线形预应力钢筋；后张法既适用于直线预应力钢筋，又适用于曲线预应力钢筋。

先张法与后张法的本质差别在于对混凝土构件施加预应力的途径，先张法是通过预应力筋与混凝土间的黏结作用来施加预应力；后张法则通过锚具直接施加预应力。

### 10.1.4 锚具与夹具

锚具和夹具是指预应力混凝土构件锚固预应力钢筋的装置，对构件建立有效预应力起着至关重要的作用。工程中对锚具的基本要求为：受力安全可靠，预应力损失小，构造简单，使用方便以及价格低廉等。

根据锚具的工作原理可以分为两大类：一类是利用钢筋回缩带动锥形或楔形的锚塞、夹片等一起移动，使之挤紧在锚杯的锥形内壁上，同时，挤压力也使锚塞或夹片紧紧挤住钢筋，产生极大的摩擦力，甚至使钢筋变形，从而阻止了钢筋的回缩。另一类则是用螺丝、焊接、镦头等方法为钢筋制造一个扩大的端头，在锚板、垫板等的配合下阻止钢筋回缩。目前常用的有螺丝端杆锚具、夹片锚具、锥形锚具以及镦头锚具等。

(1) 螺丝端杆锚具

螺丝端杆锚具又称螺纹锚，主要用于锚固高强粗钢筋。在单根预应力粗钢筋的两端各焊一短段螺丝端杆，配上螺帽和垫板，张拉预应力筋后用锚固螺帽直接拧紧在螺纹端杆上，如图 10.4所示。该类锚具构造简单，施工方便，且较为可靠，预应力损失小。

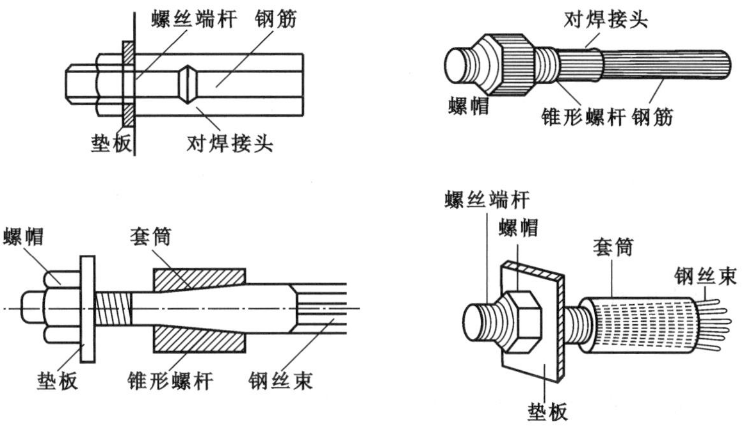


图 10.4 螺丝端杆锚具

(2) 夹片锚具

夹片锚具有各种不同的形式，但都是用来锚固钢绞线的。由于近年来在大跨度预应力混凝土结构中大都采用钢绞线，因此，夹片锚具的使用也日益增多。目前，国内主要采用的几种夹片锚具为 JM、XM、QM、YM 及 OVM 系列锚具(图10.5)，可锚固由几根至几十根钢绞线组成的钢束，因此，夹片锚又称为群锚。

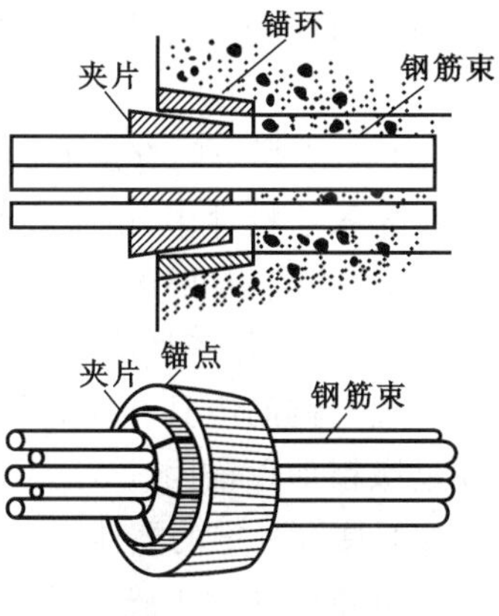


图 10.5 夹片锚具

(3) 锥形锚具

锥形锚具，又称弗氏锚，如图 10.6 所示，包括锚环和锚塞(又称锥销)。锥形锚的优点是：锚固方便，横截面面积小，便于在梁体上分散布置。缺点是：锚固时钢筋回缩量大，预应力损失大，不能重复张拉或接长，使钢筋设计长度受到千斤顶行程的限制。但近年来在这些方面已有较大改进。

(4) 镦头锚具

镦头锚具(图 10.7)又称 BBRV 锚，适用于锚固钢丝束。使用时先将钢丝逐根穿过锚杯的孔，然后用镦头机将钢丝端头镦粗如圆钉帽状，使钢丝锚固于锚杯上。在固定瑞，将锚环(螺帽)拧在锚杯上即可将钢丝束锚固于梁端。在张拉端，通过螺纹把千斤顶与锚杯连接，并进行张拉，然后拧上锚环，再放松千斤顶，即可完成张拉。

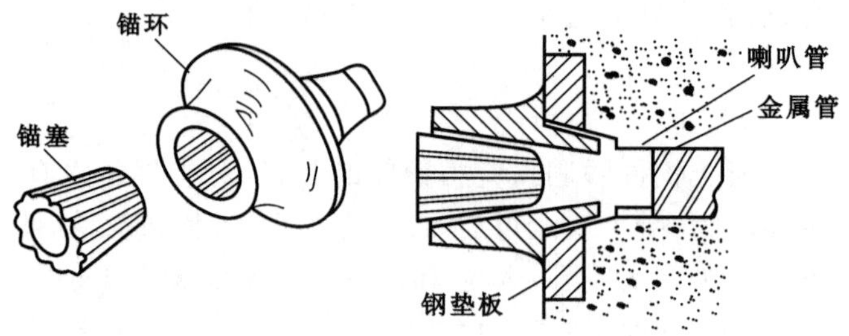


图 10.6　锥形锚具

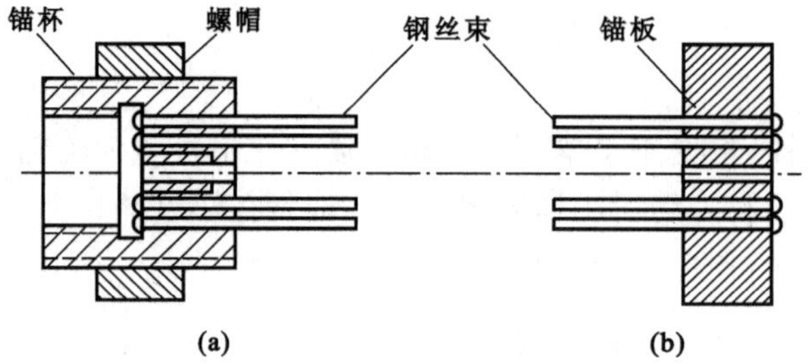


图 10.7　镦头锚具

(a) 张拉端镦头锚；(b) 固定端镦头锚

## 10.2　预应力混凝土构件设计的一般规定

### 10.2.1　预应力混凝土的材料

10.2.1.1　钢筋

预应力混凝土构件从制作到破坏整个过程中，预应力筋始终处于高应力状态，故对钢筋有较高的质量要求，具体为：

(1) 高强度

预应力混凝土构件在制作及使用过程中将出现各种预应力损失，因此，必须采用高强度钢材作为预应力筋。

(2) 与混凝土间有足够的黏结强度

在先张法构件中，由于在受力传递长度内钢筋与混凝土间的黏结力是建立有效预压应力的前提，故必须保证两者间有足够的黏结强度。

(3)良好的加工性能

预应力钢筋应具有良好的可焊性、冷镦性及热镦性等，因为结构中的钢筋常常需要接长使用，也常需要经过镦粗加以锚固。

(4) 具有一定的塑性

为避免构件发生脆性破坏，要求预应力筋在拉断前有一定的延性，特别是当构件处于低温或冲击环境以及在抗震结构中，此点更为重要。《混凝土结构通用规范》(GB 55008—2021)规定：预应力筋的最大力总延伸率 $\delta_{gt}$ 不应小于 4%或 4.5%(见附表 8)。

目前国内常用的预应力钢材有中强度预应力钢丝(光面或螺旋肋)、消除应力钢丝(光面或螺旋肋)、钢绞线（图 10.8）和预应力螺纹钢筋等。对于中小构件中的预应力钢筋，也可采用冷拔中强度钢丝、冷拔低碳钢丝和冷轧带肋钢筋等。

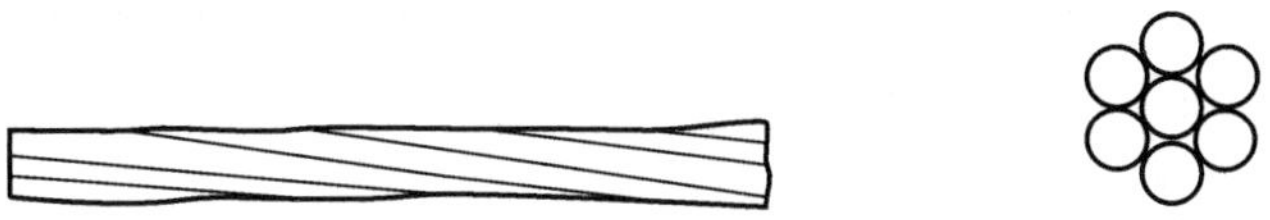


图 10.8　钢绞线

10.2.1.2　混凝土

预应力混凝土构件对混凝土的基本要求是：

（1）高强度

预应力混凝土必须具有较高的抗压强度，这样才能承受较大的预应力，有效地减小构件的截面尺寸，减轻构件自重。因此《混凝土结构通用规范》（GB 55008—2021）和《混凝土结构设计标准》（GB/T 50010—2010）规定，预应力混凝土楼板结构的混凝土强度等级不应低于 C30，其他预应力混凝土结构构件的混凝土强度等级不应低于 C40。

（2）收缩与徐变小

这样可以减少由于混凝土收缩、徐变引起的预应力损失。

（3）快硬、早强

这样可尽早地施加预应力，以提高台座、模具及夹具的周转，加快施工进度，降低管理费用。因为为了保证预压区混凝土不被压坏，同时保证构件端部局部受压承载力，《混凝土结构设计标准》（GB/T 50010—2010）规定，施加预应力时，所需的混凝土立方体抗压强度应经计算确定，且不宜低于设计混凝土强度等级值的 75%。

### 10.2.2　张拉控制应力 $\sigma_{con}$

张拉控制应力是指张拉预应力筋时，张拉设备的测力装置显示的总张拉力除以预应力钢筋横截面面积得出的应力值，以 $\sigma_{con}$ 表示。

$$\sigma_{con} = \frac{N}{A_p} \tag{10.4}$$

设计预应力混凝土构件时，为了充分发挥预应力的优点，张拉控制应力宜尽可能定得高一些，以使混凝土获得较高的预压应力。但是，张拉应力并非越高越好，张拉应力过高时，可能产生以下问题：

（1）个别预应力钢筋可能被拉断；

（2）施工过程中可能引起构件某些部位（预拉区）出现拉应力，甚至开裂，还可能造成后张法构件端部混凝土产生局部受压破坏；

（3）构件开裂荷载可能接近构件破坏荷载，构件一旦开裂，很快就临近破坏，表现为没有明显预兆的脆性破坏特性。

因此，张拉控制应力也不宜取得过高，《混凝土结构设计标准》（GB/T 50010—2010）规定：预应力钢筋的张拉控制应力范围为：

消除应力钢丝、钢绞线

$$0.4 f_{ptk} \leqslant \sigma_{con} \leqslant 0.75 f_{ptk} \tag{10.5}$$

中强度预应力钢丝

$$0.4 f_{ptk} \leqslant \sigma_{con} \leqslant 0.7 f_{ptk} \tag{10.6}$$

预应力螺纹钢筋

$$0.5 f_{pyk} \leqslant \sigma_{con} \leqslant 0.85 f_{pyk} \tag{10.7}$$

式中　$f_{pyk}$——预应力螺纹钢筋屈服强度标准值；

$f_{ptk}$——预应力筋抗拉极限强度标准值(见附表 5)。

当符合下列情况之一时,上述张拉控制应力限值可提高 0.05 $f_{ptk}$或 0.05 $f_{pyk}$:

(1) 要求提高构件在施工阶段的抗裂性能而在使用阶段受压区内设置的预应力筋;

(2) 要求部分抵消由于应力松弛、摩擦、钢筋分批张拉以及预应力钢筋与张拉台座之间的温差等因素产生的预应力损失。

为了减少后张法构件中的某些预应力损失,有时采用"超张拉"工艺。超张拉时先采用高于 $\sigma_{con}$ 的应力即(1.05~1.1)$\sigma_{con}$ 张拉,并保持这一状态 2 min,然后将预应力钢筋稍稍放松,使张拉应力减小到 0.85$\sigma_{con}$,最后再张拉使预应力钢筋的应力达到 $\sigma_{con}$。超张拉只是暂时提高了预应力钢筋的张拉应力,最终钢筋的张拉应力仍然是张拉控制应力 $\sigma_{con}$。

## 10.3 预应力损失

预应力混凝土构件在制造、运输、安装、使用的各个过程中,由于材料性能、张拉工艺和锚固等原因,使预应力筋中的张拉应力逐渐降低的现象,称为预应力损失。

### 10.3.1 张拉端锚具变形和预应力筋内缩引起的预应力损失 $\sigma_{l1}$

在张拉端,当张拉预应力筋达到 $\sigma_{con}$后,需卸去张拉设备,在预应力筋回弹力的作用下,一定会出现某一量值的锚具变形或钢筋回缩(松动),这都将使预应力筋的张紧程度降低,应力减小,从而引起预应力筋的应力损失,这类预应力损失称为张拉端锚具变形和预应力筋内缩引起的预应力损失 $\sigma_{l1}$。

(1) 直线预应力筋由于锚具变形和预应力钢筋内缩引起的预应力损失 $\sigma_{l1}$

直线预应力筋由于锚具变形和钢筋内缩引起的预应力损失 $\sigma_{l1}$(N/mm$^2$)按下式计算:

$$\sigma_{l1} = \frac{a}{l}E_s \tag{10.8}$$

式中 $a$ ——张拉端锚具变形和预应力筋内缩值,按表 10.1 取用;

$l$ ——张拉端至锚固端之间的距离(mm);

$E_s$——预应力筋的弹性模量。

**表 10.1 锚具变形和预应力筋内缩值 $a$**

| 锚具类别 | | $a$(mm) |
|---|---|---|
| 支承式锚具(钢丝束镦头锚具等) | 螺帽缝隙 | 1 |
| | 每块后加垫板的缝隙 | 1 |
| 夹片式锚具 | 有顶压时 | 5 |
| | 无顶压时 | 6~8 |

注:① 表中的锚具变形和预应力筋内缩值也可根据实测数据确定;

② 其他类型的锚具变形和预应力筋内缩值应根据实测数据确定。

(2) 后张法构件曲线预应力筋或折线预应力筋由于锚具和预应力筋内缩引起的预应力损失值 $\sigma_{l1}$

后张法构件曲线预应力筋或折线预应力筋由于锚具变形和预应力筋内缩引起的预应力损失值 $\sigma_{l1}$,应根据曲线预应力筋或折线预应力筋与孔道壁之间反向摩擦影响长度 $l_f$范围内的预应力筋变形值等于锚具变形和预应力筋内缩值的条件确定,如图 10.9 所示。反向摩擦系数可按表 10.2 中的数值采用。

抛物线形预应力筋可近似按圆弧形曲线预应力筋考虑。当其对应的圆心角 $\theta \leqslant 45°$ 时(图 10.9,其他情况见《混凝土结构设计标准》附录 J),应力损失值 $\sigma_{l1}$ 可按下列公式计算:

$$\sigma_{l1} = 2\sigma_{con} l_f \left(\frac{\mu}{r_c} + \kappa\right)\left(1 - \frac{x}{l_f}\right) \tag{10.9}$$

$$l_f = \sqrt{\frac{aE_s}{1000\sigma_{con}(\mu/r_c + \kappa)}} \tag{10.10}$$

式中 $r_c$——圆弧形曲线预应力筋的曲率半径(m)；

$\mu$——预应力筋与孔道壁之间的摩擦系数，按表 10.2 采用；

$\kappa$——考虑孔道每米长度局部偏差的摩擦系数，按表 10.2 采用；

$x$——张拉端至计算截面的距离(m)；

$a$——张拉端锚具变形和预应力筋内缩值(mm)，按表 10.1 采用；

$E_s$——预应力筋弹性模量。

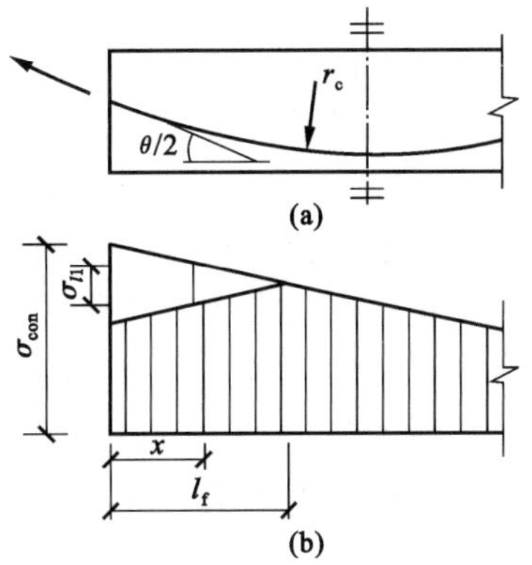


图 10.9 圆弧形曲线预应力筋的应力损失 $\sigma_{l1}$

(a) 预应力筋端部曲线段示意图；(b) $\sigma_{l1}$ 分布

**表 10.2 摩擦系数**

| 孔道成型方式 | $\kappa$ | $\mu$ | |
|---|---|---|---|
| | | 钢绞线、钢丝束 | 预应力螺纹钢筋 |
| 预埋金属波纹管 | 0.0015 | 0.25 | 0.50 |
| 预埋塑料波纹管 | 0.0015 | 0.15 | — |
| 预埋钢管 | 0.0010 | 0.30 | — |
| 抽芯成型 | 0.0014 | 0.55 | 0.60 |
| 无黏结预应力筋 | 0.0040 | 0.09 | — |

注：表中系数也可根据实测数据确定。

另外，块体拼成的结构，其预应力损失尚应计及块体间填缝的预压变形。当采用混凝土或砂浆为填缝材料时，每条填缝的预压变形值可取为 1 mm。

锚具变形和预应力筋内缩引起的预应力损失 $\sigma_{l1}$ 中只须考虑张拉端，因为固定端的锚具张拉钢筋的过程中已被挤紧，不会引起预应力损失。同理，该项预应力损失 $\sigma_{l1}$ 对后张法构件来说相对更大，因为先张法构件往往采用长线台座进行张拉。为了减少锚具变形所造成的预应力损失，应尽量少用垫板，因为每增加一块垫板，$a$ 值就增加 1 mm。

### 10.3.2 预应力筋与孔道壁之间摩擦引起的预应力损失 $\sigma_{l2}$

后张法构件张拉预应力筋时，由于预应力筋与混凝土孔壁之间的摩擦，其实际预应力从张拉端向内逐渐减小，如图 10.10 所示，这种应力差称为摩擦引起的预应力损失 $\sigma_{l2}$。

直线孔道的摩擦损失是由于施工时孔道尺寸偏差、孔道壁粗糙以及钢筋因自重下垂等原因，使钢筋某些部位紧贴孔壁引起的；曲线孔道的摩擦损失除由于钢筋紧贴孔壁引起外，还有由于钢筋张拉时产生了对孔壁的垂直压力而引起的。从而使构件中各个截面预应力筋的实际应力均比张拉端小，而且离张拉端越远，预应力筋的应力越小，摩擦损失 $\sigma_{l2}$ 也越大。

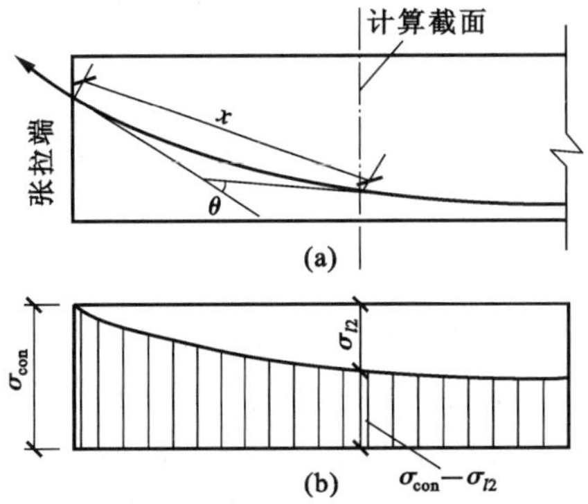


图 10.10 摩擦引起的预应力损失

(a) 曲线形预应力筋示意；(b) $\sigma_{l2}$ 分布

《混凝土结构设计标准》(GB/T 50010—2010)规定：预应力筋与孔道壁之间的摩擦引起的预应力损失值 $\sigma_{l2}$，按下式计算：

$$\sigma_{l2} = \sigma_{con}\left(1 - \frac{1}{e^{\kappa x + \mu\theta}}\right) \tag{10.11}$$

当$(\kappa x + \mu\theta) \leqslant 0.3$ 时，可按下列近似公式计算：

$$\sigma_{l2} = \sigma_{con}(\kappa x + \mu\theta) \tag{10.12}$$

式中 $x$——从张拉端至计算截面的孔道长度，可近似取该段孔道在纵轴上的投影长度(m)；

$\theta$——从张拉端至计算截面曲线孔道各部分切线的夹角之和(rad)；

$\kappa$——考虑孔道每米长度局部偏差的摩擦系数，按表 10.2 采用；

$\mu$——预应力筋与孔道壁之间的摩擦系数，按表 10.2 采用。

减小摩擦损失的措施主要有：一是采用超张拉工艺，这样预应力筋实际应力分布沿构件比较均匀，而且预应力损失也大大降低了。二是采用两端张拉，这样摩擦损失 $\sigma_{l2}$ 将减少一半。

需要说明的是，先张法或后张法构件，当采用夹片式群锚体系时，在 $\sigma_{con}$ 中宜扣除锚口摩擦损失；该项预应力损失可按实测值或厂家提供的数据采用。

### 10.3.3 混凝土加热养护时受张拉的预应力筋与承受拉力的设备之间的温差引起的预应力损失 $\sigma_{l3}$

为了缩短先张法构件的生产周期，常采用蒸汽养护混凝土的办法。升温时，新浇的混凝土尚未结硬，钢筋受热自由膨胀，但两端的台座是固定不动的，距离保持不变，故钢筋就拉松了；降温时，混凝土已结硬并和钢筋结成整体，不能自由回缩，构件中钢筋的应力也就不能恢复到原来的张拉值，于是就产生了温差损失 $\sigma_{l3}$。

若预应力筋与承受拉力的设备之间的温差为 $\Delta t$ ℃，钢筋的线膨胀系数为 $\alpha=0.00001/℃$，那么由温差引起的钢筋应变为 $\alpha\Delta t$，则应力损失 $\sigma_{l3}$ (N/mm$^2$)为：

$$\sigma_{l3}=E_s\alpha\Delta t\approx 2\Delta t \tag{10.13}$$

减少温差引起的预应力损失，可采用以下一些措施：

(1) 采用两次升温养护，先在常温下养护，待混凝土强度达到 7.5～10.0 N/mm$^2$ 时，再逐渐升温。此时可认为预应力筋与混凝土已结成整体，能一起胀缩而无应力损失。

(2) 在钢模上张拉预应力构件，因钢模和构件一起加热养护，不存在温差，可不考虑此项损失。

### 10.3.4 预应力筋的应力松弛引起的预应力损失 $\sigma_{l4}$

预应力筋在高应力作用下具有随着时间增加而增长的塑性变形性能，在预应力筋长度不变时，应力会随着时间的增加而降低，这称为预应力筋的应力松弛。显然，预应力筋的松弛会引起预应力损失，这类损失称为应力松弛损失 $\sigma_{l4}$。预应力筋的应力松弛与预应力筋的材料性质有关。

对于普通松弛的消除应力钢丝、钢绞线：

$$\sigma_{l4}=0.4\left(\frac{\sigma_{con}}{f_{ptk}}-0.5\right)\sigma_{con} \tag{10.14}$$

对于低松弛的消除应力钢丝、钢绞线，当 $\sigma_{con}\leqslant 0.7f_{ptk}$ 时为：

$$\sigma_{l4}=0.125\left(\frac{\sigma_{con}}{f_{ptk}}-0.5\right)\sigma_{con} \tag{10.15}$$

当 $0.7f_{ptk}<\sigma_{con}\leqslant 0.8f_{ptk}$ 时为：

$$\sigma_{l4}=0.2\left(\frac{\sigma_{con}}{f_{ptk}}-0.575\right)\sigma_{con} \tag{10.16}$$

对于预应力螺纹钢筋，取 $\sigma_{l4}=0.03\sigma_{con}$，对中强度预应力钢丝取 $\sigma_{l4}=0.08\sigma_{con}$。

另外，当 $\sigma_{con}/f_{ptk}\leqslant 0.5$ 时，预应力筋的应力松弛损失值可取为零。

预应力筋应力松弛与时间有关，在张拉初期发展很快，第一分钟内大约完成 50%，24 小时内约完成 80%，1000 小时以后增长缓慢，5000 小时后仍有所发展。根据这一原理，若采用短时间内超张拉的方法，可减少松弛引起的预应力损失。

### 10.3.5 混凝土收缩和徐变引起的预应力损失 $\sigma_{l5}$

在一般湿度条件下(相对湿度为 60%～70%)，混凝土硬化时体积会收缩，而在预压力作用下，混凝土会发生徐变。混凝土的徐变、收缩都使构件的长度缩短，从而造成预应力损失 $\sigma_{l5}$。

由于收缩和徐变是伴随产生的，且两者的影响因素相似，因而混凝土收缩和徐变引起的预应力筋应力变化的规律也基本相同，《混凝土结构设计标准》(GB/T 50010—2010)规定的由混凝土收缩及徐变引起的受拉区和受压区预应力筋的预应力损失 $\sigma_{l5}$、$\sigma'_{l5}$ 按下列公式计算：

对先张法构件

$$\sigma_{l5}=\frac{60+340\dfrac{\sigma_{pc}}{f'_{cu}}}{1+15\rho} \tag{10.17}$$

$$\sigma'_{l5}=\frac{60+340\dfrac{\sigma'_{pc}}{f'_{cu}}}{1+15\rho'} \tag{10.18}$$

对后张法构件

$$\sigma_{l5}=\frac{55+300\dfrac{\sigma_{pc}}{f'_{cu}}}{1+15\rho} \tag{10.19}$$

$$\sigma'_{l5}=\frac{55+300\dfrac{\sigma'_{pc}}{f'_{cu}}}{1+15\rho'} \tag{10.20}$$

式中 $\sigma_{pc}$、$\sigma'_{pc}$——受拉区、受压区预应力筋合力点处的混凝土法向压应力；

$f'_{cu}$——施加预应力时的混凝土立方体抗压强度；

$\rho$、$\rho'$——受拉区、受压区预应力筋和非预应力筋的配筋率：对先张法构件，$\rho=(A_p+A_s)/A_0$，$\rho'=(A'_p+A'_s)/A_0$；对后张法构件，$\rho=(A_p+A_s)/A_n$，$\rho'=(A'_p+A'_s)/A_n$；对于对称配置预应力筋和非预应力筋的构件，配筋率 $\rho$、$\rho'$ 应按钢筋总截面面积的一半计算。其中，$A_0$ 为换算截面面积，$A_0=A_c+\alpha_E A_s+\alpha_E A_p$，$A_n$ 为换算截面净面积，$A_n=A_c+\alpha_E A_s$。

计算受拉区、受压区预应力筋合力点处的混凝土法向压应力 $\sigma_{pc}$、$\sigma'_{pc}$ 时，预应力损失值仅考虑混凝土预压前(第一批)的损失，其非预应力筋中的应力 $\sigma_{l5}$、$\sigma'_{l5}$ 值应取为零，$\sigma_{pc}$、$\sigma'_{pc}$ 值不得大于 $0.5f'_{cu}$；当 $\sigma'_{pc}$ 为拉应力时，式(10.18)、式(10.20)中的 $\sigma'_{pc}$ 应取为零。计算混凝土法向应力 $\sigma_{pc}$、$\sigma'_{pc}$ 时，可根据构件制作情况考虑自重的影响。

当结构处于年平均相对湿度低于 40%的环境中时，$\sigma_{l5}$ 和 $\sigma'_{pc}$ 值应增加 30%。对重要的结构构件，当需要考虑与时间相关的混凝土收缩、徐变及预应力筋应力松弛预应力损失值时，可按《混凝土结构设计标准》附录 K 进行计算。

后张法构件在开始施加预应力时，混凝土已完成部分收缩，所以后张法构件 $\sigma_{l5}$ 比先张法构件低。所有能减少混凝土收缩与徐变的措施，均能减少该项预应力损失。

#### 10.3.6 环形构件用螺旋式预应力筋作配筋时所引起的预应力损失 $\sigma_{l6}$

这项预应力损失发生在配置螺旋式预应力筋的环形后张法构件中，混凝土在预应力筋的挤压下发生局部压陷，使构件直径减小，从而引起预应力损失 $\sigma_{l6}$。$\sigma_{l6}$ 的大小与构件直径成反比。当构件直径 $d\leqslant 3$ m 时，$\sigma_{l6}=30\ \text{N/mm}^2$；当 $d>3$ m，此项损失可忽略不计。

#### 10.3.7 预应力损失的组合

以上分项讨论了各种预应力损失值，实际上，损失值是按不同的张拉方法分两批产生的，预应力构件在各阶段的预应力损失值宜按表 10.3 的规定进行组合。

预应力筋中的预应力损失值按表 10.3 的规定计算求得的预应力总损失值 $\sigma_l$ 小于下列数值时，为保证构件的抗裂性能，应按下列数值取用：先张法构件 100 N/mm²；后张法构件80 N/mm²。

表 10.3 预应力损失值的组合

| 预应力损失值的组合 | 先张法构件 | 后张法构件 |
|---|---|---|
| 混凝土预压前(第一批)的损失 $\sigma_{l\mathrm{I}}$ | $\sigma_{l1}+\sigma_{l2}+\sigma_{l3}+\sigma_{l4}$ | $\sigma_{l1}+\sigma_{l2}$ |
| 混凝土预压后(第二批)的损失 $\sigma_{l\mathrm{II}}$ | $\sigma_{l5}$ | $\sigma_{l4}+\sigma_{l5}+\sigma_{l6}$ |

注:先张法构件由于钢筋应力松弛引起的损失值 $\sigma_{l4}$ 在第一批和第二批损失中所占的比例,如需区分,可根据实际情况确定,一般可各取 50%。

## 10.4 预应力筋的传递长度 $l_{tr}$ 和构件端部锚固区局部受压承载力计算

### 10.4.1 预应力筋的传递长度 $l_{tr}$

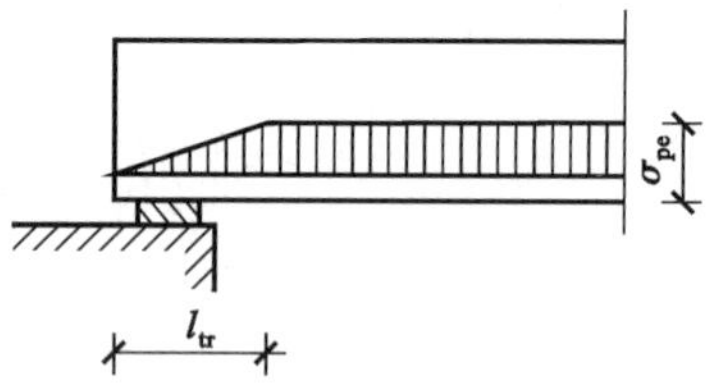

图 10.11 预应力筋的传递长度

在先张法构件中,预应力是靠预应力筋与混凝土之间的黏结力来传递的。当切断(或放松)预应力筋时,在构件端部钢筋的应力为零,由端部向中间逐渐增大,经过一定长度后到达预应力值 $\sigma_{pe}$,如图10.11所示。预应力值为零到有效预应力 $\sigma_{pe}$ 区段的长度称为传递长度 $l_{tr}$。在此长度内,应力差值由预应力筋与混凝土之间的黏结力来平衡。为了简化计算,《混凝土结构设计标准》(GB/T 50010—2010)规定可近似按直线考虑。先张法构件预应力筋的预应力传递长度 $l_{tr}$应按下式计算:

$$l_{tr}=\alpha\frac{\sigma_{pe}}{f'_{tk}}d \tag{10.21}$$

式中 $\sigma_{pe}$——放张时预应力筋的有效预应力;

$d$——预应力筋的公称直径;

$\alpha$——预应力筋的外形系数,按表 2.1 采用;

$f'_{tk}$——与放张时混凝土立方体抗压强度 $f'_{cu}$相应的轴心抗拉强度标准值,按附表 1 以线性内插法确定。

当采用骤然放松预应力的施工工艺时,对光面预应力钢丝,$l_{tr}$的起点应从距构件末端$0.25l_{tr}$处开始计算。

### 10.4.2 构件端部锚固区局部受压承载力计算

后张法构件中,由于锚具下垫板的面积很小,因此,构件端部承受很大的局部压应力,其压应力要经过一段距离才能扩展到整个截面上,如图 10.12 所示。锚固区的混凝土处于三向应力状态,经有限元分析,近垫板处 $\sigma_y$ 为压应力,距离端部较远处为拉应力。当横向拉应力超过混凝土抗拉强度时,构件端部将产生纵向裂缝,导致局部受压承载力不足而破坏。因此,需要进行锚具下混凝土的截面尺寸和承载能力的验算。

10.4.2.1 *局部受压区的截面尺寸验算*

锚固区的抗裂性能主要取决于垫板及构件的端部尺寸。局部受压区的截面尺寸应符合下列要求:

$$F_l\leqslant 1.35\beta_c\beta_l f_c A_{ln} \tag{10.22}$$

$$\beta_l=\sqrt{\frac{A_b}{A_l}} \tag{10.23}$$

式中 $F_l$——局部受压面上作用的局部荷载或局部压力设计值:对有黏结预应力混凝土构件,可取 1.2 倍张拉控制力;对无黏结预应力混凝土构件可取 1.2 倍张拉控制力和 $f_{ptk}A_P$ 中的较大值,其

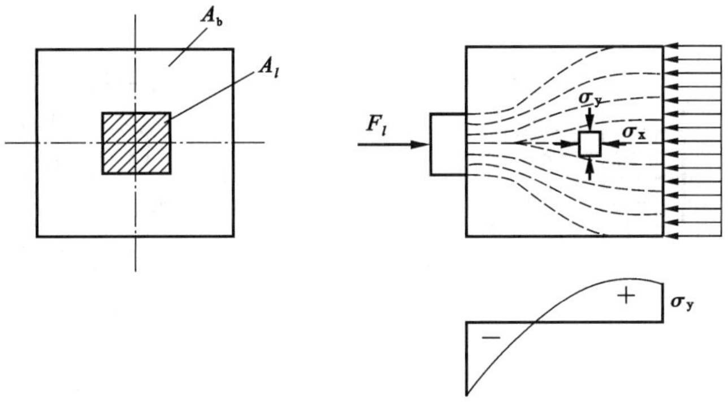


图 10.12 后张法构件端部压应力分布图

中 $f_{ptk}$ 为无黏结预应力筋的抗拉强度标准值；

$f_c$——混凝土轴心抗压强度设计值，在后张法预应力混凝土构件的张拉阶段验算中，可根据相应阶段的混凝土立方体抗压强度 $f'_{cu}$值按《混凝土结构设计标准》(GB/T 50010—2010)规定(附表 2)以线性内插法确定；

$\beta_c$——混凝土强度影响系数，当混凝土强度等级不超过 C50 时，取 $\beta_c = 1.0$；当混凝土强度等级为 C80 时，取 $\beta_c = 0.8$；其间按线性内插法确定；

$\beta_l$——混凝土局部受压时的强度提高系数；

$A_l$——混凝土局部受压面积；

$A_{ln}$——混凝土局部受压净面积，对后张法构件，应在混凝土局部受压面积中扣除孔道、凹槽部分的面积；

$A_b$——局部受压的计算底面积，可由局部受压面积与计算底面积按同心、对称的原则确定，常用情况可按图 10.13 取用。

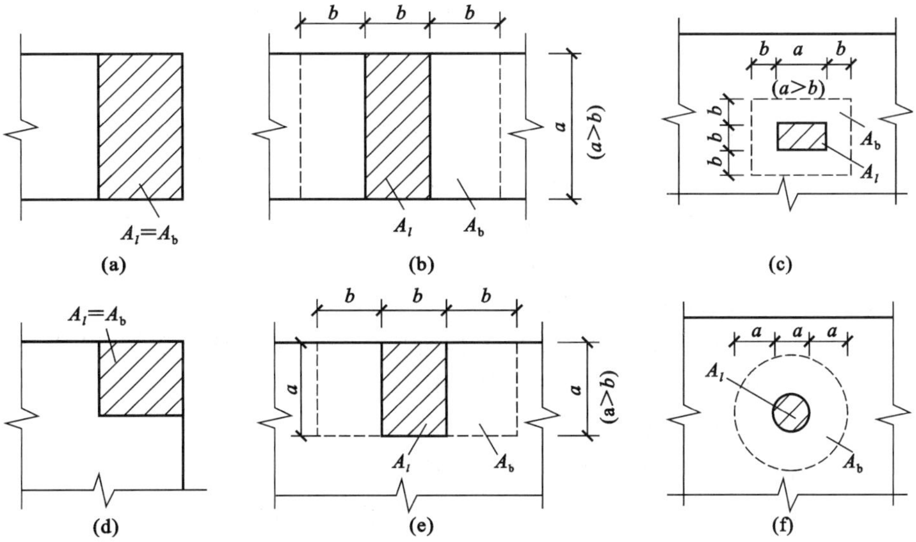


图 10.13 局部受压的计算底面积

10.4.2.2 *局部受压承载力计算*

为保证端部局部承压承载能力，可配置方格网式或螺旋式间接钢筋，如图 10.14 所示，当配置方格网式或螺旋式间接钢筋且其核心面积 $A_{cor}$不小于 $A_l$时，局部受压承载力按下式计算：

$$F_l \leqslant 0.9(\beta_c \beta_l f_c + 2\alpha\rho_v \beta_{cor} f_{yv})A_{ln} \tag{10.24}$$

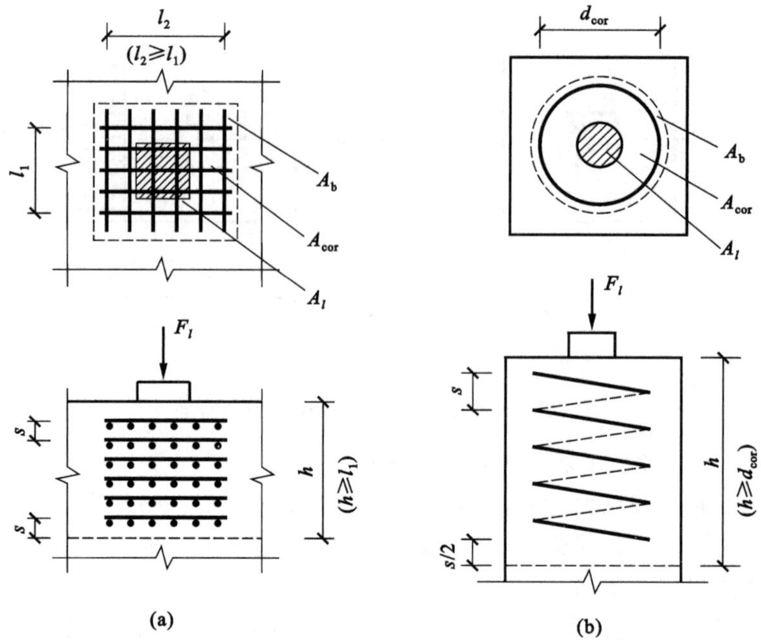


图 10.14　局部受压区的间接钢筋

(a) 方格网式配筋；(b) 螺旋式配筋

$A_l$—混凝土局部受压面积；$A_b$—局部受压的计算底面积；

$A_{cor}$—方格网式或螺旋式间接钢筋内表面范围内的混凝土核心面积

上式中，当为方格网式配筋时，如图 10.14(a)所示，钢筋网两个方向上单位长度内钢筋截面面积的比值不宜大于 1.5，其体积配筋率 $\rho_v$ 应按下式计算：

$$\rho_v = \frac{n_1 A_{s1} l_1 + n_2 A_{s2} l_2}{A_{cor} s} \tag{10.25}$$

当为螺旋式配筋时，如图 10.14(b)所示，其体积配筋率 $\rho_v$ 应按下式计算：

$$\rho_v = \frac{4A_{ss1}}{d_{cor} s} \tag{10.26}$$

式中　$\beta_{cor}$——配置间接钢筋的局部受压承载力提高系数，可按(10.23)计算，但公式中 $A_b$ 应代之以 $A_{cor}$，且当 $A_{cor}$ 大于 $A_b$ 时，取 $A_b$；当 $A_{cor}$ 不大于混凝土局部受压面积 $A_l$ 的 1.25 倍时，$\beta_{cor}$ 取1.0；

$\alpha$——间接钢筋对混凝土约束的折减系数：当混凝土强度等级不超过 C50 时，取 1.0；当混凝土强度等级为 C80 时，取 0.85；其间按线性内插法确定；

$f_{yv}$——间接钢筋的抗拉强度设计值；

$A_{cor}$——方格网式或螺旋式间接钢筋内表面范围内的混凝土核心面积，其重心应与 $A_l$ 的重心重合，计算中仍按同心、对称的原则取值；

$\rho_v$——间接钢筋的体积配筋率；

$n_1$、$A_{s1}$——方格网沿 $l_1$ 方向的钢筋根数、单根钢筋的截面面积；

$n_2$、$A_{s2}$——方格网沿 $l_2$ 方向的钢筋根数、单根钢筋的截面面积；

$l_1$、$l_2$——方格网两向的长度；

$A_{ss1}$——单根螺旋式间接钢筋的截面面积；

$d_{cor}$——螺旋式间接钢筋内表面范围内的混凝土截面直径；

$s$——方格网式或螺旋式间接钢筋的间距，宜取 30～80 mm。

间接钢筋应配置在图 10.14 所规定的高度 $h$ 范围内，其中，方格网式钢筋，不应少于 4 片；螺旋式钢筋，不应少于 4 圈。

## 10.5 轴心受拉构件各阶段应力分析

图 10.15 所示为预应力混凝土轴心受拉构件各阶段的应力变化计算图式。在图 10.15(a)所示的构件截面中，$A_p$ 及 $A_s$ 分别为预应力筋及非预应力筋截面面积，$A_c$ 为混凝土的截面面积。

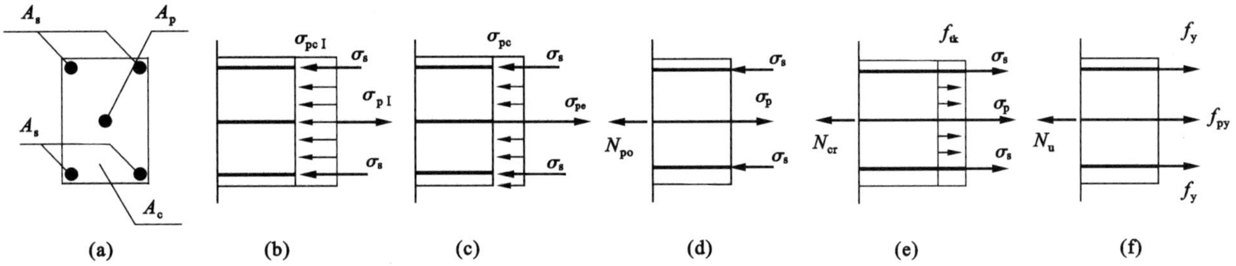


图 10.15 预应力混凝土轴心受拉构件各阶段的受力示意图

(a) 截面图;(b) 放松预应力钢筋;(c) 完成第二批损失;(d) 加荷至混凝土应力为零;(e) 裂缝即将出现;(f) 破坏

预应力轴心受拉构件从张拉钢筋开始直到构件破坏为止，可分为两个阶段，即施工阶段和使用阶段。每个阶段又包括若干个受力过程。下面分先张法和后张法两种情况来讨论。

### 10.5.1 先张法构件

#### 10.5.1.1 施工阶段

(1) 张拉预应力筋使其应力达到张拉控制应力 $\sigma_{con}$ 后，将预应力筋锚固在台座上，由于锚具变形和钢筋内缩，产生预应力损失 $\sigma_{l1}$，此时预应力筋的应力为 $\sigma_{con}-\sigma_{l1}$。

(2) 浇筑混凝土、养护，直至放松预应力筋前，又产生于温差损失 $\sigma_{l3}$ 和部分预应力筋松弛损失 $\sigma_{l4}$，完成第一批预应力损失 $\sigma_{l\mathrm{I}}$，预应力筋的应力为 $\sigma_{con}-\sigma_{l\mathrm{I}}$，混凝土尚未受力，所以 $\sigma_c=0$。

(3) 混凝土硬化以后，放松预应力筋，依靠钢筋和混凝土之间的黏结作用，预应力筋内缩产生压应力为 $\sigma_{pc\mathrm{I}}$，由于钢筋与混凝土之间的变形必须协调，所以非预应力筋的应力减少为：

$$\sigma_s=-\alpha_E\sigma_{pc\mathrm{I}} \tag{10.27}$$

预应力筋的应力减少为：

$$\sigma_{p\mathrm{I}}=\sigma_{con}-\sigma_{l\mathrm{I}}-\alpha_E\sigma_{pc\mathrm{I}} \tag{10.28}$$

式中 $\alpha_E$——非预应力筋或预应力筋的弹性模量与混凝土弹性模量的比值。通过截面平衡条件可得：

$$(\sigma_{con}-\sigma_{l\mathrm{I}}-\alpha_E\sigma_{pc\mathrm{I}})A_p-\alpha_E\sigma_{pc\mathrm{I}}A_s=\sigma_{pc\mathrm{I}}A_c \tag{10.29}$$

因此，此时混凝土的有效应力 $\sigma_{pc\mathrm{I}}$ 为：

$$\sigma_{pc\mathrm{I}}=\frac{(\sigma_{con}-\sigma_{l\mathrm{I}})A_p}{A_c+\alpha_E A_s+\alpha_E A_p}=\frac{(\sigma_{con}-\sigma_{l\mathrm{I}})A_p}{A_0} \tag{10.30}$$

式中 $A_0$——换算截面面积，$A_0=A_c+\alpha_E A_s+\alpha_E A_p$；

$A_p$、$A_s$——分别为预应力筋、非预应力筋的截面面积。

(4) 随着钢筋应力松弛损失 $\sigma_{l4}$ 的完成以及混凝土收缩、徐变预应力损失 $\sigma_{l5}$ 产生后，完成了第二批预应力损失 $\sigma_{l\mathrm{II}}$。此时，预应力筋的总预应力损失为 $\sigma_l=\sigma_{l\mathrm{I}}+\sigma_{l\mathrm{II}}$，混凝土的压应力进一步降低至 $\sigma_{pc}$，预应力筋的应力也降低至 $\sigma_{pe}=\sigma_{con}-\sigma_l-\alpha_E\sigma_{pc}$，而非预应力筋的应力为 $\sigma_s=-(\alpha_E\sigma_{pc}+\sigma_{l5})$，因此，通过截面平衡条件有：

$$(\sigma_{con}-\sigma_l-\alpha_E\sigma_{pc})A_p-(\alpha_E\sigma_{pc}+\sigma_{l5})A_s=\sigma_{pc}A_c \tag{10.31}$$

此时混凝土的有效预应力为：

$$\sigma_{pc}=\frac{(\sigma_{con}-\sigma_l)A_p-\sigma_{l5}A_s}{A_c+\alpha_E A_s+\alpha_E A_p}=\frac{(\sigma_{con}-\sigma_l)A_p-\sigma_{l5}A_s}{A_0} \tag{10.32}$$

10.5.1.2 使用阶段

(1) 消压状态

在使用阶段，构件承受外荷载后，混凝土的有效预应力逐渐减少，钢筋拉应力相应增大，当达到某一阶段时，构件中混凝土有效预应力恰好为零($\sigma_{pc}=0$)，构件处于消压状态，此时对应的外加荷载称为"消压轴力"$N_{p0}$。

此时，预应力筋的应力为 $\sigma_p=\sigma_{con}-\sigma_l$，非预应力筋的应力为 $-\sigma_{l5}$，因此通过截面平衡条件，可得消压轴力为：

$$N_{p0}=(\sigma_{con}-\sigma_l)A_p-\sigma_{l5}A_s \tag{10.33}$$

比较式(10.32)与式(10.33)，则消压轴力 $N_{p0}$ 可表达为：

$$N_{p0}=\sigma_{pc}A_0 \tag{10.34}$$

(2) 即将开裂状态

当轴力超过消压轴力 $N_{p0}$ 后，若继续加载，混凝土开始受拉，当混凝土拉应力达到混凝土的开裂强度 $f_{tk}$ 时，混凝土即将开裂。此时预应力筋的应力为 $\sigma_{con}-\sigma_l+\alpha_E f_{tk}$，非预应力筋的应力为 $\alpha_E f_{tk}-\sigma_{l5}$。因此，构件的开裂荷载 $N_{cr}$ 也可通过截面平衡条件求得，即：

$$\begin{aligned}N_{cr}&=(\sigma_{con}-\sigma_l+\alpha_E f_{tk})A_p+(\alpha_E f_{tk}-\sigma_{l5})A_s+f_{tk}A_c\\&=(\sigma_{con}-\sigma_l)A_p-\sigma_{l5}A_s+(A_c+\alpha_E A_s+\alpha_E A_p)f_{tk}\end{aligned} \tag{10.35}$$

由于 $A_0=A_c+\alpha_E A_s+\alpha_E A_p$，将式(10.32)代入上式有：

$$N_{cr}=(\sigma_{pc}+f_{tk})A_0 \tag{10.36}$$

上式表明，由于有效预压应力的作用(而且 $\sigma_{pc}$ 一般比 $f_{tk}$ 大许多)，使得预应力混凝土轴心受拉构件要比普通混凝土构件的开裂荷载大许多，这就是预应力混凝土构件抗裂性能好的原因。

(3) 构件破坏状态

构件开裂后，开裂截面处全部荷载由钢筋承担，当钢筋达到抗拉强度设计值时，构件破坏，此时有：

$$N_u=f_{py}A_p+f_yA_s \tag{10.37}$$

上式表明，对于相同截面、材料以及配筋的预应力构件，其与非预应力构件两者的极限承载能力相同，也就是说，预应力混凝土并不能提高构件的极限承载能力。

### 10.5.2 后张法构件

10.5.2.1 施工阶段

(1) 张拉预应力筋应力达到 $\sigma_{con}$ 后，将预应力筋锚固在构件上，由于锚具变形、预应力筋内缩及孔道摩擦引起第一批预应力损失 $\sigma_{l\mathrm{I}}=\sigma_{l1}+\sigma_{l2}$。此时，预应力筋应力为 $\sigma_{con}-\sigma_{l\mathrm{I}}$，非预应力筋应力为 $-\alpha_E\sigma_{pc\mathrm{I}}$，混凝土预应力 $\sigma_{pc\mathrm{I}}$ 可通过截面平衡条件求出，即：

$$(\sigma_{con}-\sigma_{l\mathrm{I}})A_p-\alpha_E\sigma_{pc\mathrm{I}}A_s=\sigma_{pc\mathrm{I}}A_c \tag{10.38}$$

此时混凝土的有效应力为：

$$\sigma_{pc\mathrm{I}}=\frac{(\sigma_{con}-\sigma_{l\mathrm{I}})A_p}{A_c+\alpha_E A_s}=\frac{(\sigma_{con}-\sigma_{l\mathrm{I}})A_p}{A_n} \tag{10.39}$$

式中 $A_n$——构件换算净截面面积，即包括扣除孔道等削弱部分以外的混凝土截面面积和非预应力筋换算成混凝土的面积之和，$A_n=A_c+\alpha_E A_s$；

$A_p$——预应力筋截面面积；

$A_s$——非预应力筋截面面积。

(2) 产生预应力筋松弛、混凝土收缩和徐变损失后，完成第二批预应力损失($\sigma_{l\mathrm{II}}=\sigma_{l4}+\sigma_{l5}+\sigma_{l6}$)，此时，预应力筋应力降低为 $\sigma_{con}-\sigma_l$，非预应力筋应力为 $-(\alpha_E\sigma_{pc}+\sigma_{l5})$，通过截面平衡条件有：

$$(\sigma_{con}-\sigma_l)A_p-(\alpha_E\sigma_{pc}+\sigma_{l5})A_s=\sigma_{pc}A_c \tag{10.40}$$

此时混凝土有效应力为：

$$\sigma_{pc}=\frac{(\sigma_{con}-\sigma_l)A_p-\sigma_{l5}A_s}{A_c+\alpha_E A_s}=\frac{(\sigma_{con}-\sigma_l)A_p-\sigma_{l5}A_s}{A_n} \tag{10.41}$$

10.5.2.2 使用阶段

(1) 消压状态

加荷至消压轴力 $N_{p0}$，此时，混凝土应力为零，预应力筋应力为 $\sigma_{con}-\sigma_l+\alpha_E\sigma_{pc}$，非预应力筋应力为 $-\sigma_{l5}$，因此通过截面平衡条件可得消压轴力为：

$$N_{p0}=(\sigma_{con}-\sigma_l+\alpha_E\sigma_{pc})A_p-\sigma_{l5}A_s=(\sigma_{con}-\sigma_l)A_p-\sigma_{l5}A_s+\alpha_E\sigma_{pc}A_p \tag{10.42}$$

令 $A_0=A_c+\alpha_E A_s+\alpha_E A_p$，并将式(10.41)代入上式，有：

$$N_{p0}=\sigma_{pc}A_0 \tag{10.43}$$

(2) 即将开裂状态

此时，混凝土拉应力达到 $f_{tk}$，预应力筋应力为 $\sigma_{con}-\sigma_l+\alpha_E\sigma_{pc}+\alpha_E f_{tk}$，非预应力筋应力为 $\alpha_E f_{tk}-\sigma_{l5}$，因此，通过截面平衡条件可得开裂轴力 $N_{cr}$ 为：

$$\begin{aligned}N_{cr}&=(\sigma_{con}-\sigma_l+\alpha_E\sigma_{pc}+\alpha_E f_{tk})A_p+(\alpha_E f_{tk}-\sigma_{l5})A_s+f_{tk}A_c\\&=(\sigma_{con}-\sigma_l)A_p-\sigma_{l5}A_s+\alpha_E A_p\sigma_{pc}+(A_c+\alpha_E A_s+\alpha_E A_p)f_{tk}\end{aligned} \tag{10.44}$$

同样，开裂轴力 $N_{cr}$ 用混凝土有效压应力表示为：

$$N_{cr}=(\sigma_{pc}+f_{tk})A_0 \tag{10.45}$$

(3) 构件破坏状态

同先张法构件一样，开裂截面处钢筋承担全部荷载，因此，构件的承载能力荷载 $N_u$ 为：

$$N_u=f_{py}A_p+f_yA_s \tag{10.46}$$

### 10.5.3 先张法与后张法计算公式的比较

通过对比分析先张法与后张法预应力混凝土轴心受拉构件计算公式(见表 10.4 及表 10.5)，可得：

**表 10.4 先张法构件的应力状态**

| 受力阶段 | | 预应力筋应力 $\sigma_p$ | 混凝土应力 $\sigma_c$ | 非预应力筋应力 $\sigma_s$ | 说明 |
|---|---|---|---|---|---|
| 施工阶段 | 1. 预应力筋张拉并锚固后 | $\sigma_{con}-\sigma_{l1}$ | — | — | $\sigma_{l1}$ |
| | 2. 完成第一批预应力损失 | $\sigma_{con}-\sigma_{l\text{I}}$ | 0 | 0 | $\sigma_{l\text{I}}=\sigma_{l1}+\sigma_{l3}+\sigma_{l4}$ |
| | 3. 放松钢筋，构件预压 | $\sigma_{con}-\sigma_{l\text{I}}-\alpha_E\sigma_{pc\text{I}}$ | $\sigma_{pc\text{I}}=\frac{N_{p\text{I}}}{A_0}=\frac{(\sigma_{con}-\sigma_{l\text{I}})A_p}{A_0}$ | $\sigma_s=-\alpha_E\sigma_{pc\text{I}}$ | $A_0=A_c+\alpha_E A_p+\alpha_E A_s$ |
| | 4. 完成第二批预应力损失 | $\sigma_{con}-\sigma_l-\alpha_E\sigma_{pc}$ | $\sigma_{pc}=\frac{N_p}{A_0}=\frac{(\sigma_{con}-\sigma_l)A_p-\sigma_{l5}A_s}{A_0}$ | $\sigma_s=-(\alpha_E\sigma_{pc}+\sigma_{l5})$ | $\sigma_{l\text{II}}=\sigma_{l5}$<br>$\sigma_l=\sigma_{l\text{I}}+\sigma_{l\text{II}}$ |
| 使用阶段 | 1. 消压状态 | $\sigma_p=\sigma_{con}-\sigma_l$ | 0 | $-\sigma_{l5}$ | 预应力筋应力增加 $\alpha_E\sigma_{pc}$ |
| | 2. 即将开裂状态 | $\sigma_{con}-\sigma_l+\alpha_E f_{tk}$ | $f_{tk}$ | $\alpha_E f_{tk}-\sigma_{l5}$ | 钢筋应力增加 $\alpha_E f_{tk}$ |
| | 3. 破坏状态 | $f_{py}$ | 0 | $f_y$ | 钢筋达到抗拉强度设计值 |

表 10.5 后张法构件的应力状态

| 受力阶段 | | 预应力筋应力 $\sigma_p$ | 混凝土应力 $\sigma_c$ | 非预应力筋应力 $\sigma_s$ | 说明 |
|---|---|---|---|---|---|
| 施工阶段 | 1. 张拉并锚固钢筋，完成第一批预应力损失 | $\sigma_{p\mathrm{I}}=\sigma_{con}-\sigma_{\mathrm{I}}$ | $\sigma_{pc\mathrm{I}}=\dfrac{N_p}{A_n}=\dfrac{(\sigma_{con}-\sigma_{l\mathrm{I}})A_p}{A_n}$ | $\sigma_s=-\alpha_E\sigma_{pc\mathrm{I}}$ | $\sigma_{l\mathrm{I}}=\sigma_{l1}+\sigma_{l2}$<br>$A_n=A_c+\alpha_E A_s$ |
| | 2. 完成第二批预应力损失 | $\sigma_{pc}=\sigma_{con}-\sigma_l$ | $\sigma_{pc}=\dfrac{N_p}{A_n}=\dfrac{(\sigma_{con}-\sigma_l)A_p-\sigma_{l5}A_s}{A_n}$ | $\sigma_s=-(\alpha_E\sigma_{pc}+\sigma_{l5})$ | $\sigma_{l\mathrm{II}}=\sigma_{l4}+\sigma_{l5}+\sigma_{l6}$<br>$\sigma_l=\sigma_{l\mathrm{I}}+\sigma_{l\mathrm{II}}$ |
| 使用阶段 | 1. 消压状态 | $\sigma_p=\sigma_{con}-\sigma_l+\alpha_E\sigma_{pc}$ | 0 | $-\sigma_{l5}$ | 同先张法 |
| | 2. 即将开裂状态 | $\sigma_p=\sigma_{con}-\sigma_l+\alpha_E\sigma_{pc}+\alpha_E f_{tk}$ | $f_{tk}$ | $\alpha_E f_{tk}-\sigma_{l5}$ | 同先张法 |
| | 3. 破坏状态 | $f_{py}$ | 0 | $f_y$ | 同先张法 |

(1) 钢筋应力

先张法构件和后张法构件的非预应力筋各阶段计算公式的形式均相同，这是由于两种方法中非预应力筋与混凝土协调变形的起点均是混凝土应力为零处。预应力筋应力公式中后张法比先张法的相应时刻应力多一项 $\alpha_E\sigma_{pc}$，这是因为后张法构件在张拉预应力筋的过程中，混凝土也同时受压。因此，在这两种施工工艺中，预应力筋与混凝土协调变形的起点不同。

(2) 混凝土应力

在施工阶段，两种张拉方法的 $\sigma_{pc\mathrm{I}}$ 与 $\sigma_{pc}$ 计算公式形式相似，差别在于先张法公式中用构件的换算截面面积 $A_0$，而后张法用构件的换算净截面面积 $A_n$。由于 $A_0>A_n$，若两者的张拉控制应力 $\sigma_{con}$ 相同，则后张法预应力构件中混凝土有效预压应力要大于先张法构件；反之，如果要求两种工艺生产的预应力构件具有相同的有效预压应力，则先张法构件的张拉控制应力 $\sigma_{con}$ 应大于后张法预应力构件。

(3) 轴向拉力

在使用阶段，先张法与后张法预应力混凝土构件的特征荷载 $N_{p0}$、$N_{cr}$ 和 $N_u$ 计算公式的表达形式相同，均采用构件的换算截面面积 $A_0$。由开裂轴力 $N_{cr}=(\sigma_{pc}+f_{tk})A_0$ 可知，预应力构件的开裂荷载要远大于普通混凝土构件。由构件极限荷载 $N_u=f_{py}A_p+f_yA_s$ 可知，预应力混凝土构件并不能提高构件的承载能力。

## 10.6 预应力混凝土轴心受拉构件计算

预应力混凝土轴心受拉构件计算包括使用阶段承载力计算与裂缝控制验算、施工阶段承载力计算以及后张法构件端部局部承压承载力验算等内容。

### 10.6.1 使用阶段承载力计算

构件破坏时，全部荷载由钢筋承担，正截面承载能力可按下式计算：

$$N\leqslant f_{py}A_p+f_yA_s \tag{10.47}$$

式中 $N$——轴向拉力设计值；

$A_p$、$A_s$——预应力筋、非预应力筋的截面面积；

$f_{py}$、$f_y$——预应力筋、非预应力筋的抗拉强度设计值（见附表 6、附表 7）。

### 10.6.2 使用阶段裂缝控制计算

混凝土结构构件正截面的受力裂缝控制等级分为三级。裂缝控制等级的划分及要求应符合下列规定：

(1) 裂缝控制等级为一级,严格要求不出现受力裂缝的构件

按荷载效应的标准组合计算时,构件受拉边缘混凝土不应产生拉应力,即:

$$\sigma_{ck} - \sigma_{pc} \leqslant 0 \tag{10.48}$$

$$\sigma_{ck} = \frac{N_k}{A_0} \tag{10.49}$$

式中 $\sigma_{pc}$——扣除全部预应力损失后在抗裂验算边缘混凝土的预压应力;

$\sigma_{ck}$——荷载标准组合下抗裂验算边缘的混凝土法向应力;

$N_k$——按荷载效应标准组合计算的轴向拉力;

$A_0$——构件换算截面面积。

(2) 裂缝控制等级为二级,一般要求不出现受力裂缝的构件

在荷载标准组合下,受拉边缘应力不应大于混凝土抗拉强度的标准值,即:

$$\sigma_{ck} - \sigma_{pc} \leqslant f_{tk} \tag{10.50}$$

(3) 裂缝控制等级为三级,允许出现受力裂缝的构件

预应力混凝土构件的最大裂缝宽度按荷载标准组合并考虑长期作用效应影响计算的最大裂缝宽度不应超过规定的最大裂缝宽度限值,即:

$$w_{max} \leqslant w_{lim} \tag{10.51}$$

式中 $w_{max}$——预应力构件按荷载的标准组合并考虑长期作用影响计算的最大裂缝宽度;

$w_{lim}$——最大裂缝宽度限值,见附表 12。

对环境类别为二 a 类的预应力混凝土构件,在荷载准永久组合下,受拉边缘应力尚应符合下列条件:

$$\sigma_{cq} - \sigma_{pc} \leqslant f_{tk} \tag{10.52}$$

其中

$$\sigma_{cq} = \frac{N_q}{A_0} \tag{10.53}$$

式中 $\sigma_{cq}$——荷载准永久组合下抗裂验算边缘的混凝土法向应力;

$N_q$——按荷载效应准永久组合计算的轴向拉力。

预应力混凝土轴心受拉构件最大裂缝宽度 $w_{max}$ 的计算方法与第 9 章钢筋混凝土构件基本相同,只是预应力混凝土构件的最大裂缝宽度是按荷载的标准组合计算的(钢筋混凝土构件按荷载准永久组合计算),计算时尚应考虑消压轴力 $N_{p0}$ 的影响。此外,预应力混凝土构件受力特征系数 $\alpha_{cr}$ 也与钢筋混凝土构件有所不同。预应力混凝土轴心受拉构件的最大裂缝宽度可按下式计算:

$$w_{max} = \alpha_{cr}\psi\frac{\sigma_{sk}}{E_s}\left(1.9c_s + 0.08\frac{d_{eq}}{\rho_{te}}\right) \tag{10.54}$$

其中

$$\sigma_{sk} = \frac{N_k - N_{p0}}{A_p + A_s} \tag{10.55}$$

$$\rho_{te} = \frac{A_s + A_p}{A_{te}} \tag{10.56}$$

式中 $\alpha_{cr}$——构件受力特征系数,对预应力混凝土轴心受拉构件,取 $\alpha_{cr}=2.2$;

$N_k$——按荷载效应标准组合计算的轴向拉力;

$N_{p0}$——计算截面上混凝土法向预应力等于零时的预加力,即消压轴力,按式(10.34)或式(10.43)式计算;

其他符号含义与钢筋混凝土构件相同。

### 10.6.3 施工阶段验算

先张法预应力构件在放张预应力筋时(或后张法张拉构件终止时),混凝土受到的挤压应力达到最大值

(此时混凝土强度值不宜低于设计强度的75%)，故应进行施工阶段承载力验算。对轴心受拉构件，应满足：

$$\sigma_{cc} \leqslant 0.8 f_{ck}' \tag{10.57}$$

式中　$f_{ck}'$——与各施工阶段混凝土立方体抗压强度 $f_{cu}'$ 相应的抗压强度标准值，按附表1以线性内插法确定；

$\sigma_{cc}$——相应施工阶段计算截面预压区边缘纤维的混凝土压应力，对先张法轴心受拉构件，$\sigma_{cc}=\dfrac{(\sigma_{con}-\sigma_{l\,\mathrm{I}})A_p}{A_0}$；对后张法轴心受拉构件，$\sigma_{cc}=\dfrac{\sigma_{con}A_p}{A_n}$ 。

### 10.6.4　端部锚固区局部受压承载能力验算

对后张法构件，应按10.4.2的相关内容进行端部锚固区局部受压承载能力验算。

**【例10.1】**　某18 m跨度的预应力混凝土拱形屋架下弦杆如图10.16所示，采用后张法张拉，设计条件如表10.6所示。试对下弦杆进行使用阶段承载力计算、抗裂验算，施工阶段验算及端部受压承载力计算。

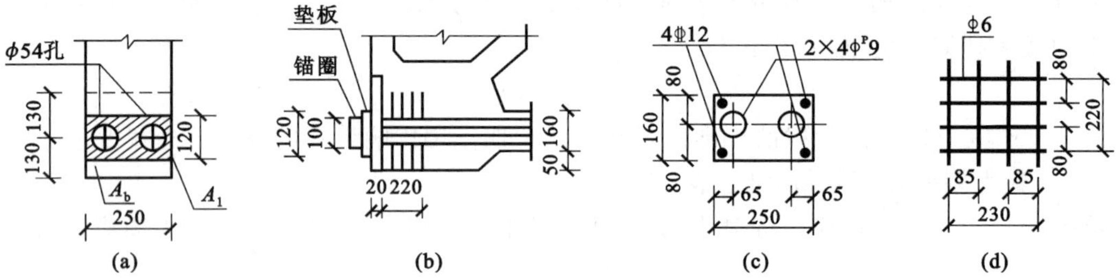


图10.16　例10.1预应力混凝土拱形屋架端部构造图

**表10.6　例10.1设计条件**

| 材　　料 | 混 凝 土 | 预应力筋 | 非预应力筋 |
|---|---|---|---|
| 品种和强度等级 | C40 | 消除应力钢丝 | 4 Φ 12 |
| 截面($mm^2$) | 250×160 孔道 2φ54 | | $A_s=452$ |
| 材料强度($N/mm^2$) | $f_c=19.1$，$f_{ck}=26.8$，$f_{tk}=2.39$ | $f_{ptk}=1570$，$f_{py}=1110$ | $f_y=360$ |
| 弹性模量($N/mm^2$) | $E_c=3.25\times10^4$ | $E_s=2.05\times10^5$ | $E_s=2.0\times10^5$ |
| 张拉工艺 | 后张法，一端超张拉，JM-12锚具，孔道为充压橡皮管抽芯成型，一次张拉 | | |
| 张拉控制应力($N/mm^2$) | $\sigma_{con}=0.75f_{ptk}=0.75\times1570=1177.5$ | | |
| 张拉时混凝土强度($N/mm^2$) | $f_{cu}'=f_{cu}=40$，$f_{ck}'=26.8$ | | |
| 下弦杆拉力(kN) | $N=630$ kN，$N_k=480$ kN，$N_q=425$ kN | | |
| 裂缝控制等级 | 二级 | | |
| 环境类别 | 二b | | |
| 张拉端至锚固端之间的距离 | $l=18000$ mm | | |

**【解】**　(1) 使用阶段承载力计算

由式(10.47)有：

$$A_p \geqslant \frac{N-f_yA_s}{f_{py}}=\frac{630\times10^3-360\times452}{1110}=421\ \mathrm{mm}^2$$

选用预应力钢筋 2×4 $\phi^P9$（光面消除应力钢丝，$A_p=509\ \mathrm{mm}^2$）。

(2) 使用阶段裂缝控制计算

① 截面积和特征

$$A_c = 250 \times 160 - 2 \times \frac{\pi}{4} \times 54^2 - 452 = 34968\ \text{mm}^2$$

$$A_n = A_c + \alpha_E A_s = 34968 + \frac{2.0 \times 10^5}{3.25 \times 10^4} \times 452 = 37750\ \text{mm}^2$$

$$A_0 = A_n + \alpha_E A_p = 37750 + \frac{2.05 \times 10^5}{3.25 \times 10^4} \times 509 = 40960\ \text{mm}^2$$

② 张拉控制应力 $\sigma_{con}$

$$\sigma_{con} = 0.75 f_{ptk} = 0.75 \times 1570 = 1177.5\ \text{N/mm}^2$$

③ 预应力损失

a. 锚具变形及钢筋内缩损失 $\sigma_{l1}$

由于采用 JM-12 锚具(有顶压),查表 10.1 可知 $a=5$ mm,$\sigma_{l1} = \frac{a}{l}E_s = \frac{5}{18000} \times 2.05 \times 10^5 = 56.9\ \text{N/mm}^2$

b. 摩擦损失 $\sigma_{l2}$

由于预应力筋为直线布置(孔道抽芯成型),故 $\theta=0$,又由表 10.2 可知 $\kappa=0.0014$,一端张拉 $x=18$ m,则由式(10.12)有:

$$\sigma_{l2} = \sigma_{con}(\kappa x + \mu\theta) = 1177.5 \times 0.0014 \times 18 = 29.7\ \text{N/mm}^2$$

则混凝土预压前第一批预应力损失为:

$$\sigma_{l\,\text{I}} = \sigma_{l1} + \sigma_{l2} = 56.9 + 29.7 = 86.6\ \text{N/mm}^2$$

代入式(10.39)有:

$$\sigma_{pc\,\text{I}} = \frac{(\sigma_{con} - \sigma_{l\,\text{I}})A_p}{A_n} = \frac{(1177.5 - 86.6) \times 509}{37750} = 14.71\ \text{N/mm}^2 < 0.5 f'_{cu} = 20\ \text{N/mm}^2$$

c. 钢筋松弛损失 $\sigma_{l4}$

由式(10.14)有:

$$\sigma_{l4} = 0.4\left(\frac{\sigma_{con}}{f_{ptk}} - 0.5\right)\sigma_{con} = 0.4 \times (0.75 - 0.5) \times 1177.5 = 117.75\ \text{N/mm}^2$$

d. 混凝土收缩徐变损失 $\sigma_{l5}$

由于对称配置预应力筋及非预应力筋,$A_s$ 和 $A_p$ 应减半计算,所以

$$\rho = \frac{A_p + A_s}{A_n} = 0.5 \times \frac{452 + 509}{37750} = 0.0127$$

又 $\sigma_{pc} = \sigma_{pc\,\text{I}} = 14.71\ \text{N/mm}^2$,张拉时 $f'_{cu} = f_{cu} = 40\ \text{N/mm}^2$,则由式(10.19)有:

$$\sigma_{l5} = \frac{55 + 300\frac{\sigma_{pc}}{f'_{cu}}}{1 + 15\rho} = \frac{55 + 300 \times \frac{14.71}{40}}{1 + 15 \times 0.0127} = 138.87\ \text{N/mm}^2$$

则第二批预应力损失为:

$$\sigma_{l\,\text{II}} = \sigma_{l4} + \sigma_{l5} = 117.75 + 138.87 = 256.62\ \text{N/mm}^2$$

总预应力损失为:

$$\sigma_l = \sigma_{l\,\text{I}} + \sigma_{l\,\text{II}} = 86.6 + 256.62 = 343.22\ \text{N/mm}^2 > 80\ \text{N/mm}^2$$

④ 裂缝控制计算

由式(10.41)可得

$$\sigma_{pc} = \frac{(\sigma_{con} - \sigma_l)A_p - \sigma_{l5}A_s}{A_n} = \frac{(1177.5 - 343.22) \times 509 - 138.87 \times 452}{37750}$$

$$= 9.59\ \text{N/mm}^2$$

该下弦杆的裂缝控制为二级(环境类别二 b),要求在荷载标准组合下,受拉边缘应力不应大于混凝土

抗拉强度的标准值。由式(10.49)有：

$$\sigma_{ck}=\frac{N_k}{A_0}=\frac{480\times10^3}{40960}=11.72\ \text{N/mm}^2$$

代入式(10.50)：

$$\sigma_{ck}-\sigma_{pc}=11.72-9.59=2.13\ \text{N/mm}^2<f_{tk}=2.39\ \text{N/mm}^2$$，满足要求。

(3) 施工阶段验算

由于采用一次张拉工艺，则由式(10.57)有：

$$\sigma_{cc}=\frac{\sigma_{con}A_p}{A_n}=\frac{1177.5\times509}{37750}=15.88\ \text{N/mm}^2<0.8f'_{ck}=0.8\times26.8=21.44\ \text{N/mm}^2$$

满足要求。

(4) 张拉时锚具下局部承载力验算

① 局部承压区的截面尺寸验算

$$A_{ln}=120\times250-2\times\frac{\pi}{4}\times54^2=25420\ \text{mm}^2$$

$$A_l=120\times250=30000\ \text{mm}^2\text{(钢垫板尺寸)}$$

$$A_b=250\times260=65000\ \text{mm}^2$$

代入式(10.23)有：

$$\beta_l=\sqrt{\frac{A_b}{A_l}}=\sqrt{\frac{65000}{30000}}=1.472,\beta_c=1.0$$

又

$$F_l=1.2\sigma_{con}A_p=1.2\times1177.5\times509=719217\ \text{N}$$

则由式(10.22)有：

$$1.35\beta_c\beta_l f_c A_{ln}=1.35\times1.0\times1.472\times19.1\times25420=964829\ \text{N}>F_l=719217\ \text{N}$$

截面尺寸满足要求。

② 局部受压承载力计算

如图 10.16(d)所示，网片为 HRB400 钢筋，直径 6 mm，取 $n_1=n_2=4$，$l_1=220$ mm，$l_2=230$ mm，$s=50$ mm，$f_y=360\ \text{N/mm}^2$，

$$A_{cor}=220\times230=50600\ \text{mm}^2<A_b=65000\ \text{mm}^2$$

$$>1.25A_l=37500\ \text{mm}^2$$

$$\beta_{cor}=\sqrt{\frac{A_{cor}}{A_l}}=\sqrt{\frac{50600}{30000}}=1.30$$

代入式(10.25)有：

$$\rho_v=\frac{n_1A_{s1}l_1+n_2A_{s2}l_2}{A_{cor}s}=\frac{4\times28.3\times220+4\times28.3\times230}{50600\times50}=0.02$$

则由式(10.24)有：

$$0.9(\beta_c\beta_l f_c+2\alpha\rho_v\beta_{cor}f_y)A_{ln}=0.9\times(1.0\times1.472\times19.1+2\times1.0\times0.02\times1.3\times360)\times25420$$

$$=1071496\ \text{N}>F_l=719217\ \text{N}$$

因此局部承压承载力满足要求。

## 10.7 预应力混凝土受弯构件的计算

### 10.7.1 受弯构件应力分析

在预应力混凝土受弯构件中，主要的预应力筋放置在使用阶段的受拉区，为了防止在制作、运输以及

吊装过程中受弯破坏，有时也在这些过程中可能出现的受拉区配置预应力筋。预应力混凝土受弯构件也常配置非预应力筋。

在受弯构件中，随着 $A_p$、$A_p'$ 的数量和位置的不同，混凝土截面上所受到的应力是不均匀的，如图 10.17所示，混凝土截面相当于受一个偏心压力的作用，而且这个压力的大小和偏心距也随着应力阶段的不同而变化。

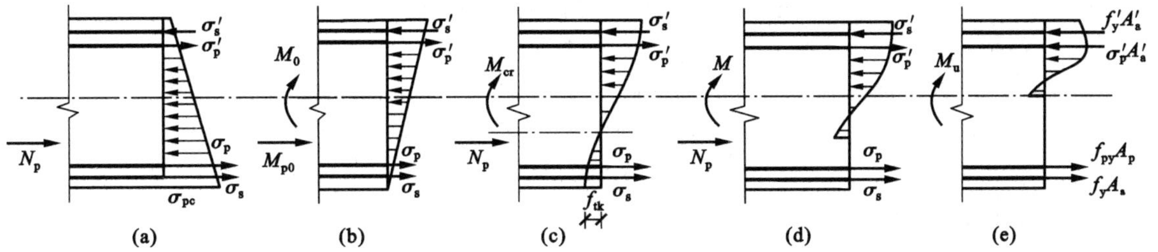


图 10.17　预应力混凝土受弯构件各阶段截面应力分布

(a) 预压时；(b) 截面下边缘应力为零时；(c) 即将开裂状态；(d) 工作状态；(e) 承载力极限状态

10.7.1.1　*施工阶段应力分析*

(1) 先张法构件

预应力筋放张以前，第一批预应力损失已经产生，此时预应力筋的合力为：

$$N_{p\mathrm{I}} = (\sigma_{con} - \sigma_{l\mathrm{I}})A_p + (\sigma_{con}' - \sigma_{l\mathrm{I}}')A_p' \tag{10.58}$$

预应力筋的合力 $N_{p\mathrm{I}}$ 对换算截面重心轴的距离 $e_{p0\mathrm{I}}$ 为：

$$e_{p0\mathrm{I}} = \frac{(\sigma_{con} - \sigma_{l\mathrm{I}})A_p \cdot y_{p0} - (\sigma_{con}' - \sigma_{l\mathrm{I}}')A_p' \cdot y_{p0}'}{N_{p\mathrm{I}}} \tag{10.59}$$

预应力筋放张以后，截面上各点混凝土的预应力为：

$$\sigma_{pc\mathrm{I}} = \frac{N_{p\mathrm{I}}}{A_0} \pm \frac{N_{p\mathrm{I}} e_{p0\mathrm{I}}}{I_0} y_0 \tag{10.60}$$

式中　$A_0$、$I_0$——换算截面的面积和惯性矩；

$A_p$、$A_p'$——受拉区与受压区配置的预应力筋的截面面积；

$y_0$——截面计算应力纤维处对换算截面重心轴的距离；

$y_{p0}$、$y_{p0}'$——受拉区与受压区预应力筋 $A_p$、$A_p'$合力作用点对换算截面重心轴的距离；

$\sigma_{con}$、$\sigma_{con}'$——$A_p$、$A_p'$的张拉控制应力。

预应力筋（$\sigma_{p\mathrm{I}}$ 与 $\sigma_{p\mathrm{I}}'$）及非预应力筋（$\sigma_{s\mathrm{I}}$ 与 $\sigma_{s\mathrm{I}}'$）的应力分别为：

$$\left.\begin{aligned} \sigma_{p\mathrm{I}} &= \sigma_{con} - \sigma_{l\mathrm{I}} - \alpha_E \sigma_{pc\mathrm{I}} \\ \sigma_{p\mathrm{I}}' &= \sigma_{con}' - \sigma_{l\mathrm{I}}' - \alpha_E \sigma_{pc\mathrm{I}}' \end{aligned}\right\} \tag{10.61}$$

$$\left.\begin{aligned} \sigma_{s\mathrm{I}} &= -\alpha_E \sigma_{pc\mathrm{I}} \\ \sigma_{s\mathrm{I}}' &= -\alpha_E \sigma_{pc\mathrm{I}}' \end{aligned}\right\} \tag{10.62}$$

完成第二批预应力损失后，此时预应力筋的合力为：

$$N_{p\mathrm{II}} = (\sigma_{con} - \sigma_l)A_p + (\sigma_{con}' - \sigma_l')A_p' - \sigma_{l5}A_s - \sigma_{l5}'A_s' \tag{10.63}$$

预应力筋、非预应力筋合力对换算截面重心轴的距离，以及截面上各点的应力分别为：

$$e_{p0\mathrm{II}} = \frac{(\sigma_{con} - \sigma_l)A_p y_{p0} - (\sigma_{con}' - \sigma_l')A_p' y_{p0}' - \sigma_{l5}A_s y_{0s} + \sigma_{l5}'A_s' y_{0s}'}{N_{p\mathrm{II}}} \tag{10.64}$$

$$\sigma_{pc} = \frac{N_{p\mathrm{II}}}{A_0} \pm \frac{N_{p\mathrm{II}} e_{p0\mathrm{II}}}{I_0} y_0 \tag{10.65}$$

$$\left.\begin{aligned} \sigma_{p\mathrm{II}} &= \sigma_{con} - \sigma_l - \alpha_E \sigma_{pc\mathrm{II}} \\ \sigma_{p\mathrm{II}}' &= \sigma_{con}' - \sigma_l' - \alpha_E \sigma_{pc\mathrm{II}}' \end{aligned}\right\} \tag{10.66}$$

$$\left.\begin{aligned}\sigma_{s\text{II}} &= -\alpha_E\sigma_{pc\text{II}} - \sigma_{l5}\\ \sigma'_{s\text{II}} &= -\alpha_E\sigma'_{pc\text{II}} - \sigma'_{l5}\end{aligned}\right\} \tag{10.67}$$

式中　$\sigma_{pc}$——完成全部预应力损失后混凝土的应力，即有效预压应力；

$y_{0s}$、$y'_{0s}$——受拉区与受压区非预应力筋 $A_s$、$A'_s$ 合力作用点对换算截面重心轴的距离。

(2) 后张法构件

张拉并将预应力筋锚固后，已完成第一批预应力损失，此时预应力筋的合力为：

$$N_{p\text{I}} = (\sigma_{con} - \sigma_{l\text{I}})A_p + (\sigma'_{con} - \sigma'_{l\text{I}})A'_p \tag{10.68}$$

预应力筋的合力 $N_{p\text{I}}$ 对换算截面重心轴的距离 $e_{pn\text{I}}$ 为：

$$e_{pn\text{I}} = \frac{(\sigma_{con} - \sigma_{l\text{I}})A_p \cdot y_{pn} - (\sigma'_{con} - \sigma'_{l\text{I}})A'_p y'_{pn}}{N_{p\text{I}}} \tag{10.69}$$

截面上各点混凝土的预应力为：

$$\sigma_{pc\text{I}} = \frac{N_{p\text{I}}}{A_n} \pm \frac{N_{p\text{I}}e_{pn\text{I}}}{I_n}y_n \tag{10.70}$$

式中　$A_n$、$I_n$——净截面的面积和惯性矩；

$A_p$、$A'_p$—— 受拉区与受压区配置的预应力筋截面面积；

$y_n$——截面所计算应力纤维处对换算净截面重心轴的距离；

$y_{pn}$、$y'_{pn}$——受拉区与受压区预应力筋 $A_p$、$A'_p$ 合力作用点对换算净截面重心轴的距离；

$\sigma_{con}$、$\sigma'_{con}$——$A_p$、$A'_p$ 的张拉控制应力；

$e_{pn\text{I}}$——预应力筋的合力 $N_{p\text{I}}$ 对换算净截面重心轴的距离。

预应力筋($\sigma'_{p\text{I}}$ 与 $\sigma'_{p\text{I}}$)及非预应力筋($\sigma_{s\text{I}}$ 与 $\sigma'_{s\text{I}}$)的应力分别为：

$$\left.\begin{aligned}\sigma_{p\text{I}} &= \sigma_{con} - \sigma_{l\text{I}}\\ \sigma'_{p\text{I}} &= \sigma'_{con} - \sigma'_{l\text{I}}\end{aligned}\right\} \tag{10.71}$$

$$\left.\begin{aligned}\sigma_{s\text{I}} &= -\alpha_E\sigma_{pc\text{I}}\\ \sigma'_{s\text{I}} &= -\alpha_E\sigma'_{pc\text{I}}\end{aligned}\right\} \tag{10.72}$$

完成第二批预应力损失后，此时预应力筋的合力为：

$$N_{p\text{II}} = (\sigma_{con} - \sigma_l)A_p + (\sigma'_{con} - \sigma'_l)A'_p - \sigma_{l5}A_s - \sigma'_{l5}A'_s \tag{10.73}$$

预应力筋、非预应力筋合力对换算净截面重心轴的距离，以及截面上各点的应力分别为：

$$e_{pn\text{II}} = \frac{(\sigma_{con} - \sigma_l)A_p y_{pn} - (\sigma'_{con} - \sigma'_l)A'_p y'_{pn} - \sigma_{l5}A_s y_{ns} + \sigma'_{l5}A'_s y'_{ns}}{N_{p\text{II}}} \tag{10.74}$$

$$\sigma_{pc} = \frac{N_{p\text{II}}}{A_n} \pm \frac{N_{p\text{II}}e_{pn\text{II}}}{I_n}y_n \tag{10.75}$$

$$\left.\begin{aligned}\sigma_{p\text{II}} &= \sigma_{con} - \sigma_l\\ \sigma'_{p\text{II}} &= \sigma'_{con} - \sigma'_l\end{aligned}\right\} \tag{10.76}$$

$$\left.\begin{aligned}\sigma_{s\text{II}} &= -\alpha_E\sigma_{pc\text{II}} - \sigma_{l5}\\ \sigma'_{s\text{II}} &= -\alpha_E\sigma'_{pc\text{II}} - \sigma'_{l5}\end{aligned}\right\} \tag{10.77}$$

式中　$y_{ns}$、$y'_{ns}$——受拉区与受压区非预应力筋 $A_s$、$A_s'$ 合力作用点对换算净截面重心轴的距离。

10.7.1.2　使用阶段应力分析

(1) 消压状态

在使用阶段，在外加荷载作用下，当截面受拉区最边缘混凝土法向应力恰好等于零时，这一状态称为消压状态，所对应的弯矩称为消压弯矩 $M_0$。此时，外加荷载在截面受拉边缘产生的法向应力恰好等于预应力所产生的有效预压应力 $\sigma_{pc}$，即：

$$\sigma_{pc} - \frac{M_0}{W_0} = 0 \quad 或 \quad M_0 = \sigma_{pc}W_0 \tag{10.78}$$

式中　$W_0$——换算截面受拉边缘的弹性抵抗矩。

(2) 即将开裂状态

当混凝土受拉区的法向应力达到混凝土的抗拉强度标准值 $f_{tk}$，构件即将开裂，此时所对应的弯矩称为开裂弯矩 $M_{cr}$，按下式计算：

$$M_{cr} = (\sigma_{pc} + \gamma f_{tk})W_0 \tag{10.79}$$

式中　$\gamma$——换算截面抵抗矩塑性影响系数，按下式计算：

$$\gamma = \left(0.7 + \frac{120}{h}\right)\gamma_m \tag{10.80}$$

式中　$h$——截面高度(mm)，当 $h<400$ mm，取 $h=400$ mm；当 $h>1600$ mm，取 $h=1600$ mm；

$\gamma_m$——换算截面抵抗矩塑性影响系数基本值，可查表 10.7 确定。

**表 10.7　截面抵抗矩塑性影响系数基本值 $\gamma_m$**

| 项次 | 1 | 2 | 3 | | 4 | | 5 |
|---|---|---|---|---|---|---|---|
| 截面形状 | 矩形截面 | 翼缘位于受压区的T形截面 | 对称I形截面或箱形截面 | | 翼缘位于受拉区的倒T形截面 | | 圆形和环形截面 |
| | | | $b_f/b\leqslant2$、$h_f/h$ 为任意值 | $b_f/b>2$、$h_f/h<0.2$ | $b_f/b\leqslant2$、$h_f/h$ 为任意值 | $b_f/b>2$、$h_f/h<0.2$ | |
| $\gamma_m$ | 1.55 | 1.50 | 1.45 | 1.35 | 1.50 | 1.40 | $1.6-0.24r_1/r$ |

注：① 对 $b_f'>b_f$ 的I形截面，可按项次 2 与项次 3 之间的数值采用；对 $b_f'<b_f$ 的I形截面，可按项次 3 与项次 4 之间的数值采用；

② 对于箱形截面，$b$ 是指各肋宽度的总和；

③ $r_1$ 为环形截面的内环半径，对圆形截面取 $r_1$ 为零。

(3) 承载能力极限状态

在构件极限弯矩 $M_u$ 作用下，预应力筋及非预应力筋分别达到抗拉强度 $f_{py}$ 与 $f_y$，受压区混凝土的应变达到极限应变；当受压区高度不是很小时，受压区的非预应力筋也可能达到其抗压强度 $f_y'$；受压区的预应力筋一般达不到其抗压强度 $f_{py}'$，甚至可能受拉。构件的应力状态和计算方法与普通混凝土受弯构件类似。

若在受压区配置预应力筋 $A_p'$，在构件未受力之前(施工阶段)，$A_p'$受拉；当荷载增加时，$A_p'$中的拉应力逐渐减少，至构件破坏时，$A_p'$可能受拉也可能受压，但一般达不到其抗压强度 $f_{py}'$，可近似取

$$\sigma_p' = \sigma_{p0}' - f_{py}' \tag{10.81}$$

式中　$\sigma_{p0}'$——受压区预应力筋合力作用点处混凝土法向应力为 0 时该预应力筋的应力值，对于先张法构件 $\sigma_{p0}'=\sigma_{con}'-\sigma_l'$，对于后张法构件 $\sigma_{p0}'=\sigma_{con}'-\sigma_l'+\alpha_E\sigma_{pc}'$。

式中，若 $\sigma_p'$为正时表示 $A_p'$受拉，为负表示 $A_p'$受压。显然当 $A_p'$受拉时，将降低构件正截面承载能力，故在受压区配置预应力筋将稍微降低构件的承载能力，同时还将引起受拉边缘混凝土预压应力的减少，降低构件的抗裂性能，所以受压区配置预应力筋只适用于预拉区在施工阶段可能出现裂缝的构件。

### 10.7.2　使用阶段正截面承载力计算

(1) 矩形截面

如图 10.18 所示，矩形截面正截面承载力可按下列公式计算：

$$\alpha_1 f_c bx - A_p'\sigma_p' + A_s'f_y' = A_p f_{py} + A_s f_y \tag{10.82}$$

$$M \leqslant \alpha_1 f_c bx\left(h_0 - \frac{x}{2}\right) - A_p'\sigma_p'(h_0 - a_p') + A_s'f_y'(h_0 - a_s') \tag{10.83}$$

式中　$\sigma_p'$——受压区预应力筋的应力，按式(10.81)确定；

$a_p'$——受压区预应力筋形心至受压边缘的距离。

混凝土受压区高度 $x$ 应符合下列要求：

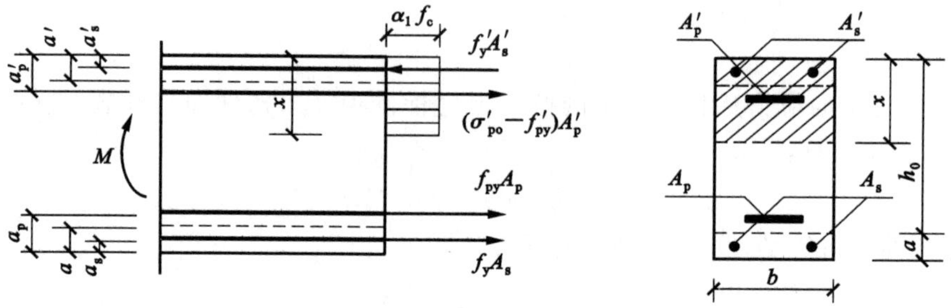


图 10.18　矩形截面受弯构件正截面承载力计算简图

$$\left.\begin{array}{l} x \leqslant \xi_b h_0 \\ x \geqslant 2a' \end{array}\right\} \tag{10.84}$$

式中　$a'$——受压区预应力筋和非预应力筋合力作用点至受压边缘的距离，当无受压区预应力筋或 $\sigma_p'$ 为拉应力时，$a'=a_s'$；

$\xi_b$——预应力混凝土受弯构件相对受压区高度，按下面公式计算，当截面受拉区内配置有不同种类或不同预应力值的钢筋时，相对界限受压区高度应分别计算，并取其较小值：

对有明显屈服点的钢筋

$$\xi_b = \frac{\beta_1}{1+\dfrac{f_y}{E_s\varepsilon_{cu}}} \tag{10.85}$$

对无明显屈服点的钢筋

$$\xi_b = \frac{\beta_1}{1+\dfrac{0.002}{\varepsilon_{cu}}+\dfrac{f_y}{E_s\varepsilon_{cu}}} \tag{10.86}$$

对预应力筋

$$\xi_b = \frac{\beta_1}{1+\dfrac{0.002}{\varepsilon_{cu}}+\dfrac{f_{py}-\sigma_{p0}}{E_s\varepsilon_{cu}}} \tag{10.87}$$

式中　$\sigma_{p0}$——受拉区预应力筋合力作用点处混凝土法向应力为零时预应力筋的应力；

$\beta_1$——混凝土强度影响系数，当混凝土强度等级不超过 C50 时，取 $\beta_1=0.8$；当混凝土强度等级为 C80 时，取 $\beta_c=0.74$；其间按线性内插法确定。

当 $x<2a'$ 且 $\sigma_p'=\sigma_{p0}'-f_{py}'<0$ ($A_p'$ 受压)时，可取 $x=2a'$，则有：

$$M \leqslant A_p f_{py}(h-a_p-a') + A_s f_y(h-a_s-a') \tag{10.88}$$

当 $x<2a'$ 且 $\sigma_p'=\sigma_{p0}'-f_{py}'>0$ ($A_p'$ 受拉)时，可忽略 $A_p'$，取 $x=2a_s'$，则有：

$$M \leqslant A_p f_{py}(h-a_p-a_s') + A_s f_y(h-a_s-a_s') \tag{10.89}$$

(2) T 形截面

如图 10.19 所示，T 形截面预应力混凝土受弯构件正截面承载力计算分为两种情况：

① 第一类 T 形截面($x\leqslant h_f'$)

当符合以下条件时

$$\alpha_1 f_c b_f' h_f' - A_p'\sigma_p' + A_s' f_y' \geqslant A_p f_{py} + A_s f_y \tag{10.90}$$

或

$$M \leqslant \alpha_1 f_c b_f' h_f'\left(h_0-\frac{h_f'}{2}\right) - A_p'\sigma_p'(h_0-a_p') + A_s' f_y'(h_0-a_s') \tag{10.91}$$

属于第一类 T 形截面受弯构件，受压区位于 T 形截面的翼缘内，因此，可按宽度为 $b_f'$ 的矩形截面计算，其正截面承载能力平衡方程为：

$$\alpha_1 f_c b_f' x - A_p'\sigma_p' + A_s' f_y' = A_p f_{py} + A_s f_y \tag{10.92}$$

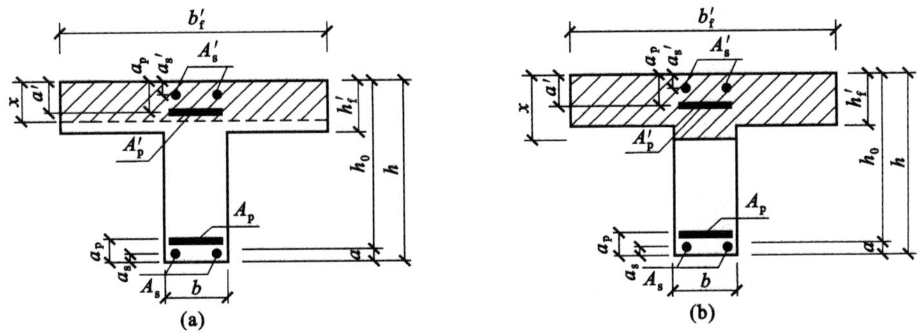

图 10.19　T 形截面受弯构件正截面承载力计算简图

$$M \leqslant \alpha_1 f_c b_f' x \left(h_0 - \frac{x}{2}\right) - A_p' \sigma_p' (h_0 - a_p') + A_s' f_y' (h_0 - a_s') \tag{10.93}$$

② 第二类 T 形截面（$x > h_f'$）

当符合以下条件时

$$\alpha_1 f_c b_f' h_f' - A_p' \sigma_p' + A_s' f_y' < A_p f_{py} + A_s f_y \tag{10.94}$$

或

$$M > \alpha_1 f_c b_f' h_f' \left(h_0 - \frac{h_f'}{2}\right) - A_p' \sigma_p' (h_0 - a_p') + A_s' f_y' (h_0 - a_s') \tag{10.95}$$

属于第二类 T 形截面受弯构件，受压区位于 T 形截面的腹板内，其正截面承载能力平衡方程为：

$$\alpha_1 f_c bx + \alpha_1 f_c (b_f' - b) h_f' - A_p' \sigma_p' + A_s' f_y' = A_p f_{py} + A_s f_y \tag{10.96}$$

$$M \leqslant \alpha_1 f_c bx \left(h_0 - \frac{x}{2}\right) + \alpha_1 f_c (b_f' - b) h_f' \left(h_0 - \frac{h_f'}{2}\right) - A_p' \sigma_p' (h_0 - a_p') + A_s' f_y' (h_0 - a_s') \tag{10.97}$$

### 10.7.3　使用阶段斜截面承载力计算

对于预应力混凝土受弯构件，预应力的存在提高了它的抗剪承载能力。其原因主要是预压应力的作用阻滞了斜裂缝的出现和发展，增加了混凝土剪压区的高度，从而提高混凝土减压区的抗剪承载能力。《混凝土结构设计标准》(GB/T 50010—2010)在普通混凝土受弯构件抗剪承载力的基础上，考虑了这一有利作用，给出了预应力受弯构件的抗剪承载力计算公式：

$$V \leqslant V_{cs} + V_p + 0.8 A_{sb} f_y \sin\alpha_s + 0.8 A_{pb} f_{py} \sin\alpha_p \tag{10.98}$$

其中

$$V_p = 0.05 N_{p0} \tag{10.99}$$

式中　$V_{cs}$——混凝土和箍筋的抗剪承载力，按第 5 章的方法计算；

$N_{p0}$——计算截面边缘混凝土法向应力为零时预应力筋和非预应力筋的合力，可按下列公式计算，当 $N_{p0} > 0.3 f_c A_0$ 时，取 $N_{p0} = 0.3 f_c A_0$。

对先张法构件

$$N_{p0} = \sigma_{p0} A_p + \sigma_{p0}' A_p' - \sigma_{l5} A_s - \sigma_{l5}' A_s' \tag{10.100a}$$

式中　$\sigma_{p0}$、$\sigma_{p0}'$——先张法构件受拉区、受压区预应力筋合力点处混凝土法向应力等于零时预应力筋 $A_p$ 和 $A_p'$ 的应力，$\sigma_{p0} = \sigma_{con} - \sigma_l$，$\sigma_{p0}' = \sigma_{con}' - \sigma_l'$。

对后张法构件

$$N_{p0} = N_p = \sigma_{p0} A_p + \sigma_{p0}' A_p' - \sigma_{l5} A_s - \sigma_{l5}' A_s' \tag{10.100b}$$

式中　$\sigma_{p0}$、$\sigma_{p0}'$——后张法构件受拉区、受压区预应力筋合力点处混凝土法向应力等于零时预应力筋 $A_p$ 和 $A_p'$的应力：$\sigma_{p0} = \sigma_{con} - \sigma_l + \alpha_E \sigma_{pc}$，$\sigma_{p0}' = \sigma_{con}' - \sigma_l' + \alpha_E \sigma_{pc}'$。

### 10.7.4　使用阶段正截面裂缝控制验算

预应力混凝土受弯构件正截面裂缝控制验算与预应力混凝土轴心受拉构件类似，其中 $\sigma_{pc}$ 按式(10.65)或式(10.75)计算，$\sigma_{ck}$、$\sigma_{cq}$应按下式计算：

$$\left.\begin{aligned}\sigma_{ck}&=\frac{M_k}{W_0}\\\sigma_{cq}&=\frac{M_q}{W_0}\end{aligned}\right\}\tag{10.101}$$

式中　$M_k$、$M_q$——按荷载标准组合及准永久组合计算的弯矩值。

对允许出现裂缝的预应力混凝土受弯构件，裂缝宽度验算也同普通混凝土构件一致，但构件受力特征系数取 $\alpha_{cr}=1.5$，按标准组合计算的预应力混凝土构件纵向受拉钢筋等效应力 $\sigma_{sk}$ 按下式计算：

$$\sigma_{sk}=\frac{M_k-N_{p0}(z-e_p)}{(\alpha_1 A_p+A_s)z}\tag{10.102}$$

其中

$$z=\left[0.87-0.12(1-\gamma_f')\left(\frac{h_0}{e}\right)^2\right]h_0\tag{10.103}$$

上式中

$$\gamma_f'=\frac{(b_f'-b)h_f'}{bh_0}\tag{10.104}$$

$$e=e_p+\frac{M_k}{N_{p0}}\tag{10.105}$$

$$e_p=y_{ps}-e_{p0}\tag{10.106}$$

式中　$z$——受拉区纵向钢筋和预应力筋合力点至截面受压区合力点的距离，且不大于$0.87h_0$；

$\alpha_1$——无黏结预应力筋的等效折减系数，取 $\alpha_1=0.30$；对灌浆的后张预应力筋，取 $\alpha_1=1.0$；

$\gamma_f'$——受压翼缘截面面积与腹板有效截面面积的比值，当 $h_f'>0.2h_0$ 时，取 $h_f'=0.2h_0$；

$e$——轴向压力作用点至纵向受拉筋合力点的距离；

$e_p$——$N_{p0}$的作用点至受拉区纵向预应力筋和非预应力筋合力点的距离；

$y_{ps}$——受拉区纵向预应力筋和非预应力筋合力点的偏心距；

$e_{p0}$——计算截面上混凝土法向预应力等于零时的纵向预应力筋及非预应力筋相应合力点的偏心距，均按下列公式计算。

$$e_{p0}=\frac{\sigma_{p0}A_p y_p-\sigma_{p0}'A_p'y_p'-\sigma_{l5}A_s y_s+\sigma_{l5}'A_s'y_s'}{N_{p0}}\tag{10.107}$$

### 10.7.5　使用阶段斜截面裂缝控制验算

斜裂缝的出现是由于主拉应力超过了混凝土的抗拉强度，《混凝土结构设计标准》(GB/T 50010—2010)规定斜截面抗裂验算，主要是验算截面各点的主拉应力 $\sigma_{tp}$ 和主压应力 $\sigma_{cp}$，按下式计算：

$$\left.\begin{aligned}\sigma_{tp}\\\sigma_{cp}\end{aligned}\right\}=\frac{\sigma_x+\sigma_y}{2}\pm\sqrt{\left(\frac{\sigma_x-\sigma_y}{2}\right)^2+\tau^2}\tag{10.108}$$

其中

$$\sigma_x=\sigma_{pc}+\frac{M_k y_0}{I_0}\tag{10.109}$$

$$\tau=\frac{(V_k-\sum\sigma_{pe}A_{pb}\sin\alpha_p)S_0}{I_0 b}\tag{10.110}$$

式中　$\sigma_{pc}$——扣除全部预应损失后，计算纤维处混凝土有效预应力；

$I_0$——换算截面惯性矩；

$y_0$——计算纤维至换算截面中和轴之间的距离。

$V_k$——按荷载效应的标准组合计算的剪力值；

$S_0$——计算纤维以上部分的换算截面面积对构件换算截面重心的面积矩；

$\sigma_{pe}$——预应力弯起钢筋的有效预应力；

$A_{pb}$——计算截面上同一弯起平面内的预应力弯起钢筋的截面面积；

$\alpha_p$——计算截面上预应力弯起钢筋的切线与构件纵向轴线的夹角。

对预应力混凝土吊车梁，在集中力作用点两侧各 0.6$h$ 的长度范围内，由集中荷载标准值 $F_k$ 产生的混凝土竖向压应力和剪应力的简化分布可按图 10.20 确定，其应力的最大值可按下列公式计算：

$$\sigma_{y,max}=\frac{0.6F_k}{bh} \tag{10.111}$$

其中

$$\tau_F=\frac{\tau^l-\tau^r}{2} \tag{10.112}$$

上式中

$$\left.\begin{aligned}\tau^l&=\frac{V_k^l S_0}{I_0 b}\\ \tau^r&=\frac{V_k^r S_0}{I_0 b}\end{aligned}\right\} \tag{10.113}$$

式中 $\tau^l$、$\tau^r$——位于集中荷载标准值 $F_k$ 作用点左侧、右侧 0.6$h$ 处截面上的剪应力；

$\tau_F$——集中荷载标准值 $F_k$作用截面上的剪应力；

$V_k^l$、$V_k^r$——集中荷载标准值 $F_k$ 作用点左侧、右侧截面上的剪力标准值。

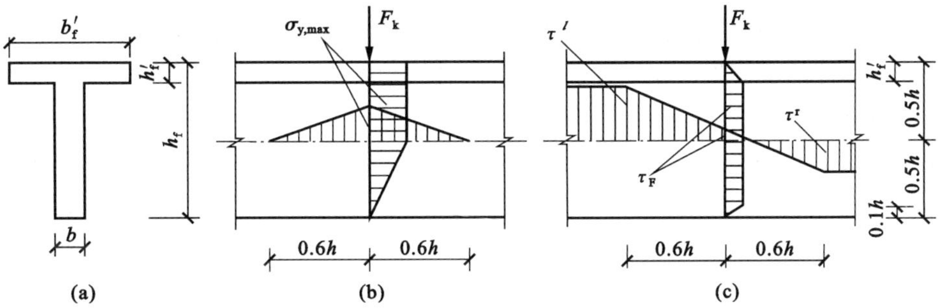


图 10.20 预应力混凝土吊车梁集中力作用点附近的应力分布

(a) 截面；(b) 竖向压应力 $\sigma_y$ 分布；(c) 剪应力 $\tau$ 分布

预应力混凝土受弯构件应分别对截面上的混凝土主拉应力和主压应力进行验算：

(1) 混凝土主拉应力

① 一级裂缝控制等级构件，应符合下列规定：

$$\sigma_{tp}\leqslant 0.85f_{tk} \tag{10.114}$$

② 二级裂缝控制等级构件，应符合下列规定：

$$\sigma_{tp}\leqslant 0.95f_{tk} \tag{10.115}$$

(2) 混凝土主压应力

对一、二级裂缝控制等级构件，均应符合下列规定：

$$\sigma_{cp}\leqslant 0.6f_{ck} \tag{10.116}$$

### 10.7.6 使用阶段挠度验算

预应力混凝土受弯构件的挠度可由两部分叠加而得，一部分是由荷载产生的挠度 $f_1$，另一部分是由于预应力产生的反拱 $f_2$。

(1) 由荷载产生的挠度 $f_1$

对于使用阶段不允许出现裂缝的构件(抗裂等级为一级和二级)，构件的短期刚度 $B_s$ 可按下式计算：

$$B_s = 0.85E_cI_0 \tag{10.117}$$

对于使用阶段允许出现裂缝的构件（抗裂等级为三级），构件的短期刚度 $B_s$ 可按下式计算（采用荷载标准组合）：

$$B_s = \frac{0.85E_cI_0}{\kappa_{cr} + (1-\kappa_{cr})\omega} \tag{10.118}$$

其中

$$\kappa_{cr} = \frac{M_{cr}}{M_k} \tag{10.119}$$

$$M_{cr} = (\sigma_{pc} + \gamma f_{tk})W_0 \tag{10.120}$$

$$\omega = \left(1.0 + \frac{0.21}{\alpha_E\rho}\right)(1 + 0.45\gamma_f) - 0.7 \tag{10.121}$$

$$\gamma_f = \frac{(b_f - b)h_f}{bh_0} \tag{10.122}$$

式中 $M_{cr}$——由式(10.120)计算的开裂弯矩；

$\gamma_f$——受拉翼缘截面面积与腹板有效截面面积的比值；

$\kappa_{cr}$——预应力混凝土受弯构件正截面的开裂弯矩 $M_{cr}$ 与弯矩 $M_k$ 的比值，当 $\kappa_{cr} > 1.0$ 时，取 $\kappa_{cr} = 1.0$；

$\rho$——纵向受拉钢筋配筋率：$\rho = \frac{\alpha_1 A_p + A_s}{bh_0}$，对灌浆的后张预应力钢筋，取 $\alpha_1 = 1.0$，对无黏结后张预应力钢筋，取 $\alpha_1 = 0.3$；

$\sigma_{pc}$——扣除全部预应力损失后，由预加力在抗裂验算边缘产生的混凝土预压应力；

$\gamma$——混凝土构件的截面抵抗矩塑性影响系数，按式(10.80)确定。

对预压时预拉区出现裂缝的构件，$B_s$ 应降低 10%。

在长期荷载作用下的构件长期刚度 $B$ 是在短期刚度 $B_s$ 的基础上加以修正得到的，$B = B_s \cdot M_k / [M_q(\theta - 1) + M_k]$，$M_k$ 和 $M_q$ 分别为按荷载的标准组合和准永久组合计算的弯矩，对于预应力构件，应取考虑荷载长期作用对挠度增大的影响系数 $\theta = 2.0$。挠度计算方法和普通钢筋混凝土构件相同，此处不再累述。

(2) 由预应力产生的挠度 $f_2$

预应力构件在偏心压力作用下产生的反拱 $f_2$，可按两端有弯矩 $N_Pe_P$ 的简支梁计算，同时考虑到预应力是长期存在的，对使用阶段的反拱应乘以增大系数 2.0，因此：

$$f_2 = 2\,\frac{N_Pe_Pl_0^2}{8B_s} \tag{10.123}$$

对永久荷载相对于可变荷载较小的预应力混凝土构件，应考虑反拱过大时对正常使用的不利影响，并应采取相应的设计和施工措施。

(3) 挠度计算

预应力混凝土受弯构件在标准荷载作用下并考虑荷载长期作用影响的挠度计算公式为：

$$f = f_1 - f_2 \tag{10.124}$$

当考虑反拱后计算的构件长期挠度不符合规范有关规定时，可采用施工预先起拱等方式控制挠度。如果使用上也允许，则在验算挠度时，可将计算所得的挠度值减去起拱值。对预应力混凝土构件，尚可减去预加力所产生的反拱值，但构件制作时的起拱值和预加力所产生的反拱值，不宜超过构件在相应荷载组合作用下的计算挠度值。

### 10.7.7 施工阶段验算

先张法构件在放松预应力筋、后张法构件在刚张拉完预应力筋时，构件均处于混凝土强度最低而预应力筋应力最高的不利状态，同轴心受拉构件一样，应进行此阶段的验算。

对制作、运输及安装等施工阶段预拉区允许出现拉应力的构件，或预压时全截面受压的构件，在预加力、自重及施工荷载作用下（必要时应考虑动力系数）截面边缘的混凝土法向应力宜符合下列规定（图 10.21）：

$$\sigma_{ct} \leqslant f'_{tk} \tag{10.125}$$

$$\sigma_{cc} \leqslant 0.8 f'_{ck} \tag{10.126}$$

式中　$f'_{tk}$ 、$f'_{ck}$——与各施工阶段混凝土立方体抗压强度 $f'_{cu}$ 相应的抗拉及抗压强度标准值；

$\sigma_{ct}$、$\sigma_{cc}$——相应施工阶段计算截面预拉区和预压区边缘纤维的混凝土法向应力。

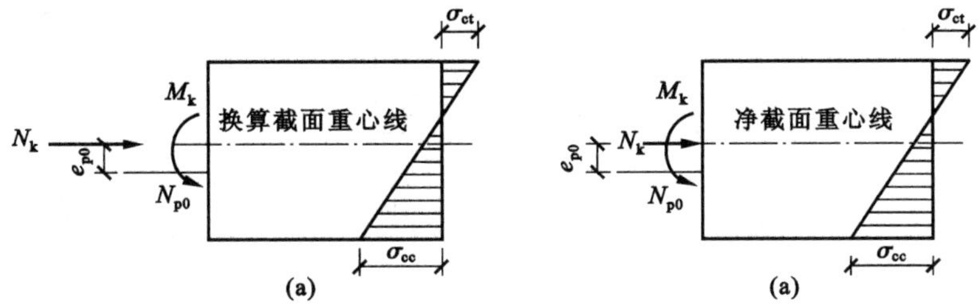


图 10.21　施工阶段计算简图

(a) 先张法构件；(b) 后张法构件

简支构件的端截面预拉区边缘纤维的混凝土拉应力 $\sigma_{tc}$ 允许大于 $f'_{tk}$，但不应大于 $1.2f'_{tk}$。截面边缘的混凝土法向应力可按下列公式计算：

$$\sigma_{cc} \text{ 或 } \sigma_{ct} = \sigma_{pc} + \frac{N_k}{A_0} \pm \frac{M_k}{W_0} \tag{10.127}$$

式中　$N_k$、$M_k$——构件自重及施工荷载的标准组合在计算截面产生的轴向力值、弯矩值；

$W_0$——验算边缘的换算截面弹性抵抗矩。

预应力混凝土受弯构件在使用阶段一般承受的是正弯矩，构件的下边缘受拉，其强度与抗裂度已由所配 $A_s$、$A_p$ 予以保证。然而在运输、吊装时则会在构件的吊点附近出现负弯矩，如图 10.22 所示，同时预应力本身也使梁的上表面受拉，因而有可能在吊点处由于起吊负弯短和预应力的共同作用而开裂。此时该截面下缘混凝土的压应力也可能会由于混凝土抗压强度不足而压坏，故应分别进行验算，以确保运输、吊装阶段的安全。

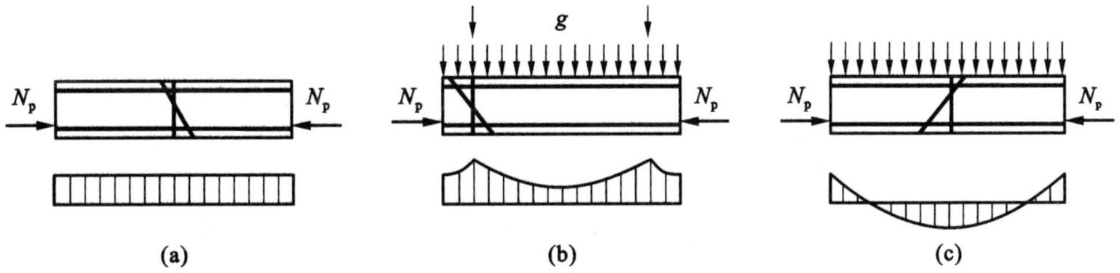


图 10.22　预应力受弯构件不同阶段的弯矩图

(a) 预压时；(b) 起吊时；(c) 工作时

吊点处截面上、下边缘纤维混凝土的应力为：

$$\sigma_{cc} = \sigma_c + \frac{M_{in}}{W_0} \tag{10.128}$$

$$\sigma_{ct} = \sigma'_c + \frac{M_{in}}{W_0} \tag{10.129}$$

式中　$M_{in}$——运输、吊装阶段构件中可能出现的最大负弯矩，应考虑动力系数 $\mu=1.5$；

$\sigma_c$、$\sigma'_c$——运输、吊装阶段由预应力在截面下、上边缘产生的应力，根据吊装时间可为 $\sigma_{pc\text{I}}$、$\sigma'_{pc\text{I}}$ 或 $\sigma_{pc}$、$\sigma'_{pc}$，视运输、吊装时刻而定。

**【例 10.2】**　某预应力混凝土简支梁跨度和截面尺寸、配筋如图 10.23 所示，承受恒载标准值 $g_k=$

30 kN/m(含自重)，构件混凝土重度为 $\gamma=25\ \mathrm{kN/m^3}$，活载标准值 $q_k=12\ \mathrm{kN/m}$，准永久值系数 $\psi_q=0.5$。采用先张法(台座长 80 m)生产，一端超张拉，夹片锚具，蒸汽养护(温差 $\Delta t=20$ ℃)，混凝土 C50 级，预应力钢筋采用螺旋肋消除应力钢丝 $\Phi_9^H$ ($f_{ptk}=1570\ \mathrm{N/mm^2}$)，非预应力筋采用 HRB400。放张时强度达 100%，结构重要性系数 1.0，承载力阶段 $\gamma_0=1.0$。裂缝控制为二级。试进行下列计算或验算：

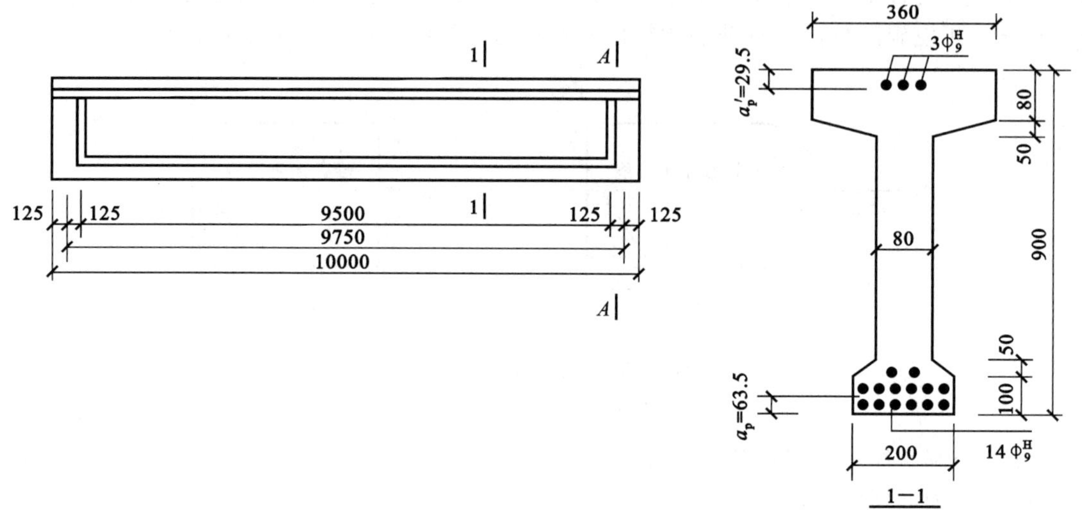


图 10.23 预应力受弯构件计算简图

(1) 使用阶段的正截面承载力计算；

(2) 使用阶段的斜截面承载力计算；

(3) 使用阶段的正截面抗裂验算；

(4) 使用阶段的斜截面抗裂验算；

(5) 使用阶段的变形验算；

(6) 施工阶段的验算。

**【解】** (1) 基本参数计算

① 材料强度

C50 混凝土：

$$f_{tk}=2.64\ \mathrm{N/mm^2},\quad f_t=1.89\ \mathrm{N/mm^2},\quad f_c=23.1\ \mathrm{N/mm^2}$$

$$f_{ck}=32.4\ \mathrm{N/mm^2},\quad E_c=3.45\times10^4\ \mathrm{N/mm^2}$$

预应力筋(螺旋肋消除应力钢丝)：

$$f_{ptk}=1570\ \mathrm{N/mm^2},\quad f_{py}=1110\ \mathrm{N/mm^2},\quad f'_{py}=410\ \mathrm{N/mm^2}$$

$$E_s=2.05\times10^5\ \mathrm{N/mm^2},\quad A_p=890.68\ \mathrm{mm^2},\quad A'_p=190.86\ \mathrm{mm^2}$$

$$\sigma_{con}=\sigma'_{con}=0.75f_{ptk}=0.75\times1570=1177.5\ \mathrm{N/mm^2}$$

非预应力筋(HRB400)：

$$f_{yv}=360\ \mathrm{N/mm^2},\quad E_s=2.0\times10^5\ \mathrm{N/mm^2}$$

② 控制内力计算

控制内力设计值为：

$$M=\frac{1}{8}\gamma_0(\gamma_G g_k+\gamma_Q q_k)l_0^2=\frac{1}{8}\times1.0\times(1.3\times30+1.5\times12)\times9.75^2$$
$$=677.32\ \mathrm{kN\cdot m}$$

$$V=\frac{1}{2}\gamma_0(\gamma_G g_k+\gamma_Q q_k)l_n=\frac{1}{2}\times1.0\times(1.3\times30+1.5\times12)\times9.5$$
$$=270.75\ \mathrm{kN}$$

控制内力标准组合值为：

$$M_k = \frac{1}{8}(g_k + q_k)l_0^2 = \frac{1}{8} \times (30 + 12) \times 9.75^2 = 499.08\ \text{kN} \cdot \text{m}$$

$$V_k = \frac{1}{2}(g_k + q_k)l_n = \frac{1}{2} \times (30 + 12) \times 9.5 = 199.5\ \text{kN}$$

控制弯矩准永久组合值为：

$$M_q = \frac{1}{8}(g_k + \psi_q q_k)l_0^2 = \frac{1}{8} \times (30 + 0.5 \times 12) \times 9.75^2$$

$$= 427.78\ \text{kN} \cdot \text{m}$$

③ 截面特征计算

$$\alpha_E = \frac{E_p}{E_c} = \frac{2.05 \times 10^5}{3.45 \times 10^4} = 5.94$$

$$h_0 = h - a_p = 900 - 63.5 = 836.5\ \text{mm}$$

截面特征计算采用分块计算，具体见图 10.24 及表 10.8。

$$A_0 = \sum A_i = 121743\ \text{mm}^2$$

$$y = \frac{\sum A_i y_i}{A_0} = \frac{59337482}{121743} = 487.4\ \text{mm}$$

$$y' = 900 - 487.4 = 412.6\ \text{mm}$$

$$I_0 = \sum A_i (y - y_i)^2 + \sum I_i = 7546191298 + 4883362603$$

$$= 1.243 \times 10^{10}\ \text{mm}^4$$

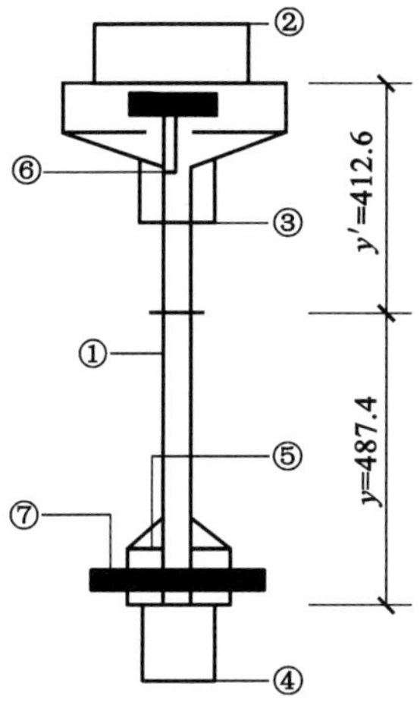

图 10.24　截面特征计算图

(2) 预应力损失计算

① 钢筋内缩及锚夹具变形损失 $\sigma_{l1}$

因为采用夹片锚，查表 10.2，有顶压时 $a=5$ mm，$l=80$ m，因此由式(10.4)有：

$$\sigma_{l1} = \sigma_{l1}' = \frac{a}{l}E_s = \frac{5}{80000} \times 2.05 \times 10^5 = 12.8\ \text{N/mm}^2$$

**表 10.8　例题 10.2 截面几何特征**

| 编号 | $A_i$(mm$^2$) | $y_i$ (mm) | $A_i y_i$ (mm$^2$) | $\|y-y_i\|$ (mm) | $A_i(y-y_i)^2$ (mm$^4$) | $I_i$(mm$^4$) |
|---|---|---|---|---|---|---|
| ① | 80×900=72000 | 450 | 32400000 | 37.4 | 100710720 | 4860000000 |
| ② | (360−80)×80=22400 | 860 | 19264000 | 372.6 | 3109809024 | 11946667 |
| ③ | (360−80)×50/2=7000 | 803.3 | 5623100 | 315.9 | 698549670 | 972222 |
| ④ | (200−80)×100=12000 | 50 | 600000 | 437.4 | 2295825120 | 10000000 |
| ⑤ | (200−80)×50/2=3000 | 116.7 | 350100 | 370.7 | 412255470 | 416667 |
| ⑥ | (5.94−1)×190.86=943 | 870.5 | 820881.5 | 383.1 | 138399970 | 4773 |
| ⑦ | (5.94−1)×890.68=4400 | 63.5 | 279400 | 423.9 | 790641324 | 22274 |
| $\sum$ | $A_0$=121743 | | 59337482 | | 7546191298 | 4883362603 |

② 温差损失 $\sigma_{l3}$

$$\sigma_{l3} = \sigma_{l3}' = 2\Delta t = 2 \times 20 = 40.0\ \text{N/mm}^2$$

③ 松弛损失 $\sigma_{l4}$

由公式(10.14)有

$$\sigma_{l4}=\sigma_{l4}'=0.4\left(\frac{\sigma_{con}}{f_{ptk}}-0.5\right)\sigma_{con}$$
$$=0.4\times(0.75-0.5)\times1177.5=117.75\ \text{N/mm}^2$$

因此,第一批预应力损失为:

$$\sigma_{l\,\mathrm{I}}=\sigma_{l\,\mathrm{I}}'=\sigma_{l1}+\sigma_{l3}+\sigma_{l4}=12.8+40.0+117.75=170.55\ \text{N/mm}^2$$

完成第一批预应力损失后预应力筋的合力为:

$$N_{p0\,\mathrm{I}}=(\sigma_{con}-\sigma_{l\,\mathrm{I}})A_p+(\sigma_{con}'-\sigma'_{l\,\mathrm{I}})A_p'$$
$$=(1177.5-170.55)\times890.68+(1177.5-170.55)\times190.86$$
$$=1089057\ \text{N}$$

$$e_{p0\,\mathrm{I}}=\frac{1}{N_{p0\,\mathrm{I}}}[(\sigma_{con}-\sigma_{l\,\mathrm{I}})A_p y_{p0}-(\sigma_{con}'-\sigma_{l\,\mathrm{I}}')A_p'y_{p0}']$$
$$=\frac{1}{1089057}[(1177.5-170.55)\times890.68\times423.9-(1177.5-170.55)\times190.86\times383.1]$$
$$=281.5\ \text{mm}$$

预应力筋 $A_p$ 和 $A_p'$ 处混凝土的法向应力为:

$$\sigma_{pc\,\mathrm{I}}=\frac{N_{p0\,\mathrm{I}}}{A_0}+\frac{N_{p0\,\mathrm{I}}e_{p0\,\mathrm{I}}}{I_0}y_{p0}=\frac{1089057}{121743}+\frac{1089057\times281.5}{1.243\times10^{10}}\times423.9$$
$$=8.95+10.45=19.40\ \text{N/mm}^2$$

$$\sigma_{pc\,\mathrm{I}}'=\frac{N_{p0\,\mathrm{I}}}{A_0}-\frac{N_{p0\,\mathrm{I}}e_{p0\,\mathrm{I}}}{I_0}y_{p0}'=8.95-10.45\times\frac{383.1}{423.9}=-0.49\ \text{N/mm}^2$$

④ 混凝土收缩徐变预应力损失 $\sigma_{l5}$

$$\frac{\sigma_{pc\,\mathrm{I}}}{f_{cu}'}=\frac{19.40}{50}=0.388<0.5$$

$$\rho=\frac{A_p+A_s}{A_0}=\frac{890.68}{121743}=0.0073$$

$$\sigma_{l5}=\frac{60+340(\sigma_{pc\,\mathrm{I}}/f_{cu}')}{1+15\rho}=\frac{60+340\times0.388}{1+15\times0.0073}=172.98\ \text{N/mm}^2$$

$$\frac{\sigma_{pc\,\mathrm{I}}'}{f_{cu}'}=\frac{-0.49}{50}<0$$

说明 $\sigma_{pc\,\mathrm{I}}'$ 受拉,取 $\sigma_{pc\,\mathrm{I}}'/f_{cu}'=0$。

$$\rho'=\frac{A_p'+A_s'}{A_0}=\frac{190.86}{121743}=0.0016$$

$$\sigma_{l5}'=\frac{60+340(\sigma_{pc\,\mathrm{I}}'/f_{cu}')}{1+15\rho'}=\frac{60+340\times0}{1+15\times0.0016}=58.59\ \text{N/mm}^2$$

因此,第二批预应力损失为:

$$\sigma_{l\,\mathrm{II}}=\sigma_{l5}=172.98\ \text{N/mm}^2$$
$$\sigma_{l\,\mathrm{II}}'=\sigma_{l5}'=58.59\ \text{N/mm}^2$$

则全部预应力损失:

$$\sigma_l=\sigma_{l\,\mathrm{I}}+\sigma_{l\,\mathrm{II}}=170.55+172.98=343.53\ \text{N/mm}^2>100\ \text{N/mm}^2$$
$$\sigma_l'=\sigma_{l\,\mathrm{I}}'+\sigma_{l\,\mathrm{II}}'=170.55+58.59=229.14\ \text{N/mm}^2>100\ \text{N/mm}^2$$

(3) 使用阶段正截面承载力计算

完成全部预应力损失后预应力筋 $A_p$、$A_p'$ 的应力为:

$$\sigma_{p0}=\sigma_{con}-\sigma_l=1177.5-343.53=833.97\ \text{N/mm}^2$$
$$\sigma_{p0}'=\sigma_{con}-\sigma_l'=1177.5-229.14=948.36\ \text{N/mm}^2$$

$$\xi_b=\frac{\beta_1}{1+\frac{0.002}{\varepsilon_{cu}}+\frac{f_{py}-\sigma_{p0}}{E_s\varepsilon_{cu}}}=\frac{0.8}{1+\frac{0.002}{0.0033}+\frac{1110-833.97}{2.05\times10^5\times0.0033}}=0.397$$

$$\sigma_p'=\sigma_{p0}'-f_{py}'=948.36-410=538.36\ \text{N/mm}^2(A_p'\ \text{受拉})$$

$$f_{py}A_p=1110\times890.68=988655\ \text{N}$$

$$\alpha_1 f_c b_f' h_f'-\sigma_p' A_p'=1.0\times23.1\times360\times(80+50/2)-538.36\times190.86=770429\ \text{N}$$

因为 $f_{py}A_p>\alpha_1 f_c b_f' h_f'-\sigma_p' A_p'$（第二类 T 形截面）

$$x=\frac{1}{\alpha_1 f_c b}[f_{py}A_p+\sigma_p' A_p'-\alpha_1 f_c(b_f'-b)h_f']$$

$$=\frac{1}{1.0\times23.1\times80}\times[1110\times890.68+538.36\times190.86$$

$$-1.0\times23.1\times(360-80)\times105]$$

$$=223.09\ \text{mm}<\xi_b h_0=0.397\times(900-63.5)=0.397\times836.5=332.1\ \text{mm}$$

$$M_u=\alpha_1 f_c bx\left(h_0-\frac{x}{2}\right)+\alpha_1 f_c(b_f'-b)h_f'\left(h_0-\frac{h_f'}{2}\right)-\sigma_p' A_p'(h_0-a_p')$$

$$=1.0\times23.1\times80\times223.09\times\left(836.5-\frac{223.09}{2}\right)+1.0\times23.1\times(360-80)$$

$$\times105\times\left(836.5-\frac{105}{2}\right)-538.36\times190.86\times(836.5-29.5)$$

$$=748.40\ \text{kN}\cdot\text{m}>M=677.32\ \text{kN}\cdot\text{m}$$

所以使用阶段正截面承载能力满足要求。

(4) 使用阶段斜截面承载能力计算

① 截面尺寸验算

因为$\frac{h_w}{b}=\frac{620}{80}=7.75>6.0$，且：

$$0.2\beta_c f_c b h_0=0.2\times1.0\times23.1\times80\times836.5=309170\ \text{N}=309.17\ \text{kN}>V=270.75\ \text{kN}$$

因此，截面尺寸满足要求。

② 配置抗剪钢筋

$$N_{p0}=\sigma_{p0}A_p+\sigma_{p0}'A_p'=833.97\times890.68+948.36\times190.86=923804\ \text{N}=923.804\ \text{kN}$$

因为

$$N_{p0}>0.3f_cA_0=0.3\times23.1\times121743=843679\ \text{N}=843.679\ \text{kN}$$

所以取 $N_{p0}=843.679$ kN，又有：

$$V_p=0.05\ N_{p0}=0.05\times843.679=42.18\ \text{kN}$$

则由公式 $V\leqslant V_{cs}+V_p=0.7f_t b h_0+f_{yv}\frac{nA_{sv1}}{s}h_0+V_p$ 有：

$$\frac{nA_{sv1}}{s}\geqslant\frac{V-V_p-0.7f_t b h_0}{f_{yv}h_0}=\frac{(270.75-42.18)\times10^3-0.7\times1.89\times80\times836.5}{360\times836.5}$$

$$=0.465\ \text{mm}^2/\text{mm}$$

选双肢Φ8 箍筋，$A_{sv1}=50.3\ \text{mm}^2$，则有：

$$s\leqslant\frac{2\times50.3}{0.465}=216\ \text{mm},\quad 取\ s=200\ \text{mm}$$

$$\rho_{sv}=\frac{nA_{sv1}}{bs}=\frac{2\times50.3}{80\times200}=0.63\%>\rho_{s,min}=0.24\frac{f_t}{f_{yv}}=0.24\times\frac{1.89}{360}=0.126\%$$

所以配置双肢箍Φ8@200 即可满足使用阶段斜截面承载力要求。

(5) 使用阶段正截面抗裂验算

完成全部预应力损失后预应力筋的总拉力为：

$$N_{p0}=(\sigma_{con}-\sigma_l)A_p+(\sigma_{con}'-\sigma_l')A_p'$$
$$=(1177.5-343.53)\times 890.68+(1177.5-229.14)\times 190.86$$
$$=923804\ \text{N}=923.804\ \text{kN}$$

$$e_{p0}=\frac{(\sigma_{con}-\sigma_l)A_p y_{p0}-(\sigma_{con}'-\sigma_l')A_p' y_{p0}'}{N_{p0}}$$
$$=\frac{(1177.5-343.53)\times 890.68\times 423.9-(1177.5-229.14)\times 190.86\times 383.1}{923804}$$
$$=265.8\ \text{mm}$$

$$\sigma_{pc}=\frac{N_{p0}}{A_0}+\frac{N_{p0}e_{p0}}{I_0}y_0=\frac{923804}{121743}+\frac{923804\times 265.8}{1.243\times 10^{10}}\times 487.4=17.22\ \text{N/mm}^2$$

$$\sigma_{ck}=\frac{M_k}{I_0}y_0=\frac{499.08\times 10^6}{1.243\times 10^{10}}\times 487.4=19.57\ \text{N/mm}^2$$

$$\sigma_{ck}-\sigma_{pc}=19.57-17.22=2.35\ \text{N/mm}^2<f_{tk}=2.64\ \text{N/mm}^2$$

所以，满足使用阶段正截面裂缝控制等级二级的要求。

(6) 使用阶段斜截面抗裂验算

验算截面取腹板宽度削弱的截面并靠近支座，即图 10.23 中的 $A—A$ 截面。

① 正应力计算

由图 10.25 可知，$A—A$ 截面靠近支座，截面弯矩很小，故可以忽略由弯矩 $M_k$ 产生的正应力，因此：

$$\sigma_x=\sigma_{pc}+\frac{M_k y_0}{I_0}\approx\sigma_{pc}=\frac{N_{p0}}{A_0}\pm\frac{N_{p0}e_{p0}}{I_0}y_0$$
$$=\frac{923804}{121743}\pm\frac{923804\times 265.8}{1.243\times 10^{10}}\times y_0$$
$$=7.59\pm 0.02y_0$$

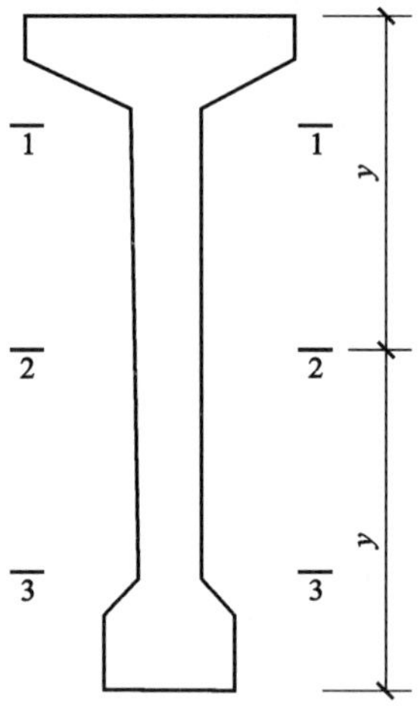

图 10.25 $A—A$ 截面腹板宽度削弱的截面

a. 1—1 截面：

$$y_0=412.6-80-50=282.6\ \text{mm}$$
$$\sigma_x=\sigma_{pc}=7.59-0.02\times 282.6=1.94\ \text{N/mm}^2$$

b. 2—2 截面：

$$y_0=0,\quad \sigma_x=\sigma_{pc}=7.59\ \text{N/mm}^2$$

c. 3—3 截面：

$$y_0=487.4-100-50=337.4\ \text{mm}$$
$$\sigma_x=\sigma_{pc}=7.59+0.02\times 337.4=14.34\ \text{N/mm}^2$$

② 剪应力计算

a. 1—1 截面：

$$S_{01}=80\times 130\times\left(412.6-\frac{130}{2}\right)+22400\times 372.6+7000\times 315.9+943\times 383.1$$
$$=14533843\ \text{mm}^3$$

$$\tau_1=\frac{V_k S_{01}}{bI_0}=\frac{199.5\times 10^3\times 14533843}{80\times 1.243\times 10^{10}}=2.92\ \text{N/mm}^2$$

b. 2—2 截面：

$$S_{02}=S_{01}+80\times\frac{(412.6-130)^2}{2}=17728353\ \text{mm}^3$$

$$\tau_2=\frac{199.5\times 10^3\times 17728353}{80\times 1.243\times 10^{10}}=3.56\ \text{N/mm}^2$$

c. 3—3 截面：

$$S_{03}=80\times150\times(487.4-\frac{150}{2})+12000\times437.4+3000\times370.7+4400\times423.9$$
$$=13174860\ \text{mm}^3$$

$$\tau_3=\frac{199.5\times10^3\times13174860}{80\times1.243\times10^{10}}=2.64\ \text{N/mm}^2$$

③ 主应力计算

因无集中力作用，所以 $\sigma_y=0$。

a. 1—1 截面：

$$\sigma_{tp}=\frac{\sigma_x}{2}+\sqrt{\left(\frac{\sigma_x}{2}\right)^2+\tau^2}=\frac{-1.94}{2}+\sqrt{\left(\frac{-1.94}{2}\right)^2+2.92^2}=2.11\ \text{N/mm}^2$$

$$\sigma_{cp}=\frac{\sigma_x}{2}-\sqrt{\left(\frac{\sigma_x}{2}\right)^2+\tau^2}=\frac{-1.94}{2}-\sqrt{\left(\frac{-1.94}{2}\right)^2+2.92^2}=-4.05\ \text{N/mm}^2$$

b. 2—2 截面：

$$\sigma_{tp}=\frac{-7.59}{2}+\sqrt{\left(\frac{-7.59}{2}\right)^2+3.56^2}=1.41\ \text{N/mm}^2$$

$$\sigma_{cp}=\frac{-7.59}{2}-\sqrt{\left(\frac{-7.59}{2}\right)^2+3.56^2}=-9.00\ \text{N/mm}^2$$

c. 3—3 截面：

$$\sigma_{tp}=\frac{-14.34}{2}+\sqrt{\left(\frac{-14.34}{2}\right)^2+2.64^2}=0.47\ \text{N/mm}^2$$

$$\sigma_{cp}=\frac{-14.34}{2}-\sqrt{\left(\frac{14.34}{2}\right)^2+2.64^2}=-14.81\ \text{N/mm}^2$$

④ 主应力比较

因为构件裂缝抗裂等级为二级，有：

$$\sigma_{tp\,max}=2.11\ \text{N/mm}^2<0.95f_{tk}=0.95\times2.64=2.51\ \text{N/mm}^2$$
$$\sigma_{cp\,max}=14.81\ \text{N/mm}^2<0.6f_{ck}=0.6\times32.4=19.44\ \text{N/mm}^2$$

所以，使用阶段斜截面抗裂性能满足要求。

（7）使用阶段挠度验算

因为构件裂缝抗裂等级为二级，所以构件的短期刚度 $B_s$ 为：

$$B_s=0.85E_cI_0=0.85\times3.45\times10^4\times1.243\times10^{10}=3.645\times10^{14}\ \text{N}\cdot\text{mm}^2$$

长期刚度 $B$ 为：

$$B=\frac{M_k}{M_q(\theta-1)+M_k}B_s=\frac{499.08}{427.78\times(2.0-1)+499.08}\times3.645\times10^{14}$$
$$=1.963\times10^{14}\ \text{N}\cdot\text{mm}^2$$

所以，标准荷载作用下构件的长期挠度为：

$$f_1=\frac{5}{48}\times\frac{M_kl_0^2}{B}=\frac{5}{48}\times\frac{499.08\times10^6\times9750^2}{1.963\times10^{14}}=25.18\ \text{mm}$$

预应力产生的反拱：

$$f_2=2\frac{N_pe_pl_0^2}{8B_s}=2\times\frac{N_{p0\,II}\,e_{p0\,II}\,l_0^2}{8B_s}=2\times\frac{923804\times265.8\times9750^2}{8\times3.645\times10^{14}}$$
$$=16.01\ \text{mm}<f_1=25.18\ \text{mm}$$

所以，构件的总挠度为：

$$f=f_1-f_2=25.18-16.01=9.17\ \text{mm}<\frac{l_0}{300}=\frac{9750}{300}=32.5\ \text{mm}$$

所以，使用阶段构件挠度满足要求。

(8) 施工阶段验算

① 制作阶段验算

由于长线生产，施工阶段施工荷载影响很小，故制作阶段只考虑构件自重及预应力的影响。

截面面积：

$$A=72000+22400+7000+12000+3000=116400\ \text{mm}^2=0.1164\ \text{m}^2$$

自重荷载：

$$q_G=A\gamma=0.1164\times 25=2.91\ \text{kN/m}=2.91\ \text{N/mm}$$

完成第一批预应力损失后预应力筋的合力为：

$$N_{p0\,\text{I}}=1089057\ \text{N},\quad e_{p0\,\text{I}}=281.5\ \text{mm}$$

因此，截面上边缘的预应力为：

$$\begin{aligned}\sigma_{ct}&=\frac{N_{p0\,\text{I}}}{A_0}-\frac{N_{p0\,\text{I}}e_{p0\,\text{I}}}{I_0}y'+\left(\frac{q_G l^2}{8I_0}\right)y'\\&=\frac{1089057}{121743}-\frac{1089057\times 281.5}{1.243\times 10^{10}}\times 412.6+\frac{2.91\times 9750^2}{8\times 1.243\times 10^{10}}\times 412.6\\&=8.95-10.18+1.15=-1.23+1.15\\&=-0.08\ \text{N/mm}^2(\text{受拉})\end{aligned}$$

截面下边缘的预应力为：

$$\begin{aligned}\sigma_{cc}&=\frac{N_{p0\,\text{I}}}{A_0}+\frac{N_{p0\,\text{I}}e_{p0\,\text{I}}}{I_0}y-\left(\frac{q_G l^2}{8I_0}\right)y\\&=\frac{1089057}{121743}+\frac{1089057\times 281.5}{1.243\times 10^{10}}\times 487.4-\frac{2.91\times 9750^2}{8\times 1.243\times 10^{10}}\times 487.4\\&=8.95+12.02-1.36=20.97-1.36=19.61\ \text{N/mm}^2(\text{受压})\end{aligned}$$

由于

$$|\sigma_{ct}|=0.08\ \text{N/mm}^2<f_{tk}'=2.64\ \text{N/mm}^2$$

$$\sigma_{cc}=19.61\ \text{N/mm}^2<0.8f_{ck}'=0.8\times 32.4=25.92\ \text{N/mm}^2$$

所以，施工阶段构件的强度和抗裂性能满足要求。

② 吊装阶段验算

设起吊点距离构件端部 1.0 m，动力系数取 1.5，则自重荷载为：

$$q=1.5\times q_G=1.5\times 2.91=4.365\ \text{kN/m}$$

吊点由自重产生的弯矩为：

$$M_k=\frac{1}{2}ql^2=\frac{1}{2}\times 4.365\times 1^2=2.1825\ \text{kN}\cdot\text{m}$$

所以，截面上边缘产生的拉应力：

$$\sigma_{ct}=-1.23-\frac{M_k}{I_0}y'=-1.23-\frac{2.1825\times 10^6}{1.243\times 10^{10}}\times 412.6=-1.30\ \text{N/mm}^2$$

截面下边缘产生的压应力：

$$\sigma_{cc}=20.97+\frac{M_k}{I_0}y=20.97+\frac{2.1825\times 10^6}{1.243\times 10^{10}}\times 487.4=21.06\ \text{N/mm}^2$$

因此

$$|\sigma_{ct}|=1.30\ \text{N/mm}^2<f_{tk}'=2.64\ \text{N/mm}^2$$

$$\sigma_{cc}=21.06\ \text{N/mm}^2<0.8f_{ck}'=0.8\times 32.4=25.92\ \text{N/mm}^2$$

所以，吊装阶段构件的强度和抗裂性能满足要求。

## 10.8 预应力混凝土构件的构造要求

预应力混凝土构件除应满足以下基本构造要求以外，尚应符合其他章节的有关规定。

### 10.8.1 先张法构件

(1) 先张法预应力筋之间的净间距不应小于其公称直径或等效直径的 2.5 倍和混凝土粗骨料最大直径的 1.25 倍(当混凝土振捣密实性具有可靠保证时，净间距可放宽至最大粗骨料直径的 1.0 倍)，且应符合下列规定：

① 预应力钢丝，不应小于 15 mm；

② 三股钢绞线，不应小于 20 mm；

③ 七股钢绞线，不应小于 25 mm。

(2) 先张法预应力混凝土构件端部宜采取下列构造措施：

① 单根配置的预应力筋，其端部宜设置螺旋筋；

② 分散布置的多根预应力筋，在构件端部 10 $d$( $d$ 为预应力钢筋的公称直径)，且不小于 100 mm 范围内宜设置 3～5 片与预应力筋垂直的钢筋网片；

③ 采用预应力钢丝的薄板，在板端 100 mm 范围内应适当加密横向钢筋。

④ 槽形板类构件，应在构件端部 100 mm 范围内沿构件板面设置附加横向钢筋，其数量不应少于 2 根。

(3) 预制肋形板，宜设置加强其整体性和横向刚度的横肋。端横肋的受力钢筋应弯入纵肋内。当采用先张法生产有端横肋的预应力混凝土肋形板时，应在设计和制作上采取防止放张预应力时端横肋产生裂缝的有效措施。

(4) 在预应力混凝土屋面梁、吊车梁等构件靠近支座的斜向主拉应力较大部位，宜将一部分预应力筋弯起配置。

(5) 预应力筋在构件端部全部弯起的受弯构件或直线配筋的先张法构件，当构件端部与下部支承结构焊接时，应考虑混凝土收缩、徐变及温度变化所产生的不利影响，宜在构件端部可能产生裂缝的部位设置足够的非预应力纵向构造钢筋。

### 10.8.2 后张法构件

(1) 后张法预应力筋采用预留孔道时应符合下列规定：

① 预制构件孔道之间的水平净间距不宜小于 50 mm，且不宜小于粗骨料直径的 1.25 倍；孔道至构件边缘的净间距不宜小于 30 mm，且不宜小于孔道直径的一半。

② 现浇混凝土梁中，预留孔道在竖直方向的净间距不应小于孔道外径，水平方向的净间距不宜小于 1.5 倍孔道外径，且不应小于粗骨料直径的 1.25 倍；从孔道外壁至构件边缘的净间距，梁底不宜小于 50 mm，梁侧不宜小于 40 mm；裂缝控制等级为三级的梁，上述净间距分别不宜小于 60 mm 和 50 mm。

③ 预留孔道的内径宜比预应力束外径及需穿过孔道的连接器外径大 6～15 mm，且孔道的截面面积宜为穿入预应力钢筋截面面积的 3～4 倍。

④ 当有可靠经验，并能保证混凝土浇筑质量时，预应力筋孔道可水平并列贴紧布置，但并排的数量不应超过 2 束。

⑤ 在构件两端及曲线孔道的高点应设置灌浆孔或排气兼泌水孔，其孔距不宜大于 20 m。

⑥ 凡制作时需要预先起拱的构件，预留孔道宜随构件同时起拱。

⑦ 在现浇楼板中采用扁形锚固体系时，穿过每个预留孔道的预应力筋数量宜为 3～5 束；在常用荷载情况下，孔道在水平方向的净间距不应超过 8 倍板厚及 1.5 m 中的较大值。

(2) 后张法预应力混凝土构件的端部锚固区，应按下列规定配置间接钢筋：

① 采用普通垫板时，应按规定进行局部受压承载力计算，并配置间接钢筋，其体积配筋率不应小于0.5%，垫板的刚性扩散角应取45°。

② 当采用整体铸造垫板时，其局部受压区的设计应符合相关标准的规定。

③ 在局部受压间接钢筋配置区以外，在构件端部长度 $l$ 不小于截面重心线上部或下部预应力筋的合力点至邻近边缘的距离 $e$ 的3倍，但不大于构件端部截面高度 $h$ 的1.2倍，高度为 $2e$ 的附加配筋区范围内，应均匀配置附加防劈裂箍筋或网片，如图10.26所示，配筋面积可按下式计算（且体积配筋率不应小于0.5%）：

$$A_{sb} = 0.18\left(1-\frac{l_l}{l_b}\right)\frac{P}{f_y} \tag{10.130}$$

式中 $P$——作用在构件端部截面重心线上部或下部预应力筋的合力设计值。局部受压承载力设计时，对有黏结预应力混凝土构件取1.2倍张拉控制力，对无黏结预应力混凝土构件取1.2倍张拉控制力和（$f_{ptk}A_p$）中的较大值。

$l_l$、$l_b$——沿构件高度方向 $A_l$、$A_b$ 的边长或直径，其中 $A_l$、$A_b$ 按本章局部受压受载力计算的相关要求确定。

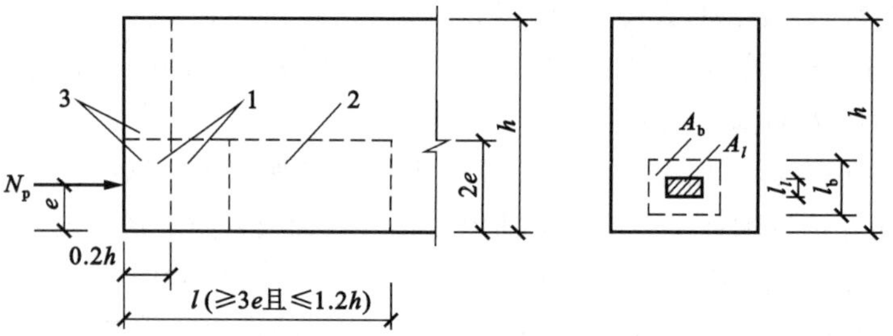


图10.26 防止端部裂缝的配筋范围

1—局部受压间接钢筋配置区；2—附加防劈裂配筋区；3—附加防剥裂配筋区

④ 当构件端部预应力筋需集中布置在截面下部或集中布置在上部和下部时，应在构件端部0.2$h$ 范围内设置附加竖向防端面裂缝构造钢筋（图10.26），其截面面积应符合下列公式要求：

$$A_{sv} \geqslant \frac{T_s}{f_{yv}} \tag{10.131}$$

$$T_s = \left(0.25-\frac{e}{h}\right)P \tag{10.132}$$

式中 $T_s$——锚固端端面拉力；

$f_{yv}$——附加竖向钢筋的抗拉强度设计值；

$e$——截面重心线上部或下部预应力筋的合力点至截面近边缘的距离；

$h$——构件端部截面高度。

当 $e>0.2h$ 时，可根据实际情况适当配置构造钢筋。竖向防端面裂缝钢筋宜靠近端面配置，可采用焊接钢筋网、封闭式箍筋或其他形式，且宜采用带肋钢筋。

当端部截面上部和下部均有预应力筋时，附加竖向钢筋的总截面面积应按上部和下部的预应力合力分别计算的较大值采用。

在构件横向也应按上述方法计算抗端面剥裂缝钢筋，并与上述竖向钢筋形成网片筋配置。

(3) 构件端部尺寸应考虑锚具的布置、张拉设备的尺寸和局部受压的要求，必要时应适当加大。

(4) 后张预应力混凝土外露金属锚具，应采取可靠的防腐及防火措施，并应符合下列规定：

① 无黏结预应力筋外露锚具应采用注有足量防腐油脂的塑料帽封闭锚具端头，并采用无收缩砂浆或细石混凝土封闭；

② 采用混凝土封闭时混凝土强度等级宜与构件混凝土强度等级一致，封锚混凝土与构件混凝土应可靠黏结，如锚具在封闭前应将周围混凝土界面凿毛并冲洗干净，且宜配置1～2片钢筋网，钢筋网应与构件混凝土拉结；

③ 采用无收缩砂浆或混凝土封闭保护时，其锚具及预应力筋的最小保护层厚度应为：一类环境类别时 20 mm，二 a、二 b 类环境类别时 50 mm，三 a、三 b 类环境类别时 80 mm。

## 10.9 部分预应力混凝土与无黏结预应力混凝土结构

### 10.9.1 部分预应力混凝土结构

10.9.1.1 基本概念

1970 年第六届国际预应力混凝土会议按预加应力程度的不同将配筋混凝土分为四类：Ⅰ类为全预应力，Ⅱ类为有限预应力，Ⅲ类为部分预应力，Ⅳ类为普通钢筋混凝土。设计者可以根据对结构功能的要求和所处的环境条件，合理选用预应力度。

我国预应力混凝土结构根据对抗裂性能的要求，分为严格要求不出现裂缝、一般要求不出现裂缝和允许出现裂缝三类进行设计的，并未明确使用部分预应力的概念。目前我国的《部分预应力混凝土结构设计建议》，对预应力度、分类及控制方法提出了建议，并且根据我国的使用习惯，对配筋混凝土结构按预应力度的不同，分成全预应力、部分预应力和钢筋混凝土三种，如表 10.9 所示。

预应力度是衡量混凝土结构上施加的预应力大小的一个指标。对受弯构件为：

$$\lambda = \frac{M_0}{M} \tag{10.133}$$

式中 $M_0$——消压弯矩，是使构件控制截面受拉边缘混凝土应力抵消到零时的弯矩；

$M$——使用荷载标准组合作用下控制截面的弯矩。

对于轴心受拉构件为：

$$\lambda = \frac{N_0}{N} \tag{10.134}$$

式中 $N_0$——消压轴向力，是使构件截面混凝土应力抵消到零时的轴向力；

$N$——使用荷载标准组合作用下的轴向拉力。

**表 10.9 混凝土构件的分类**

<table>
<tr><th colspan="2">分类</th><th>预应力度</th><th>裂缝控制等级</th><th>构件截面最大拉应力或最大裂缝宽度限值</th><th>荷载组合</th><th>备注</th></tr>
<tr><td colspan="2">全预应力构件</td><td>$\lambda \geq 1$</td><td>一级——严格要求不出现受力裂缝的构件</td><td>无拉应力</td><td>标准组合</td><td></td></tr>
<tr><td rowspan="3">部分预应力构件（广义）</td><td>A 类：有限预应力构件</td><td rowspan="3">$0 < \lambda < 1$</td><td>二级——一般要求不出现受力裂缝的构件</td><td>拉应力不大于 $f_{tk}$</td><td>标准组合</td><td></td></tr>
<tr><td rowspan="2">B 类：部分预应力构件（狭义）</td><td rowspan="3">三级——允许出现受力裂缝的构件</td><td>$w_{max} \leq w_{lim}$，拉应力不大于 $f_{tk}$</td><td>标准组合<br>准永久组合</td><td>二 a 环境</td></tr>
<tr><td>$w_{max} \leq w_{lim}$</td><td>标准组合</td><td></td></tr>
<tr><td colspan="2">钢筋混凝土构件</td><td>$\lambda = 0$</td><td>$w_{max} \leq w_{lim}$</td><td>准永久组合</td><td></td></tr>
</table>

10.9.1.2 部分预应力设计计算简介

(1) 设计计算内容

部分预应力混凝土与其他混凝土构件计算内容基本相同，主要包括以下内容：

① 承载能力极限状态计算，包括正截面与斜截面承载力计算；

② 正常使用极限状态计算，包括正、斜截面抗裂、裂缝宽度和变形的验算；

③ 施工阶段验算，包括运输、吊装和制作等阶段的验算；

④ 对承受重复荷载的构件，必要时需进行疲劳强度验算。

(2) 截面设计方法

部分预应力混凝土的设计有三种不同的方法：

① 以承载能力极限状态为基础的方法

这种方法首先假定截面尺寸，根据承载力要求选择钢筋面积，具体步骤为：

a. 按普通混凝土要求的高跨比与预应力混凝土要求的高跨比取中间情况，来假定截面尺寸；

b. 按照正截面承载力要求确定所需要受拉钢筋数量 $A$(假定均为预应力筋)；

c. 按照抗裂要求确定所需的预应力度，根据预应力度计算所需的预应力筋 $A_p$；

d. 由下式确定非预应力筋的截面面积 $A_s$；

$$A_s = (A - A_p)\frac{f_y}{f_{py}} \tag{10.135}$$

e. 调整 $A_s$ 与 $A_p$ 的比例，重新计算一次，并同时满足其他各阶段要求。

② 以正常使用极限状态为基础的方法

这种方法首先根据抗裂性等使用阶段要求来选择预应力筋，然后按承载能力要求确定非预应力筋，具体步骤是：

a. 根据高跨比及荷载情况假定截面尺寸；

b. 按构件抗裂要求，选择预应力筋 $A_p$，并求得 $\sigma_{pc}$、$N_p$，进而利用 $A_p = \dfrac{N_p}{(0.7 \sim 0.8)\sigma_{con}}$ 可求出预应力筋面积 $A_p$，式中 0.7～0.8 为考虑应力损失的系数；

c. 根据承载力要求可求出非预应力筋 $A_s$；

d. 根据已求出的 $A_s$ 和 $A_p$，重新准确计算使用性能和承载力(包括预应力损失)是否满足要求。

③ 以结构优化为基础的方法

这种方法是在大量计算的基础上，选择一个合适的预应力度 $\lambda$ 值，使其既满足承载力要求，又满足使用性要求。这种方法需要大量的结构计算。

目的，通常采用方法②来进行截面设计。

### 10.9.2 无黏结预应力混凝土结构基本概念

无黏结预应力筋一般是由钢绞线、高强钢丝或粗钢筋外涂防腐油脂并设外包层组成。现使用较多的是钢绞线外涂油脂并外包 PE 层的无黏结预应力筋。

无黏结预应力混凝土最显著的特点是施工简便。在施工时可将无黏结预应力筋像普通钢筋那样埋设在混凝土中，混凝土硬结后即可进行预应力筋的张拉和锚固。由于在钢筋和混凝土之间有涂层和外包层隔离，因此两者之间能产生相对滑移，省去了后张法有黏结预应力混凝土的预留孔道、穿预应力筋、压浆等工艺，有利于节约设备和缩短工期。但是，在无黏结预应力混凝土中，预应力筋完全依靠锚具来锚固，一旦锚具失效，整个结构将会发生严重破坏，因此，对锚具的要求较高。

无黏结预应力混凝土也分为两类：一类是纯无黏结预应力混凝土构件；另一类是混合配筋无黏结部分预应力混凝土构件。前者指受力主筋全部采用无黏结预应力筋，而后者指受力主筋同时采用无黏结预应力筋及有黏结非预应力筋。

无黏结预应力混凝土的特点是钢筋与混凝土之间允许相对滑移。如果忽略摩擦的影响，则无黏结钢筋中的应力沿全长是相等的。外荷载在任一截面处产生的应变将分布在预应力筋的整个长度上。因此，无黏结预应力筋中的应力比有黏结预应力筋的应力要低。构件受弯破坏时，无黏结钢筋中的极限应力小于最大弯矩截面处有黏结钢筋中的极限应力，所以无黏结预应力混凝土梁的极限强度低于有黏结预应力混凝土梁。试验表明，前者一般比后者低 10%～30%。

无黏结预应力混凝土构件的计算方法与有黏结预应力混凝土构件不同，因此在设计无黏结预应力混凝土时，需参照规范JGJ92《无黏结预应力混凝土结构技术规程》进行，本章不再介绍。

## 本章小结

预应力混凝土和非预应力混凝土相比，优点是可以充分利用材料强度，抗裂性能好、刚度高、耐久性好，缺点是对材料的要求高，施工复杂、费用较高。因此，预应力混凝土有其一定适用范围。

根据预应力施加方法的不同，有先张法和后张法两种。两者施工方法有所不同，有各自的优、缺点和适用范围。

预应力筋的张拉控制应力主要由钢筋的力学性质决定，也考虑了构件的延性、材料性质的离散性、施工偏差等因素。

预应力损失使钢筋中能够建立的张拉应力大大减小，预应力损失主要有6项，本章详细介绍了《混凝土结构设计标准》(GB/T 50010—2010)给出各项预应力损失的具体计算方法以及减少各项预应力损失的措施。为计算方便，预应力损失划分为两个阶段，并且规定了每个阶段中考虑的各项预应力损失。

预压力构件各个受力阶段中的应力分布是预应力构件计算的基础，其基本原理为：两种材料共同变形时，应力增量的比例等于弹性模量比例；多种材料共同工作组成的截面，可以用材料弹性模量的比例换算成等效截面。

预应力轴心受拉和受弯构件的主要计算内容包括正截面承载力计算、斜截面承载力计算、抗裂或裂缝宽度验算、刚度验算、后张法构件端部局部承载力计算等内容。

先张法构件中，预应力传递需要有一定的传递长度，在后张法构件中构件端部由于作用有很大的预压力，故需要进行端部局部承载能力验算。

部分预应力混凝土介于全预应力混凝土和普通钢筋混凝土之间，用预应力度来衡量施加预应力的程度，它既保留了全预应力混凝土的一些优点，又在一定程度上改进了全预应力混凝土延性较差、反拱度不易控制、有时可能在预应力作用较小处开裂等缺点。

无黏结预应力混凝土用后张法施加预应力，它不需要在混凝土中事先预留孔道，施工方便且对截面削弱小，尤其适用于楼(屋)盖等厚度较薄的构件。

## 思考题与习题

10.1　什么是先张法和后张法？试比较它们的优缺点。

10.2　预应力混凝土结构对混凝土有哪些材料性能要求？

10.3　预应力筋分为哪几类？试说明它们的特点。

10.4　为什么在普通混凝土受弯构件中不能有效地利用高强度钢筋和高强度混凝土，而在预应力混凝土构件中必须采用高强度钢筋和高强度混凝土？

10.5　预应力混凝土结构的优、缺点有哪些？试简述预应力混凝土结构的应用范围。

10.6　何为张拉控制应力$\sigma_{con}$？张拉控制应力$\sigma_{con}$为什么不能过低也不能过高？

10.7　简述产生$\sigma_{l1}\sim\sigma_{l5}$等各项预应力损失的原因和减少各项损失应采取的措施。

10.8　$\sigma_{l\mathrm{I}}$及$\sigma_{l\mathrm{II}}$分别包含哪几项具体预应力损失？

10.9　试分析预应力混凝土轴心受拉构件的混凝土和预应力筋应力的变化规律(截面上配有预应力筋$A_p$和非预应力筋$A_s$，从预加应力直至构件破坏)。

10.10　何谓先张法预应力混凝土结构的预应力传递长度和锚固长度？

10.11　为什么混凝土局部承压强度比全截面均匀受压强度高？

10.12　对构件施加预应力是否能提高构件的极限承载能力，为什么？

10.13　在预应力混凝土轴心受拉构件中配置非预应力筋$A_s$，对构件的抗裂验算是有利还是不利？为什么？

10.14　预应力混凝土受弯构件的计算内容有哪些？其设计计算步骤如何？

10.15　对允许出现裂缝的预应力受弯构件，最大裂缝宽度的要求是否与普通混凝土构件相同？计算方法是否与普通混凝土受弯构件相同？

10.16　如何计算预应力混凝土受弯构件的变形？计算方法与普通混凝土受弯构件是否相同？

10.17　什么是部分预应力混凝土结构？部分预应力混凝土结构有哪些优点？

10.18　无黏结预应力混凝土结构有哪些优点？

10.19　某 24 m 跨度折线形预应力混凝土屋架下弦杆，其基本设计条件如下：

(1) 弦杆截面尺寸：$b \times h = 250\ \text{mm} \times 160\ \text{mm}$；层架端部尺寸如图 10.16 所示；

(2) 材料：采用 C40 混凝土，预应力筋采用普通松弛的钢绞线，非预应力筋采用 HRB400 钢筋；

(3) 内力：$N = 600\ \text{kN}$，$N_k = 450\ \text{kN}$，$N_q = 360\ \text{kN}$；

(4) 施工方法：后张法，预留 2 个孔道，充压橡皮管抽芯孔道成型，夹片锚具（锚杯外径 100 mm），超张拉（$1.05\sigma_{con}$），混凝土强度达到设计强度 100%时张拉预应力钢筋，一次张拉；

(5) 裂缝控制等级二级。

试对该下弦杆进行使用阶段承载力计算、抗裂验算、施工阶段验算及端部受压承载力计算，并根据需要配置相应的钢筋。

10.20　试设计某跨度为 6.9 m，两端简支的预应力混凝土空心板，其基本设计条件如下：

(1) 构件与截面几何尺寸如图 10.27 所示，计算跨度 $l_0 = 6800\ \text{mm}$；

(2) 材料：采用 C30 混凝土，预应力筋采用中强度预应力螺旋肋钢丝（$f_{ptk} = 1270\ \text{N/mm}^2$，$f_{pyk} = 980\ \text{N/mm}^2$，$f_{py} = 810\ \text{N/mm}^2$），不配非预应力筋；

(3) 荷载：20 mm 厚水泥砂浆地面面层，15 mm 石灰砂浆天花抹面，空心板折算厚度（包括灌缝）142 mm，楼面活荷载标准值 3.0 kN/mm²，准永久值系数 $\psi_q = 0.5$；

(4) 施工方法：先张法，台座长度 60 m，夹片锚具临时固定，两阶段升温养护，一次张拉，混凝土达到 75%的设计强度时放松钢筋；

(5) 裂缝控制等级二级。

提示：首先将空心板圆孔按面积与惯性矩相等的原则折算成方孔（维持中心位置不变）。

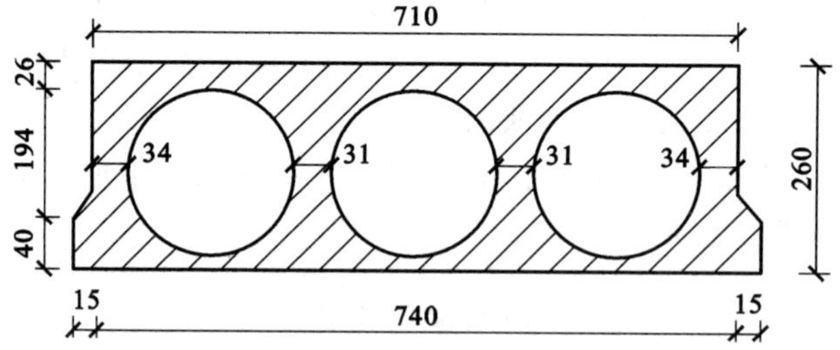


图 10.27　构件截面尺寸

# 附　　表

**附表 1　混凝土强度标准值**（$N/mm^2$）

| 强度种类 | 符　号 | 混凝土强度等级 | | | | | | | | | | | | |
|---|---|---|---|---|---|---|---|---|---|---|---|---|---|---|
| | | C20 | C25 | C30 | C35 | C40 | C45 | C50 | C55 | C60 | C65 | C70 | C75 | C80 |
| 轴心抗压 | $f_{ck}$ | 13.4 | 16.7 | 20.1 | 23.4 | 26.8 | 29.6 | 32.4 | 35.5 | 38.5 | 41.5 | 44.5 | 47.4 | 50.2 |
| 轴心抗拉 | $f_{tk}$ | 1.54 | 1.78 | 2.01 | 2.20 | 2.39 | 2.51 | 2.64 | 2.74 | 2.85 | 2.93 | 2.99 | 3.05 | 3.11 |

**附表 2　混凝土强度设计值**（$N/mm^2$）

| 强度种类 | 符　号 | 混凝土强度等级 | | | | | | | | | | | | |
|---|---|---|---|---|---|---|---|---|---|---|---|---|---|---|
| | | C20 | C25 | C30 | C35 | C40 | C45 | C50 | C55 | C60 | C65 | C70 | C75 | C80 |
| 轴心抗压 | $f_c$ | 9.6 | 11.9 | 14.3 | 16.7 | 19.1 | 21.1 | 23.1 | 25.3 | 27.5 | 29.7 | 31.8 | 33.8 | 35.9 |
| 轴心抗拉 | $f_t$ | 1.10 | 1.27 | 1.43 | 1.57 | 1.71 | 1.80 | 1.89 | 1.96 | 2.04 | 2.09 | 2.14 | 2.18 | 2.22 |

**附表 3　混凝土弹性模量**（$\times 10^4$ $N/mm^2$）

| 混凝土强度等级 | C20 | C25 | C30 | C35 | C40 | C45 | C50 | C55 | C60 | C65 | C70 | C75 | C80 |
|---|---|---|---|---|---|---|---|---|---|---|---|---|---|
| $E_c$ | 2.55 | 2.80 | 3.00 | 3.15 | 3.25 | 3.35 | 3.45 | 3.55 | 3.60 | 3.65 | 3.70 | 3.75 | 3.80 |

注：① 当有可靠试验依据时，弹性模量值也可根据实测数据确定；
② 当混凝土中掺有大量矿物掺合料时，弹性模量可按规定龄期根据实测值确定。

**附表 4　普通钢筋强度标准值**

| 牌　号 | 符　号 | 公称直径 $d$(mm) | 屈服强度标准值 $f_{yk}$($N/mm^2$) | 极限强度标准值 $f_{stk}$($N/mm^2$) |
|---|---|---|---|---|
| HPB300 | $\Phi$ | 6～14 | 300 | 420 |
| HRB335 | $\Phi$ | 6～14 | 335 | 455 |
| HRB400<br>HRBF400<br>RRB400 | $\Phi$<br>$\Phi^F$<br>$\Phi^R$ | 6～50 | 400 | 540 |
| HRB500<br>HRBF500 | $\Phi$<br>$\Phi^F$ | 6～50 | 500 | 630 |

**附表 5　预应力钢筋强度标准值**(N/mm²)

| 种类 | | 符号 | 公称直径 $d$(mm) | 屈服强度标准值 $f_{pyk}$ | 极限强度标准值 $f_{ptk}$ |
|---|---|---|---|---|---|
| 中强度预应力钢丝 | 光面<br>螺旋肋 | $\phi^{PM}$<br>$\phi^{HM}$ | 5、7、9 | 620 | 800 |
| | | | | 780 | 970 |
| | | | | 980 | 1270 |
| 预应力螺纹钢筋 | 螺纹 | $\phi^{T}$ | 18、25、32、40、50 | 785 | 980 |
| | | | | 930 | 1080 |
| | | | | 1080 | 1230 |
| 消除应力钢丝 | 光面<br>螺旋肋 | $\phi^{P}$<br>$\phi^{H}$ | 5 | — | 1570 |
| | | | | — | 1860 |
| | | | 7 | — | 1570 |
| | | | 9 | — | 1470 |
| | | | | — | 1570 |
| 钢绞线 | 1×3<br>(三股) | $\phi^{S}$ | 8.6、10.8、12.9 | — | 1570 |
| | | | | — | 1860 |
| | | | | — | 1960 |
| | 1×7<br>(七股) | | 9.5、12.7、15.2、17.8 | — | 1720 |
| | | | | — | 1860 |
| | | | | — | 1960 |
| | | | 21.6 | — | 1860 |

注:极限强度标准值为 1960 N/mm² 级的钢绞线作后张预应力配筋时,应有可靠的工程经验。

**附表 6　普通钢筋强度设计值**(N/mm²)

| 牌　号 | 抗拉强度设计值 $f_y$ | 抗压强度设计值 $f'_y$ |
|---|---|---|
| HPB300 | 270 | 270 |
| HRB335 | 300 | 300 |
| HRB400、HRBF400、RRB400 | 360 | 360 |
| HRB500、HRBF500 | 435 | 435 |

注:① 当构件中配有不同种类的钢筋时,各种钢筋应采用各自的强度设计值;

② 对轴心受压构件,当采用 HRB500、HRBF500 钢筋时,钢筋的抗压强度设计值 $f'_y$ 应取 400 N/mm²;

③ 横向钢筋的抗拉强度设计值 $f_{yv}$ 应按表中 $f_y$ 的数值采用,但用作受剪、受扭、受冲切承载力计算时,其数值大于 360 N/mm² 时应取 360 N/mm²。

**附表 7　预应力钢筋强度设计值($N/mm^2$)**

| 种　类 | 极限强度标准值 $f_{ptk}$ | 抗拉强度设计值 $f_{py}$ | 抗压强度设计值 $f'_{py}$ |
|---|---|---|---|
| 中强度预应力钢丝 | 800 | 510 | 410 |
| | 970 | 650 | |
| | 1270 | 810 | |
| 消除应力钢丝 | 1470 | 1040 | 410 |
| | 1570 | 1110 | |
| | 1860 | 1320 | |
| 钢绞线 | 1570 | 1110 | 390 |
| | 1720 | 1220 | |
| | 1860 | 1320 | |
| | 1960 | 1390 | |
| 预应力螺纹钢筋 | 980 | 650 | 400 |
| | 1080 | 770 | |
| | 1230 | 900 | |

注:当预应力筋的强度标准值不符合表中的规定时,其强度设计值应进行相应的比例换算。

**附表 8　普通钢筋及预应力筋的最大力总延伸率限值**

| 钢筋牌号或种类 | 普　通　钢　筋 | | | 预应力筋 | |
|---|---|---|---|---|---|
| | HPB300 | HRB335、HRB400、HRBF400、HRB500、HRBF500 | RRB400 | 中强度预应力钢丝 | 消除应力钢丝、钢绞线、预应力螺纹钢筋 |
| $\delta_{gt}$(%) | 10.0 | 7.5 | 5.0 | 4.0 | 4.5 |

**附表 9　钢筋的弹性模量($\times10^5$ $N/mm^2$)**

| 牌号或种类 | 弹性模量 $E_s$ |
|---|---|
| HPB300 | 2.10 |
| HRB335、HRB400、HRB500<br>HRBF400、HRBF500、RRB400<br>预应力螺纹钢筋 | 2.00 |
| 消除应力钢丝、中强度预应力钢丝 | 2.05 |
| 钢绞线 | 1.95 |

**附表 10　混凝土结构的环境类别**

| 环境类别 | 条　　件 |
|---|---|
| 一 | 室内干燥环境；<br>无侵蚀性静水浸没环境 |
| 二 a | 室内潮湿环境；<br>非严寒和非寒冷地区的露天环境；<br>非严寒和非寒冷地区与无侵蚀性的水或土壤直接接触的环境；<br>严寒和寒冷地区的冰冻线以下与无侵蚀性的水或土壤直接接触的环境 |
| 二 b | 干湿交替环境；<br>水位频繁变动环境；<br>严寒和寒冷地区的露天环境；<br>严寒和寒冷地区冰冻线以上与无侵蚀性的水或土壤直接接触的环境 |
| 三 a | 严寒和寒冷地区冬季水位变动区环境；<br>受除冰盐影响环境；<br>海风环境 |
| 三 b | 盐渍土环境；<br>受除冰盐作用环境；<br>海岸环境 |
| 四 | 海水环境 |
| 五 | 受人为或自然的侵蚀性物质影响的环境 |

注：① 室内潮湿环境是指构件表面经常处于结露或湿润状态的环境；
② 严寒和寒冷地区的划分应符合现行国家标准 GB 50176《民用建筑热工设计规程》的有关规定；
③ 海岸环境和海风环境宜根据当地情况，考虑主导风向及结构所处迎风、背风部位等因素的影响，由调查研究和工程经验确定；
④ 受除冰盐影响环境为受到除冰盐盐雾影响的环境；受除冰盐作用环境指被除冰盐溶液溅射的环境以及使用除冰盐地区的洗车房、停车楼等建筑。
⑤ 暴露的环境是指混凝土结构表面所处的环境。

**附表 11　受弯构件的挠度限值**

| 构件类型 | | 挠度限值 |
|---|---|---|
| 吊车梁 | 手动吊车 | $l_0/500$ |
| | 电动吊车 | $l_0/600$ |
| 屋盖、楼盖及楼梯构件 | 当 $l_0<7$ m 时 | $l_0/200(l_0/250)$ |
| | 当 7 m$\leqslant l_0 \leqslant$9 m 时 | $l_0/250(l_0/300)$ |
| | 当 $l_0>9$ m 时 | $l_0/300(l_0/400)$ |

注：① 表中 $l_0$ 为构件的计算跨度；计算悬臂构件的挠度限值时，其计算跨度 $l_0$ 按实际悬臂长度的 2 倍取用；
② 表中括号内的数值适用于使用上对挠度有较高要求的构件；
③ 如果构件制作时预先起拱，且使用上也允许，则在验算挠度时，可将计算所得的挠度值减去起拱值；对预应力混凝土构件，尚可减去预加力所产生的反拱值；
④ 构件制作时的起拱值和预加力所产生的反拱值，不宜超过构件在相应荷载组合作用下的计算挠度值。

**附表 12　结构构件的裂缝控制等级及最大裂缝宽度的限值 $w_{lim}$(mm)**

<table>
<tr><th rowspan="2">环境类别</th><th colspan="2">钢筋混凝土结构</th><th colspan="2">预应力混凝土结构</th></tr>
<tr><th>裂缝控制等级</th><th>$w_{lim}$</th><th>裂缝控制等级</th><th>$w_{lim}$</th></tr>
<tr><td>一</td><td rowspan="4">三级</td><td>0.30(0.40)</td><td rowspan="2">三级</td><td>0.20</td></tr>
<tr><td>二 a</td><td rowspan="3">0.20</td><td>0.10</td></tr>
<tr><td>二 b</td><td>二级</td><td>—</td></tr>
<tr><td>三 a、三 b</td><td>一级</td><td>—</td></tr>
</table>

注:① 表中的规定适用于采用热轧钢筋的钢筋混凝土构件和采用预应力钢丝、钢绞线及预应力螺纹钢筋的预应力混凝土构件，当采用其他类别的钢丝或钢筋时，其裂缝控制要求可按专门标准确定；
② 对处于年平均相对湿度小于 60%地区一级环境下的钢筋混凝土受弯构件，其最大裂缝宽度限值可采用括号内的数值；
③ 在一类环境下，对钢筋混凝土屋架、托架及需作疲劳验算的吊车梁，其最大裂缝宽度限值应取为 0.20 mm；对钢筋混凝土屋面梁和托梁，其最大裂缝宽度限值应取为 0.30 mm；
④ 在一类环境下，对预应力混凝土屋架、托架及双向板体系，应按二级裂缝控制等级进行验算；对一类环境下的预应力混凝土屋面梁、托梁、单向板，按表中二 a 级环境的要求进行验算；在一类和二 a 类环境下，对需作疲劳验算的预应力混凝土吊车梁，应按一级裂缝控制等级进行验算；
⑤ 表中规定的预应力混凝土构件的裂缝控制等级和最大裂缝宽度限值仅适用于正截面的验算；预应力混凝土构件的斜截面裂缝控制验算尚应符合预应力构件的要求；
⑥ 对于烟囱、筒仓和处于液体压力下的结构构件，其裂缝控制要求应符合专门标准的有关规定；
⑦ 对处于四、五类环境下的结构构件，其裂缝控制要求应符合专门标准的有关规定；
⑧ 表中最大裂缝宽度限值为用于验算荷载作用引起的最大裂缝宽度。

**附表 13　结构混凝土材料的耐久性基本要求**

<table>
<tr><th>环境类别</th><th>最大水胶比</th><th>最低强度等级</th><th>水溶性氯离子<br>最大含量(%)</th><th>最大碱含量(kg/m³)</th></tr>
<tr><td>一</td><td>0.60</td><td>C25</td><td>0.30</td><td>不限制</td></tr>
<tr><td>二 a</td><td>0.55</td><td>C25</td><td>0.20</td><td rowspan="4">3.0</td></tr>
<tr><td>二 b</td><td>0.50(0.55)</td><td>C30(C25)</td><td>0.15</td></tr>
<tr><td>三 a</td><td>0.45(0.50)</td><td>C35(C30)</td><td>0.15</td></tr>
<tr><td>三 b</td><td>0.40</td><td>C40</td><td>0.10</td></tr>
</table>

注:① 氯离子含量是指其占胶凝材料用量的质量百分比，计算时辅助胶凝材料的量不应大于硅酸盐水泥的量；
② 预应力构件混凝土中的水溶性氯离子最大含量为 0.06%，其最低混凝土强度等级宜按表中的规定提高不少于两个等级；
③ 素混凝土结构的混凝土最大水胶比及最低强度等级的要求可适当放松，但混凝土最低强度等级应符合《混凝土结构设计标准》(GB/T 50010—2010)的有关规定；
④ 有可靠工程经验时，二类环境中的最低混凝土强度等级可为 C25；
⑤ 处于严寒和寒冷地区二 b、三 a 类环境中的混凝土应使用引气剂，并可采用括号中的有关参数；
⑥ 当使用非碱活性骨料时，对混凝土中的碱含量可不作限制。

**附表 14　混凝土保护层的最小厚度 $c$(mm)**

| 环境类别 | 板、墙、壳 | 梁、柱 |
| --- | --- | --- |
| 一 | 15 | 20 |
| 二 a | 20 | 25 |
| 二 b | 25 | 35 |
| 三 a | 30 | 40 |
| 三 b | 40 | 50 |

注：① 混凝土强度等级不大于 C25 时，表中保护层厚度数值应增加 5 mm；

② 钢筋混凝土基础应设置混凝土垫层，其受力钢筋的混凝土保护层厚度应从垫层顶面算起，且不应小于 40 mm。

③ 本表适用于设计工作年限为 50 年的混凝土结构，对设计工作年限为 100 年的混凝土结构，其保护层厚度不应小于表中数值的 1.4 倍。

**附表 15　纵向受力钢筋的最小配筋百分率 $\rho_{min}$(%)**

| 受力类型 | | | 最小配筋百分率 |
| --- | --- | --- | --- |
| 受压构件 | 全部纵向钢筋 | 强度级别 500 N/mm$^2$ | 0.50 |
| | | 强度级别 400 N/mm$^2$ | 0.55 |
| | | 强度级别 300 N/mm$^2$、335 N/mm$^2$ | 0.60 |
| | 一侧纵向钢筋 | | 0.20 |
| 受弯构件、偏心受拉、轴心受拉构件一侧的受拉钢筋 | | | 0.20 和 $45f_t/f_y$ 中的较大值 |

注：① 当采用 C60 以上强度等级的混凝土时，受压构件全部纵向钢筋最小配筋百分率，应按表中规定增加 0.10；

② 板类受弯构件（不包括悬臂板）的受拉钢筋，当采用强度级别为 500 N/mm$^2$ 的钢筋时，其最小配筋百分率应允许采用 0.15 和 $45f_t/f_y$ 中的较大值；

③ 偏心受拉构件中的受压钢筋，应按受压构件一侧纵向钢筋考虑；

④ 受压构件的全部纵向钢筋和一侧纵向钢筋的配筋率以及轴心受拉构件和小偏心受拉构件一侧受拉钢筋的配筋率均应按构件的全截面面积计算；

⑤ 受弯构件、大偏心受拉构件一侧受拉钢筋的配筋率应按全截面面积扣除受压翼缘面积 $(b_f'-b)h_f'$ 后的截面面积计算；

⑥ 当钢筋沿构件截面周边布置时，"一侧纵向钢筋"系指沿受力方向两个对边中一边布置的纵向钢筋。

**附表 16　钢筋的公称直径、公称截面面积及理论质量**

| 公称直径(mm) | 不同根数钢筋的公称截面面积(mm$^2$) | | | | | | | | | 单根钢筋理论质量(kg/m) |
| --- | --- | --- | --- | --- | --- | --- | --- | --- | --- | --- |
| | 1 | 2 | 3 | 4 | 5 | 6 | 7 | 8 | 9 | |
| 6 | 28.3 | 57 | 85 | 113 | 142 | 170 | 198 | 226 | 255 | 0.222 |
| 8 | 50.3 | 101 | 151 | 201 | 252 | 302 | 352 | 402 | 453 | 0.395 |
| 10 | 78.5 | 157 | 236 | 314 | 393 | 471 | 550 | 628 | 707 | 0.617 |
| 12 | 113.1 | 226 | 339 | 452 | 565 | 678 | 791 | 904 | 1017 | 0.888 |
| 14 | 153.9 | 308 | 461 | 615 | 769 | 923 | 1077 | 1231 | 1385 | 1.21 |
| 16 | 201.1 | 402 | 603 | 804 | 1005 | 1206 | 1407 | 1608 | 1809 | 1.58 |
| 18 | 254.5 | 509 | 763 | 1017 | 1272 | 1527 | 1781 | 2036 | 2290 | 2.00(2.11) |
| 20 | 314.2 | 628 | 942 | 1256 | 1570 | 1884 | 2199 | 2513 | 2827 | 2.47 |
| 22 | 380.1 | 760 | 1140 | 1520 | 1900 | 2281 | 2661 | 3041 | 3421 | 2.98 |
| 25 | 490.9 | 982 | 1473 | 1964 | 2454 | 2945 | 3436 | 3927 | 4418 | 3.85(4.10) |
| 28 | 615.8 | 1232 | 1847 | 2463 | 3079 | 3695 | 4310 | 4926 | 5542 | 4.83 |
| 32 | 804.2 | 1609 | 2413 | 3217 | 4021 | 4826 | 5630 | 6434 | 7238 | 6.31(6.65) |

续附表 16

| 公称直径(mm) | 不同根数钢筋的公称截面面积($mm^2$) | | | | | | | | | 单根钢筋理论质量(kg/m) |
|---|---|---|---|---|---|---|---|---|---|---|
| | 1 | 2 | 3 | 4 | 5 | 6 | 7 | 8 | 9 | |
| 36 | 1017.9 | 2036 | 3054 | 4072 | 5089 | 6107 | 7125 | 8143 | 9161 | 7.99 |
| 40 | 1256.6 | 2513 | 3770 | 5027 | 6283 | 7540 | 8796 | 10053 | 11310 | 9.87(10.34) |
| 50 | 1963.5 | 3928 | 5892 | 7856 | 9820 | 11784 | 13748 | 15712 | 17676 | 15.42(16.28) |

注:括号内为预应力螺纹钢筋的数值。

**附表 17 钢绞线的公称直径、公称截面面积及理论质量**

| 种类 | 公称直径(mm) | 公称截面面积($mm^2$) | 理论质量(kg/m) |
|---|---|---|---|
| 1×3 | 8.6 | 37.7 | 0.296 |
| | 10.8 | 58.9 | 0.462 |
| | 12.9 | 84.8 | 0.666 |
| 1×7(标准型) | 9.5 | 54.8 | 0.430 |
| | 12.7 | 98.7 | 0.775 |
| | 15.2 | 140 | 1.101 |
| | 17.8 | 191 | 1.500 |
| | 21.6 | 285 | 2.237 |

**附表 18 钢丝的公称直径、公称截面面积及理论质量**

| 公称直径(mm) | 公称截面面积($mm^2$) | 理论质量(kg/m) |
|---|---|---|
| 5.0 | 19.63 | 0.154 |
| 7.0 | 38.48 | 0.302 |
| 9.0 | 63.62 | 0.499 |

**附表 19 钢筋混凝土板每米宽度的钢筋截面面积($mm^2$)**

| 钢筋直径 $d$(mm) | 钢筋间距(mm) | | | | | | | | | | | | | | | |
|---|---|---|---|---|---|---|---|---|---|---|---|---|---|---|---|---|
| | 75 | 80 | 90 | 100 | 120 | 125 | 140 | 150 | 160 | 180 | 200 | 220 | 250 | 280 | 300 | 320 |
| 4 | 168 | 157 | 140 | 126 | 105 | 101 | 90 | 84 | 78 | 70 | 63 | 57 | 50 | 45 | 42 | 39 |
| 5 | 262 | 245 | 218 | 196 | 163 | 157 | 140 | 131 | 123 | 109 | 98 | 89 | 79 | 70 | 65 | 61 |
| 6 | 377 | 354 | 314 | 283 | 236 | 226 | 202 | 189 | 177 | 157 | 141 | 129 | 113 | 101 | 94 | 88 |
| 6/8 | 524 | 491 | 437 | 393 | 327 | 314 | 281 | 262 | 246 | 218 | 196 | 179 | 157 | 140 | 131 | 123 |
| 8 | 671 | 629 | 559 | 503 | 419 | 402 | 359 | 335 | 314 | 279 | 251 | 229 | 201 | 180 | 168 | 157 |
| 8/10 | 859 | 805 | 716 | 644 | 537 | 515 | 460 | 429 | 403 | 358 | 322 | 293 | 258 | 230 | 215 | 201 |
| 10 | 1047 | 981 | 872 | 785 | 654 | 628 | 561 | 523 | 491 | 436 | 393 | 357 | 314 | 280 | 262 | 245 |
| 10/12 | 1277 | 1198 | 1064 | 958 | 798 | 766 | 684 | 639 | 599 | 532 | 479 | 436 | 383 | 342 | 319 | 299 |
| 12 | 1508 | 1414 | 1257 | 1131 | 942 | 905 | 808 | 754 | 707 | 628 | 565 | 514 | 452 | 404 | 377 | 353 |
| 12/14 | 1780 | 1669 | 1483 | 1335 | 1113 | 1068 | 954 | 890 | 834 | 742 | 668 | 607 | 534 | 477 | 445 | 417 |
| 14 | 2052 | 1924 | 1710 | 1539 | 1283 | 1231 | 1099 | 1026 | 962 | 855 | 770 | 700 | 616 | 550 | 513 | 481 |
| 16 | 2682 | 2513 | 2234 | 2011 | 1676 | 1608 | 1436 | 1340 | 1257 | 1117 | 1005 | 914 | 804 | 718 | 670 | 628 |

**附表 20　钢筋混凝土矩形截面受弯构件正截面承载力计算系数表**

| $\xi$ | $\gamma_s$ | $\alpha_s$ | $\xi$ | $\gamma_s$ | $\alpha_s$ |
|---|---|---|---|---|---|
| 0.01 | 0.995 | 0.010 | 0.31 | 0.845 | 0.262 |
| 0.02 | 0.990 | 0.020 | 0.32 | 0.840 | 0.269 |
| 0.03 | 0.985 | 0.030 | 0.33 | 0.835 | 0.276 |
| 0.04 | 0.980 | 0.039 | 0.34 | 0.830 | 0.282 |
| 0.05 | 0.975 | 0.049 | 0.35 | 0.825 | 0.289 |
| 0.06 | 0.970 | 0.058 | 0.36 | 0.820 | 0.295 |
| 0.07 | 0.965 | 0.068 | 0.37 | 0.815 | 0.302 |
| 0.08 | 0.960 | 0.077 | 0.38 | 0.810 | 0.308 |
| 0.09 | 0.955 | 0.086 | 0.39 | 0.805 | 0.314 |
| 0.10 | 0.950 | 0.095 | 0.40 | 0.800 | 0.320 |
| 0.11 | 0.945 | 0.104 | 0.41 | 0.795 | 0.326 |
| 0.12 | 0.940 | 0.113 | 0.42 | 0.790 | 0.332 |
| 0.13 | 0.935 | 0.122 | 0.43 | 0.785 | 0.338 |
| 0.14 | 0.930 | 0.130 | 0.44 | 0.780 | 0.343 |
| 0.15 | 0.925 | 0.139 | 0.45 | 0.775 | 0.349 |
| 0.16 | 0.920 | 0.147 | 0.46 | 0.770 | 0.354 |
| 0.17 | 0.915 | 0.156 | 0.47 | 0.765 | 0.360 |
| 0.18 | 0.910 | 0.164 | 0.48 | 0.760 | 0.365 |
| 0.19 | 0.905 | 0.172 | **0.482** | **0.759** | **0.366** |
| 0.20 | 0.900 | 0.180 | 0.49 | 0.755 | 0.370 |
| 0.21 | 0.895 | 0.188 | 0.50 | 0.750 | 0.375 |
| 0.22 | 0.890 | 0.196 | 0.51 | 0.745 | 0.380 |
| 0.23 | 0.885 | 0.204 | **0.518** | **0.741** | **0.384** |
| 0.24 | 0.880 | 0.211 | 0.52 | 0.740 | 0.385 |
| 0.25 | 0.875 | 0.219 | 0.53 | 0.735 | 0.390 |
| 0.26 | 0.870 | 0.226 | 0.54 | 0.730 | 0.394 |
| 0.27 | 0.865 | 0.234 | **0.550** | **0.725** | **0.399** |
| 0.28 | 0.860 | 0.241 | 0.56 | 0.720 | 0.403 |
| 0.29 | 0.855 | 0.248 | 0.57 | 0.715 | 0.408 |
| 0.30 | 0.850 | 0.255 | **0.576** | **0.712** | **0.410** |

注：① 本表数值适用于混凝土强度等级不超过 C50 的受弯构件；

② $\alpha_s=\dfrac{M}{\alpha_1 f_c b h_0^2}$，$A_s=\xi b h_0\dfrac{\alpha_1 f_c}{f_y}$或 $A_s=\dfrac{M}{f_y\gamma_s h_0}$；

③ 表中 $\xi=0.482$ 以下数值不适用于 500 MPa 级钢筋，$\xi=0.518$ 以下数值不适用于 400 MPa 级钢筋，$\xi=0.550$ 以下数值不适用于 335 MPa 级钢筋。

## 附表 21　符号及其说明

**附表 21.1　材料性能符号**

| | |
|---|---|
| $E_c$ | 混凝土的弹性模量 |
| $E_s$ | 钢筋的弹性模量 |
| C30 | 立方体抗压强度标准值为 30 N/mm² 的混凝土强度等级 |
| HRB500 | 强度级别为 500 N/mm² 的普通热轧带肋钢筋 |
| HRBF400 | 强度级别为 400 N/mm² 的细晶粒热轧带肋钢筋 |
| RRB400 | 强度级别为 400 N/mm² 的余热处理带肋钢筋 |
| HPB300 | 强度级别为 300 N/mm² 的热轧光圆钢筋 |
| $f_{ck}$、$f_c$ | 混凝土轴心抗压强度标准值、设计值 |

| | |
|---|---|
| $f_{tk}$、$f_t$ | 混凝土轴心抗拉强度标准值、设计值 |
| $f_{yk}$、$f_{ptk}$ | 普通钢筋、预应力筋强度标准值 |
| $f_y$、$f_y'$ | 普通钢筋抗拉、抗压强度设计值 |
| $f_{py}$、$f_{py}'$ | 预应力筋抗拉、抗压强度设计值 |
| $f_{yv}$ | 横向钢筋的抗拉强度设计值 |
| $\delta_{gt}$ | 钢筋的最大力总延伸率 |

**附表 21.2　作用和作用效应符号**

| | |
|---|---|
| $N$ | 轴向力设计值 |
| $N_k$、$N_q$ | 按荷载标准组合、准永久组合计算的轴向力值 |
| $N_{u0}$ | 构件的截面轴心受压或轴心受拉承载力设计值 |
| $M$ | 弯矩设计值 |
| $M_k$、$M_q$ | 按荷载标准组合、准永久组合计算的弯矩值 |
| $M_u$ | 构件的正截面受弯承载力设计值 |
| $M_{cr}$ | 受弯构件的正截面开裂弯矩值 |
| $T$ | 扭矩设计值 |
| $V$ | 剪力设计值 |
| $F_l$ | 局部荷载设计值或集中反力设计值 |
| $\sigma_s$、$\sigma_p$ | 正截面承载力计算中纵向钢筋、预应力筋的应力 |
| $\sigma_{pe}$ | 预应力筋的有效预应力 |
| $\sigma_l$、$\sigma_l'$ | 受拉区、受压区预应力筋在相应阶段的预应力损失值 |
| $\tau$ | 混凝土的剪应力 |
| $w_{max}$ | 按荷载准永久组合或标准组合，并考虑长期作用影响的最大裂缝宽度 |

**附表 21.3　几何参数**

| | |
|---|---|
| $b$ | 矩形截面宽度，T 形、I 形截面的腹板宽度 |
| $c$ | 混凝土保护层厚度 |
| $d$ | 钢筋的公称直径（简称直径）或圆形截面的直径 |
| $h$ | 截面高度 |
| $h_0$ | 截面有效高度 |
| $l_a$ | 纵向受拉钢筋的锚固长度 |

续附表 21.3

| | |
|---|---|
| $l_0$ | 计算跨度或计算长度 |
| $s$ | 沿构件轴线方向上横向钢筋的间距、螺旋筋的间距或箍筋的间距 |
| $x$ | 混凝土受压区高度 |
| $A$ | 构件截面面积 |
| $A_s$、$A_s'$ | 受拉区、受压区纵向普通钢筋的截面面积 |
| $A_p$、$A_p'$ | 受拉区、受压区纵向预应力筋的截面面积 |
| $A_l$ | 混凝土局部受压面积 |
| $A_{cor}$ | 钢筋网、螺旋筋或箍筋内表面范围内的混凝土核心面积 |
| $B$ | 受弯构件的截面刚度 |
| $I$ | 截面惯性矩 |
| $W$ | 截面受拉边缘的弹性抵抗矩 |
| $W_t$ | 截面受扭塑性抵抗矩 |

**附表 21.4 计算系数及其他符号**

| | |
|---|---|
| $\alpha_E$ | 钢筋弹性模量与混凝土弹性模量的比值 |
| $\gamma$ | 混凝土构件的截面抵抗矩塑性影响系数 |
| $\eta$ | 偏心受压构件考虑二阶效应影响的轴向力偏心距增大系数 |
| $\lambda$ | 计算截面的剪跨比，即 $M/(Vh_0)$ |
| $\rho$ | 纵向受力钢筋的配筋率 |
| $\rho_v$ | 间接钢筋或箍筋的体积配筋率 |
| $\phi$ | 表示钢筋直径的符号，$\phi$20 表示直径为 20 mm 的钢筋 |

# 附　　图

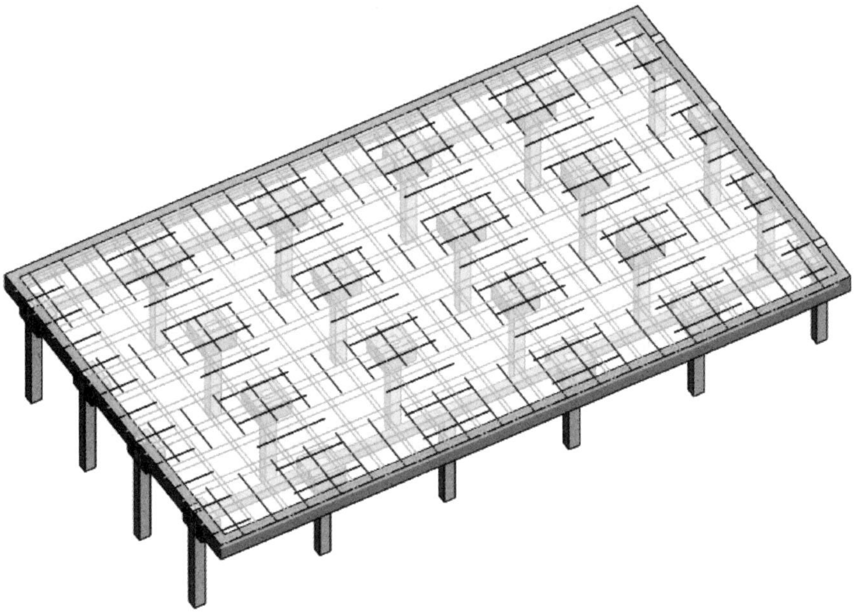

附图 1　无梁楼盖板结构三维图

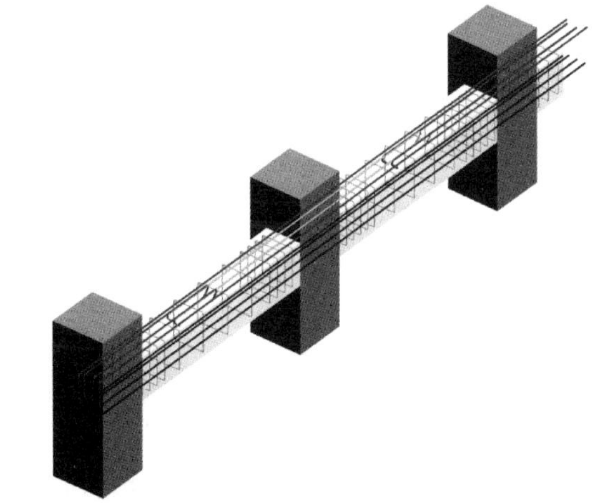

附图 2　通长筋直径大于或等于支座负筋直径时配筋构造(弯锚形式)

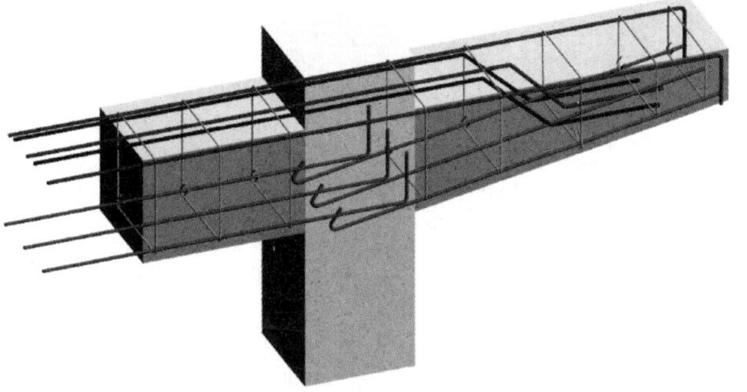

附图 3　框架梁悬臂端配筋构造

## 参 考 文 献


1 中华人民共和国住房和城乡建设部.工程结构通用规范:GB 55001—2021[S].北京:中国建筑工业出版社,2021.

2 中华人民共和国住房和城乡建设部.混凝土结构通用规范:GB 55008—2021[S].北京:中国建筑工业出版社,2021.

3 中华人民共和国住房和城乡建设部.混凝土结构设计标准:GB/T 50010—2010[S].北京:中国建筑工业出版社,2015.

4 中华人民共和国住房和城乡建设部.工程结构可靠性设计统一标准:GB 50153—2008[S].北京:中国建筑工业出版社,2008.

5 中华人民共和国住房和城乡建设部.建筑结构荷载规范:GB 50009—2012[S].北京:中国建筑工业出版社,2012.

6 中华人民共和国住房和城乡建设部.建筑结构可靠性设计统一标准:GB 50068—2018[S].北京:中国建筑工业出版社,2018.

7 东南大学,天津大学,同济大学合编.清华大学主审.混凝土结构设计原理[M].北京:中国建筑工业出版社,2001.

8 江见鲸.混凝土结构工程学[M].北京:中国建筑工业出版社,1998.

9 吴培明.刘立新.混凝土结构(上册)[M].武汉:武汉理工大学出版社,2002.